中国石化"十四五"重点图书出版规划项目

石油化工储运管理

王玉亮 ◎ 主 编

慕常强 党文义 齐立志 ◎ 副主编

U0254665

中国石化出版社

内 容 提 要

本书内容涵盖了石油化工储运过程中"收、储、装、卸、洗、运"等六大环节，包括储运风险、工艺设备、VOCs 治理、信息与控制、氢气储运、二氧化碳应用、消防应急等管理内容，以及储运常见设备设施基本原理、运行维护和工艺管理、生产组织、典型事故案例、标准规范适用条款等内容。

本书可供从事石油化工储运工作的管理人员、技术人员、操作人员、设计人员和高等院校相关专业的师生参考和使用。

图书在版编目（CIP）数据

石油化工储运管理/王玉亮主编 . —北京：中国石化
出版社，2022.3
ISBN 978 - 7 - 5114 - 6617 - 4

Ⅰ . ①石… Ⅱ . ①王… Ⅲ . ①石油产品 - 石油与天然
气储运 Ⅳ . ①TE8

中国版本图书馆 CIP 数据核字（2022）第 040436 号

中国石化出版社出版发行

地址:北京市东城区安定门外大街 58 号
邮编:100011　电话:(010)57512500
发行部电话:(010)57512575
http://www.sinopec-press.com
E-mail:press@sinopec.com
北京柏力行彩印有限公司印刷
全国各地新华书店经销

*

787×1092 毫米 16 开本 26 印张 608 千字
2022 年 4 月第 1 版　2022 年 4 月第 1 次印刷
定价:168.00 元

《石油化工储运管理》
编写委员会

党的十八大以来，我国经济发展进入新常态，石油化工行业发展进入转型升级、新旧动能转换、低碳绿色发展、高质量发展、由大转强的新阶段，炼油、乙烯的规模均已跻身世界前列，尤其是骨干型石油化工企业更是成为中国特色社会主义的重要物质基础和政治基础，是党执政兴国的重要支柱和依靠力量。

石油化工行业具有易燃、易爆、高温、高压等特点，一旦发生安全事故，将给国家、企业和人民带来巨大损失，部分事故还会对生态环境产生不可逆转的影响，引发社会关注，损害企业形象。从我国石油化工行业安全环保事故统计来看，储运环节发生的事故数量远高于生产环节，占到总体事故的半数以上，其事故具有危害程度严重、波及区域大等特点，基于此，落实习近平总书记关于石油化工领域重要批示和生态文明思想，准确把握并尊重安全生产规律，构建安全管理和清洁生产先进模式，强化石油化工储运环节的风险管控，降低事故风险已经成为社会各界的共识。

石油化工储运是一门综合性工程应用学科，涉及面广、实践性强，不同的企业和部门所涉及的业务及要求也存在差异。相关从业人员普遍反映，当前常见的储运专业教材偏重理论，和生产实际结合不够紧密，而企业自编的培训教材往往偏重于某一操作环节，缺少专门针对储运专业管理、现场操作和风险管控的综合性技术图书。为此，中国石化齐鲁石化公司作为一家大型炼化企业，致力于全面提升安全生产和生态环保管理水平，积极探索行业安全管理和清洁文明生产先进模式，专门组织储运生产一线的专业技术人员和科研机构、高等教育机构的专家，对照中央有关安全环保、能源化工等方面的政策，借鉴行业先进理念和做法，总结管理、操作方面的成功经验，编纂了这本书，体现了国有企业的社会责任和使命担当。

本书作为一本石油化工储运专业综合性的实用科技书，具有全面性、实用性、基础性、前瞻性的特点，相信会对从事石油化工储运工作的人员和将来有意从事相关工作的在校学生起到一定的帮助。

中国石油化工集团有限公司副总经理

2021 年 11 月 30 日

石油化工储运环节重大危险源多、产品流动性大、固有风险高，国内外重大事故统计表明，储运环节发生的事故整体占比高、危害大，尤其是近年来我国石油化工储运环节连续发生了数起损失惨重、影响深远的安全生产事故，引发了各界的广泛关注。

本书编写委员会对此深入思考、总结经验、分析原因、提出对策，探索石油化工储运行业管理规律和先进管理模式，重点对如何提高石油化工储运各层级的风险管控能力和安全生产意识方面，开展了大量的调研交流、学术研讨和实践论证。针对当前与实际应用贴合紧密的专业化技术图书较少的现状，中国石化齐鲁石化公司抽调安全、环保、工艺、设备、信息等专业骨干人员，并邀请中国石化青岛安全工程研究院、山东大学、山东三维化学集团股份有限公司等单位的专家，成立本书编委会，组建专业技术团队，历时两年编写完成本书。

本书的编写具有以下特点：一是突出全面性，针对石油化工储运生产中"收、储、装、卸、洗、运"等六大环节，以全业务、全流程的风险管控和事故防范为主线，内容涵盖了储运行业常见危险化学品的特性、安全风险、工艺设备、VOCs 治理、信息与控制、氢气储运技术、二氧化碳应用技术、消防应急等；二是突出实用性，以从事石油化工储运工作的管理人员、技术人员、操作人员、设计人员和相关专业的在校学生为目标读者，更方便、快捷、高效掌握储运应用要点；三是突出基础性，在深入分析历年事故案例的基础上，从实际应用的角度出发，对储运常见设备设施基本原理、运行维护和工艺管理、生产组织程序等基础性内容进行系统总结；四是突出前瞻性，重点对储运新技术、新设备、新工艺等未来的发展趋势进行了分析探讨，对涉及储运系统标准规范在工程实践过程中出现的应用难点，提出了建议。

本书由王玉亮担任主编并提出全书构想，慕常强、党文义、齐立志担任副主编，全书由慕常强统稿。其中，第1章由齐立志编写，第2、7章由慕常强编写，第3章由党文义编写，第4章由翟士刚、曾振、刘新波编写，第5章由鹿兰忠、曾振、朱志伟编写，第6章由纪建锋、陈鹏编写，第8章由夏焕群、朱志伟编写，第9章由耿华、刘新波编写，第10章由范伟建、纪建锋编写，第11章由程星星、李雪芳编写，第12章由王美霞、程星星编写，第13章由冯海峰、陈鹏编写，第14章由冯海峰、翟士刚编写。在本书资料收集和编写过程中，蔡文军、丁敏、齐兆岳、王虎军、毕军刚、陈娟、鞠玲玲、董玉金、李毓、王建峰、张绍鹏、罗可杰、邢佳、王铭堃、苏建超等人员提供了大力帮助和支持，在此表示感谢！

本书编写过程中，编写人员详细识别了涉及石油化工储运方面的法律法规、标准规范，总结提炼了储运系统管理实践经验，并入驻天然气接收站、石油库、管道运输、加油（气）站、港口码头等专业公司，跟班调研相关储运环节的运行过程，确保了编写内容的全面性、准确性。

虽然编写人员对本书内容组织反复研讨论证，并深入现场调研验证，但由于水平有限，难免存在疏漏和不足之处，敬请专家、学者和广大读者予以批评指正。

山东省安全生产管理协会理事长
中国石油化工股份有限公司齐鲁分公司总经理　王玉亮

2021 年 12 月 8 日

目录 Contents

第1章 石油化工储运概况

>>>

石油化工储运是将石油炼制、化工生产过程中所需的原料、中间产品和产品等进行收集、储存，并按照标准规范进行输转、装卸、计量后，分别转送至下一环节的过程。石油化工储运系统能量集中，存在动态间断作业，具有重大危险源多、产品流动性大、作业专业性强、固有风险高、管控难度大等特征。

1.1 基本现状

石油化工储运系统包括收、储、装、卸、洗、运等六大环节。随着社会经济的发展，对于石油化工产品的需求越来越多，大部分石油化工产品为危险化学品，需要通过运输工具运往各地，运输方式包括铁路、道路、水路、管道等方式。危险化学品运输具有产品多、线路长、区域跨度大的特点，在运输过程中，火灾爆炸事故时有发生，影响的范围较广，会给人民的生命安全、周围环境以及公共财产造成巨大损失，并造成恶劣的社会影响。

1.1.1 安全环保要求日益严格

安全事故会给企业带来巨大的经济损失和社会负面影响，给员工及其家庭带来巨大的伤害甚至是灾难。掌握安全生产规律对于安全生产具有促进、稳定、发展功效，国内外诸多著名企业，经过多年的实践摸索建立了一系列安全系统，其中包括核心安全理念、安全方针、安全使命、安全原则以及安全愿景、安全目标等内容，这些是企业安全文化管理的核心要素。应针对安全生产事故主要特点和突出问题，层层压实责任，狠抓整改落实，强化风险防控，从根本上消除事故隐患，有效遏制重特大事故发生。

石油化工储运系统检维修过程存在高风险的动火作业、受限空间作业、高处作业、吊装作业、临时用电作业、动土作业、盲板抽堵作业、断路作业等特殊作业，检维修过程特殊作业发生的事故在企业各类型事故中占有极大的比例，不仅危害承包商作业人员安全，而且给设备设施带来了严重的损害或破坏，造成了恶劣的社会影响，阻碍了企业的正常生产。

环境保护关系到国民经济能否持续发展和人民身体的健康，尤其是石油化工企业，环保治理是重点关注的领域，所以在石油化工储运系统应充分重视环保问题并应采取切实可行的治理措施。

🏭 1.1.2　新技术应用日新月异

石油化工储运系统的工艺管理有别于炼化生产装置的工艺管理，重点在于根据生产需求，灵活调整收、付料流程，保证产品质量，减少损耗，确保储存及装卸等各环节的作业安全。设备是储运运行的基础，加强设备全生命周期管理，不断夯实设备基础工作，提高设备本质安全水平，实现设备安、稳、长、满、优运行是设备管理的目标。企业的生产管理离不开信息数据的传递、统计和分析，作为石油化工储运企业，为了高效获取信息，并及时传达控制指令，需要建立各种各样的信息与控制处理系统，采用的技术多种多样，其中最典型的做法是分层级管理。

当前，二氧化碳和氢气方面的新兴储运技术应用已成为热点。其中二氧化碳捕集、利用与封存技术（简称CCUS）是最具发展潜力的二氧化碳减排技术，是中国实现碳中和、保障能源安全、构建生态文明和实现可持续发展的重要手段。氢能作为极具发展潜力的绿色能源，零排放、零污染，是21世纪重要的新能源之一，氢气储运技术应用必将成为前沿和重要的技术手段得以快速发展。

1.2　重点环节

石油化工行业储运系统涉及危险化学品，各环节普遍风险较高，尤其是储存、装卸、运输环节，发生安全环保事故的风险最大，一旦管控过程中出现薄弱环节，很可能带来严重后果。坚持基于风险的安全管理，高度重视石油化工储运安全风险管控，将风险降低到可接受范围内，是保证安全生产的重中之重。

🏭 1.2.1　储存环节

储运企业储存设施包括储罐、仓库、罐车等，其中以储罐居多。由于石油化工物料一般具有毒性、易燃、易爆、易挥发等特性，储存过程中因温度和压力变化，造成罐内物料挥发或泄漏，会形成物料蒸气与空气的混合爆炸性气体，遇明火或机械能易发生着火爆炸。同时，随着石油化工储运行业的发展，罐区罐组总容量和单个罐的容量越来越大，着火、爆炸、泄漏等事故的发生频率也随着规模的增大而不断增加，一旦发生火灾或爆炸将带来巨大的人员伤亡、财产损失和环境污染。在罐区 VOCs 治理过程中，多个储罐罐顶气相通过连通管连成一体进入废气处理装置，多罐连通后，单罐着火后会通过气相连通管线传播，造成群罐火灾发生，存在较大安全风险。因此，针对储存设施和管理过程制定完整的制度、标准，并严格执行，才能确保罐区的安全，预防和减少事故的发生。近年来，石油化工储运企业的罐区多次发生泄漏、火灾或爆炸事故，后果严重，如 2021 年 5 月 31 日某企业违规动火作业引发可燃气体闪爆，造成直接经济损失 3872.1 万元。

1.2.2 装卸环节

装卸作业方式主要有装卸汽车、火车、船、桶等，其中汽车装卸方式因其较为灵活的特点，最为普遍，但目前在安全管控方面仍然存在诸多问题，如装卸现场车辆多、品种多、人员多，造成安全风险积聚，操作人员技能培训不足、应急处置能力差等问题。同时，部分企业现场紧急切断阀、静电接地、高液位报警等安全设施完整性差；部分企业没有专用停车场或停车场面积较小，停放车辆过多，缺少错车空间和应急通道，且离外部道路较近，不利于消防疏散；装卸栈台与生产装置、控制室、化验室、交接班室等防火间距不符合规范要求。随着加氢站、液化天然气（LNG）充装站、加油加气站等新型充装站不断增多，此类站场充装介质多为易燃气体，爆炸极限范围宽，下限低，且距离公共道路及生活区较近，在充装的过程中风险特别大，如发生泄漏，着火爆炸的概率非常高。在危险化学品装卸过程中，液化烃装卸作业存在较大风险，如 2017 年 6 月 5 日某企业液化气罐车泄漏重大爆炸着火事故，造成 10 人死亡，9 人受伤，直接经济损失 4468 万元。

1.2.3 运输环节

危险货物运输主要通过道路、管道、铁路、水路等方式进行运输，2020 年我国危险货物运输总量约 17 亿 t，其中道路运输量约为 12 亿 t，占运输总量的 69%，每天行驶在道路上的重载危险货物车辆有 9.5 万辆，运输量约 220 万 t，其中大部分是液体类的危险化学品。危险货物运输车辆是一个移动的危险源，风险较大，一旦发生事故，危害较大。管道输送是一种常用的运输方式，可以实现全天候连续输送，在条件允许的情况下应优先采用管道输送，但地下长输管道会因长时间腐蚀引起管道泄漏，且很难发现，容易造成较大泄漏事故。近几年，也发生了多起较大的运输环节事故，如 2020 年 6 月 13 日某企业液化石油气槽罐车爆炸事故，造成 20 人死亡，172 人受伤。

总之，危险化学品的储存、装卸和运输在石油化工储运过程中是至关重要的环节，应坚持"安全第一，预防为主，综合治理"的安全生产方针，必须严格遵守规章制度，才能确保作业过程安全。

第2章
安全原理与定律
>>>

　　任何事情都有一定的规律可循,从企业发生的各类事故分析中,可以发现事故发生的过程原因、安全监管及安全管理工作的漏洞。企业员工是安全生产规律的发现者、总结者、应用者;企业员工同样也是安全生产规律的实践者、发扬者、推进者。掌握安全生产规律,就是要正确处理好人与设备的关系、人与人的关系。掌握安全生产规律对于安全生产具有促进、稳定、发展功效。

　　安全理念也叫安全价值观,是在安全方面衡量对与错、好与坏的最基本的道德规范和思想。国内外诸多著名企业,经过多年的实践摸索建立了一套系统,其中包括核心安全理念、安全方针、安全使命、安全原则以及安全愿景、安全目标等内容,这些是企业安全文化管理的核心要素。

2.1　安全原理

2.1.1　葛麦斯安全法则

　　在阿根廷著名的旅游景点卡特德拉尔,有段蜿蜒的山间公路,其中有3km路段弯道多达12处。因为弯道密集,因此经常发生交通事故,人们都称这段道路为“死亡弯道”。这段路从1994年通车到2004年,共发生了320起交通事故,106人丧生。交通部门在该段路入口处竖立了提示“前方多弯道,请减速行驶”的指示牌,没起作用。于是将提示语改成触目惊心的文字:“这是世界第一的事故段”“这里离医院很远”,事故依然高发。就在人们的智慧仿佛走到尽头时,老司机葛麦斯公布的“独家安全秘籍”给公路管理当局以新的启示。葛麦斯驾车43载,不仅从未发生过交通事故,甚至连一次违章记录都没有,因此在他退休前，交通部决定颁发一枚"优秀模范驾驶"奖章给他。

颁奖当天，记者问葛麦斯："要如何才能做到像你这样平安驾车呢？"葛麦斯回答道："其实开车时，我都有家人陪着啊！不过乘客看不到我的家人，因为他们都在我的心里。"

记者不解，葛麦斯笑着说："想想你的妻子正等着你吃晚餐，你还要陪孩子上学，年迈的父母正是需要你照顾的时候就会小心驾驶。"原来，葛麦斯的秘诀就是时时刻刻把对家人的爱放在心中（图2.1）。

图2.1　葛麦斯安全法则

启示　隐去管理者的身影，让亲人取而代之，去唤醒操作者的安全意识，"安全管理是严肃的爱"，爱是最有效的安全管理。"葛麦斯安全法则"就是把爱体现到安全管理中，是亲情文化的成功应用。

2.1.2　墨菲定律

墨菲是美国爱德华兹空军基地的上尉工程师。1949年，他和他的上司斯塔普少校，在一次火箭减速超重试验中，因仪器失灵发生了事故。墨菲发现，事故原因是测量仪表被一个技术人员装反了。由此，他得出的教训是：如果做某项工作有多种方法，而其中有一种方法将导致事故，那么一定有人会按这种方法去做。

墨菲定律由美国工程师爱德华·墨菲（Edward a. Murphy）提出，亦称墨菲法则、墨菲定理（图2.2）。原文为：如果有两种或两种以上的方式去做某件事情，而其中一种选择方式将导致灾难，则必定有人会做出这种选择。根本内容是：如果事情有变坏的可能，不管这种可能性有多小，它总会发生。

墨菲定律主要内容有四个方面：一是任何事都没有表面看起来那么简单；二是所有的事都会比预计的时间长；三是会出错的事总会出错；四是如果担心某种情况发生，那么它就更有可能发生。

"墨菲定律"的提出是基于小概率事件的突然发生，根本内容是"凡是可能出错的事就有概率会出错"，指的是任何一个事件，只要有大于零的概率发生，就不能够假设它不会发生，只要客观上存在危险，那么危险迟早会成为不安全状态。

图2.2　墨菲定律

> **启示**　怎样避免墨菲定律所预示的坏结果的出现？首先要有责任感，时刻绷紧安全这根弦，在生产效益和安全隐患发生冲突的时候，将人的生命作为第一要素加以保护；其次要勤勉，将安全意识转化为一个个的具体行动，而非停留在口头上。

　　墨菲定律是一种客观存在。要在企业管理、日常工作和生活中防范墨菲定律可能导致的恶性后果，必须从行为、技术设备、机制、环境等多方面因素入手，而对其在思想心理上的重视无疑要放到首位。防微杜渐，小的隐患若不消除，就有可能扩大增长，其造成事故的概率也会慢慢增加。

　　守正安分，不图侥幸。侥幸心理是一种不想遵循客观规律、只想依靠机会或运气等偶然因素实现成功愿望或消灾免难的心理。它使得人们投机取巧、明知故犯、不讲因果、不守规则，变得懒惰懈怠、好走捷径。因其只依赖偶然因素，轻视或放纵隐患，在现实中往往如墨菲定律预言的那样事与愿违。

2.1.3　海因里希法则

　　海因里希法则又称"海因里希安全法则""海因里希事故法则"（图2.3），是美国著名安全工程师海因里希（Herbert William Heinrich）提出的300∶29∶1法则。这个法则意为：当一个企业有300起隐患或违章，非常可能要发生29起轻伤或故障，另外还有一起重伤、死亡事故。

　　海因里希法则是美国人海因里希通过分析工伤事故的发生概率，为保险公司的经营提出的法则。这一法则完全可以用在企业的安全管理上，即在一件重大的事故背后必有29件轻度的事故，还有300件潜在的隐患。海因里希法则还有另外的名字是"1∶29∶300法则"和"300∶29∶1法则"。

　　海因里希首先提出了事故因果连锁论，用以阐明导致伤亡事故的各种原因及与事故间的关系。该理论认为：伤亡事故的发生不是一个孤立的事件，尽管伤害可能在某瞬间突然发生，却是一系列事件相继发生的结果。海因里希把工业伤害事故的发生、发展过程描述为具有一定因果关系的事件的连锁发生过程，即：一是人员伤亡的发生是事故的结果；二是事故的发生是由于人的不安全行为或物的不安全状态造成的；三是人的不安全行为或物的不安全状态是由于人的缺点造成的；四是人的缺点是由不良环境诱发的，或者是由先天的遗传因素造成的。多年的事故案例和企业实践显示,"安全知识""安全态度"以及"可知觉到的控制感"的缺失是由于"人"的原因导致违章行为和事故发生的三个关键要素。

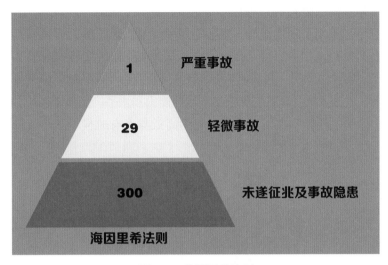

图2.3 海因里希法则

<table>
<tr><td>启示</td><td>海因里希认为,人的不安全行为、物的不安全状态是事故的直接原因,企业事故预防工作的中心就是消除人的不安全行为和物的不安全状态。海因里希的研究说明大多数的工业伤害事故都是由于工人的不安全行为引起的。即使一些工业伤害事故是由于物的不安全状态引起的,则物的不安全状态的产生也是由于工人的缺点、错误造成的。企业安全工作的中心就是防止人的不安全行为,消除物的不安全状态,中断事故连锁的进程而避免事故的发生。</td></tr>
</table>

2.1.4 木桶理论

木桶理论又称"木桶定律"(图2.4),其核心内容为:一只木桶盛水的多少,并不取决于桶壁上最高的那块木板,而恰恰取决于桶壁上最短的那块。根据这一核心内容,"木桶理论"还有两个推论:一是只有桶壁上的所有木板都足够高,那木桶才能盛满水。二是只要这个木桶里有一块不够高度,木桶里的水就不可能是满的。

木桶盛水的多少,起决定性作用的不是那块最长的木板,而是那块最短的木板。因为长的板子再长也没有用,水的界面是与最短的木板平齐的。"木桶理论"可以启发我们思考许多问题,比如企业团队精神建设的重要性。在一个团队里,决定这个团队战斗力强弱的不是那个能力最强、表现最好的人,而恰恰是那个能力最弱、表现最差的落后者。因为,最短的木板在对最长的木板起着限制和制约作用,决定了这个团队的战斗力,影响了这个团队的综合实力。也就是说,要想方设法让短板子达到长板子的高度或者让所有的板子维持"足够高"的相等高度,才能完全发挥团队作用,充分体现团队精神。

有一个华讯公司员工,由于与主管的关系不太好,工作时的一些想法不能被肯定,从而忧心忡忡、兴致不高。刚巧,摩托罗拉公司需要从华讯借调一名技术人员去协助他们搞市场服务。于是,华讯的总经理在经过深思熟虑后,决定派这位员工去。这位员工很高兴,觉得有了一个施展自己拳脚的机会。去之前，总经理只对那位员工简单交代了几句："出去工作，既代表公司，也代表个人。怎样做，不用我教。如果觉得顶不住了，打个电话回来。"

一个月后，摩托罗拉公司打来电话："你派出的兵还真棒！""我们还有更好的呢！"华讯的总经理在不忘推销公司的同时，着实松了一口气。这位员工回来后，部门主管也对他另眼相看，他自己也增加了自信。后来，这位员工对华讯的发展作出了不小的贡献。

华讯的例子表明：注意对"短木板"的激励，可以使"短木板"慢慢变长，从而提高企业的总体实力。人力资源管理不能局限于个体的能力和水平，更应把所有的人融合在团队里，科学配置，好钢才能够用在刀刃上。木板的高低与否有时候不是个人问题，是组织的问题。

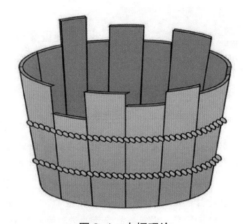

图2.4　木桶理论

<table>
<tr><td>启
示</td><td>　　毫无疑问，在企业的安全生产中最受欢迎、最受关注的是安全明星员工，即在安全生产中能力超群的员工占少数。管理者往往器重安全明星员工，而忽视对一般员工的利用和开发，这样做很容易打击团队的士气，从而使"安全明星员工"的才能与团队合作两者间失去平衡。想要避免这个问题，管理者就需要多关注普通员工，特别是对那些"短板员工"要多些鼓励、多些赏识。</td></tr>
</table>

安全工作是系统工程，企业安全管理有许多要素，安全绩效的好坏是由安全管理中最弱的那个要素决定的。由此演绎出弱项管理的概念，在安全管理工作中也应实施弱项管理，识别影响安全工作的主要原因或薄弱环节，集中优势资源加以改进，对企业发生的事故案例进行剖析，举一反三从中吸取经验和教训；同时，应对间接事故案例进行分析，从中找出安全工作中存在的差距和问题，及时进行纠正。当然，在改进的过程中又会出现新的短板或弱项，对此应本着持续改进的管理思想，来使企业的安全管理水平呈现出螺旋式上升的良好态势。总而言之，安全工作一定要做到全员、全方位、全天候、全要素。

2.1.5　破窗理论

破窗理论又称"破窗效应"，是犯罪学的一个理论（图2.5）。这个理论认为：如果房子里一扇窗户破了，没有人去修补，那么时隔不久，其他的窗户也会莫名其妙地被人打破；一面墙，如果出现一些涂鸦没有被清洗掉，很快地，墙上就布满了乱七八糟、不堪入目的东西；一个很干净的地方，人们不好意思丢垃圾，但是一旦地上有垃圾出现之后，人就会毫不犹豫地抛，丝毫不觉羞愧。此理论认为：环境中的不良现象如果被放任存在，会诱使人们仿效，甚至变本加厉。

图2.5　破窗效应

启示　亡羊补牢，防患未然。总会有人怀着侥幸心理钻制度空子，成为第一个"破窗者"。要杜绝其他人效仿这种不良现象，就必须及时修理"第一块被打碎的玻璃"。良好的安全环境可能实现优异的安全业绩。文明施工可有效改善安全状况。

习近平总书记强调：要按照安全"全覆盖、零容忍、严执法、重实效"的要求进行排查，整治隐患、堵塞漏洞、强化措施。隐患查不出来，没有人去整改，或者整改不及时、不到位，最后还是要出事。要加大隐患整改治理力度，建立安全生产检查工作责任制，实行谁检查、谁签字、谁负责，做到不打折扣、不留死角、不走过场，务必见到成效。

2.1.6　蝴蝶效应定律

20世纪70年代，美国一位名叫洛伦兹的气象学家在解释空气系统理论时说，亚马逊雨林一只蝴蝶翅膀偶尔振动，也许两周后就会引起美国得克萨斯州的一场龙卷风。

蝴蝶效应定律是指微小的起因加之相应因素的相互作用，极易产生巨大的和复杂的现象，也就是说一个微小的事件容易连锁造成极大的事故（图2.6）。

图2.6　蝴蝶效应定律

启示

　　完善的安全制度是约束和指导员工行为的准则，现场安全管理是使安全制度贯彻执行的保障。蝴蝶效应定律则告诉了我们，每一个细节的疏忽都有可能引发极大的不良后果。蝴蝶效应定律启发每一位员工，要自觉遵守制度，自觉地注意每一个细节，自觉地约束自己的行为。只有自觉和认同，才能从源头上消除安全隐患。所以，除了完善的安全制度和到位的现场安全管理，还需要去营造一种员工认同的氛围。只有营造了这种氛围，才能提高员工的安全意识。这就需要我们利用各种平台、各种方式，不断开展各类安全知识的宣教、教育、培训和其他活动，丰富企业安全文化的内容。

　　在安全管理工作中企业应注重细节管理，建立健全动态跟踪与考核管理体系，在领导重视、全员参与的基础上真正务实地做到防微杜渐，"防"在细微之处，"杜"在行动之中。将事故消除在萌芽状态之中，将危险源控制在能量受控状态。企业应树立安全工作无小事，安全管理应该小题大做的管理理念，从抓细节入手进而以点带面来提升企业的整体安全管理水平。

2.1.7　酒与污水定律

　　酒与污水定律是指一匙酒倒进一桶污水，得到的是一桶污水；如若把一匙污水倒进一桶酒中，得到的还是一桶污水（图2.7）。显而易见，污水和酒的比例并不能决定这桶东西的性质，真正起决定作用的就是那一匙污水，只要有它，再多的酒都成了污水。

　　几乎在任何组织里，都存在几个难管理的个体，他们存在的目的似乎就是把事情搞糟。他们到处搬弄是非、传播流言、破坏组织内部的和谐。最糟糕的是，他们像果箱里的烂苹果，如果你不及时处理，它会迅速传染，把果箱里其他苹果也弄烂，"烂苹果"的可怕之处在于它惊人的破坏力。一个正直能干的人进入一个混乱的部门可能会被吞没，而一个无德无才者能很快将一个高效的部门变成一盘散沙。组织系统往往是脆弱的，是建立在相互理解、妥协和容忍的基础上的，它很容易被侵害、被毒化。破坏者能力非凡的另一个重要原因在于，破坏总比建设容易。因此，在企业安全生产中，任何组织和个人对于有巨大破坏力的东西，哪怕它再微小、看上去再美丽都应该毫不犹豫地摒弃。

图2.7　酒与污水定律

在企业安全工作中，往往存在极少数的"三违"（违章指挥、违章作业和违反劳动纪律）人员，这部分人员会起到连锁性的示范效应，进而直接影响到其他人员的作业行为，弱化了安全管理方案和措施的有效落实，具有很大的破坏力。对这部分人员实行亮牌警告制（亮黄牌或亮红牌），若效果仍然不明显便应及时将其解雇，以提高安全管理工作在各层面的执行能力。同时，企业各层级管理者应注重自身的素质培养，为员工做正面的示范作用，在潜移默化中提高安全管理工作的质量。

2.1.8 热炉定律

热炉定律是指当人要用手去碰烧热的火炉时，就会受到"烫"的处罚（图2.8）。

三国时代诸葛亮挥泪斩马谡的故事就是热炉定律的一个好案例。马谡是诸葛亮的一员爱将，诸葛亮在与司马懿对战时，马谡自告奋勇要出兵守街亭。诸葛亮虽然很赏识他，但知道马谡做事未免轻率，因而不敢轻易答应他的请求。但马谡表示愿立军令状，诸葛亮只好同意给他这个机会，指派王平将军随行，并交代马谡在安置完营寨后须立刻回报，有事要与王平商量，马谡一一答应。可是军队到了街亭，马谡执意扎营在山上，完全不听王平的建议，而且没有遵守约定将安营的阵图送回本部。司马懿派兵进攻街亭时，在山下切断了马谡军队的粮食及水的供应，使得马谡兵败如山倒，蜀国的重要据点街亭因而失守。面对爱将的重大错误，诸葛亮没有姑息他，而是挥泪将其处斩了。

图2.8 热炉定律

安全生产是企业最大的效益，我们本来就该时刻保持如履薄冰的高度责任感。要想保证企业安全生产，必须严格执行安全管理制度，及时纠正员工有意和无意的违章行为，保护人身和设备的安全。加强工作现场的安全考核，了解现场安全动态，根据工作实际制定安全管理举措，最大限度地杜绝事故隐患。同时，切实遵守"不伤害自己、不伤害他人、不被他人伤害、保护他人不受伤害"的"四不伤害"原则，力戒自己出现违章，别人制止自己违章时虚心接受，发现别人违章时，积极进行制止、劝阻和帮助。另外，还要积极参加企业组织开展的安全知识竞赛、安全征文评选、安全合理化建议征集评选、员工家属座谈等活动，通过生动活泼、形式多样的活动促进企业安全文化的传播，使安全文化深入人心，深入家庭。

每个企业在进行安全管理工作时都有相应的规程和规章制度，任何人触犯了这些条款都应受到相应的惩戒和处罚。企业首先应完善安全管理方面的有关文件，并严格执行，对实施效果进行全方位评价。热炉定律告诉我们，在安全工作中应先警告后立即处罚，制度条款面前人人平等、不搞特殊化，保证员工现场作业规范化和标准化，进而减少事故的发生。

2.1.9　骨牌定律

骨牌定律是指事故的发生都是各因素相互作用的连锁反应，若中止其中的一个骨牌，事故便能得到有效的抑制（图2.9）。多米诺骨牌效应告诉大家：一个最小的力量能够引起的或许只是察觉不到的渐变，但是它所引发的却可能是翻天覆地的变化，这有点类似于蝴蝶效应，但是比蝴蝶效应更注重过程的发展与变化。

图2.9　骨牌定律

启示　在进行安全管理工作时，应预测分析危险源的危害性，确定控制危险源的方案和措施，动态地进行跟踪管理，其中控制人的不安全行为和提高人的安全意识是投入相对节省的途径，企业应不定期组织各种形式的安全培训工作，开展多种形式的安全教育活动，并以取得的效果进行评价分析，进而来提高企业安全工作整体目标的兑现。

安全生产管理工作的方针是"安全第一，预防为主，综合治理"。如何实现事故预防，通过多米诺骨牌的启发，一定是"预防－预防－再预想"。实践证明，"事故预想"使员工达到了自我教育的目的，班组发挥了自我管理的能力，车间尽到了领导的责任，企业实现了安全、生产的"双效益"。因此，在企业各班组实行"事故预想"的做法具有广阔的前景，并将随着企业的发展而进一步完善，确实起到"安全管理为企业生产保驾护航"的作用。

2.1.10　帕累托定律

帕累托定律又称80/20法则，其原理是在投入与产出、努力与收获、原因与结果之间存在着一种不平衡的关系，往往是关键的少数决定着事件发展态势（图2.10）。

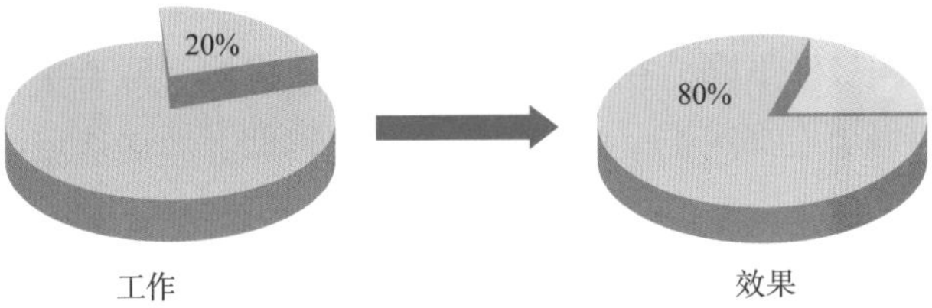

20%

工作

80%

效果

图2.10 帕累托定律

启示 　在安全工作中，企业应辨识和评价危险源，按 ABC 法分类控制，来匹配相应的安全投入。强化班组长的安全意识和安全技能，每层级按 80/20 原则来进行重点管理与控制，对易发生事故的 20% 人群进行重点管理，规范其作业行为，提高其安全素质。对少数设备与环境的不安全状态进行重点治理，以提高整体设备与环境的运行状态，充分发挥管理的能动性，运用统计规律找准事故发生的主要原因，采取相应的纠正与预防措施来改善整体安全工作状态。在考核时应本着 80/20 法则来配置责权利的关系，控制关键的少数可以取得事半功倍的管理效能。

2.1.11　水坝定律

筑建水坝意在阻拦和储存河川的水，因为必须保持必要的蓄水量才可以适应季节或气候的变化（图2.11）。

图2.11　水坝定律

启示 　企业应建立这种调节和运行机制，确保企业长期稳定发展。企业在安全管理工作中，应营造良好的安全管理氛围，建立和完善相应的安全管理制度，并强化安全过程动态监督与考核，对危险源进行不定期辨识和评价，以期达到管控事故的目的；安全管理应推进细节化管理，通过管理人员细致的工作来预测和预防事故；同时，企业各层级管理者应对安全工作给予足够的重视，在全员广泛参与基础上，达到人人管安全、人人学安全、人人会安全的管理环境，达到固安全之基而根繁叶茂的管理绩效。

2.1.12　帕金森定律

帕金森定律（Parkinson's Law）是官僚主义或官僚主义现象的一种别称，也可称之为"官场病""组织麻痹病"或者"大企业病"（图2.12）。帕金森定律是指企业在发展过程中往往会因业务的扩展或其他原因而出现的一种现象，这一效应使得企业的机构迅速膨胀、资源浪费、员工积极性下降。在行政管理中，行政机构会像金字塔一样不断增多，行政人员会不断膨胀，每个人都很忙，但组织效率越来越低下。这条定律又被称为"金字塔上升"现象。

图2.12　帕金森定律

> **启示**　　帕金森定律告诉我们这样一个道理，不称职的行政首长一旦占据领导岗位，庞杂的机构和过多的冗员便不可避免，庸人占据着高位的现象也不可避免，整个行政管理系统就会形成恶性膨胀，陷入难以自拔的泥潭。在一个组织中，机构和人员的增加并不完全来自现实工作的需要，而是有它自身的需要，有它自身的法则。管理活动本身会制造工作，增加人手会制造出功能重叠、互相扯皮的管理体系，从而使工作目标不明确、不紧凑，进而导致工作效率低下。要想解决帕金森定律的症结，必须把管理单位的用人权放在一个公正、公开、平等、科学、合理的用人制度上，不受人为因素的干扰，最需要注意的是，不将用人权放在一个可能直接影响或触犯掌握用人权的人手里，问题才能得到解决。引申到安全管理上，一定要将素质高、能力强、懂专业、会管理的干部人才放在安全管理岗位上。

2.1.13　瑞士奶酪模型

"瑞士奶酪模型"是由英国曼彻斯特大学精神医学教授 James Reason，1990 年在其心理学专著《Human Error》一书中提出的概念模型，有时候也被称为累积的行为效应，是对发生事故之间的关系进行解释的经典模型（图2.13）。该模型认为，在一个组织中事故的发生有 4 个层面的因素，即组织影响、不安全的监督、不安全行为的前兆、不安全的操作行为。每一片奶酪代表一层防御体系，每片奶酪上的空洞即代表防御体系中存在的漏洞或缺陷，这些孔的位置和大小都在不断变化。当每片奶酪上的孔在瞬间排列在一条直线上，形成"事故机会弹道"，危险就会穿过所有防御措施上的孔导致事故发生。

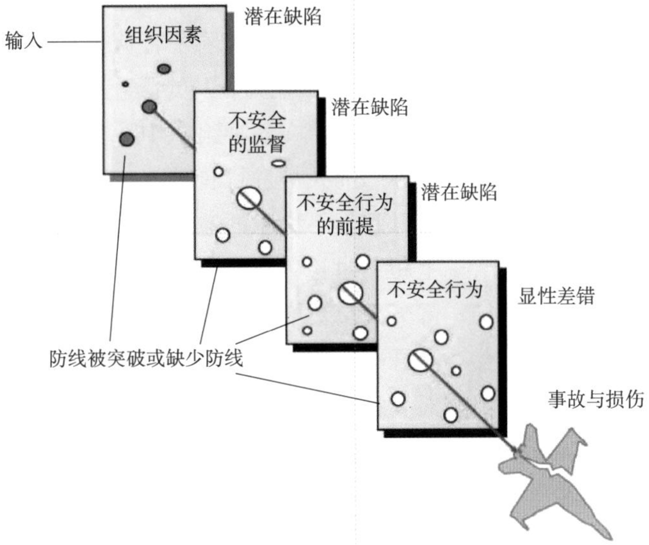

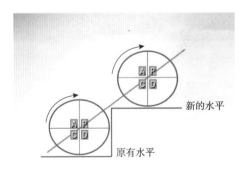

图2.13 瑞士奶酪模型

　　人人都知道安全重要，不能不重视，却不知道，短视是人性中永恒的弱点，重要但不"紧迫"的事情往往会被一再拖延。而耗费巨资的安全管理体系其目的不是为了保护财产，而是为了减少伤亡。安全管理是一个系统性工作，需要大家共同努力。安全防护措施是各种功能失效时的生命保障。

2.1.14 螺旋定律

螺旋定律是指企业的安全管理工作应像螺旋一样不断地提升档次和水平（图2.14）。

图2.14 螺旋定律

启示　　本着持续改进的管理思想，不断对存在的显在和潜在危险源进行有效控制，从人、机、料、法、环等方面不断进行事故的预知和预防工作，广泛开展全员性的安全合理化建议活动，充分发挥奖惩机制，对安全工作进行激励或约束，使安全管理工作呈现出螺旋式上升的良好态势，兑现企业的安全承诺，减少人身伤害事故给企业带来的不良损失。

🏭 2.1.15　彼得原理

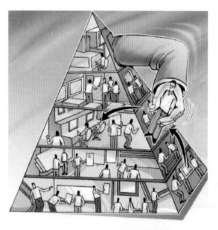

图 2.15　彼得原理

彼得原理是美国学者劳伦斯·彼得（Dr. Laurence Peter）在对组织中人员晋升的相关现象研究后得出的一个结论：在各种组织中，由于习惯于对在某个等级上称职的人员进行晋升提拔，因而雇员总是趋向于被晋升到其不称职的地位。彼得原理有时也被称为"向上爬"理论（图 2.15）。对一个组织而言，一旦相当部分人员被推到其不称职的级别，就会造成组织的人浮于事，效率低下，导致平庸者出人头地，发展停滞。将一名职工晋升到一个无法很好发挥才能的岗位，不仅不是对本人的奖励，反而使其无法很好发挥才能，也给组织带来损失。

> **启示**　安全领导力对企业安全生产工作至关重要，对一个组织而言，不能因某个人在某一个岗位级别上干得很出色，就推断此人一定能够胜任更高一级的职务。要建立科学、合理的人员选聘机制，客观评价每一位职工的能力和水平，将职工安排到其可以胜任的岗位。企业安全领导力关键是一把手的安全领导力，体现在对安全生产的认知、重视和能力方面，表现在安全领导行为延伸到最基层的能力。

对个人而言，虽然我们每个人都期待着不停地升职，但不要将往上爬作为自己的唯一动力。与其在一个无法完全胜任的岗位勉力支撑、无所适从，还不如找一个自己能游刃有余的岗位好好发挥自己的专长。

2.2　安全理念

🏭 2.2.1　杜邦公司十大安全理念

（1）所有安全事故都可以预防

（2）各级管理层对各自的安全直接负责

（3）所有危险隐患都可以控制

（4）安全是被雇佣的条件之一

（5）员工必须接受严格的安全培训

（6）各级主管必须进行安全审核

（7）发现不安全因素必须立即纠正

（8）工作外的安全和工作中的安全同样重要

（9）良好的安全等于良好的业绩

（10）安全工作以人为本

2.2.2　巴斯夫公司安全理念

（1）员工分配的工作要适合他们的工作能力和工作量

（2）论功行赏

（3）通过基本和高级的训练计划，提高员工的工作能力

（4）不断改善工作环境和安全条件

（5）实行抱有合作态度的领导方法

2.2.3　埃克森美孚安全理念

（1）安全永远比产量和效益更重要

（2）卓越的安全、健康和环保表现为企业提升价值

（3）有效的 HSE 管理是公司动作的许可证

（4）作业中的风险可以降低，甚至可以避免

（5）实现无伤害、无事故、无疾病和对环境无影响的作业操作

2.2.4　壳牌石油公司的 HSE 管理理念

（1）人是最重要最宝贵的财富，人身安全是安全工作的终极目标

（2）HSE 工作是各级部门和全员参与的系统工程

（3）HSE 目标同其他经营指标一样重要，是对各级管理者的重要考核依据

（4）建立了透明的事故管理体系，对未遂事件也当作事故管理，从中吸取教训

（5）把承包商的 HSE 管理纳入自己的系统之中，按照"四个一样"对承包商进行管理

2.2.5　哈里伯顿公司安全理念

（1）创建无事故的工作环境

（2）降低风险，消除人身伤害隐患

（3）保障产品与服务使用安全

（4）向业界展示公司的优异的 HSE 行为

2.2.6　斯伦贝谢公司安全理念

（1）实现一种无事故、无过程失控、无有害辐射物、无健康事故、无环境安全漏洞的"零过失文化"

（2）通过目标的承诺，让员工实质性参与安全管理

（3）用最先进的学习方法提供安全培训

（4）通过资源共享，最大限度地提高效率和发挥合作优势

（5）让顾客认识到，我们的公司居于安全管理的领先地位

2.2.7 道达尔公司安全理念

（1）安全管理是所有经营和作业的核心

（2）安全管理重点是落实责任制

（3）安全的关键是提高员工的安全行为，使之保持良好的、持之以恒的警觉状态

2.2.8 中国石化安全理念

（1）HSE 先于一切、高于一切、重于一切

（2）一切事故都是可以预防和避免的

（3）对一切违章行为零容忍

（4）坚持全员、全过程、全天候、全方位 HSE 管理

（5）安全环保源于设计、源于质量、源于责任、源于能力

2.2.9 中国石油安全理念

（1）以人为本，预防为主

（2）一切事故都是可以控制和避免的

（3）HSE 源于责任心、源于设计、源于质量、源于防范

（4）违章就是事故

（5）重视人的生命价值观

（6）安全生产就是提高经济效益的重要保障

（7）企业要向社会负责

2.2.10 中国海油安全理念

（1）健康安全环保是公司生存的基础、发展的保障

（2）管理健康安全环保事务，不仅是经济责任，更是社会责任

（3）员工是公司最宝贵的资源和财富，以人为本，关爱生命

（4）安全行为"五想五不干"，注重细节、控制风险

（5）尽量使用清洁无害的材料和能源，保护环境和资源

（6）健康安全环保是企业整体素质的综合反映

2.2.11 安全"零"理念

（1）安全零目标：实现安全生产各类责任事故为零

（2）事故零绩效：其他工作再好出了事故一切等于零

（3）工作零起点：安全工作永远从零开始

（4）制度零距离：执行制度一丝不苟

（5）"三违"零容忍：严是爱，松是害

第 3 章

风险管理 >>>

　　石油化工行业涉及的危险化学品，大都具有易燃、易爆、毒害、腐蚀等性质，在储运过程中易产生静电、泄漏，从而引发爆炸火灾等事故，如果疏于管理，将产生重大安全隐患。如 2013 年 11 月 22 日，某企业发生输油管线破裂事故，导致原油泄漏，引发火灾，造成 63 人遇难，156 人受伤，直接经济损失 7.5 亿元。因此，坚持基于风险的安全管理，高度重视储运安全风险管控，将风险降低到可接受范围内，是保证安全生产的重中之重。

　　安全风险是安全不期望事故（事件）概率与其可能后果严重程度的综合结果，风险分为重大、较大、一般和低风险，重大风险和较大风险应当采取措施降低风险等级，一般风险按照尽可能低且合理可行的原则可进一步降低风险等级，低风险应当执行现有管理程序和保持现有安全措施完好有效，防止风险进一步升级。企业应结合风险矩阵标准或定量风险评估标准等，分析各类事故（事件）发生的可能性、后果严重性，确定风险度取值，以便准确判定风险等级。

3.1　危险化学品分类

　　按照《危险化学品目录（2015 版）》，危险化学品的品种依据化学品分类和标签，从下列危险和危害特性类别中确定，共 3 大类，29 小类，82 个类别（表 3.1）。

表 3.1　危险化学品的危险和危害特性分类表

序号	大类	小类	类别	备注
1	物理危险	爆炸物	不稳定爆炸物、1.1、1.2、1.3、1.4	
2		易燃气体	类别1、类别2、化学不稳定性气体类别A、化学不稳定性气体类别B	
3		气溶胶（又称气雾剂）	类别1	
4		氧化性气体	类别1	
5		加压气体	压缩气体、液化气体、冷冻液化气体、溶解气体	
6		易燃液体	类别1、类别2、类别3	注1
7		易燃固体	类别1. 类别2	
8		自反应物质和混合物	A型、B型、C型、D型、E型	
9		自燃液体	类别1	
10		自燃固体	类别1	
11		自热物质和混合物	类别1、类别2	
12		遇水放出易燃气体的物质和混合物	类别1、类别2、类别3	
13		氧化性液体	类别1、类别2、类别3	
14		氧化性固体	类别1、类别2、类别3	
15		有机过氧化物	A型、B型、C型、D型、E型、F型	
16		金属腐蚀物	类别1	
17	健康危害	急性毒性	类别1、类别2、类别3	
18		皮肤腐蚀/刺激	类别1A、类别1B、类别1C、类别2	
19		严重眼损伤/眼刺激	类别1、类别2A、类别2B	
20		呼吸道或皮肤致敏	呼吸道致敏物1A、呼吸道致敏物1B、皮肤致敏物1A、皮肤致敏物1B	
21		生殖细胞致突变性	类别1A、类别1B、类别2	
22		致癌性	类别1A、类别1B、类别2	
23		生殖毒性	类别1A、类别1B、类别2、附加类别	
24		特异性靶器官毒性－一次接触	类别1、类别2、类别3	
25		特异性靶器官毒性－反复接触	类别1、类别2	
26		吸入危害	类别1	
27	环境危害	危害水生环境－急性危害	类别1、类别2	
28		危害水生环境－长期危害	类别1、类别2、类别3	
29		危害臭氧层	类别1	

注1：《化学品分类和标签规范 第7部分：易燃液体》（GB 30000.7—2013）第4.2条中易燃液体的分类（表3.2）。

表 3.2　易燃液体的分类表

类别	标准
1	闪点小于 23℃ 且初沸点不大于 35℃
2	闪点小于 23℃ 且初沸点大于 35℃
3	闪点不小于 23℃ 且不大于 60℃
4	闪点大于 60℃ 且不大于 93℃

3.2　危险性类别查询示例

　　苯作为石油化工储运企业中常见的产品，具有易燃、有毒等危险化学品典型性质，因此本节以苯为例介绍其危险性类别查询过程。已知苯的分子量 78.11，熔点 5.51℃，沸点 80.1℃，闪点 −11℃。

　　第一步：查询《化学品分类和标签规范 第 7 部分：易燃液体》（GB 30000.7—2013）第 4.2 条表 1 易燃液体的分类（表 3.2），苯属于类别 2，即闪点小于 23℃ 且初沸点大于 35℃ 的化学品。

　　第二步：依据《危险化学品目录（2015 版）》第一章危险化学品的定义和确定原则，物理危险中的易燃液体类别包括：类别 1、类别 2、类别 3。因第一步查询苯为类别 2，所以得出苯属于易燃液体的危险化学品。

　　第三步：针对苯其他的类别，需要根据苯的物化性质，查询相应的《化学品分类和标签规范 第 20 部分：严重眼损伤/眼刺激》（GB 30000.20—2013）、《化学品分类和标签规范 第 23 部分：致癌性》（GB 30000.23—2013）等规范，再对照《危险化学品目录（2015版)》的确定原则，最后得出苯的总危险性类别为：易燃液体，类别 2；皮肤腐蚀/刺激，类别 2；严重眼损伤/眼刺激，类别 2；生殖细胞致突变性，类别 1B；致癌性，类别 1A；特异性靶器官毒性 – 反复接触，类别 1；吸入危害，类别 1；危害水生环境 – 急性危害，类别 2；危害水生环境 – 长期危害，类别 3。

3.3　常用危险化学品信息

　　危险化学品信息主要包括化学品及企业标识、成分/组成信息、危险性概述、急救措施、消防措施、泄漏应急处理、操作处置与储存、接触控制和个体防护、理化特性、稳定性和反应性、毒理学信息、生态学信息、废弃处置、运输信息、法规信息等，常用危险化学品主要信息见表 3.3。

表3.3 常用危险化学品信息汇总表

序号	品名	别名	危险性类别	理化特性	主要用途	备注
1	氯	液氯；氯气	加压气体 急性毒性-吸入、类别2 皮肤腐蚀/刺激，类别2 严重眼损伤/眼刺激，类别2 特异性靶器官毒性——一次接触，类别3（呼吸道刺激） 危害水生环境-急性危害，类别1	常温常压下为黄绿色、有刺激性气味的气体。常温下，709kPa以上压力时为液体。微溶于水，易溶于二硫化碳和四氯化碳。相对分子质量为70.91，熔点-101℃，沸点-34.5℃，气体密度3.21g/L，相对密度（空气=1）2.5，相对蒸气密度（水=1）1.41（20℃），临界压力7.71MPa，临界温度144℃，饱和蒸气压673kPa（20℃），辛醇/水分配系数0.85	用于制造氯乙烯、环氧氯丙烷、氯丙烯、氯化石蜡等；用作氯化试剂，也用作水处理过程的消毒剂	特别管控、重点监管，剧毒气体，吸入可致死
2	氨	液氨；氨气	易燃气体，类别2 加压气体 急性毒性-吸入，类别3* 皮肤腐蚀/刺激，类别1B 严重眼损伤/眼刺激，类别1 危害水生环境-急性危害，类别1	常温常压下为无色气体，有强烈的刺激性气味。液氨20℃，891kPa下即可液化，体积变化很大。溶于水。在温度变化时，体积变化的系数很大。相对分子质量为17.03，熔点-77.7℃，沸点-33.5℃，气体密度0.7708g/L，相对密度（空气=1）0.59，相对蒸气密度（水=1）0.7（-33℃），临界压力11.4MPa，临界温度132.5℃，饱和蒸气压1013kPa（26℃），爆炸极限15%~30.2%（体积比），自燃温度630℃，最大爆炸压力0.58MPa	主要用作致冷剂及制取铵盐和氮肥	特别管控、重点监管，高毒气体，吸入可引起中毒性肺气肿；与空气能形成爆炸性混合物；氨溶液（含氨>10%）是危险化学品
3	液化石油气	石油气[液化的] LPG	易燃气体，类别1 加压气体 生殖细胞致突变性，类别1B	由石油加工过程中得到的一种无色挥发性液体，主要组分为丙烷、戊烷、丙烯、丁烯，并含有少量硫化氢等杂质。不溶于水。熔点-160~-107℃，沸点-12~4℃，闪点-80~-60℃，相对密度（水=1）0.5~0.6，相对蒸气密度（空气=1）1.5~2.0，爆炸极限5%~33%（体积比），自燃温度426~537℃	主要用作民用燃料、发动机燃料、制氢原料、加热炉燃料等，也可用作石油化工的原料	特别管控、重点监管，与空气能形成爆炸性混合合物

续表

序号	品名	别名	危险性类别	理化特性	主要用途	备注
4	天然气（富含甲烷的）	沼气	易燃气体，类别1；加压气体	无色，无臭，无味气体。微溶于水，溶于有机溶剂。相对分子质量16.04，相对蒸气密度（空气=1）0.6，气体密度0.7163g/L，沸点-161.5℃，相对密度（水=1）0.42（-164℃），临界压力4.59MPa，临界温度-82.6℃，饱和蒸气压53.32kPa（-168.8℃），爆炸极限5.0%~16%（体积比），自燃温度537℃，最小点火能0.28mJ，最大爆炸压力0.717MPa	主要用作燃料和用于炭黑、氢、乙炔、甲醛等的制造	特别管控（液化天然气），重点监管，易燃气体，与空气能形成爆炸性混合物
5	环氧乙烷	氧化乙烯	易燃气体，类别1；化学不稳定性气体，类别A；加压气体；急性毒性-吸入，类别3*；皮肤腐蚀/刺激，类别2；严重眼损伤/眼刺激，类别2；生殖细胞致突变性，类别1B；致癌性，类别1A；特异性靶器官毒性——一次接触，类别3（呼吸道刺激）	常温下为无色气体，低温时为无色易流动液体。易溶于水以及乙醇、乙醚等有机溶剂。相对分子质量44.05，熔点-111.3℃，沸点10.7℃，气体密度1.795g/L（20℃），相对密度（空气=1）0.87，相对密度（水=1）1.5，临界压力7.19MPa，临界温度195.8℃，饱和蒸气压145.91kPa（20℃），折射率1.3597（7℃），闪点<-18℃（体积比），爆炸极限3.0%~100%（体积比），自燃温度429℃，最小点火能0.065mJ，最大爆炸压力0.97MPa	主要用于制造乙二醇、表面活性剂、洗涤剂、增塑剂以及树脂等	特别管控，重点监管，易燃气体，与空气能形成爆炸性混合物，加热时剧烈分解，有着火和爆炸危险
6	氯乙烯（稳定的）	乙烯基氯	易燃气体，类别1；化学不稳定性气体，类别B；加压气体；致癌性，类别1A	无色，有醚样气味的气体。难溶于水，溶于乙醚、丙酮和二氯乙烷。相对分子质量62.50，熔点-153.7℃，沸点-13.3℃，气体密度2.15g/L，相对密度（水=1）0.91，相对蒸气密度（空气=1）2.2，临界压力5.57MPa，临界温度151.5℃，闪点-78℃，饱和蒸气压346.53kPa（25℃），自燃温度472℃，爆炸极限3.6%~31.0%（体积比），最大爆炸压力0.666MPa	主要用作塑料原料及用于有机合成，也用作冷冻剂等	特别管控，重点监管，高毒，易燃气体，与空气能形成爆炸性混合物；火场温度下易发生危险的聚合反应

续表

序号	品名	别名	危险性类别	理化特性	主要用途	备注
7	1,2-环氧丙烷	氧化丙烯;甲基环氧乙烷	易燃液体，类别1 皮肤腐蚀/刺激，类别2 严重眼损伤/眼刺激，类别2 生殖细胞致突变性，类别1B 致癌性，类别2 特异性靶器官毒性——一次接触，类别3（呼吸道刺激）	无色透明的易挥发液体，有类似乙醚的气味。溶于水以及乙醇、乙醚等有机溶剂。相对分子质量58.08，熔点-112.1℃，沸点34.2℃，相对密度（水=1）0.83，相对蒸气密度（空气=1）2.0，临界温度209.1℃（临界压力4.92MPa），饱和蒸气压75.86kPa（20℃），折射率1.3664，闪点-37℃，爆炸极限2.3%~36.0%（体积比），最小点火能0.19mJ，最大爆炸压力0.804MPa	主要是有机合成的重要原料。用于润滑剂合成、表面活性剂、去垢剂及制造杀虫剂等	特别管控，重点监管，极易燃液体，蒸气与空气能形成爆炸性混合物
8	甲醇	木醇;木精	易燃液体，类别2 急性毒性-经口，类别3* 急性毒性-经皮，类别3* 急性毒性-吸入，类别3* 特异性靶器官毒性——一次接触，类别1	无色透明的易挥发液体，有刺激性气味。溶于水，可混溶于乙醇、乙醚、酮类、苯等有机溶剂。相对分子质量32.04，熔点-97.8℃，沸点64.7℃，相对密度（水=1）0.79，相对蒸气密度（空气=1）1.1，临界压力7.95MPa，临界温度240℃，饱和蒸气压12.26kPa（20℃），折射率1.3288，闪点11℃，爆炸极限5.5%~44.0%（体积比），自燃温度464℃，最小点火能0.215mJ	主要用于制甲醛、香精、染料、医药、火药、防冻剂、溶剂等	特别管控，重点监管，高度易燃液体，蒸气与空气能形成爆炸性液体
9	汽油		易燃液体，类别2* 生殖细胞致突变性，类别1B 致癌性，类别2 吸入危害，类别1 危害水生环境-急性危害，类别2 危害水生环境-长期危害，类别2	无色到浅黄色的透明液体。相对密度（水=1）0.70~0.80，相对蒸气密度（空气=1）3~4，闪点-46℃，爆炸极限1.4%~7.6%（体积比），自燃温度415~530℃，最大爆炸压力0.813MPa，石脑油主要成分为C4~C6的烷烃，相对密度0.78~0.97，闪点-2℃，爆炸极限1.1%~8.7%（体积比）	汽油主要用作汽油机的燃料，可用于橡胶、印刷、制鞋、颜料等行业，也可用作机械零件的去污剂；石脑油主要用作裂解、催化重整和制氢原料，也可作为一般溶化工原料或在石油炼制方面是制清洁汽油的主要原料	特别管控，重点监管，极易燃液体，蒸气与空气能形成爆炸性混合物

续表

序号	品名	别名	危险性类别	理化特性	主要用途	备注
9	乙醇汽油		易燃液体，类别2* 生殖细胞致突变性，类别1B 致癌性，类别2 吸入危害，类别1 危害水生环境－急性危害，类别2 危害水生环境－长期危害，类别2	无色到浅黄色的透明液体。相对密度（水＝1）0.70～0.80，相对蒸气密度（空气＝1）3～4，闪点－46℃，爆炸极限1.4%～7.6%（体积比），自燃温度415～530℃，最大爆炸压力0.813MPa；石脑油主要成分为C₄～C₆的烷烃，相对密度0.78～0.97，闪点－2℃，爆炸极限1.1%～8.7%（体积比）	汽油主要用作汽油机的燃料，可用于橡胶、制鞋、印刷、制革、颜料等行业，也可用作机械零件的去污剂；石脑油主要用作裂解、催化重整和制氨原料，也可作为化工原料或一般溶剂，在石油炼制方面是制作清洁汽油的主要原料	
	甲醇汽油		易燃液体，类别2* 生殖细胞致突变性，类别1B 致癌性，类别2 特异性靶器官毒性——一次接触，类别1 吸入危害，类别1 危害水生环境－急性危害，类别2 危害水生环境－长期危害，类别2			
	石脑油		易燃液体，类别2* 生殖细胞致突变性，类别1B 吸入危害，类别1 危害水生环境－急性危害，类别2 危害水生环境－长期危害，类别2			重点监管
10	氰化氢	无水氢氰酸	易燃液体，类别1 急性毒性－吸入，类别2* 危害水生环境－急性危害，类别1 危害水生环境－长期危害，类别1	无色液体，有苦杏仁味。溶于水、醇、醚等。相对分子质量27.03，熔点－13.4℃，沸点25.7℃，相对密度（水＝1）0.69，相对蒸气密度（空气＝1）0.94，饱和蒸气压82.46kPa（20℃），临界压力4.95MPa，辛醇/水分配系数：0.35～1.07，闪点－17.8℃，引燃温度538℃，爆炸极限5.6%～40.0%（体积比）	主要用于丙烯腈和丙烯酸树脂及农药杀虫剂的制造	重点监管。氢氰酸（含量≤20%）也是危险化学品

续表

序号	品名	别名	危险性类别	理化特性	主要用途	备注
11	硫化氢		易燃气体，类别1 加压气体 急性毒性－吸入，类别2* 危害水生环境－急性危害，类别1	无色气体，低浓度时有臭鸡蛋味，高浓度时使嗅觉迟钝。溶于水、乙醇、甘油、二硫化碳。相对分子质量为34.08，熔点－85.5℃，沸点－60.7℃，相对密度（水＝1）1.539g/L，临界压力9.01MPa，临界温度100.4℃，爆炸极限4.0%～46.0%（体积比），最小点火能0.077mJ，饱和蒸气压2026.5kPa（25.5℃），闪点－60℃，自燃温度260℃，最大爆炸压力0.49MPa	主要用于制造无机硫化物，还用作化学分析，如鉴定金属离子	重点监管，高毒
12	苯	纯苯	易燃液体，类别2 皮肤腐蚀/刺激，类别2 严重眼损伤/眼刺激，类别2 生殖细胞致突变性，类别1B 致癌性，类别1A 特异性靶器官毒性－反复接触，类别1 吸入危害，类别1 危害水生环境－急性危害，类别2 危害水生环境－长期危害，类别3	无色透明液体，有强烈芳香味。微溶于水，与乙醇、乙醚、丙酮、四氯化碳、二硫化碳和乙酸混溶。相对分子质量78.11，熔点5.51℃，沸点80.1℃，相对密度（水＝1）0.88，临界压力4.92MPa，临界温度288.9℃，折射率1.4979（25℃），闪点－11℃，爆炸极限1.2%～8.0%（体积比），自燃温度560℃，最小点火能0.20mJ，饱和蒸气压10kPa（20℃），最大爆炸压力0.88MPa	主要用作溶剂及合成苯的衍生物，香料、染料、塑料、医药、炸药、橡胶等	重点监管，高毒
13	2－丙烯腈[稳定的]	丙烯腈;乙烯基氰;氰基乙烯	易燃液体，类别2 急性毒性－经口，类别3* 急性毒性－经皮，类别3 急性毒性－吸入，类别3 皮肤腐蚀/刺激，类别2 严重眼损伤/眼刺激，类别1 皮肤致敏物，类别1 致癌性，类别2 特异性靶器官毒性－一次接触，类别3（呼吸道刺激） 危害水生环境－急性危害，类别2 危害水生环境－长期危害，类别2	无色透明液体。微溶于水，与苯、丙酮、甲醇有机溶剂互溶。相对分子质量为53.06，熔点－83.6℃，沸点77.3℃，相对密度（水＝1）0.81，临界温度263℃，临界压力3.5MPa，相对蒸气密度（空气＝1）1.83，饱和蒸气压11.0kPa（20℃），折射率1.3911，闪点－1℃，爆炸极限2.8%～17%（体积比），自燃温度480℃，最小点火能0.16mJ	用于制造聚丙烯腈、丁腈橡胶、合成树脂、染料、医药等	重点监管，高毒

续表

序号	品名	别名	危险性类别	理化特性	主要用途	备注
14	一氧化碳		易燃气体，类别1 加压气体 急性毒性-吸入，类别1 生殖毒性，类别1A 特异性靶器官毒性-反复接触，类别1	无色，无味，无臭气体。微溶于水，溶于乙醇、苯等有机溶剂。相对分子质量28.01，沸点-191.4℃，气体密度1.25g/L，相对密度（水=1）0.79，相对蒸气密度（空气=1）0.97，临界温度-140.2℃，临界压力3.5MPa，自燃温度605℃，爆炸极限12%~74%（体积比），最大爆炸压力0.72MPa	主要用于化学合成，如合成甲醇、光气等，及用作精炼金属的还原剂	重点监管、高毒
15	石油原油	原油	1. 闪点<23℃和初沸点≤35℃：易燃液体，类别1 2. 闪点<23℃和初沸点>35℃：易燃液体，类别2 3. 23℃≤闪点≤60℃：易燃液体，类别3	原油即石油，是一种黏稠的，深褐色（有时有点绿色）流动或半流动黏稠液体。密度一般在0.75~0.95之间，相对密度在0.9~1.0之间，少数大于0.95或小于0.9的称为轻质原油。原油黏度范围很宽，凝固点差别很大（-60~30℃）。沸点范围为常温到500℃以上。它由不同的碳氢化合物混合组成，其主要组成成分是烷烃、环烷烃，还含有硫、氧、氮、磷、钒等元素。可溶于多种有机溶剂，不溶于水，但可与水形成乳状液。不同油田的石油成分和外观可以有很大差别	原油主要被用来作为燃油和生产各种油品等，也是许多化学工业产品，如溶剂、化肥、杀虫剂和塑料等的原料	重点监管
16	氢气	氢	易燃气体，类别1 加压气体	无色，无臭的气体。很难液化。液态氢无色透明。极易扩散和渗透。微溶于水，不溶于乙醇、乙醚。相对分子质量2.02，熔点-259.2℃，沸点-252.8℃，气体密度0.0899g/L，相对密度（空气=1）0.07，相对蒸气密度（空气=1）0.07，临界压力1.30MPa，临界温度-240℃，饱和蒸气压13.33kPa（-257.9℃），爆炸极限4%~75%（体积比），自燃温度500℃，最小点火能0.019mJ，最大爆炸压力0.72MPa	主要用于合成氨和甲醇等、石油精制，有机物氢化及作火箭燃料	重点监管

续表

序号	品名	别名	危险性类别	理化特性	主要用途	备注
17	二氧化碳[压缩的或液化的]	碳酸酐	加压气体 特异性靶器官毒性——次接触，类别3（麻醉效应）	常温常压下是一种无色无味气体。相对分子质量44.0095，熔点－56.6℃，沸点－78.5℃，临界温度31.0℃，临界压力7.3815MPa。标准状况下，二氧化碳的密度为1.964g/L	主要用于灭火剂，油田驱油剂，电子元件制冷剂等	
18	二氧化硫	亚硫酸酐	加压气体 急性毒性－吸入，类别3 皮肤腐蚀/刺激，类别1B 严重眼损伤/眼刺激，类别1	无色有刺激性气味的气体。溶于水，水溶液呈酸性。溶于丙酮，乙醇，甲酸等有机溶剂。相对分子质量64.06，熔点－75.5℃，沸点－10℃，气体密度3.049g/L，相对密度（水＝1）1.4（－10℃），相对蒸气密度（空气＝1）2.25，临界压力7.87MPa，临界温度157.8℃，饱和蒸气压330kPa（20℃）	主要用于制造硫酸和保险粉等	重点监管
19	甲苯	甲基苯；苯基甲烷	易燃液体，类别2 皮肤腐蚀/刺激，类别2 生殖毒性，类别2 特异性靶器官毒性——次接触，类别3（麻醉效应） 特异性靶器官毒性－反复接触，类别2* 吸入危害，类别1 危害水生环境－急性危害，类别2 危害水生环境－长期危害，类别3	无色透明液体，有芳香气味。不溶于水，与乙醇、乙醚、丙酮、氯仿等混溶。相对分子质量92.14，熔点－94.9℃，沸点110.6℃，相对密度（水＝1）0.87，相对蒸气密度（空气＝1）3.14，临界压力4.11MPa，临界温度318.6℃，闪点4℃，饱和蒸气压3.8kPa（25℃），折射率1.4967，自燃温度535℃，爆炸极限1.2%～7.0%（体积比），最大爆炸压力0.784MPa，最小点火能2.5mJ	主要用于掺合汽油组成及作为生产甲苯衍生物，炸药，药用中间体、药物等的主要原料	重点监管
20	乙烯		易燃气体，类别1 加压气体 特异性靶器官毒性——次接触，类别3（麻醉效应）	无色气体，带有甜味。不溶于水，微溶于乙醇，溶于乙醚、丙酮和苯。相对分子质量28.05，熔点－169.4℃，沸点－103.9℃，相对密度（水＝1）0.61，相对蒸气密度（空气＝1）0.98，临界压力5.04MPa，临界温度9.2℃，饱和蒸气压8100kPa（15℃），爆炸极限2.7%～36.0%（体积比），自燃温度425℃，最小点火能0.096mJ	主要用于制聚乙烯，聚氯乙烯，染料中间体、醋酸等	重点监管

续表

序号	品名	别名	危险性类别	理化特性	主要用途	备注
21	苯乙烯[稳定的]	乙烯苯	易燃液体，类别 3 皮肤腐蚀/刺激，类别 2 严重眼损伤/眼刺激，类别 2 致癌性，类别 2 生殖毒性，类别 2 特异性靶器官毒性-反复接触，类别 1 危害水生环境-急性危害，类别 2	无色透明油状液体，有芳香味。不溶于水，溶于乙醇和乙醚。相对分子质量104.14，熔点-30.6℃，沸点146℃，相对密度（水=1）0.906（25℃），相对蒸气密度（空气=1）3.6，临界压力3.81MPa，临界温度369℃，饱和蒸气0.67kPa（20℃），折射率1.5467，闪点32℃，爆炸极限1.1%~6.1%（体积比），自燃温度490℃	主要用于制聚苯乙烯、合成橡胶、离子交换树脂等	重点监管
22	1,3-丁二烯[稳定的]	联乙烯	易燃气体，类别 1 加压气体 生殖细胞致突变性，类别 1B 致癌性，类别 1A	无色气体，有芳香味。易液化。在有氧气存在下易聚合。工业品含有0.02%的对叔丁基邻苯二酚阻聚剂。不溶于水，易溶于醇或醚，溶于丙酮、苯、二氯乙烷等。相对分子质量54.09，气体密度2.428g/L，相对蒸气密度（空气=1）1.87，沸点-4.5℃，相对密度（水=1）0.6，临界温度152.0℃，临界压力4.33MPa，闪点-76℃，爆炸极限1.4%~16.3%（体积比），自燃温度415℃，最小点火能0.17mJ	主要用于合成橡胶ABS树脂、酸酐等	重点监管
23	丙烯		易燃气体，类别 1 加压气体	无色气体，略带烃类特有的气味。微溶于水，溶于乙醇和乙醚。熔点-185.25℃（20℃），气体密度1.7885g/L（20℃）0.5，相对蒸气密度（空气=1）1.5，沸点-47.7℃，临界温度91.9℃，饱和蒸气压6158kPa（25℃），闪点-108℃，爆炸极限1.0%~15.0%（体积比），自燃温度455℃，最小点火能0.282mJ，最大爆炸压力0.882MPa	主要用于制聚丙烯、丙烯腈、环氧丙烷、丙酮等	重点监管

续表

序号	品名	别名	危险性类别	理化特性	主要用途	备注
24	乙烯		易燃气体, 类别1 加压气体	无色无臭气体。微溶于水和丙酮，溶于苯。相对分子质量30.08，熔点-183.3℃，沸点-88.6℃，气体密度1.36g/L，相对密度（水=1）0.45，相对蒸气密度（空气=1）1.05，临界温度32.2℃，临界压力4.87MPa，饱和蒸气压3850kPa（20℃），爆炸极限3.0%~16.0%（体积比），自燃温度472℃，最小点火能0.31mJ	主要用于制乙烯、氯乙烯、氯乙烷、冷冻剂等	重点监管
25	1-氯-2,3-环氧丙烷	环氧氯丙烷；3-氯-1,2-环氧丙烷	易燃液体, 类别3 急性毒性-经口, 类别3* 急性毒性-经皮, 类别3* 急性毒性-吸入, 类别3* 皮肤腐蚀/刺激, 类别1B 严重眼损伤/眼刺激, 类别1 皮肤致敏性, 类别1 致癌性, 类别1B	无色油状液体，有氯仿样刺激气味。可混溶于水，醚。溶于乙醇，四氯化碳，苯。相对分子质量92.53，熔点-57℃，沸点116℃，相对密度（水=1）1.18（20℃），相对蒸气密度（空气=1）3.29，饱和蒸气压1.8kPa（20℃），辛醇/水分配系数0.3，闪点33℃，引燃温度411℃，爆炸极限3.8%~21%（体积比）	主要用于制环氧树脂，也是一种含氧物质的稳定剂和化学中间体	重点监管
26	甲基叔丁基醚	2-甲氧基-2-甲基丙烷；MTBE	易燃液体, 类别2 皮肤腐蚀/刺激, 类别2	无色透明，黏度低的可挥发性液体，具有醚样气味。不溶于水。相对分子质量88.15，熔点-108.6℃，沸点55.2℃，相对密度（水=1）0.74，饱和蒸气压27kPa（20℃），燃烧热3360.7kJ/mol，辛醇/水分配系数0.94~1.24，闪点-28℃，引燃温度375℃，爆炸极限1.6%~15.1%（体积比）	主要用作汽油添加剂	重点监管

注：1. 危险性类别中标记"*"的类别，是指在有充分依据的条件下，该化学品可以采用更严格的类别。例如，1,3-二氯-2-丙醇分类为"急性毒性-经口，类别3*"，如果有充分依据，可分类为更严格的"急性毒性-经口，类别2"。
2. 备注中的"特别管控"是指该危险化学品列入《特别管控危险化学品目录（第一版）》（2020年第3号公告）。
3. 备注中的"重点监管"是指该危险化学品列入《重点监管的危险化学品名录》（2013年完整版）。

3.4 常见的储运风险

风险管理贯穿于储运运行全过程，通过掌握储运运行过程常见的风险，持续开展风险分析、风险评价、风险管控和风险预警，确保风险可接受，防止事故发生。

3.4.1 非稳态生产风险

储运运行过程中非连续作业和动态作业多，造成工艺操作指标的不规律变化，带来非稳态操作风险，储运产品在交付客户过程中，运输工具及运输过程高度社会化，不可控因素较多，甚至企业内装卸过程中也有司乘及押运人员参与作业，这是最大的不可控风险。

3.4.2 工艺操作风险

储运作业关键在于工艺流程的确认。罐区操作人员未对工艺流程进行确认或错开流程会导致冒罐风险；装车作业工艺流程未确认，会产生超压的风险；液化烃装卸车鹤管连接不好，会产生脱开泄漏风险；LNG 储罐开车时预冷不均，会造成储罐出现冷收缩引起破坏风险；储罐脱水作业没有人员在现场，会产生跑料风险。

3.4.3 设备设施风险

储运设备包括储罐、机泵、管道、鹤管、电气、仪表等，这些设备设施的安全性能不符合标准要求，设备设施老化，性能下降，维护保养不到位，带病运行，在运行过程中发生腐蚀泄漏，就会有发生火灾、爆炸等事故的风险。外浮顶罐的一次密封和二次密封之间存有可燃气体，遇雷击、静电就会发生着火事故；内浮顶罐使用氮气吹扫，如果压力控制不好，容易吹坏浮盘，甚至造成卡盘、沉盘事故；在不采取保护措施的情况下，内浮顶罐浮盘落底，增加了挥发损耗，同时极大增加了发生火灾的风险；采用罐顶气相连通方式的罐组，连通支线未设置规范的阻爆轰型阻火器，易发生群罐火灾。

3.4.4 检维修风险

储运检维修涉及受限空间、盲板抽堵等高风险作业多，检修与生产交叉作业多；作业环境恶劣，工作条件差，存在有毒有害气体；工期紧，任务重，组织管理难度大。检修过程中存在着多种多样的危险因素，安全风险无处不在，如动火作业未进行可燃气体分析或可燃气体超标，应该用盲板隔离的储罐或管线没有隔离，储罐罐顶维修高处作业未系安全带，受限空间作业未进行有毒气体分析或未佩戴符合要求的防护用品，在易燃易爆环境使用非防爆的工器具，都有可能发生安全事故。

3.4.5　其他风险

企业安全制度执行不到位，岗位安全职责不完善；人员和劳动组织形式频繁变更，作业人员的专业技术能力差，安全意识淡薄；企业存在重效益轻安全的思想，安全投入不足，风险管控不力，这些也会造成人员伤亡、火灾、爆炸等事故。

3.5　风险评估

风险评估包括风险分析和风险评价两部分，风险评估过程应突出遏制重特大事故，高度关注暴露人群，聚焦重大危险源、劳动密集型场所、高危作业工序和受影响的人群规模。

3.5.1　风险分析

风险分析是应洞察风险本质，对事故（事件）发生的可能性和后果的严重性进行分析，确定风险大小的过程。风险分析应考虑危险源、原因、后果及其发生可能性、影响后果和可能性的因素、现有措施及其可靠性。风险分析可以是定性的，也可以是定量的，具体采用哪种方法取决于分析的目的。风险分析主要包括风险识别、可能性分析及后果分析三个步骤。

3.5.1.1　风险识别

风险识别是识别和描述风险的过程，涉及识别风险点、危险源、事件、原因、发展过程、潜在后果等，生成一个全面的风险列表。

风险识别范围应当涵盖总图布置、工艺流程、设备设施、物流运输、应急泄放系统、工艺操作、检维修作业、有人值守建筑物、自然灾害和外部影响等全业务、全流程中存在的风险。每年至少开展一次全面风险识别。

1. 风险点排查

风险点是风险伴随的设施、部位、场所和区域，以及在设施、部位、场所和区域实施的伴随风险的作业活动，或以上两者的组合。划分应遵循大小适中、便于分类、功能独立、易于管理、范围清晰的原则，可按照储存罐区、装卸区、泵房、作业场所等功能分区进行。

企业应组织对全过程进行风险点排查，按照工作流程的阶段、场所、装置、设施、作业活动或上述几种方式的组合进行风险点排查，形成风险点名称、所在位置、可能导致事故类型等基本信息（表3.4）。

表3.4　风险点排查表

序号	风险点名称	类型	可能导致的主要事故类型	区域位置	所属单位	备注

注：可能导致事故类型可以参照《企业职工伤亡事故分类标准》（GB 6441）填写。

2. 危险源辨识

企业应采取适用的辨识方法，对风险点内存在的危险源进行辨识，辨识应覆盖风险点内全部的设备设施和作业活动，并充分考虑不同状态和不同环境带来的影响。

设备设施危险源辨识应采用安全检查表分析法（SCL）等方法，作业活动危险源辨识应采用作业危害分析法（JHA）等方法，对于复杂的工艺应采用危险与可操作性分析法（HAZOP）或类比法、事故树分析法等方法进行危险源辨识。

3.5.1.2 可能性分析

在此过程中应识别每一个危险事件的成因，同时根据经验数据和专家判断预测危险事件的频率。事件原因频率确定方法可参考以下工业数据库：PHAMS 数据库、EuReData、OREDA、HCRD、OGP、SINTEF – PDS、《工艺设备可靠性数据指南》（CCPS）等。

3.5.1.3 后果分析

在此过程中识别危险事件引起的潜在后果。通常采用的方法有事故案例法、专家判断法，可以采用专业的软件开展扩散分析、火灾分析、爆炸分析，其中二维软件包括 EFFECTS、PHAST、FRED、Shepherd、SAFETI 和 SafeSite3G 等，三维分析软件包括 FLACS、KFX、Fluidyn 和 ANSYSworkbench 等。

3.5.1.4 分析示例

某企业的 C_5 储罐，考虑人员安全健康影响，风险分析结果见表 3.5。

表 3.5 企业的 C_5 储罐风险分析示例

编号	事件名称	通用频率/（次/a）	后果	备注
1	液位计误指示，导致人员误操作，过度进料，储罐液位超高，溢流，形成喷溅液体，形成蒸汽云，遇到点火源，形成闪火和池火	0.1	可能导致 3~9 人死亡，发生严重火灾事故	现有安全措施：设有独立的液位高联锁；设有可燃气报警和紧急切断阀
2	储罐及进、出料管线，附件因设备完整性导致物料泄漏，引发失控的火灾事故	0.001	引发失控的火灾事故，导致 3 人以上死亡	现有安全措施：设有可燃气体报警和紧急切断阀；设有防火堤
3	管线因形成死管段，在外界温度升高时，发生超压事故，引起管线内物料泄漏	0.01	导致人员受伤，管线破坏	现有安全措施：设有安全阀

3.5.2 风险评价

3.5.2.1 评价方法

风险评价是以风险分析为基础，考虑社会、经济、环境等方面的因素，对风险的容忍度做出判断的过程。企业应选择以下的评价方法对定性、定量风险分析的结果划分等级，并确定风险是否可接受：风险矩阵分析法（LS）、作业条件危险性分析法（LEC）、风险程度分析法（MES）等。

3.5.2.2　风险定级

对分析出的安全风险进行分类梳理，参照《企业职工伤亡事故分类》（GB 6441），综合考虑起因物、引起事故的诱导性原因、致害物、伤害方式等，确定安全风险类别，对不同类别的安全风险，采用相应的风险评估方法确定安全风险等级，可按风险点各危险源评价出的最高风险级别作为该风险点的级别。安全风险等级从高到低划分为重大风险、较大风险、一般风险和低风险，推荐用红、橙、黄、蓝四种颜色分别标识。

3.6　风险管控

企业应根据风险评估的结果，针对安全风险特点，制定工程技术措施、管理措施、培训教育措施、个体防护措施、应急处置措施，对安全风险进行有效管控，达到降低和监测风险的目的。应对安全风险分级、分专业进行管理，逐一落实企业各层级的管控责任，尤其要强化对重大危险源和存在重大安全风险的生产区域、岗位的重点管控。应高度关注危险源变化后的风险状况，动态评估、调整风险等级和管控措施，确保安全风险始终处于受控范围内。

风险分级管控应遵循风险越高管控层级越高的原则，对于操作难度大、技术含量高、风险等级高、可能导致严重后果的作业活动应重点进行管控。上一级负责管控的风险，下一级必须同时负责管控，并逐级落实具体措施。企业应根据风险分级管控的基本原则，结合本企业机构设置情况，合理确定各级风险的管控层级。

企业应在每一次风险评估后，编制包括全部风险点各类风险信息的风险分级管控清单，并按规定及时更新。

3.7　风险公告

企业应建立安全风险公告制度，在醒目位置和重点区域分别设置安全风险公告栏，制作岗位安全风险告知卡，标明主要安全风险、可能引发事故隐患类别、事故后果、管控措施、应急措施及报告方式等内容。对存在重大安全风险的工作场所和岗位，应设置明显警示标志。

3.7.1　公告内容

公告每天的生产运行状态和可能引发安全风险的主要活动，内容主要包括企业储运设备设施套数，实施的特殊作业种类及次数，重大或较大安全风险，国内外石油化工储运企业的典型事故等。

3.7.2 公告地点与时间

企业应在主门岗显著位置设置显示屏，每天及时更新，文字图像显示清晰，安装位置符合防火防爆规定，保证人员、车辆安全通行。

3.8 风险预警

风险预警是根据企业的实际特点，收集相关风险信息，通过设定的规则计算出风险总值，画出风险预警曲线，并对风险趋势进行分析，评价风险状态偏离安全线的强弱程度，当风险值处于较大或重大风险区时，提醒企业领导要高度重视，进行原因分析，提前采取针对性措施进行管控，降低风险。根据安全管理实践，建立量化的安全生产风险分析预警系统是必要的，是管控过程事故风险、做好预防性安全管理的有效手段。

下面以管理机构为公司、厂、车间三级的某企业为例介绍风险预警的过程。

该企业根据事故风险和过程控制风险，将风险区域划分为低风险区、一般风险区、较大风险区、重大风险区，其他企业可以根据本企业的生产实际及特点制定适合的风险预警办法。

3.8.1 数据来源

安全总体风险源于现实事故风险和过程控制风险。

现实事故风险 = 轻伤事故 + 火警事件。

过程控制风险 = 未遂事件（表征不安全状态引发事故的风险）+ 动火风险（表征装置罐区动火引发火警或伤害的风险）+ 违章行为（表征不安全行为引发事故的风险）+ 风险区域检查覆盖率（表征风险控制水平）等。

3.8.2 推荐风险值

车间级事故风险值1，厂级事故风险值6，公司级事故风险值10；A级火警风险值1，B级火警风险值10；未遂事件风险值1；动火作业风险值取动火数量的自然对数；严重违章行为风险值1，一般违章行为风险值0.2。

风险区域检查覆盖率作为总风险值的修正，最高修正10%〔覆盖率100%（修正10%），覆盖率80%~100%（修正5%），覆盖率50%~80%（修正2%），覆盖率0~50%（修正0%）〕。

3.8.3 计算模型

月度总风险值 = 〔车间级事故起数×1 + 厂级事故起数×6 + 公司级事故起数×10 + A级火警起数×1 + B级火警起数×10 + 未遂事件起数×1 + 特级动火作业数量的自然对数×2 + 一级动火作业数量的自然对数 + 严重违章行为起数×1 + 一般违章行为起数×0.2〕×（1 - 风险区域检查覆盖率对应修正值）

3.8.4 预警区域划分

基于风险可接受程度和企业对安全的期望，风险值划分为四个区：

0 < 低风险区 ≤ 30；30 < 一般风险区 ≤ 50；50 < 较大风险区 ≤ 80；80 < 重大风险区。

图3.1为某企业2020年1月至2021年8月的风险预警区线，2021年8月风险值修正后达到66.11，处于较大风险区。

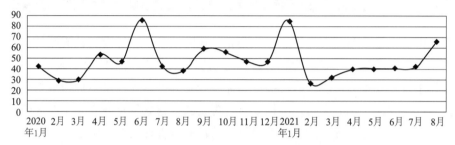

图3.1　某企业2020年1月至2021年8月的风险预警曲线

3.9 危险化学品重大危险源

储运企业储存设施一般有储罐、仓库等，以储罐储存居多，布置在一个防火堤内的一个或多个储罐构成罐组，一个或多个罐组构成罐区。通常情况下储罐容量较大，固有风险高，所以对罐区进行重大危险源辨识和分级是非常必要的，根据分级的结果采取相应的管控措施，使风险处于可接受范围内。

危险化学品重大危险源，是指按照《危险化学品重大危险源辨识》（GB 18218）辨识确定，长期地或临时地生产、储存、使用和经营危险化学品，且危险化学品的数量等于或者超过临界量的单元。可分为生产单元和储存单元危险化学品重大危险源。

储存单元是指用于储存危险化学品的储罐或仓库组成的相对独立的区域，储罐区以罐区防火堤为界限划分为独立的单元，仓库以独立库房（独立建筑物）为界限划分为独立的单元。

3.9.1 重大危险源辨识

危险化学品重大危险源的辨识依据是危险化学品的危险特性及其数量，储存单元内存在危险化学品的数量等于或超过表3.6所示的临界量，即被定为重大危险源。

表3.6　常用危险化学品名称及其临界量

序号	名称	别名	临界量/t
1	氯乙烯	乙烯基氯	50
2	氢	氢气	5

续表

序号	名称	别名	临界量/t
3	乙烯		50
4	氨	液氨；氨气	10
5	硫化氢		5
6	氯化氢（无水）		20
7	氯	液氯；氯气	5
8	苯	纯苯	50
9	苯乙烯	乙烯苯	500
10	丙烯腈		50
11	甲苯	甲基苯；苯基甲烷	500
12	甲醇	木醇；木精	500
13	汽油（乙醇汽油、甲醇汽油）		200

储存单元内存在的危险化学品的数量根据危险化学品种类的多少区分为以下两种情况：

（1）储存单元内存在的危险化学品为单一品种，则该物质的数量即为单元内危险物质的总量，若等于或超过相应的临界量，则定为重大危险源。

（2）储存单元内存在的危险物质为多品种时，则按下式计算，若满足下式，则定为重大危险源：

$$S = q_1/Q_1 + q_2/Q_2 + \cdots + q_n/Q_n \geqslant 1$$

式中　　　　　　　S——辨识指标；

q_1，q_2，$\cdots$，q_n——每种危险化学品的实际存在量，t；

Q_1，Q_2，$\cdots$，Q_n——与每种危险化学品相对应的临界量，t。

危险化学品储罐以及其他容器、设备或仓储区的危险化学品的实际存在量按设计最大量确定。

3.9.2 重大危险源分级

重大危险源根据其危险程度，分为一级、二级、三级和四级，一级为最高级别。

3.9.2.1 分级指标

采用储存单元内各种危险化学品实际存在量与其相对应的临界量比值，经校正系数校正后的比值之和 R 作为分级指标。

3.9.2.2 计算方法

$$R = \alpha\left(\beta_1 \frac{q_1}{Q_1} + \beta_2 \frac{q_2}{Q_2} + \cdots + \beta_n \frac{q_n}{Q_n}\right)$$

式中　　　　　　　R——重大危险源分级指标；

α——该危险化学品重大危险源厂区外暴露人员的校正系数；

β_1，β_2，$\cdots$，β_n——与每种危险化学品相对应的校正系数；

q_1，q_2，$\cdots$，q_n——每种危险化学品实际存在量，t；

Q_1，Q_2，$\cdots$，Q_n——与各危险化学品相对应的临界量，t。

3.9.2.3　校正系数 α 的取值

根据重大危险源的厂区边界向外扩展500m范围内常住人口数量，设定厂外暴露人员校正系数 α 值，见表3.7。

表3.7　校正系数 α 取值表

厂外可能暴露人员数量	α
100 人以上	2.0
50 ~ 99 人	1.5
30 ~ 49 人	1.2
1 ~ 29 人	1.0
0 人	0.5

3.9.2.4　校正系数 β 的取值

根据储存单元内危险化学品的类别不同，设定校正系数 β 值。在表3.8范围内的危险化学品，其 β 取值按表3.8确定，未在表3.8范围内的危险化学品，其 β 取值按《危险化学品重大危险源辨识》（GB 18218）中的表4确定。

表3.8　毒性气体校正系数 β 值取值表

名称	一氧化碳	二氧化硫	氨	环氧乙烷	氯化氢
β	2	2	2	2	3
名称	溴甲烷	氯	硫化氢	氟化氢	二氧化氮
β	3	4	5	5	10
名称	氰化氢	碳酰氯	磷化氢	异氰酸甲酯	
β	10	20	20	20	

3.9.2.5　分级标准

根据计算出来的 R 值，按表3.9确定危险化学品重大危险源的级别。

表3.9　重大危险源级别和 R 值的对应关系

重大危险源级别	R 值
一级	$\geqslant 100$
二级	$50 \leqslant R < 100$
三级	$10 \leqslant R < 50$
四级	< 10

3.9.3 典型示例

3.9.3.1 辨识和分级

某企业罐区只有一个罐组，罐组内只有一台液氯球罐，设计最大量为100t，某一时间实际存在量为90t，厂区边界向外扩展500m范围内厂外可能暴露人员数量为60人。

从表3.6查到液氯的临界量为5t，液氯球罐的设计最大量（100t）超过液氯的临界量（5t），所以得出企业的罐区是重大危险源。

从表3.7查到取α值为1.5，从表3.8查到取β值为4，把相关数据代入

$$R = \alpha\left(\beta_1 \frac{q_1}{Q_1} + \beta_2 \frac{q_2}{Q_2} + \cdots + \beta_n \frac{q_n}{Q_n}\right)$$

得$R = 1.5 \times \{4 \times (100/5)\} = 1.5 \times 4 \times 20 = 120$

$R > 100$，从表3.9得出，该罐区已构成一级重大危险源。

3.9.3.2 管理要求

（1）依据原国家安全生产监督管理总局《危险化学品重大危险源监督管理暂行规定》规定：企业应当委托具有相应资质的安全评价机构，按照规定采用定量风险评价方法进行安全评估，确定个人和社会风险值。

（2）《化工和危险化学品生产经营单位重大生产安全事故隐患判定标准（试行）》（安监总管三〔2017〕121号）规定：构成一级、二级重大危险源的危险化学品罐区未实现紧急切断功能；涉及毒性气体、液化气体、剧毒液体的一级、二级重大危险源的危险化学品罐区未配备独立的安全仪表系统。

因该罐区储存的氯气为毒性气体，构成了一级重大危险源，所以该罐区应实现紧急切断功能及配备独立的安全仪表系统（SIS），否则将视为存在重大安全隐患。

（3）《危化化学品企业重大危险源安全包保责任制办法（试行）》（应急厅〔2021〕12号）规定：企业应建立重大危险源安全包保责任制，明确每一处重大危险源的主要负责人、技术负责人、操作负责人，从总体管理、技术管理、操作管理三个层面实行安全包保，保障重大危险源安全平稳运行；企业应当在重大危险源安全警示标志位置设立公示牌，写明重大危险源的主要负责人、技术负责人、操作负责人姓名、对应的安全包保职责及联系方式，接受员工监督，并向社会承诺公告重大危险源安全风险管控情况。

第4章

工艺管理

>>>

石油化工储运企业的工艺管理重点在于根据生产需求，灵活调整收、付料流程，保证产品质量，减少损耗，确保储存及装卸等各环节的作业安全。本章主要介绍生产组织、工艺流程、工艺操作及停开工管理等。

4.1 生产管理

4.1.1 生产组织

生产调度是企业生产组织的中心，负责编制、下达生产班计划，并及时向有关岗位传达。班计划下达后，生产调度人员应随时掌握生产计划执行进度，沟通信息，协调解决生产中遇到的各种问题，确保全面兑现班计划。生产调度需要实时掌握物料平衡，合理地控制库存，每日进行盘点，根据销售部门及用户需求，制定产品出厂计划，根据装置产量，制定收料计划及检修开工留料等。班计划一经下达，无特殊情况不得随意变更。

1. 收料

生产调度编制班计划时，要根据原料（产品）品名、库存、质量状况确定收料作业计划，确定收料罐号，安排收料。

原料（产品）入库时，生产调度要根据原料（产品）质量分析数据，确认原料（产品）合格后，方可安排收料，原料（产品）质量分析不合格不得接收到合格品罐。

2. 封罐

生产调度根据罐存、收料进度及销售需求在班计划中安排封罐品名、罐号。将封罐的品名、罐号传达给采样化验单位，并下达封罐采样分析计划。根据分析结果，确定出厂计划，安排出厂。

3. 付料

生产调度根据出厂需求，在班计划中编制装车、装桶、管输等计划。根据班计划的要求，及时向各岗位下达班计划内容：付料地点、品名、罐号、数量。核准出厂产品的品名、罐号、数量，及时通知相关岗位，安排付料。

4. 注意事项

（1）各岗位接到收、付料计划后，在实际作业过程中应加强联系，作业完成后及时向生产调度汇报，并录入相关生产信息。

（2）收、付料过程中各岗位应随时掌握动态，加强巡检并相互联系，应严格执行生产调度下达的付料计划。

（3）产品付料严格执行"五不出厂"制度，即质量、品种、规格不符合标准不出厂；未分析或分析项目不全不出厂；没有质量合格证、分析单不出厂；容器不符合标准不出厂；产品质量合格证序号和车号未经质检员确认不出厂。

📚 4.1.2　生产交接

（1）交班人员应对本班发生的主要问题及处理结果做好记录，未解决的问题及待办事项应详细交代清楚。交清当班生产任务完成情况；交清当班生产动态、生产工艺状况、设备运转和检修情况、产品质量检验情况、库存量、付料量以及调合情况等；交清安全生产情况；交清上级布置任务、生产调度会议决定落实情况；交清下一班工作的重点、注意事项以及可能出现的问题。

（2）交接班应在现场交接，禁止电话交接。交班人员应讲清、讲明重点交接事项，接班人员应认真听取交班人员所交情况，仔细查看生产记录，并在交接班记录本上签字，交班前职责由交班人员负责，接班后职责由接班人员负责。

（3）交接班记录应真实，填写认真，严禁涂改、预填记录和填写假记录。

4.2　工艺技术管理

储运企业的工艺技术管理主要包括工艺技术规程、岗位操作法、工艺卡片、工艺联锁及报警、工艺技术变更及巡回检查，还包括技术攻关、工艺纪律及操作纪律执行情况等。

📚 4.2.1　工艺技术规程

工艺技术规程是组织生产的技术依据。各级人员应严格执行，企业应及时组织制定、修订。工艺技术规程主要包括以下内容：

（1）企业概况。开工建设、中交、投产时间、设计规模；历次重大改造情况；主要工艺技术特点等。

（2）工艺原理及工艺流程简述、主要工艺指标和动力指标（设计）、物料及能源平衡图或表及主要技术经济指标。

（3）工艺参数台账，含设计参数及分级控制指标。

（4）主要设备台账和主要设计参数，包括名称、位号、结构、材质、尺寸、介质、温度与压力等。

（5）仪表控制方案及主要仪表性能、控制仪表及计量器具台账。

（6）联锁台账（联锁点及联锁控制范围）、报警台账（报警点及报警值）。

（7）停、开工及特殊设备、单元的操作维护说明书。

（8）总平面布置图、设备平面布置图、工艺管道及仪表控制流程图及主要设备结构图等。

（9）异常情况判断及处理方法，安全、环保、职业卫生技术规定。

4.2.2 岗位操作法

岗位操作法是指导操作人员操作的主要技术文件，规定操作的技术要求、操作步骤及注意事项等，操作人员应严格遵守。企业应及时确认岗位操作法的适应性和有效性，使操作人员可以获得书面有效的版本，通过培训，指导职工规范操作。岗位操作法主要包括以下内容：

（1）初始开车、正常操作、临时操作、应急操作、正常停车、紧急停车等步骤。

（2）正常工况控制范围、偏离正常工况的后果，纠正或预防偏离工况的步骤。

（3）安全、健康和环境相关的事项。如危险化学品的特性与危害、防止暴露的必要措施、发生身体接触或暴露的处理措施、安全系统及其功能（联锁、监测和抑制系统）等。

（4）事故处理应急处理程序。水、电、汽、风、氮气等公用工程故障时的紧急处理方法与步骤，主要设备故障、设备设施泄漏、着火紧急处理方法与步骤等。

（5）设备的详细操作步骤及注意事项。

（6）检维修时的安全操作要点，安全、环保、职业卫生技术规定。

4.2.3 工艺卡片

工艺卡片是对主要指标控制范围进行明确规定的技术文件，应根据工艺技术规程及设计资料等进行编制，工艺卡片的主要内容应包括：

（1）原料、中间产品、产品的质量指标，主要工艺参数控制范围，公用工程指标，环保排放指标，工艺指标的分级标识。

储运行业的主要工艺指标包括储罐的收、付料高度，储罐的压力，装车容量，装车流速等。

（2）工艺卡片依据设计资料、工艺技术规程及岗位操作法、安全环保规范、原料性质、产品方案及质量标准、实际运行情况，并参照国内同类型储运企业的先进指标等进行编制。

4.2.4 工艺联锁及报警

工艺联锁及报警是储罐或装车量等超出安全操作范围、物料能源中断时，发出警报直至自动（必要时也可以手动）产生一系列预先定义动作，确保操作人员和生产设施处于安全状态的系统。

（1）工艺联锁主要有储罐的高高液位与收料阀的联锁，低低液位与付料机泵的联锁，装车与高液位报警器、可燃气体报警器、静电报警器的联锁等。

（2）储存设施设置工艺联锁主要目的是保证储罐收料、付料作业安全，防止冒罐及机泵抽空；装卸车工艺联锁主要目的是为了保障装卸车安全，防止超装冒车等安全事故的发生。

（3）工艺联锁变更、摘除应经过风险评估，由工艺、设备、仪表、安全等相关专业审核会签。应建立健全所管辖的工艺联锁、报警等台账记录。

4.2.5 工艺技术变更

工艺技术变更主要包括工艺路线、流程及操作条件，工艺操作规程或操作方法，工艺控制参数，仪表控制系统（包括安全报警和联锁值的改变），公用工程等方面的改变。如储罐增加氮封工艺、氢氧化钠溶液增加罐外换热工艺、苯乙烯储罐改变储存温度和压力、装车泵出、入口管线增加跨线和汽车装车由顶部装车改为底部装车等，均属于工艺技术变更的范畴。

4.2.5.1 变更申请

（1）企业应对工艺技术变更需求进行预评估，论证变更需求的内容和方案，确认变更需求的必要性。

（2）预评估通过后，由变更申请单位申报变更申请，写明申请变更的原因、目的、变更类别、预计实施时间、变更内容及实施方案、变更后预期达到的效果、需更新的文件资料等。

（3）企业在生产活动中进行的任何工艺技术变更都需要办理申请手续。

4.2.5.2 风险评估

（1）工艺技术变更均应开展风险评估。

（2）变更的风险包括变更实施过程中的风险和变更实施以后的风险。

（3）变更实施过程中的风险评估可在作业管理过程中进行辨识和管控。

（4）采用合适的风险评估方法对变更实施后的潜在风险进行辨识和评估，可采用的评估方法包括但不限于：工作危害分析（JHA）、预先危险性分析（PHA）、危险与可操作性分析（HAZOP）、综合评价法等方法或多种方法的组合。

（5）变更实施后的风险评估应从变更带来的潜在后果的严重性和引发后果的可能因素

两方面开展。

（6）风险评估的团队成员包括但不限于安全、工艺、设备、电仪、设计人员参加，参加评估人员应具备必要的风险评估能力和工作经验，确保充分评估风险。

4.2.5.3 审批

（1）变更申请及风险评估材料应按照管理制度要求逐级上报企业主管部门审核，并按管理权限报相应负责人审批。

（2）各级审批人应审查变更流程与管理制度的符合性、变更风险评估的准确性及措施的有效性。

4.2.5.4 实施与投用

（1）变更经批准后方可实施。企业应根据变更实施过程中的风险分析情况，选择变更的实施方法，确定合适的变更实施时机。

（2）变更应严格按照变更审批确定的内容和范围实施，实施过程中要严格落实风险控制措施。

（3）涉及需在生产现场进行施工的工艺流程变更，企业应根据相关标准组织现场施工作业，并在施工作业结束后组织完工验收。

（4）紧急变更应在对变更可能产生的风险充分评估并采取有效控制措施的基础上实施。

（5）企业应对变更可能受影响的相关方人员进行相应的培训和告知，培训内容包括变更目的、作用、变更内容及操作方法、变更中可能存在的风险和影响、风险的管控措施及同类事故案例等。

（6）变更投用前，企业应当组织开展投用前的安全条件确认，安全条件具备后方可投用。安全条件确认包括但不限于以下内容：变更按既定方案实施情况、风险评估中的安全措施落实情况、相关人员接受培训和告知的情况、符合相关标准的情况。

4.2.5.5 验收与关闭

（1）企业应对投用的变更进行验收，验收包括对变更与预期效果符合性的评估。

（2）企业应在变更投用具备验收条件时完成验收工作，验收工作不应超过变更投用后90d。

（3）企业应及时更新变更涉及的 PID 图纸、操作规程、联锁逻辑图等资料，并将变更过程涉及的资料归档。

（4）变更验收完成后，企业应按管理权限报主管负责人审批后关闭变更。

4.2.6 巡回检查

巡回检查是现场工艺管理的重要内容，企业应结合储运操作岗位的特点和需要，制定岗位巡回检查制度。

（1）岗位巡回检查制度主要包括如下内容：路线、时间、内容、标准等，覆盖范围应包括重要设备、要害部位、风险点等。

（2）巡检人员应熟练掌握巡检内容，巡检时应携带巡检工具，必要时携带可燃气体报警器、有毒气体报警器或佩戴防护面具。如罐区的巡检内容主要包括：收付料流程及储罐液位、温度情况，氮气、仪表风压力，物料管线、公用工程管线及阀门开关、泄漏情况，液位计等设备运行情况，防冻防凝情况。

（3）操作人员按照规定的路线、内容，定时、定点进行巡检，发现问题及时汇报处理。事故状态下按事故应急预案处理并及时汇报。出现异常情况，应增加巡检频次。

（4）填写巡检记录，记录巡检结果，记录频次应与巡检次数对应。

4.2.7 盲板管理

盲板管理的目的是规范盲板抽堵作业，杜绝事故的发生，包括停开工检修盲板以及日常生产动态盲板管理。

（1）企业应指定专人负责盲板管理。针对系统复杂、危险性大的盲板抽堵作业，应制定专项方案，并采取有效措施。

（2）应办理《盲板抽堵作业许可证》，绘制盲板图，做到一板一图，现场挂盲板牌。同一时间同一条管线只能有一处进行抽堵盲板作业，长期未动的盲板应定期检查。盲板抽堵作业完成后，应及时更新盲板台账。

（3）盲板抽堵作业前，抽堵盲板的部位应进行处理，盲板抽堵作业点流程的上、下游应有阀门等有效隔断。盲板抽堵作业前，应开展作业危害分析，并对盲板抽堵作业人员、监护人员进行作业内容、作业程序及要求、作业风险与对策措施、应急方案、现场条件等内容的书面交底。

（4）现场盲板要求设立明显可靠的标志（盲板牌、警示色等）。盲板应加在有物料来源阀门的另一侧。盲板牌编号应与盲板位置图上的编号一致。盲板两侧都应安装合格垫片，所有螺栓应紧固到位。

（5）对盲板前后两侧的禁动阀门，应设置明显可靠的警示色或挂禁动牌。

4.3 典型工艺

4.3.1 罐区典型工艺

4.3.1.1 储罐氮封工艺

1. 基本原理

常压储罐设置氮封系统，是为了保证储罐在正常运行过程中不吸入空气，防止形成爆

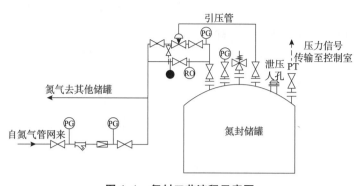

图4.1　氮封工艺流程示意图

炸性气体,提高储罐气相空间的安全性。氮封系统的设置是在每台储罐上设置氮封阀组和限流孔板旁路。以单点控制的氮封阀及压力设定为0.4kPa为例,在正常情况下氮封阀组维持罐内气相空间压力在0.4kPa左右,当气相空间压力低于0.4kPa时,氮封阀开启,开始补充氮气。当气相空间压力高于0.4kPa时,氮封阀关闭,停止补充氮气。压力高于1.35kPa时,通过呼吸阀进行泄压,压力高于1.8kPa时,通过泄压人孔进行泄压(图4.1)。

2. 注意事项

储罐罐顶的氮气接入口和引压口,两者之间的距离不宜小于1m,确保压力取值的准确性。

涉及的压力控制值均为参考数值,实际数值要根据储罐的实际密封效果调试后确定。

4.3.1.2　储罐 VOCs 治理气相连通工艺

储罐 VOCs 治理时,往往需要将储罐罐顶进行气相连通。罐顶气相连通后,同品种储罐之间气相空间的压力能够相互平衡,减少了储罐大小呼吸,降低了 VOCs 排放量。罐顶气相连通前,需要对现有储罐的强度、无组织排放情况等进行全面校核、测量评估,确认储罐结构是否需要改造。为减少氮气消耗量,应合理设置氮封阀的定压。

储罐气相连通控制方案常采用切断阀控制方案(图4.2)和单呼阀方案。目前储运企业最为常用的是切断阀控制方案。

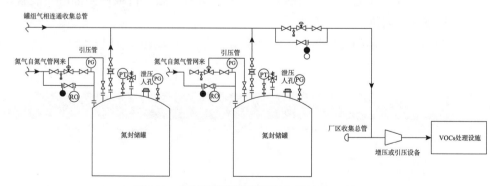

图4.2　氮封储罐切断阀控制工艺流程示意图

1. 切断阀控制方案

储存同类物料储罐的气相通过连通管线接入罐组收集总管,通过罐组收集总管送入厂区收集总管。

在罐组收集总管上设置切断阀，其开启由罐组收集总管上的压力与储罐罐顶的压力进行2oo2联锁控制，当罐组收集总管上的压力达到设定高限压力值时打开切断阀将挥发气送至厂区收集总管进行回收；其关闭由罐组收集总管上的压力与储罐罐顶的压力进行1oo2联锁控制，当罐组收集总管上的压力达到设定低限压力值时关闭切断阀。

2. 单呼阀方案

在储罐罐顶安装单呼阀，单呼阀出口连接收集支线，在收集支线上安装阻爆轰型阻火器。收集支线与罐组收集总线相连。单呼阀排气起跳设定压力应低于罐顶呼吸阀的呼气起跳压力，设定的关闭压力应高于罐顶呼吸阀的吸气起跳压力，若储罐设置了氮气保护，此压力还应高于氮气保护的关闭压力。

4.3.1.3 全压力式储罐注水工艺

1. 注水目的

根据GB 50160—2008（2018年版）《石油化工企业设计防火标准》第6.3.16条规定：全压力式储罐应采取防止液化烃泄漏的注水措施。当全压力式储罐下部及进、出口阀内侧发生泄漏时，向储罐注水使液化烃液面升高，将泄漏点置于水面下，可减少或防止液化烃泄漏，将事故消灭在萌芽状态。设置注水设施的液化烃储罐主要是常温的全压力式液化烃储罐，对半冷冻压力式液化烃储罐（如乙烯）、部分遇水发生反应的液化烃（如氯甲烷）储罐可以不设置注水措施。设置的注水措施应保障充足的注水水源，满足紧急情况下的注水要求，充分发挥注水措施的作用。

2. 注水工艺

全压力式储罐注水工艺分消防水直接注水、工艺泵注水和专用泵注水三种方式。对于操作压力低于0.4MPa的液化烃球罐，稳高压消防水管网的系统压力完全可以满足注水压力要求。对于操作压力高于0.4MPa的液化烃球罐，借用泵完成注水。三种注水方式的接入点位置均设在液化烃储罐切断阀门外侧。

在注水点连接端设双阀并加设流向为：从消防水流往工艺管道的单向阀及检查阀，注水阀前、后安装压力表，防止液化烃倒串进入消防水系统（图4.3）。

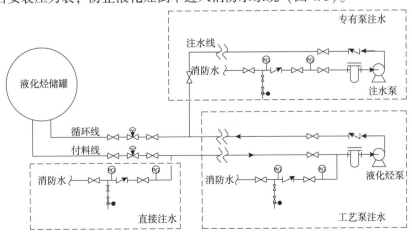

图4.3 注水工艺流程示意图

3. 注意事项

注水前应当确认注水管线连接完好，确认流程已经打通。用泵注水前需对注水泵进行开泵前检查，确认流程后，开始注水，注水过程中监控液位，注意不应触发高液位联锁。根据现场情况和球罐液位调整注水速度，保持液位在合适高度。

4.3.2 装卸车典型工艺

4.3.2.1 液化烃装车工艺

液化烃装车常采用装车泵装车，装车鹤管由液相装车鹤管与气相返回鹤管组成。液化烃经泵加压后，由液相装车鹤管进入罐车，装车过程中当罐车内压力与液相线压力平衡时，需要打开罐车、鹤管气相线阀门进行撤压，边撤压边装车（图4.4）。

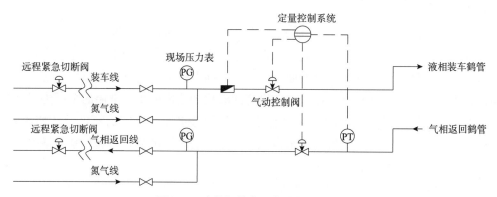

图4.4 液化烃装车工艺流程示意图

4.3.2.2 液化烃卸车工艺

液化烃卸车工艺一般有两种方式。第一种采用卸车泵直接卸车，罐车内的物料经泵输送至液化烃球罐（图4.5）。第二种是液化烃球罐气相空间的气体经压缩机加压，加压后的高压气体将罐车内的液体压送至液化烃球罐（图4.6）。

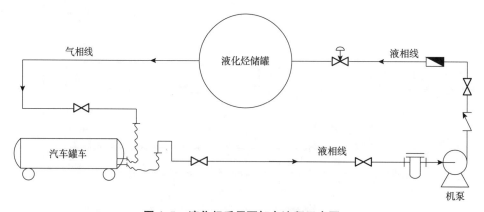

图4.5 液化烃采用泵卸车流程示意图

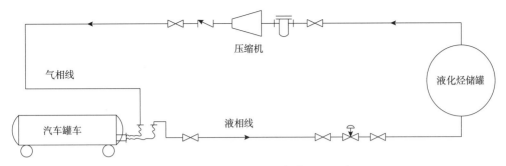

图 4.6   液化烃采用压缩机卸车流程示意图

4.3.2.3   可燃液体汽车罐车卸车工艺

可燃液体常压汽车罐车卸车一般有两种卸车方式：第一种为液体由汽车罐车自流入零位罐，再经泵打入储罐（图4.7）；第二种为液体由汽车罐车经泵直接打入储罐。

可燃液体常压汽车罐车卸车比较典型的工艺为：汽车罐车物料自流到零位罐，零位罐液位到一定的数值后，再经泵送到储罐内。其中汽车罐车与零位罐之间有一条气相平衡线，零位罐与储罐之间有一条气相平衡线，在卸车过程中汽车罐车、零位罐及储罐三者之间液相、气相互相平衡。

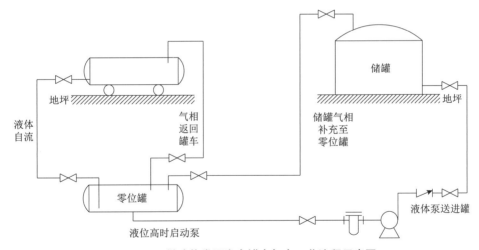

图 4.7   可燃液体常压汽车罐车卸车工艺流程示意图

4.3.2.4   可燃液体汽车罐车装车工艺

可燃液体常压汽车罐车装车一般有两种方式：第一种为采用上装鹤管装车，液体由汽车罐车顶部装车，装车时一般采用液下装车（图4.8）；第二种为采用底部装车鹤管进行装车（图4.9），此种装车工艺有利于将装车挥发性气体全部收集。

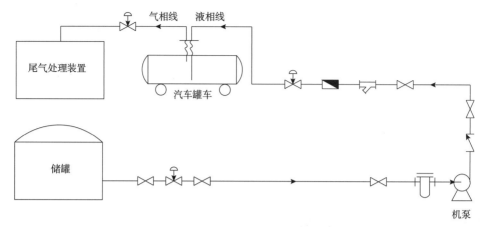

图4.8 汽车常压罐车上部装车流程示意图

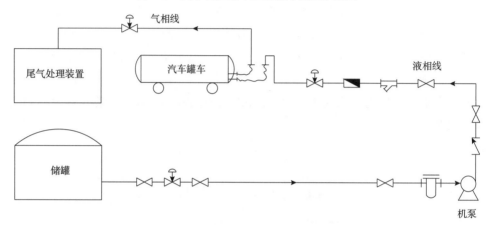

图4.9 汽车常压罐车底部装车流程示意图

4.3.2.5 轻质物料铁路罐车卸车工艺

轻质物料采用卸车泵直接进行卸车，会在泵入口管路高点出现气阻，泵入口出现气蚀现象，尤其是夏天高温季节，常常遇到物料卸不净或卸车速度慢的问题。因此轻质物料卸车不宜采用卸车泵直接卸车的方式，常用潜油泵密闭正压卸车和充氮密闭正压卸车两种工艺。这两种卸车工艺均能有效地消除卸车泵入口管路高点气阻及卸车泵气蚀现象，解决了轻质物料卸车困难的问题。

1. 潜油泵密闭正压卸车

潜油泵密闭正压卸车工艺，关键设备是带潜油泵的密闭卸车鹤管。卸车时，开启密闭卸车鹤管上的潜油泵，将罐车内轻质物料正压打入缓冲罐，当缓冲罐液位达到2/3 高度时，自动或人工开启卸车泵将物料输送至储罐（图4.10）。

2. 充氮密闭正压卸车

在铁路罐车内充入氮气，充氮压力要根据罐车承压能力确定，将轻质物料压入缓冲罐，当缓冲罐液位达到2/3 高度时，自动或人工开启卸车泵将物料输送至储罐（图4.11）。

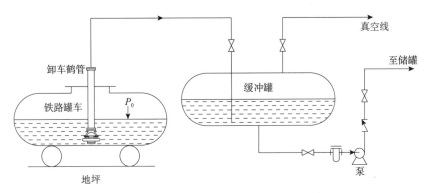

图 4.10 潜油泵密闭正压卸车工艺流程示意图

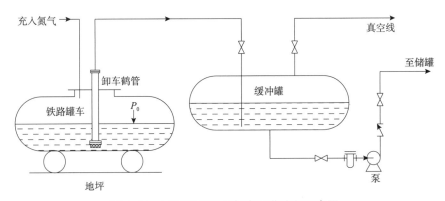

图 4.11 充氮密闭正压卸车工艺流程示意图

4.3.2.6 液化烃装卸鹤管残液密闭处理工艺

液化烃装卸车完成后，因鹤管最后一道阀门与罐车阀门关闭，中间留存的物料在鹤管快速接头拆离时就地排空，形成安全隐患。为此在鹤管快速接头与最后一道阀门之间增加了氮气吹扫工艺，使残余物料排至气柜或尾气处理设施（图 4.12）。

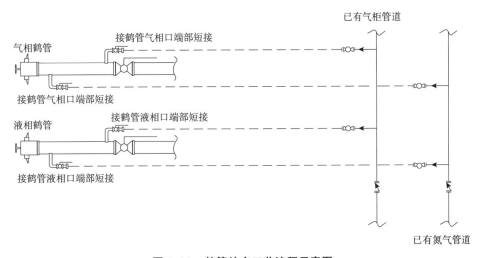

图 4.12 鹤管放空工艺流程示意图

4.3.3 LNG 接收站工艺

LNG 接收站包括卸船系统、储存系统、蒸发气（BOG）处理系统、输送及气化系统、汽车装车系统、火炬系统等六个部分，具体工艺流程见图 4.13。

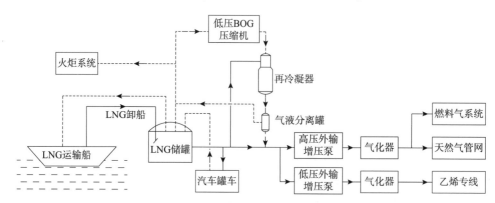

图 4.13　LNG 常规接收站工艺流程示意图

4.3.3.1　卸船系统

卸船系统主要由液相卸料臂、气相返回臂、卸料总管、气相返回线及码头保冷循环线组成。LNG 运输船到达卸船码头，利用船上的输送泵，经过卸料臂、支管汇集到总管，并通过总管输送到储罐。LNG 储罐顶出的蒸发气通过气相返回线、气相返回臂，返回到运输船的 LNG 储舱中，以保持系统的压力平衡。在无卸船的正常操作期间，通过从低压输出总管来的 LNG 以小流量经码头保冷循环线、卸料总管返回至 LNG 储罐，以保持 LNG 卸料总管处于冷备用状态。

该系统操作的重点是防止卸料臂与船方法兰连接出现泄漏以及防止管线超压。

4.3.3.2　储存系统

储存系统由 LNG 储罐及罐内低压输送泵组成，LNG 由罐内低压输送泵增压后送下游高、低压外输增压泵及 LNG 装车设施，同时一部分 LNG 进入站内低温循环管道，以保证管道的冷态。

该系统操作的重点是监控储罐液位和压力，防止出现冒罐和储罐超压。

4.3.3.3　蒸发气（BOG）处理系统

蒸发气（BOG）处理系统由 BOG 压缩机和 BOG 再冷凝器组成。压缩后的 BOG 与来自罐内低压输送泵加压后的 LNG 一同进入 BOG 再冷凝器混合后并使其冷凝，进入气液分离罐，液相自气液分离罐进入外输增压泵。

该系统操作的重点：一是压缩机本体振动以及 BOG 温度、压力的控制；二是再冷凝器压力、液位的控制，防止触发联锁停车。

4.3.3.4 输送及气化系统

LNG 输送及气化系统由高、低压外输增压泵和汽化器组成。自 LNG 储罐和再冷凝器出来的 LNG 进入高、低压两路 LNG 外输增压泵，加压后通过各自的总管输送至汽化器。

该系统操作的重点是增压泵出口压力控制以及高压连接法兰的泄漏处置。

4.3.3.5 汽车装车系统

装车鹤管由液相装车回路和气相返回回路组成。在汽车装车站设有就地控制盘以监控装车作业，LNG 罐车采用定量装车系统进行计量，装车后，再经汽车衡称重计量后外运。

该系统操作的重点是加强罐车现场管控和操作规程的执行，防止出现泄漏导致冻伤、中毒及着火事故。

4.3.3.6 火炬系统

接收站设有火炬设施，站内超压气体根据工艺要求泄放至火炬系统燃烧排放。

该系统操作的重点是确保分液罐加热设施及长明灯稳定运行，防止出现火雨以及着火事故。

4.4 工艺操作

4.4.1 罐区操作

4.4.1.1 储罐收料

收料是储罐接收原料、产品的过程，主要操作要点如下：

（1）核对指令。改收料流程前，联系核对物料品种、罐号、数量、液位。

（2）现场确认。现场确认收料储罐液位，该罐付料、循环流程以及同品种其他储罐收料流程关闭。

（3）开通流程。开启相关收料流程阀门。

（4）收料确认。收料作业通过观察液位计液位、监听管线中物料流动的声音等方法，确认流程已畅通，确认无误后，方可离开现场。

（5）过程监控。收料期间，按要求巡检并做好记录。

（6）关闭流程。接到收料作业完成通知后，关闭储罐收料流程阀门。

安全注意事项：

收料过程中应随时掌握现场动态，收料期间加强巡检，外操与内操之间加强联系，不得超设计储存高液位收料。收料储罐达到预设收料高度时，应及时切换收料储罐，以免发生冒罐事故。

储罐收料过程中，触发高液位报警时，应立即进行储罐切换操作。高液位报警的设定高度，不应高于储罐的设计储存高度。

收料切换时，应核对切换罐与被切换罐物料品名是否相同，同时检查切换罐付料、循环等流程已经关闭。切换顺序应先打开切换罐收料阀门，收料正常后，再关闭被切换罐的收料阀门。

特殊产品收料根据产品的物化性质进行针对性操作。例如苯乙烯收料，苯乙烯储罐收料温度一般控制在18℃以下，每小时观察一次来料温度，及时掌握每批物料的温度变化。苯乙烯储存温度在不同地域根据当地气温情况和储存周期有所不同，但一般控制在20℃以下。苯乙烯来料线停输一定时间后，在苯乙烯收料前应对来料线进行采样分析，分析合格方可接收物料。针对丁二烯易自聚的特性，在收料过程中应密切关注储罐压力变化，同时做好巡检，日常采取氮封、添加阻聚剂等措施防止丁二烯自聚物堵塞压力传感器等仪表入口，储罐一般采取爆破片＋安全阀串联方式泄压，防止丁二烯自聚物堵塞安全阀入口，不能正常泄压造成事故。

4.4.1.2　储罐付料

付料是储罐向外输送原料、产品的过程，主要操作要点如下：

（1）核对指令。付料前，核对物料品种、罐号、数量、液位。

（2）现场确认。确认付料储罐液位，该罐收料、循环流程以及相同品种物料其余储罐的付料流程关闭。

（3）开通流程。开启相关付料流程阀门。

（4）付料确认。付料开始，通过观察液位计、监听管线中物料流动声音等方法，确认流程已畅通，确认无误后，方可离开现场。

（5）过程监控。付料期间，按要求巡检并做好记录。

（6）关闭流程。接到付料作业完成通知，关闭相应储罐流程。

安全注意事项：

付料期间，应加强付料罐的液位观察，不应低于储罐的设计储存低液位，必要时应切换付料罐，杜绝出现抽空及瘪罐现象。

储罐付料过程中，触发低液位报警时，应立即进行储罐切换操作，低液位报警的设定高度，不应低于储罐的设计储存低液位。

付料切换时，应核对切换罐与被切换罐物料品名是否相同，同时检查切换罐收料、循环线阀门已经关闭。切换顺序应先打开切换罐付料阀门，付料正常后，再关闭被切换罐的付料阀门。

内、外浮顶罐付料过程，严禁液位大幅度起落，防止浮顶落底、倾覆等。

4.4.1.3　物料循环

为保证产品质量、调整产品温度、保持管线内产品流动性，需要对某些物料进行循环操作。例如，为防止苯乙烯管线内聚合物超标，应组织对苯乙烯管线定期进行活线；为保证渣油流动性，防止凝线，需要定期组织对渣油管线进行活线。

以苯乙烯循环为例，主要操作要点如下：

（1）苯乙烯循环前，应确定循环储罐罐号，确认该罐液位、温度等信息。

（2）打开苯乙烯储罐制冷付料线及相应罐的制冷循环线工艺流程，同时确认换冷器物料流程已经打开，其余苯乙烯储罐的制冷付料线流程已经关闭。

（3）打通泵入口线、循环线工艺流程，同时确认泵付料流程已经关闭，确认无误后，开启泵。

（4）操作人员应在泵至少平稳运行 5min 后才能离开泵房。机泵运行过程中，应密切观察储罐液位、温度变化情况，做好罐组内外管线巡检工作，加强设备运行过程巡检。

（5）循环 30min 以上，需停止作业时，关停机泵。在停止循环后 15min 内，关闭储罐工艺流程。

4.4.1.4　油品调合

油品调合是将多种质量状态的半成品组分油，按一定比例，通过均匀混合，调合为符合质量标准产品的过程。主要操作要点如下：

（1）组分油准备。组分油罐（即半成品油罐）从装置收油停止后，查看组分油质量分析数据，计算重量，做好记录。组分油封罐后及组分油调合输送前均要进行脱水，确定罐量。

（2）现场确认。确认泵入口线和循环线没有输送过其他不合格油品。

（3）组分油输送。输送过程控制输送量，应按照先轻后重的原则，把组分油输送到调和罐，核对付油量和收油量是否平衡，防止出现串油事故造成油品不合格。输送完成后进行储罐计量，做好记录。

（4）调合循环。调合罐封罐后，应进行人工检尺算量或通过储罐仪表系统自动算量。调合循环前应进行脱水。按照操作程序开泵，用调合喷嘴进行本罐循环。启动加剂泵，将称量好的添加剂加入循环泵入口管线内。循环 3h 后，再次算量、脱水。

（5）确认调合质量。调合后，查看调和后的质量分析数据，如果不合格，重新调合；如果合格，则成为成品油，做好记录。

（6）油品调合合格后，开始对成品油罐进行封罐，确认具备外输条件。

4.4.1.5　储罐脱水

脱水是为了满足储罐内物料质量或防冻要求，将物料中的水经沉降后排放的过程。一般根据储存时间，在收料前、收料后及输送前应进行脱水。随着技术的发展，能够减轻劳动强度，保证人员安全，做到定量、实时脱水的自动脱水器逐渐得到广泛应用。根据原理不同有密度差、超声波回波差异、谐振差异等，根据安装方式有缓冲罐式和管道式两种。现有自动脱水器在性质稳定的物料方面应用效果较好。

脱水有人工和自动脱水两种方式，以液化烃储罐人工脱水为例，主要操作要点如下：

（1）判断脱水罐的界位。查看脱水罐液位计的界位高度，如果水位超过规定，应进行脱水操作。

（2）关闭球罐与脱水罐连通阀。

（3）缓慢开启脱水罐脱水阀，根据罐内水位的降低，及时关小脱水阀，防止水脱净后大量液化烃喷出，造成人身冻伤及火灾爆炸事故。

（4）液位检查。脱水过程中，随时观察脱水罐的液位。

（5）关脱水阀。脱水完成，先关闭脱水阀，再打开球罐与脱水罐连通阀。

（6）安全注意事项。进入罐区脱水作业前应释放人体静电；脱水前，应检查阀门完好，储罐与脱水罐连通阀应开启，脱水罐脱水阀应关闭。脱水时，应使用防爆工具，人要站在上风口，防止操作人员中毒。在脱水过程中，如果物料带有硫化氢等有毒有害气体，应密闭脱水至容器并外送处理。脱水阀要小开、慢脱，防止阀门开大，流速增加，形成紊流，造成脱水带料。禁止脱水离人，防止跑料。严禁打开两个或两个以上储罐脱水阀同时脱水。冬季储罐应及时脱水，防止冻坏脱水阀。

4.4.1.6　物料制冷

部分物料受本身物理化学性质影响，需要在储运过程中进行制冷。如苯乙烯化学性质活泼，易聚合，储存过程中极易受储存温度影响发生聚合，不仅影响苯乙烯产品质量，还会时常堵塞罐顶管口、呼吸阀、阻火器等部位，影响液位计、报警器等检测仪表的使用。因此，苯乙烯在储存时常采用制冷措施作为防止苯乙烯聚合的方式之一。以某储运企业苯乙烯制冷为例，主要操作要点如下：

（1）核实指令。核实苯乙烯储存温度超过15℃，需要开启制冷循环流程。

（2）开车准备。检查制冷机组，乙二醇系统，循环水系统的地脚螺栓、接地线、制冷机吸排气阀门开关、润滑油、压力表等是否符合要求。

（3）启动辅助系统。启动循环水泵、乙二醇循环泵和凉水塔风机等辅助设备，打开制冷机冷却水系统，调节乙二醇循环系统。

（4）打通制冷流程。开启苯乙烯制冷循环泵。

（5）启动制冷机组。调节负荷，注意压力、温度、电流变化，根据制冷机的参数，调节制冷机的能量和负荷的大小。

（6）过程监控。制冷机组运行平稳后，关注制冷储罐的液位、温度变化，乙二醇回流情况及液位变化，凉水塔水温变化情况，各动设备运转情况，按要求进行巡检并记录。

（7）停制冷机。确认罐内物料温度降到8℃后，停制冷机组，关闭制冷机相关流程。

（8）停辅助系统。制冷机停运后，再依次停乙二醇系统和循环水系统等辅助制冷设备。

（9）停苯乙烯循环泵，关闭流程。

4.4.1.7 盲板抽堵

盲板抽堵作业应办理《盲板抽堵作业许可证》，绘制盲板图，并对施工或检维修人员进行技术交底。即使同一个阀门，在阀门前或在阀门后安装盲板，所起的作用也不尽相同，因此盲板抽堵，一定是根据不同的需求来进行。盲板抽堵前应经过工艺、设备人员进行现场确认。盲板抽堵主要操作如下：

（1）接受指令。根据技术人员的安排，做好盲板抽堵的前期准备工作。

（2）确定位置。确定需抽堵盲板的工艺管线，根据盲板图指定的位置抽堵盲板。

（3）工艺处置。盲板抽堵作业前，工艺管线应先处理干净，相关阀门彻底关闭。

（4）盲板选用。根据抽堵盲板的位置及工艺系统的要求，所设置的盲板规格、材质要符合要求，如盐酸物料，应选择衬塑的盲板。

（5）抽堵作业。作业时，应站在侧面，采用先下后上的顺序拆卸螺栓，将法兰面清理干净后，进行盲板抽堵，拧紧法兰螺栓。

安全注意事项：严格穿戴劳保护品，戴好安全帽、防毒口罩。操作阀门、拆卸螺栓用力应均匀。严禁管线带压进行盲板抽堵。应选用合格盲板，不得用铁片代替，根据物料的性质选择盲板的材质，盲板两侧应加垫片，防止物料泄漏。

盲板安装位置实例：以罐根阀外侧加盲板为例，说明盲板具体安装的位置。

管线检维修作业前，与储罐相连的管线已经吹扫处理完成，需要将储罐与管线进行隔离，此时盲板应加在罐根阀的外侧，便于盲板的抽堵，盲板编号450、451、452的安装位置见图4.14，抽堵盲板前确认罐根阀处于关闭状态。

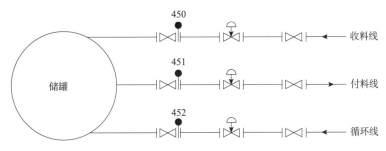

图 4.14 盲板安装位置示意图

4.4.2 装卸车操作

装卸作业指涉及汽车、火车、船舶运输所发生的充装、卸载等的作业活动，包括装卸车前安全检查、装卸车过程控制等。

4.4.2.1 汽车常压罐车装车

（1）检查鹤管、自控装车系统、工艺阀门等设备设施是否完好，确认无误后，引导汽车对位。

（2）汽车到达指定装车位后，放好止轮器，客户把装车单据及车钥匙交给装卸工。

（3）装卸工触摸人体静电释放器，消除人体静电。

（4）装卸工将车钥匙插入钥匙检测箱，连接车辆静电连线。

（5）鹤管操作。将底部装车或上部装车鹤管与罐车连接。

（6）开启装车线阀门及尾气回收线阀门，通知泵房开泵装车。

（7）装车结束，关闭阀门，复位鹤管及静电连线，收回止轮器。

4.4.2.2　汽车常压罐车卸车

以某企业己烯卸车操作为例，主要操作要点如下：

（1）检查鹤管、工艺阀门等设备设施是否完好，确认无误后，引导汽车对位，放好止轮器；

（2）触摸人体静电释放器，消除人体静电，连接静电接地线，将液相鹤管与汽车罐车连接好，并改好储罐收料流程；

（3）连接好氮气线，并打开氮气入口阀，用氮气给罐车补压；

（4）缓慢打开液相阀、卸车泵入口阀及罐车出液阀进行灌泵；

（5）灌泵完成后，启动卸车泵卸车，严格控制初始流速，防止流速过快引起静电；

（6）卸车完成后，停卸车泵，关闭罐车出液阀及氮气入口阀；

（7）复位鹤管及静电连线，收回止轮器。

4.4.2.3　汽车压力罐车装车

汽车压力罐车装车以某企业丙烯装车生产工艺操作为例，主要操作要点如下：

（1）当日首批装车前，确认鹤位所有阀门处于关闭状态，紧急切断阀处于开启状态，可燃气体报警器和静电接地报警器完好有效，检查无误后联系开启装车流程；

（2）车辆对位，车辆停车后，放置止轮器，触摸人体静电释放器，消除人体静电，连接静电连线，粘贴"禁止启动"标识牌，卸车工回收车钥匙；

（3）移动鹤管将快速接头与罐车连接好，拉动鹤管确认快速接头连接到位，司机打开罐车装车阀门，确认鹤管快速接头密封完好无泄漏；

（4）根据提货单载明的充装量确定车辆充装量；

（5）打开鹤位装车阀门，装车过程中，操作人员应监控温度、压力、充装量等数据及设备设施运行情况，当罐车内压力与液相线压力平衡时，应依次打开罐车、鹤管气相线阀门进行撤压，边撤压边装车，罐车司机应位于车后紧急切断阀手柄处并监控罐车液位计液高数据；

（6）罐车充装完成，关闭液相线及气相线所有阀门，断开鹤管与罐车的连接，复位鹤管及静电连线，收回止轮器。

4.4.2.4　汽车压力罐车卸车

汽车压力罐车卸车以某企业液氨卸车操作为例，主要操作要点如下：

（1）通过液位计确认液氨储罐的容量，防止超液位收料；

（2）触摸人体静电释放器，消除人体静电。按卸车要求将罐车液相、气相与卸车鹤管液相管、气相管对接；

（3）打开罐车及鹤位阀门，检查与鹤管连接处是否紧密无泄漏；

（4）依次打开卸车液相管线上的阀门、液氨储罐的根部阀、液氨泵出口阀，液氨在压差下自流入液氨储罐，并检查罐车、储罐的液位和压力情况，发现问题及时处理；

（5）液氨储罐与罐车压力平衡后，打开气相线所有阀门，开启液氨卸车泵。罐车司机应位于车后紧急切断阀手柄处并监控罐车液位计液高数据；

（6）液氨卸完后，先停液氨泵，关闭液相线及气相线所有阀门，断开鹤管与罐车的连接，复位鹤管及静电连线。

4.4.2.5 火车常压罐车装车

以某企业的装车操作为例，主要操作要点如下：

（1）接到装车通知后，检查铁路两侧有无障碍物，栈台鹤管、梯子放置情况；

（2）准备完成后，关闭红色信号灯，开启绿色信号灯，等待接车；

（3）罐车进入栈台，台上、台下应各有一人负责接车对位，对位时，应做好与调车人员之间的联系，观察罐车口与鹤位之间的位置，做到对位准确，对位完成，开启红色信号灯，关闭绿色信号灯；

（4）检查鹤管、自控装车系统、工艺阀门等设备设施是否完好；

（5）触摸人体静电释放器，消除人体静电，连接车辆静电连线，连接鹤管，打开装车阀门，打开气相回收线阀门，打开储罐付料阀门，通知泵房开泵装车；

（6）装车结束，关闭阀门，复位鹤管及静电连线；

（7）接拖车通知后，关掉红色信号灯，打开绿色信号灯，拖车完成，关闭绿色信号灯，打开红色信号灯。

4.4.3 计量操作

4.4.3.1 储罐测温

（1）核对指令。核对测温储罐。

（2）测温。测温盒下放速度不大于1m/s，进入液面后，将测温盒进行初步充溢。当待测物料温度与环境温度相差超过15℃时，应用罐内物料至少冲洗充溢盒2次。在大约0.3m的区间高度内反复提放充溢盒，至少充溢2min。当测量60℃以上的黏性油品时，充溢时间至少增加到5min。

（3）静置。浸没时间达到10min以上，提出测温盒。

（4）读数。测温盒提上来后应立即读数，视线应与温度计感温柱顶端示值垂直，读数时，先读小数，后读大数，记录温度计的读数和测温高度。测温点设置要求为：液位高3m以下，测一点；液位高3～5m，测两点；液位高5m以上测三点。取算术平均数作为产品温度。倒回测温盒内物料。

（5）设施复位。盖好检尺口盖，上好手轮，收好工具，记录数据。

（6）安全注意事项：正在扫线的罐，出现突沸迹象的罐，雷电、冰雹、暴风雨及大风等恶劣天气严禁进行储罐测温。

4.4.3.2　检尺

（1）核对指令。核对检尺储罐（或罐车）。

（2）条件确认。确认储罐（或罐车）状态，轻质产品液面稳定15min以上，重质产品液面稳定30min以上。

（3）检尺。打开检尺口盖，量油尺从检尺口一直靠在参照点旁边小心连续降落到储罐（或罐车）中。

检空尺：当尺带浸入液位时，停止下尺，使量尺的高刻度与检尺点对准，稳定后读下尺高度，再提起读被浸部分高度，做好记录。液面高度等于检尺总高减去下尺高度再加上浸没高度。

检实尺：尺锤底刚刚接触到容器底的检尺点后，提出量油尺，读出浸湿高度。应做到下尺稳、触底轻、提尺快、读数准、先读小数、后读大数，做好记录。

（4）复尺。检尺应连续测量2次。对于检空尺，两次读数误差不得超过2mm，当差值不超过1mm时，取第一次测量值；若差值超过1mm时，取平均值；若差值超过2mm时，重新检尺。对于检实尺，两次读数误差不大于1mm时，取第一次的读数；超过1mm时，重新检尺。

（5）设施复位。盖好检尺口盖，上好手轮，收好工具，记录数据。

4.4.4　清洗操作

储罐和罐车使用一段时间后，物料中的杂质就会沉积在罐底和罐壁上，使储罐和罐车有效容量减少，影响储罐和罐车的使用效率，因此需要定期进行检查维修和清除内部淤渣。

4.4.4.1　储罐清洗

储罐清洗其主要操作如下：

（1）物料倒罐。用临时倒料泵将待清洗储罐的余料倒入相邻的同品种储罐。

（2）储罐工艺处理。安装盲板。依据实际情况和物料特性，可安排实施注水、蒸罐、氮气置换、除臭及钝化等处理。打开储罐人孔、透光孔进行通风，必要时强制通风。

（3）办理票证。对储罐内进行氧含量、可燃气体、有毒气体分析，合格后办理《受限空间作业许可证》。

（4）清罐作业。利用清罐工具对储罐进行清扫，用清水对储罐进行洗刷，达到储罐清洗质量要求。

（5）附件检查。按照储罐附件检查维护内容对储罐附件进行检查。

（6）检测标定。对储罐进行罐底检测、容器标定。

（7）储罐验收。验收条件为作业现场恢复原貌，储罐内部达到能够工业动火操作的条件。验收合格，办理容器清洗合格证。

（8）封罐。安排人员对储罐人孔、透光孔、排污口等进行封罐。

（9）恢复流程。根据盲板抽堵作业许可证拆除相关盲板，恢复流程。

安全注意事项：存在硫化亚铁自燃风险的储罐清洗前应做钝化处理，储罐内部作业按受限空间作业安全管理要求落实。

4.4.4.2 铁路罐车清洗

铁路罐车清洗主要根据罐车所装物料品种不同采用不同的清洗方法，普洗包括抽取罐车底部残液、人工清扫等方法；特洗包括抽取罐车底部残液、密闭蒸车、高压水清洗、抽取污水、热风干燥、人工清扫等方法。

以下面某储运企业的洗车操作为例，主要操作要点如下：

（1）抽取残液。冬季罐车内残留物结冰时，首先接通蒸汽胶管，利用加热盘管从罐车外对车底部进行蒸汽加热，化冰后再抽取残液。

（2）密闭蒸车。将鹤管正确对位，连接好蒸汽管线和污水回收管线，再进行蒸车作业。蒸车完成后，将鹤管复位。

（3）高压水清洗。可以分为人工高压水清洗和机械化高压水清洗。

（4）热风干燥。对清洗的车辆进行吹热风干燥 40~60min，待车内全部干燥后，关闭热风阀门。

（5）人工清洗。办理《受限空间作业许可证》后，洗车人员进入车内扫净车内杂物。

（6）质量验收。洗车完成，质量检查员检查洗车质量，合格后开具罐车合格证并封车。

（7）洗车标准。依据所装产品的性质，确定清洗质量标准。动火罐车清洗标准：无明显油迹，罐车内壁风干面积50%以上，可燃气体含量应为零，氧含量为19.5%~21%。

4.5 储运节能

石油化工储运企业运行所使用的能源主要包括蒸汽、电、水、氮气及燃料等。根据数据统计，蒸汽和电消耗占比最大。因此，节约蒸汽和电是储运企业节能工作中的重点，其中电能为高品位的能源，在同等成本条件下，应优先节电。

4.5.1 工艺节能

4.5.1.1 降低罐区库存

罐区储存物料不可避免地需要进行换热和输转，减少罐区储存量，可从根本上减少储运运行所需要的电和蒸汽用量，以及罐区储存过程中造成的挥发损耗。

4.5.1.2 罐区作业优化

（1）充分利用来料温度，减少维持储存温度需要的能耗。例如，某物料要求控制存储温度上限，当罐内物料温度接近上限时，可根据罐内液位情况改为收料，充分利用来料温度较低的特点，使整个储罐物料的温度降低。

（2）通过流程优化，增加在线测量仪表后，装置产品不必进入罐区储存，可以从装置直接转输至客户或下游装置，从而减少罐区储存和输转的能耗。

（3）油品调合由传统的罐式调合改变为管道式在线调合，一方面不需要罐内循环可以提高调合效率，另一方面可以降低调合过程中的电耗。

4.5.1.3 热源优化

储运企业常用的蒸汽为一般不超过 1.0MPa 的饱和蒸汽（约183℃），对于储存温度上限要求不高的物料，使用较高压力的蒸汽会造成高品位能源的浪费，可使用低温热媒水（90～110℃）或 0.3MPa（约140℃）蒸汽，以节约高品位蒸汽。

4.5.1.4 优化工艺流程设计

在满足生产需要和安全要求的情况下，整个罐区设计应布局紧凑，流程顺畅，管线应避免管径变化，减少阀门、三通等。工艺条件应合理设计，避免长期通过阀门节流或者回流。机泵选型应适用于介质和工艺条件，黏度大于 $650mm^2/s$ 的液体宜选用容积式泵。

4.5.2 设备节能

4.5.2.1 增强绝热效果

绝热材料的隔热效果不佳将直接导致热量损失增大，因此选用导热系数低、质量好的绝热材料可降低能量损失。例如外浮顶罐浮顶可使用太空绝热涂料进行绝热，相对于常见的硅酸盐板等绝热材料，其寿命长，隔热效果好，同时能避免绝热层下腐蚀问题。

4.5.2.2 使用节能设备

随着技术发展进步，应及时淘汰高耗能的设备，选用节能高效新型设备。例如，更新淘汰高耗能电机为高效节能电机，能有效节电。以30kW电机为例，依照《电机能效限定值及能效等级》（GB 18163—2020），四极三相异步电动机三级能效效率为93.6%，比2012年的92.3%提高了1.3%，以年运行时间8000h计算，可节电2880kW·h。

4.5.2.3 泵节能改造

常见的泵节能改造方式有调整转速、转子改造、泵内增加涂层、叶轮切削等。

（1）针对生产需要频繁调整工况的泵，可以采用变频及永磁调速等技术，避免通过回流和节流等方式浪费能源。在某储运企业装车过程中，根据管线压力变化，采用变频器调整泵转速，可以在多鹤位切换装车过程中保持流量和压力稳定，同时避免泵频繁启停、管道压力波动、装车超速，有着显著的节能效果。

（2）对泵叶轮外表面和蜗壳内表面进行涂层处理，能提高过流部位的光滑程度，降低流体阻力，提高泵效率。

（3）切割叶轮是一种调整离心泵水力性能的简便实用的方法，目的是解决泵额定流量过大的问题，通过切割能减小流量，降低轴功率，节约电能。利用泵切割定律计算出叶轮切割后的离心泵性能，确定出能够达到要求工况的叶轮直径切割量。但应注意不是所有的泵都能进行叶轮切割，因叶轮切割直接影响到叶轮边缘与蜗壳之间的间隙，盲目切割会导致离心泵效率大幅降低，甚至无法工作。当低效率运行时，直接更新泵节能效果相对较好。

4.5.2.4　电伴热应用

电伴热与传统的蒸汽、热水伴热相比较，具有发热均匀、控温准确、效率高等优点。电伴热可根据气温、物料温度情况，通过温控系统动态调整伴热参数。气温升高时，调低电伴热控制温度，气温降低时提高控制温度，节约能源消耗。同时，蒸汽和热水管伴热相对于电伴热，能量损失大，现场跑冒滴漏严重。在实际应用中，某罐区 18000m 管线由蒸汽伴热更换为电伴热后，按照防冻凝期 100 天计算，采用电伴热耗电折合标油 41.01t，而采用蒸汽伴热耗能折合标油 122.21t，可节能约 66%。

4.5.3　其他节能

4.5.3.1　节约氮气

由于氮封系统在储运行业的大量应用，罐区成为企业氮气消耗的重点部位，降低罐区氮气使用量成为降低能耗的有效措施。

罐区节约氮气有以下两种措施：一是对储罐进行改造，确保密封效果，提高储罐承压能力，减少氮气泄漏；二是优化储罐氮封压力，经过调试，合理设置氮封压力值，避免罐内气相压力过高，造成氮气泄漏。

4.5.3.2　回收冷凝水

伴热冷凝水可以作为锅炉、保洁、绿化等用水回用，能够有效降低补水成本。同时冷凝水回用后，可降低下游污水处理的负荷，减少污水处理能耗。

4.6　停开工管理

储运企业的停开工应编制停开工方案，明确组织机构、停开工具体控制时间、重要检修项目及安全、环保、质量等方面的控制措施。储运企业停开工主要是配合生产装置停开工及满足内部工艺改造和检维修作业等需求，具有明显的储运特色。

（1）相对生产装置停开工，储运企业停开工具有晚停早开的特点，停工检修时间更为紧凑，且为了配合生产装置公用工程检修，管线吹扫处理等工作要在公用工程检修前完成。

（2）为了配合生产装置开车需求，停工前需要留足开工用料，且需要做好检修期间留料的安全、质量管理。

（3）检修前应尽量将除开工留料外的产品全部装车出厂，降低库存，但也存在边检修边装车出厂交叉进行的情况，这会使安全风险大大增加。

4.6.1 停工管理

4.6.1.1 停工总体要求

1. 物资准备

检修前应确保检修期间用到的物资、记录及台账到位。做好废旧物资回收入库工作，严格执行出厂车辆检查，确保进出厂设备物资手续完备。

2. 系统处理

对盛装可燃、有毒、腐蚀性物料的系统，吹扫置换应按照安全技术要求进行，执行相关安全管理制度，落实好工艺、设备吹扫置换后的安全分析和进设备作业前的安全条件确认。

储罐、容器等设备蒸煮、吹扫、置换应密闭操作，吹扫废气做到有组织合规排放，禁止超标直排大气。停工后系统的残余物料全部回收，严禁物料落地。

3. 盲板管理

系统处理完，需要检修的设备、管线应进行盲板隔离。盲板管理应有专人负责，进行动态管理，设立台账，现场挂牌，相关作业应及时记录。

4. 看板管理

重点检修区域、重点检修项目实行看板管理，应严格执行条件确认程序，加强检修期间工艺纪律检查。对重点检修项目做好风险评估，并制定相应的安全措施，确保检修项目施工安全。

5. 安全要求

检修、生产交叉进行时，按照安全优先的原则，做好施工、生产现场的安全监护。

4.6.1.2 停工组织要点

1. 检修留料储存

生产调度根据销售计划，做好生产装置开工用料留存。开工留料罐应有明显的标志和可靠的安全保障措施。

2. 产品装车出厂

生产调度应优化生产组织，原则上检修期间不安排装车出厂，确需在检修期间安排产品出厂时，应结合检修组织要求，尽量避开检修时段装车出厂，确保检修期间的生产、检修等各项工作安全、稳定进行。

3. 公用工程

在停工检修期间应做好水、电、汽、风、氮气等公用系统使用平衡，确保系统正常处理和检维修项目的正常进行。在公用系统停用、供给时，应按照操作规程认真检查确认各系统的投用状态，防止事故发生。各系统进入罐区的第一道阀门应安排专人负责，由生产调度负责协调、监督执行并确认。

4.6.2 生产交检修

1. 设备运行状态确认

停工处理完成后，应对正在生产运行的设备管线重点部位进行标识，防止拆错、割错，造成事故。

2. 能量隔离

设备、管线吹扫处理完成后，按盲板表规定的材质、规格，安装好盲板，做好挂牌、编号、登记和确认工作。盲板隔离应事先制定详细的盲板加拆执行确认表，实行执行、复查确认签字制度，盲板加拆工作应有专人负责、专人复查确认。停开工盲板确认登记表见表4.1。

表4.1　停开工盲板确认登记表

盲板位置	编号	盲板规格 （直径/压力）	安装时间	确认人员 （签名）	拆除时间	确认人员 （签名）

3. 储罐封闭

设备交出时应用"人孔封闭器"进行封闭，作业时由监护人监督打开，作业中断或作业完成后，由监护人监督重新封闭。

4. 交付检修

交付检修时，填写生产交检修确认单，落实检维修主要交接检查事项。验收交接标准：设备、管道内应无余压、无残料。检修场地敞开式、半敞开式地下水（污）井、沟、槽、池清理干净，无法清理时应加盖防火布或用其他方法封堵严密。

爆炸下限小于4%的可燃气体体积含量小于0.2%为合格；爆炸下限大于或等于4%的可燃气体体积含量小于0.5%为合格；氧气含量19.5%~21%为合格，有毒物质浓度应低于国家规定最高容许浓度。

4.6.3　开工管理

4.6.3.1　开工总体要求

1. 安全方面

（1）参加现场开工的人员应明确各自的安全职责，做好开工期间的操作、现场监督和指导，开工人员应严格工艺纪律，统一指挥，按开工方案进行，并加强沟通、联系。

（2）操作人员按规定穿戴好劳动防护用品，各区域的灭火器材、防护器材、报警系统按规定摆放就位，做到人人会用。

（3）严格按照操作规程及工艺卡片规定的指标控制工艺及设备运行，禁止超温、超压、超负荷运行。

（4）准确分析、判断和处理各种事故苗头，把事故消灭在萌芽状态。遇突发情况，应果断处理并及时报告，做好记录。

2. 环保方面

（1）开工过程应始终将"物料不落地""漏料等于投毒"的环保理念贯穿于开工全过程，严格遵守环保管理制度，杜绝违章作业，防止污染事故的发生。

（2）开工前对排污系统进行全面检查，确保畅通，所有下水井、明沟、阀井、管沟盖板齐全。

（3）开工期间产生的污水不得随意排放，应按要求排入污水系统，污水外排时须经检测合格后达标排放。严禁将污水就地排放或直接排入雨排系统。

（4）物料发生泄漏时，及时采取回收措施，并组织消除漏点，必要时应立即启动应急预案。

（5）开工过程中所产生的废弃物，应优先考虑回收利用，无法回收利用的要严格按相关规定处理。

3. 质量方面

（1）检修过的工艺管线等应严格按程序进行清洗、吹扫，达到"无铁锈、无水、无杂物、无油迹"标准，经验收合格后方可投用。检修后的储罐等容器，应经过清罐、质量验收合格后，方可投用。

（2）生产调度要根据公用系统停送时间安排好洗车任务。经清洗合格但超过规定使用期限的及专车专用的铁路罐车，在开工首次使用时应安排特洗，以保证产品质量。

4. 交接确认

（1）检修完成交付生产，应严格执行交接程序，确保检修项目无遗留问题，施工现场清理完成，工程质量检查合格，并有完整的质量检查记录。

（2）严格执行检修交生产确认制度，检修部门确认交出，生产部门确认接收，检修交生产过程应填写检修交生产确认单。

4.6.3.2 开工组织要点

1. 人员及物资

（1）组织准备。成立开车组织机构，统一组织和指挥有关单位做好单机试车、联动试车、投料开工及生产考核工作。

（2）物资准备。按照开工方案要求，所需开工物资及备品配件、润滑油（脂）等均应准备到位，满足开工所需的物资要求。

2. 工艺设备

（1）完成开工方案编制及《岗位操作法》《工艺技术规程》《工艺卡片》的修订工作。

（2）开工前应进行岗位技术交底培训，重点对工艺动改、设备更新、特殊操作等事项进行培训，应做到"四懂三会"（即懂设备的结构、原理、性能、用途；会操作使用、会维护保养、会排除故障）。

（3）开工前应强化系统的确认，组织操作工对工艺流程及设备设施逐一确认。

（4）严格盲板管理制度要求，开工前对不用的盲板进行拆除，确保工艺系统畅通。

（5）检修动改过的工艺设备标识应齐全。

3. 公用工程

（1）水、电、汽、风、氮气等各系统检修、验收完成，检修质量符合要求。

（2）对公用工程进入界区的第一道控制阀进行确认，应全部打开。

（3）水、电、汽、风、氮气等各系统压力符合工艺、设备的使用条件要求。

4. 系统处理及设备调试

（1）各系统吹扫、清洗、气密、置换合格，仪表联校、调试完成并确认无误。投用前应经过质量确认，开具质量合格证后方能投用。

（2）储罐应由专人负责做好内部及人孔的检查确认，检查确认无误、符合人孔封闭条件后，对人孔进行封闭。

（3）联锁仪表、火灾自动报警系统、可燃气体检测系统等应调试合格，具备投用条件。

5. 首次收付料管理

（1）首次收料尽量安排在白天，应组织各岗位按职责进行巡检，确保各系统处于良好的运行状态。

（2）收料应按照指定流程对来料线进行置换，置换的物料应进入指定储罐，经化验分析合格后方可正常收料。内浮顶罐在内浮盘没有浮起前，进料速度应小于1m/s。收料后，生产调度应安排对检修储罐内物料进行采样分析，掌握质量情况。

（3）付料出厂时应做好产品质量的控制。凡经检修第一次投用的系统，首次装车时应进行采样分析，分析合格后，方可正常出厂。

第5章

设备管理

>>>

设备是储运运行的基础,加强设备全生命周期管理,不断夯实设备基础工作,提高设备本质安全水平,实现设备安、稳、长、满、优运行是设备管理的目标。本章主要介绍储运设备,包括储存设备、装卸设备、运输设备、加油站设备及配套仪表等。

5.1 设备综合管理

设备管理是以设备为研究对象,应用一系列理论、技术方法,对设备进行从设计、选型、购置、安装、使用、维护、修理、改造、更新直至报废的全过程管理。储运设备管理要建立健全适合储运特点的设备管理机构与管理制度,做到统筹规划、合理配置、择优选购、正确使用、精心维护、科学检修、适时更新改造,不断提高设备管理水平,实现设备安全、环保和效益最大化的目标。

5.1.1 储运设备特点

1. 间歇式运行

间歇式运行是石油化工储运系统的最大特点,在装、卸、运环节表现尤为明显。设备设施的运行时间由生产任务量大小决定,任务量大时设备设施运转时间长,反之运转时间短。

2. 设备利用率低

在实际生产过程中会存在生产任务量不均衡的情况,为保证作业顺畅,需配备较多的设备,针对不同产品,还需配备不同数量的泵、罐、鹤管等设备。在长时间无生产任务时,设备设施处于备用状态,利用率低,间歇式运行也会降低设备的利用率。

3. 静设备多

储运系统收、储、装、卸、洗、运等六大环节中每一环节都涉及静设备，相比生产装置静设备占比较高。如储存产品的常压储罐、氮气储罐及制冷机上的蒸发器、油分离器等压力容器、输送物料的工业管道、为保证产品质量而设置的换热器、火车罐车洗车设施及产品装卸车鹤管等都是静设备。

5.1.2　设备管理原则

（1）坚持专业安全底线，实施预防性维修，确保设备安全可靠运行。

（2）坚持对设备从设计、选型、购置、安装、使用、维护、修理、改造、更新直至报废全过程管理。

（3）坚持设计、制造与使用相结合，维护与检修相结合，修理、改造与更新相结合，专业管理与全员管理相结合，技术管理与经济管理相结合。

（4）坚持可持续发展，保护环境和节能降耗。

（5）坚持依靠技术进步、科技创新，树立先进设备管理理念，推广应用科学技术成果，实现设备管理科学、规范、高效、经济。

5.1.3　设备的全生命周期管理

5.1.3.1　设备前期管理

设备的前期管理是指设备全过程管理中设计、选型、购置、安装、投运阶段的管理工作。

（1）设备设计、选型应遵循标准化、系列化、通用化的原则，满足设备的适用性、可靠性、维修性、安全环保性和经济性要求。坚持技术先进、经济合理原则，禁止选用国家明令淘汰的设备。

（2）设备购置要坚持质量第一、性能价格比最优、综合成本最低的原则，从设备技术协议签订、合同谈判、设备监造、过程质量控制、进厂验收等方面做好管控。

（3）设备安装必须执行国家、行业相关标准规范，按要求进行试运和调试，做好设备验收和交接。

5.1.3.2　设备的使用维护管理

（1）建立健全常压储罐、机泵、鹤管等设备的使用、维护管理制度，制定规范的设备操作规程和维护规程，严格执行设备点检、维护保养等各项制度。

（2）储运设备操作、维护和维修人员上岗前应经过系统的理论和实践培训，做到设备"四懂三会"。特种设备作业人员及其相关管理人员，应经考核合格取得特种设备作业人员证，方可从事相应的作业和管理工作。

（3）加强储运设备风险管理，开展设备风险识别和可靠性维修活动，利用基于风险的检验（RBI）、以可靠性为中心的维修（RCM）、安全完整性等级（SIL）等先进管理技术，定期开展设备技术性能和安全可靠性评估，采取必要的防范措施，确保储运设备运行的安全可靠，降低设备运行风险。

（4）严格备用设备管理，定期对备用设备进行检查和维护保养，确保设备处于完好备用状态。

（5）加强设备润滑管理，严格执行设备润滑的"五定"（定点、定时、定质、定量、定人）、"三级过滤"（入库过滤、发放过滤、加油过滤）。

（6）开展机泵设备状态监测和故障诊断，及时准确掌握设备运行状态，积累设备状态历史数据，总结探索设备故障规律，发现问题及时处理。

（7）重视并做好设备防腐工作，采用工艺技术防腐、材料防腐、腐蚀监测等综合技术措施，预防设备腐蚀。

5.1.3.3　设备的检修

（1）根据设备实际运行状况，结合生产安排，编制设备检修计划。设备检修计划可分为年度修理计划、停工检修计划和月度维修计划。

（2）设备修理要推行基于风险的检验技术和以可靠性为中心的维修策略。坚持预防性维修方针，既要防止设备失修，又要避免过剩维修，做到日常维护与计划检修相结合、预防性检修和预知性检修相结合。如常压储罐结合全面检验，宜6年检修一次，以保证设备完好；结合LDAR检测，及时对泄漏点进行维修，满足环保要求。

（3）加强储运设备检修全过程的管理，做好设备修理前的准备、修理过程的监控和修理后的验收工作。

（4）加强检修质量管理，建立健全设备修理的质保体系，严格执行检修计划，执行检修规程和检修技术标准，实施中间质量检查及完工验收，保证修理质量。

（5）检修结束后，应做好检修技术总结及检修技术资料的归档，重大检修项目应进行技术经济评价。

（6）特种设备的承修单位应具有相应资质，修理内容应与资质相符；不准超资质进行修理，确保修理的合法性。

5.1.3.4　设备更新改造

（1）设备更新是指采用新设备替代技术性能落后，安全、环保状况和经济效益差的原有设备。设备改造是运用新技术对原有设备进行技术改造，以改善或提高设备的性能、效率，减少消耗及污染。

（2）满足下列条件之一的设备可进行更新改造：

①使用年限已满，丧失使用效能，无修复价值的；

②因生产条件改变，已丧失原有使用价值的；

③使用年限未满，但缺乏配件无法修复使用的；

④毁损后无修复使用价值的；

⑤经论证，大修后技术性能仍不能满足生产要求或虽然能满足生产要求，但更新更经济合理的；

⑥技术落后，不符合安全、环保、节能要求的；

⑦国家明令淘汰和其他符合更新条件的。

（3）更新改造后应做好评价工作，对设备投用前后情况进行分析和对比。

5.1.3.5 设备的停用与报废

（1）停用设备是指由于生产经营、成本消耗等原因，根据需要暂停或停止运行时间不少于6个月且功能正常的设备。闲置设备是指除了在用、备用、维修、改装、特种储备，抢险救灾和动员生产所必需的设备以外，其他连续停用一年以上不需要再用的设备或新购进两年以上不能投产的设备。

（2）对停用的设备要及时办理停用手续，进行停电断电处理，建立停用设备台账。长期停用的设备应予以封存，并定期进行维护、保养。

（3）对闲置、停用设备应妥善保管，对使用过的设备必须清除其中的残留物，做好防腐、防冻、防变形等维护保管工作，防止零附件丢失和设备损坏。

（4）重新使用闲置设备，必须经过全面的技术检验，符合技术要求方可使用。

（5）对已无使用和修复价值或能耗高、效率低、技术性能落后的淘汰设备，应办理报废手续进行报废处理，同步将设备档案台账修改、注销。

5.1.4 设备设施变更管理

设备设施变更，是指设备设施本身及附属设施的改变，主要包括：设备设施的更新改造，非同类型替换（包括型号、结构、材质、安全设施、设备运行参数的改变），安装位置、设备联锁、仪表电气、设备操作等方面的改变。不包括以下内容：设备的检修和维护，更换同一型号的设备、管线和配件，清扫容器、管线或其他设备，日常的设备设施防腐保温处理，修理或重新校验的仪器、仪表，工艺参数、设备运行参数在控制指标范围内的调整等。

5.1.4.1 工作流程

1. 变更申请

企业应对预实施的设备设施变更需求进行预评估，论证变更需求的内容和方案，确认变更需求的必要性，预评估通过后，由变更申请单位申报变更申请单。

2. 风险评估

设备设施变更应开展风险评估，变更的风险包括变更实施过程中的风险和变更实施以后的风险。变更实施过程中的风险评估可在作业管理过程中进行辨识和管控。变更实施后的风险评估应从变更带来的潜在后果严重性和引发后果的可能因素两方面开展。

3. 审批

变更申请表及风险评估材料按管理权限报相应负责人审批。各级审批人应审查变更的符合性、风险评估的准确性以及措施的有效性。

4. 实施与投用

变更经批准后方可实施，严格按照变更审批确定的内容和范围实施，落实风险控制措施。变更投用前，企业应当组织开展投用前的安全条件确认，安全条件具备后方可投用。

5. 验收与关闭

企业应对投用的变更进行验收，验收包括对变更与预期效果符合性的评估，及时更新变更涉及的 PID 图纸、操作规程、联锁逻辑图等文件资料。变更验收后，按管理权限报主管负责人审批后关闭变更。

5.1.4.2　应用举例

（1）某企业 202# 装车泵为普通离心泵，机械密封。1987 年 5 月投用，型号为 150Y － 75A，流量 180m³/h，扬程 61m。运行 30 年后更新为磁力泵，型号为 CEP150 － 100 － 250A，流量、扬程及功率不变，动密封变为静密封，实现了无动态泄漏。202# 泵由离心泵变为磁力泵，因为泵传动方式发生改变，结构、型号发生变化，所以属于典型的设备变更。

（2）某企业苯乙烯换冷设备为管壳式换热器，2004 年 5 月投用，换热面积 20m²，壳程材质为 Q235B，管程材质为 20# 钢。使用 12 年后发现换热器管束腐蚀泄漏，导致苯乙烯窜入冷媒乙二醇中。企业为此对换热器解体检修，经检测壳程可继续使用，只更换管束，为提高防腐蚀性能，材质由碳钢改为不锈钢，属于典型的设备变更。

5.1.5　设备隐患排查管理

（1）定期开展储运设备本质安全隐患排查活动，落实专业排查、专业治理、专业封闭整治机制，消除设备管理中存在的问题和隐患，实现设备本质安全，杜绝各类设备事故发生。

（2）利用新技术查找设备隐患：推荐应用红外成像检测技术，定期开展储运设备风险分析，形成红外成像研判报告，及时发现隐患；加强设备状态监测，确保机泵轴承振动在允许范围内，避免因轴承振动导致的机械密封泄漏；推广应用定力矩紧固技术减少密封点泄漏。

5.1.6　设备故障与事故管理

（1）企业应加强设备故障和事故管理，建立设备故障和事故记录，制定主要设备事故应急预案，不断提高处理突发事故的能力。

（2）设备故障发生后，应立即采取措施，防止故障影响扩大或引发次生事故。发生设备事故，应按国家相关事故管理规定，做好事故调查及处理。

5.2 储存设备

储存设备是用来储存液体、气体并且不影响被储存物料原有性质的设备，通常包括储罐、气柜等。储罐是储存石油化工产品的容器，是储运系统的主体设施之一。气柜用于储存各种气体，同时也是用于平衡气体需用量的不均匀性的一种容器设备。

常用的储罐一般为金属储罐，多为立式圆筒形结构，按压力一般分为常压储罐、低压储罐和压力储罐等。

5.2.1 常压储罐

根据 GB 50160—2008（2018 年版）《石油化工企业设计防火标准》，常压储罐是指设计压力小于或等于 6.9kPa（罐顶表压）的储罐。目前较为普遍采用的是拱顶罐、内浮顶罐和外浮顶罐。企业应加强常压储罐完整性管理，定期对常压储罐进行风险评估，落实管控措施，将风险控制在可接受范围内，确保常压储罐安全、经济运行。

5.2.1.1 储罐的技术参数

（1）规格：指直径×壁高，直径为内径。如储罐规格为：$\phi 15695 \times 12920$，则该罐的内径为 15695mm，壁高为 12920mm。

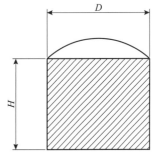

图 5.1 几何容量示意图

（2）容量：储罐的容量常见有几何容量、公称容量、储存容量及工作容量，单位用 m^3 表示。

① 几何容量

几何容量是指储罐圆柱部分的体积（图 5.1），按下式计算：

$$V_0 = \pi D^2 H / 4$$

② 公称容量

公称容量是几何容量圆整后，以十、百、千、万表示的容量，例如 $500m^3$、$4000m^3$ 等。

③ 储存容量

储存容量是指正常操作条件下，储罐允许储存的最大容量（图 5.2）。A 是由安全因素确定的预留高度，按下式计算：

$$V_0 = \pi D^2 (H - A) / 4$$

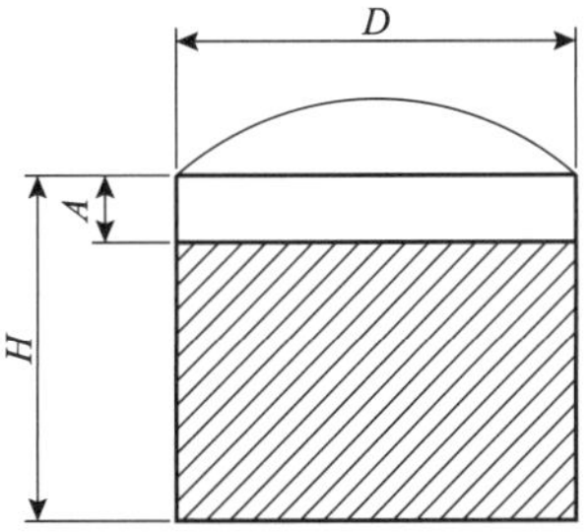

图 5.2 储存容量示意图

④ 工作容量

工作容量（或有效容量、周转容量）是指在正常操作条件下，允许的最高操作液位和允许的最低操作液位之间容量（图 5.3），B 是罐底部不能利用部分的高度，按下式计算：

$$V_0 = \pi D^2 (H - A - B)/4$$

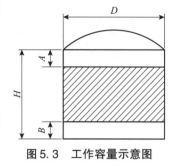

图 5.3　工作容量示意图

5.2.1.2　拱顶罐

拱顶罐一般是指罐顶为球冠状的一种立式钢制密闭圆柱形容器（图 5.4），最常用的容积为 $1000 \sim 10000 \text{m}^3$。

1. 结构

罐底：罐底由钢板拼装而成，罐底中部的钢板为中幅板，周边的钢板为边缘板。边缘板可采用条形板，也可采用弓形板。一般情况下，储罐内径 <16.5m 时，宜采用条形边缘板，储罐内径 ≥16.5m 时，宜采用弓形边缘板。

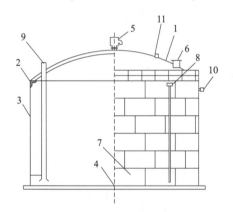

图 5.4　拱顶罐结构示意简图
1—拱顶；2—包边角钢；3—罐壁；4—罐底；
5—呼吸阀；6—透光孔；7—罐壁人孔；8—泡沫产生器；
9—量油孔；10—高液位报警器；11—泄压人孔

罐壁：罐壁是储罐的主要受力构件，在产品压力的作用下承受环向拉应力。罐壁由多圈钢板组对焊接而成，采用倒装法施工。

罐顶：也可称为拱顶，由多块扇形板组对焊接而成的球冠状，罐顶内侧采用扁钢制成加强筋，各个扇形板之间采用搭接焊缝，整个罐顶与罐壁板上部的角钢圈（或称锁口）焊接成一体。

2. 附件

拱顶罐附件根据储罐需要一般设有呼吸阀、阻火器、透光孔、量油孔、人孔、扶梯、护栏、排污孔、液位计、泡沫产生器、喷淋冷却设施、泄压人孔、静电接地设施、高液位报警器等。

（1）呼吸阀

呼吸阀是利用阀盘的重量和罐内外压差来控制和调节储罐气体空间油气压力的，在一定程度上减少了物料的蒸发损耗。为保证储罐的使用安全，储罐呼吸阀按压力可分为 A、B、C、D、E 五种级别，其工作范围见表 5.1。

表 5.1　呼吸阀工作范围

级别	正压	负压
A 级	355Pa（36mmHg）	295Pa（−30mmHg）
B 级	665Pa（68mmHg）	295Pa（−30mmHg）
C 级	980Pa（100mmHg）	295Pa（−30mmHg）
D 级	1375Pa（140mmHg）	295Pa（−30mmHg）
E 级	1765Pa（180mmHg）	295Pa（−30mmHg）

按使用条件，呼吸阀又可分为普通型和全天候型两种。通常采用全天候机械式呼吸阀（图5.5）。

随着环保要求的逐步提高，依照国际标准《非制冷/制冷常压与低压储罐的通气》（API 2000），呼吸阀的泄漏量在出厂检验中要求测试压力在呼吸阀设定开启压力的75%时且阀门公称直径小于等于150mm，最大泄漏量不超过0.0014m³/h；公称直径大于等于200mm小于等于400mm，最大泄漏量不超过0.142m³/h；公称直径大于400mm，最大泄漏量不超过0.566m³/h。

特殊介质的呼吸阀应采用适当的保护措施，以保证呼吸阀正常使用。如工业苯、对二甲苯

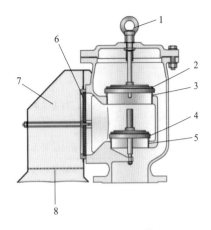

图5.5　呼吸阀结构图
1—起重吊耳；2—吸入端阀盘；3—吸入端阀座；
4—呼出端阀盘；5—呼出端阀座；6—阻火芯；
7—防雨（尘）罩；8—防虫网

等储罐呼吸阀冬季要采取伴热措施，防止低温呼吸气凝结；苯乙烯储罐呼吸阀在夏季要采取保冷措施，防止苯乙烯呼吸气聚合，使呼吸阀工作失灵而引起憋罐、瘪罐事故的发生。

（2）阻火器

阻火器是应用火焰通过热导体的狭小孔隙时、由于热量损失而熄灭的原理设计制造，能阻止火焰由外部向储罐内部混合气体的传播。阻火器按阻止火焰速度分阻爆燃型阻火器、阻爆轰型阻火器。阻爆燃型阻火器能阻止以亚音速传播的爆炸火焰通过；阻爆轰型阻火器能阻止以冲击波为特征、以超音速传播的爆炸火焰通过。

阻火器主要由壳体和滤芯两部分组成，其结构有砾石型、金属丝网型或波纹型，可与呼吸阀配套使用，亦可单独使用。根据《阻火器设计、检验、测试标准》（ISO 16852），阻火器整体必须进行阻火性能形式认证，出具第三方形式认证证书。

（3）透光孔

透光孔设在罐顶，供罐内采光和通风用。透光孔的公称直径一般为500mm，其安装位置应位于进、出口管上方的罐顶上，与人孔对称布置；透光孔的外缘应距离罐壁800~1000mm为佳。

（4）量油孔

量油孔是用来检尺测量罐内液面和取样的专门附件。每个罐顶上设置一个，多设在罐梯平台附近，其公称直径为150mm，材质一般为铝合金，设有能密闭的孔盖和锁紧螺栓。

（5）人孔

人孔是指用于人员进出罐以便安装、检修和安全检查的开孔结构，主要由短管、法兰和带把手的人孔盖组成，人孔应设在底部圈板方便操作的位置并避开罐内附件，高度约700mm。

3. 主要检查内容

拱顶罐的主要检查内容见表5.2。

表5.2　拱顶罐的主要检查内容

检查项目	检查内容	推荐检查周期
呼吸阀、泄压人孔	阀杆、阀盘及阀座是否灵活好用，密封面是否完好，工作状态正常	每3个月检查一次，冰冻季节应加强检查
阻火器	检查阻火层有无堵塞、腐蚀等现象	每3个月
罐顶、罐壁板	罐顶和罐壁的变形情况，有无严重的凹陷、折褶及渗漏穿孔	每3个月
罐底边缘板	是否腐蚀、减薄	每3个月
罐体焊缝	用5~10倍放大镜检查焊缝，应特别检查外角焊缝、下部二圈板焊缝、罐进出接管焊缝有无渗漏及裂纹	每3个月
消防泡沫管	是否完好，管口扣盖是否完好，有无介质挥发气等排出	每3个月
水喷淋设施	喷嘴是否堵塞，控制水阀是否灵活好用	每3个月
泡沫产生器	是否有介质挥发气等排出，刻痕玻璃及网罩是否完好	每1个月
防腐情况	防腐涂层有无脱落、起皮等缺陷，表面有无龟裂、剥落、粉化、锈蚀等现象，罐壁和罐顶上的定点测厚点标志是否清晰	每1个月
（保温罐）外保温层及防水檐	保温层有无鼓胀、脱落现象，保温层的定点测厚盒是否完好、牢固，防水檐是否完好	每1个月
量油孔	孔盖与支座间密封垫是否脱落或老化，导尺槽磨损情况，压紧螺栓活动情况，盖子支架有无断（裂）痕	每1个月
人孔及透光孔	是否渗漏或漏气	每1个月
排污阀	填料函有无渗漏，手轮转动是否灵活，阀门是否内漏	每1个月
液位计及高低液位报警器	是否准确、好用	每1个月
等电位连接及防雷、防静电接地设施	是否齐全、完好、牢固，是否有锈蚀、破损等	每1个月
储罐基础、保护层、防水檐、防火堤	基础有无下沉（罐体有无倾斜），散水坡、保护层、防水檐、边缘板防水有无破损，防水（沥青等）封口是否完好，基础沉降观测点及标志是否清晰，防火堤是否完好（应平整、无裂纹、无孔洞）	每1个月
管线、阀门、金属软管、清扫孔等	各处的紧固件应完好、牢固，进、出口管线和阀门应完好，各阀门及管路连接牢固、密封可靠，各人孔、清扫孔、透光孔等都应封闭严密	每1个月
加热器	加热器腐蚀情况，有无渗漏，支架有无损坏，管线接头有无断裂	清罐或开罐检修时
调合器	腐蚀程度，喷嘴有无堵塞	清罐或开罐检修时
其他配套设施：盘梯、平台、通气管、管线阻火器、采样器、氮封系统、仪表系统等是否完好		每1个月

4. 故障处理

拱顶罐故障通常是附件出现的故障，导致储罐抽瘪，尤其呼吸阀、液位计故障最为常见。下面以呼吸阀常见故障为例。

呼吸阀常见故障有漏气、卡死、粘结、堵塞、冻结等5种。

（1）漏气：漏气一般是由于锈蚀、坚硬物体划伤阀与阀盘的接触面、阀盘或阀座变形以及阀盘导杆倾斜等缘故造成的。

（2）卡死：卡死多发生在由于呼吸阀装置不正确或储罐变形导致阀盘导杆倾斜以及阀杆锈蚀的状况下，阀座在导杆活动中不能到位，将阀盘卡于导杆中。

（3）粘结：粘结是由于有蒸气、水分与堆积于阀盘、阀座、导杆上的尘土等杂物混合发生化学物理变化，长期使阀盘与阀座或导杆粘结一起。

（4）堵塞：堵塞主要是由于机械呼吸阀长期工作，致使尘土、锈渣等杂物堆在呼吸阀呼吸管内，使呼吸阀堵塞。

（5）冻结：冻结是由于气温变化，产品挥发气或空气中的水分在呼吸阀的阀体、阀盘、阀座和导杆等部位凝结，进而结冰，使阀难以开启。

5.2.1.3 内浮顶罐

内浮顶罐一般是指罐顶为球冠状，内部设有浮盘，罐壁顶端设有通气孔的一种立式钢制圆柱形容器。主要用于储存易挥发、易燃烧轻质介质，例如汽油、石脑油、苯类等。

1. 结构

内浮顶罐主要由罐底、罐壁、罐顶等组成。

罐底：内浮顶罐的罐底排板方式与拱顶罐基本相同，但边缘板不采用条形板。

罐壁：采用对接焊缝，焊缝内表面要打磨光滑，防止划损浮盘密封。

罐顶：内浮顶罐的罐顶结构与拱顶罐基本相同（图5.6）。

2. 附件

内浮顶罐附件一般有内浮盘、透光孔、量油孔、人孔、带芯人孔、扶梯、护栏、排污孔、液位计、泡沫产生器、喷淋冷却设施、罐壁通气孔、静电接地设施、高液位报警器、密闭式采样器等。

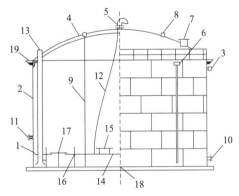

图5.6 内浮顶罐结构简图

1—软密封；2—罐壁；3—高液位报警；4—罐顶；
5—通气孔；6—泡沫产生器；7—罐顶人孔；
8—泄压人孔；9—防转绳；10—罐壁人孔；
11—带芯人孔；12—静电导出线；13—量油管；
14—内浮盘；15—内浮盘人孔；16—内浮盘立柱；
17—内浮盘自动通气阀；18—罐底；19—罐壁通气孔

（1）内浮盘：通常用钢板或铝板制作，也可采用玻璃纤维增强聚酯、环氧树脂、硬泡沫塑料等复合材料制造。常见的结构由浮子元件（浮筒、浮箱等）、支柱、防旋装置、自动通气阀、人孔、边框架、浮盘密封、防静电导线等组成。其中浮盘密封是装在浮盘的外缘处，密封浮盘与罐壁之间的间隙。最常见的浮盘密封有舌形密封（图5.7）、囊式密封（图5.8）、舌型+囊式密封、双舌形密封、机械密封等多种密封方式。

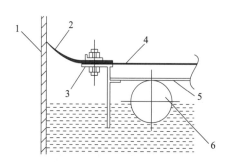

图5.7 舌形密封结构简图

1—罐壁；2—舌形密封圈；3—外圈外框；
4—顶板；5—主梁；6—浮筒

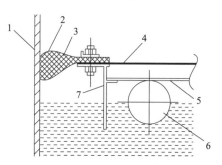

图5.8 囊式密封结构简图

1—罐壁；2—囊式橡胶圈；3—填充料；4—顶板；
5—主梁；6—浮筒；7—外圈边框

（2）透光孔和量油孔：用于检查罐内情况及测量油位、采样。

（3）排污孔：设置在储罐底部最低位置，用于清罐时排放残液和废渣。

（4）人孔：内浮顶罐罐体人孔一般至少设置两个：一个与拱顶罐相同，设在底部圈板，高度约700mm，常称为底部位人孔；另一个设在第二圈板中部，高度约2.5m，为操作人员进入浮盘上部时用，称为高部位人孔，通常采用带芯人孔。

（5）罐壁通气孔：安装于内浮顶罐的罐壁上部，罐壁通气孔应为偶数对称开设，使罐内外空气充分对流，以尽量降低内浮盘与罐顶间介质挥发浓度。通气孔出入口安装有金属丝网罩，其规格一般为700mm×400mm。

（6）密闭采样器：常见的有储罐顶部密闭采样器、储罐底部密闭采样器。储罐顶部密闭采样器又分固定式、便携式，便携式顶部密闭采样器因比较笨重，上、下储罐均需要人工携带，应用得较少，下面以罐底部密闭采样器为例进行介绍。

罐底部密闭采样器的设置实现了无须上罐顶就可以进行采样作业，减少了罐顶采样作业的安全风险和物料的挥发污染，降低了操作人员的劳动强度。

密闭式采样器主要由操作箱、采样瓶、多位换向取样阀、取样管线伸缩架、循环泵、阀门、密封件及法兰组成。以自调定位式采样器为例，简要说明其结构（图5.9）。

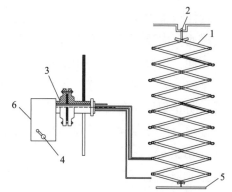

图5.9 储罐液体密闭采样器示意图

1—采样管线伸缩架；2—浮盘连接件；
3—连接法兰支管；4—操作手柄；
5—底座；6—操作箱

密闭采样器是将三根（上、中、下）采样管固定在支撑管上，一根采取上部样，一根采取中部样，另一根采取下部样，支撑杆上端连浮标，下端固定在罐底固定支座上。当液面升降时，浮标随之浮动，采样管亦随之升降，因此三根采样管的开口高度始终保持在规定的采样位置。

密闭采样器自调伸缩架采用等比伸缩结构，自动调整取样点位置，内嵌不锈钢取样管路，通过不锈钢软管接通，可采集上部样、中部样、下部样、上中下组合样、底部样共5个样品。

3. 主要检查内容

内浮顶罐的主要检查内容见表5.3。

表5.3　内浮顶罐的主要检查内容

检查项目	检查内容及方法	推荐检查周期
罐顶板、罐壁板、罐底边缘板	罐顶和罐壁的变形、腐蚀情况，有无严重的凹陷、折褶及渗漏穿孔，边缘板是否腐蚀、减薄	每3个月
罐体焊缝	用5~10倍放大镜检查焊缝，应特别检查外角焊缝、下部二圈板焊缝、罐进出接管焊缝有无渗漏及裂纹	每3个月
内浮盘	内浮盘及附件腐蚀程度，密封有无异常	每1个月
量油孔	孔盖与支座间密封垫是否脱落或老化，导尺槽磨损情况，压紧螺栓活动情况，盖子支架有无断（裂）痕	每1个月
等电位连接及防雷防静电接地设施	是否齐全、完好、牢固，是否有锈蚀、破损等	每1个月
浮盘导静电线	是否完好、好用	每1个月
事故排液口	排液口是否畅通	每1个月
罐壁/罐顶通气孔	是否完好，金属网有无破裂	每3个月
消防泡沫管（液下消防系统）	是否完好，管口扣盖是否完好，有无介质挥发气等排出	每3个月
水喷淋设施	喷嘴是否堵塞，控制水阀是否灵活好用	每3个月
脱水器	连接法兰有无泄漏，过滤器是否堵塞，排水是否正常	每1个月
人孔（含带芯人孔）及透光孔	是否渗漏或漏气	每1个月
泡沫产生器	是否有介质挥发气等排出，刻痕玻璃及网罩是否完好	每1个月
排污阀	排污阀填料函有无渗漏，手轮转动是否灵活，阀门是否内漏	每1个月
进出口管线、金属软管、法兰	管线、金属软管、阀门、法兰及垫片的完好情况，紧固密封情况	每1个月
液位计及高低液位报警器	是否准确、好用	每1个月
防腐情况	防腐涂层有无脱落、起皮等缺陷，表面有无龟裂、剥落、粉化、锈蚀等现象，罐壁和罐顶上的定点测厚点标志是否清晰	每1个月

续表

检查项目	检查内容及方法	推荐检查周期
储罐基础、保护层、防水檐、防火堤	基础有无下沉（罐体有无倾斜）、散水坡、保护层、防水檐、边缘板防水有无破损，防水（沥青等）封口是否完好，基础沉降观测点及标志是否清晰，防火堤是否完好（应平整、无裂纹、无孔洞）	每1个月
管线、阀门、清扫孔等处的紧固件	各处的紧固件应完好、牢固，进出口管线和阀门应完好，各阀门及管路连接牢固、密封可靠，清扫孔、透光孔等都应封闭严密	每1个月
加热器	加热器腐蚀情况，有无渗漏，支架有无损坏，管线接头有无断裂，并处理至完好要求	清罐或开罐检修时
导向管	导向管滚轮有无脱落，转动是否灵活，并处理至完好要求	清罐或开罐检修时
导向钢丝绳	有无腐蚀，松紧程度是否合适，是否有断股	清罐或开罐检修时
内浮盘密封装置	是否完好，密封带有无破损	清罐或开罐检修时
内浮盘的自动通气阀	密封面是否完好，垫片有无损坏	清罐或开罐检修时
其他配套设施：盘梯、平台、通气管、管线阻火器、采样器、氮封系统、仪表系统等是否完好		每1个月

4. 常见故障

内浮顶罐常见故障有内浮盘侧倾或沉盘、密封效果差或密封失效等。

（1）内浮盘侧倾或沉盘

浮盘是内浮顶罐的核心部件，在储罐运行中会出现浮盘侧倾或浮盘整体沉没于所储物料液面之下，即沉盘。如出现内浮盘侧倾或沉盘则需要清罐对内浮盘进行维修或整体更换。

（2）密封效果差或密封失效

内浮顶罐在日常运行中，如发现罐壁四周通气孔处有明显挥发气溢出，储罐周围区域人体呼吸系统、眼睛等器官有明显刺激反应，可以初步判断储罐密封失效或出现故障，需及时对储罐浮盘密封进行确认，以便采取相应维修或更换等处置措施。

5.2.1.4 外浮顶罐

外浮顶罐指储罐没有拱顶的一种立式钢制敞口圆柱形容器，内设随液位上下垂直浮动的外浮盘，通常用于储存原油。

1. 结构

大型外浮顶罐主要结构有外浮盘、中央排水系统、浮盘密封（一、二次密封）、罐壁、罐底、转动扶梯、盘梯、静电导出装置、消防设施等（图5.10）。

罐的上部设有抗风圈。罐壁顶部设有扶梯，扶梯通向浮顶，在外浮盘升降时，扶梯可沿着外浮盘上的专用滑道滑行，并不断改变倾斜角度。

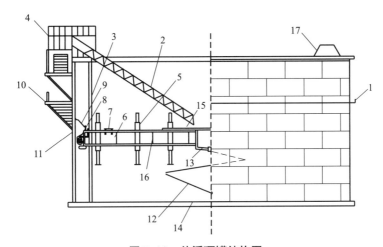

图 5.10 外浮顶罐结构图

1—抗风圈；2—转动浮梯；3—量油管；4—罐顶平台；5—外浮盘支柱；6—外浮盘船舱；
7—船舱人孔；8—管式密封；9—密封板；10—盘梯；11—罐壁；12—折叠排水管；
13—集水坑；14—底板；15—浮梯轨道；16—外浮盘隔舱；17—泡沫消防挡板

2. 附件

（1）外浮盘

外浮盘主要有单盘式和双盘式两种，单盘式外浮盘建造费用低于双盘式。

单盘式：单盘式浮盘漂浮在液体上，由若干个独立舱室组成环形浮船，其环形内侧为单盘顶板，顶板底部设有一定数量的径向和周向加强筋。单盘根据直径大小需设置边缘浮舱，边缘浮舱与单盘之间采用环形板连接，浮舱的作用是增强单盘整体刚性，减小单盘向下的挠度。其优点是造价低、好维修。单盘最低点不好确定，所以排水槽位置难以定位，排水不畅，给操作带来隐患。

双盘式：由上盘板、下盘板和船舱边缘板所组成，由径向隔板和环向隔板隔成若干独立的环形舱。双盘式浮盘的舱室是由顶钢板、底钢板、环向筋板以及径向隔板共同构成的密封舱室，顶面呈中心和边缘略高的 W 形，自中心和边缘有 1.5% 的直线边坡，以利于排水。其优点是浮力大、排水效果好、抗沉浮性能好。

（2）中央排水系统

目前，国内大型外浮顶罐使用的中央排水系统主要有旋转接头式排水系统、全软管式排水系统、枢轴式排水系统、分规式排水系统。

旋转接头式中央排水系统（图5.11）主要由旋转接头与钢管连接形成，随着浮顶的上下运行而转动，形成折叠管，以满足浮顶运行的需要。其中旋转接头具有通用性强、易加工、价格相对较低的优点，但是，由于旋转接头密封圈易磨损，会导致中央排水泄漏概率较大。

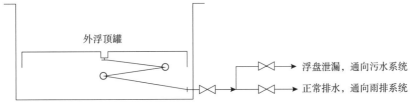

图 5.11 旋转接头式排水系统示意图

全软管式排水系统（图 5.12）整体结构形式仅为一根柔性管，两端通过法兰与进水口单向阀、出水口与罐壁接管相连，受浮盘漂移的影响小，有效地降低了泄漏的可能性。但是，安装时应避开外浮盘支柱、加热盘管及其他可能相碰附件。

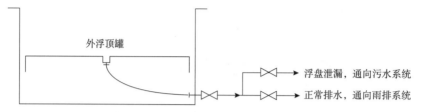

图 5.12　全软管式排水系统示意图

枢轴式中央排水系统主要由挠性接头和钢管组成，其折叠管直管段间的连接旋转头由挠性管替代，具有密封性好、结构简单、运行轨迹稳定等特点。但是，目前常用挠性管的挠曲性有限，挠性管易出现疲劳损坏，局部接头处易产生开裂。

分规式排水系统采用的是在两硬管的连接处用复合软管连接，上下铰链也同样用复合软管过渡到硬管连接的结构。该形式相对于枢轴式增加了挠性管曲率半径，降低软管疲劳破裂的风险。

（3）一、二次密封装置

密封装置设置在罐壁与外浮盘外圈板的环形空间之上，随外浮盘一起升降，用以密封该处气相的蒸发，减少储存物料的蒸发损耗。

一次密封的种类很多，常见的一次密封主要有机械密封、囊式密封、舌形密封等。

二次密封是在一次密封的基础上再增加的一道密封，主要由弹性压板、Z 型压板、异型压板、二次密封带及复合橡胶密封刮板组成，沿罐壁用螺栓固定在浮盘边缘板上的弹性压板将密封刮板紧贴在罐壁上。通过实验证实，采用二次密封后可减少 50% ~ 98% 的油气损耗。

3. 主要检查内容

外浮顶罐的主要检查内容见表 5.4。

表 5.4　外浮顶罐的主要检查内容

检查项目	检查内容及方法	推荐检查周期
外浮顶罐浮盘	浮盘及附件腐蚀程度，船舱编号是否清晰，阀门伴热是否完好，静电导线是否完好及接头是否牢固，垫片有无损坏	每 1 个月
边缘呼吸阀	阀杆、阀盘及阀座是否灵活好用，密封面是否完好，工作状态是否正常	每 1 个月检查一次，冰冻季节应加强检查
量油孔	孔盖与支座间密封垫是否脱落或老化，导尺槽磨损情况，压紧螺栓活动情况，盖子支架有无断（裂）痕	每 1 个月
外浮顶浮舱	是否泄漏	每 1 个月
密封的导静电线	是否完好、好用	每 1 个月

续表

检查项目	检查内容及方法	推荐检查周期
水封式紧急排水管	排水口是否通畅	每1个月
转动浮梯	踏板是否牢固灵活，升降是否平稳无卡阻	每3个月
消防泡沫管（液下消防系统）	是否完好，管口扣盖是否完好，有无介质挥发气等排出	每3个月
水喷淋设施	喷嘴是否堵塞，控制水阀是否灵活好用	每3个月
脱水器（自动脱水器）	连接法兰有无泄漏，过滤器是否堵塞，排水是否正常	每1个月
泡沫产生器	是否有介质挥发气等排出，刻痕玻璃及网罩是否完好	每1个月
人孔	是否渗漏或漏气	每1个月
排污阀（虹吸阀）	填料函有无渗漏，手轮转动是否灵活，阀门是否内漏	每1个月
进出口管线、金属软管、阀门、法兰	管线、金属软管、阀门、法兰及垫片的完好情况，紧固密封情况	每1个月
高低液位报警器＋液位计	是否准确、好用	每1个月
等电位连接及防雷防静电接地设施	是否齐全、完好、牢固，是否有锈蚀、破损等	每1个月
防腐情况	防腐涂层有无脱落、起皮等缺陷，表面有无龟裂、剥落、粉化、锈蚀等现象，防护层、保温层有无破损，罐壁上的定点测厚点标志是否清晰，定点测厚盒有无缺失	每1个月
储罐基础、保护层、防水檐、边缘板防水及防火堤	基础有无下沉（罐体有无倾斜），散水坡、保护层、防水檐、边缘板防水有无破损，防水（沥青等）封口是否完好，基础沉降观测点及标志是否清晰，防火堤是否完好（应平整、无裂纹、无孔洞）	每1个月
中央排水管	试验升降灵活性，检查旋转接头有无破裂，绞车是否灵活，钢丝绳腐蚀情况	清罐或开罐检修时
加热器	加热器腐蚀情况，有无渗漏，支架有无损坏，管线接头有无断裂	清罐或开罐检修时
搅拌器	有无渗油，叶轮是否完好，电机是否完好	每1个月进行月度检查（外部）、清罐或开罐检修时（内部）
导向管	导向管滚轮有无脱落，转动是否灵活，并处理至完好要求	清罐或开罐检修时
浮顶密封装置	是否完好，密封带有无破损，二次密封有缺失	清罐或开罐检修时
浮顶自动通气阀	密封面是否完好，垫片有无损坏	清罐或开罐检修时
罐底牺牲阳极块	是否有腐蚀	清罐或开罐检修时
刮蜡器	配重是否缺失、刮板是否变形	清罐或开罐检修时
罐顶、罐壁板	罐顶和罐壁的变形、腐蚀情况，有无严重的凹陷、折褶及渗漏穿孔	每3个月

续表

检查项目	检查内容及方法	推荐检查周期
罐底边缘板	是否腐蚀、减薄	每3个月
罐体焊缝	用5~10倍放大镜检查焊缝，应特别检查外角焊缝、下部二圈板焊缝、罐进出接管焊缝有无渗漏及裂纹	每3个月
管线、阀门、清扫孔等处的紧固件	各处的紧固件应完好、牢固，进出口管线和阀门应完好，各阀门及管路连接牢固、密封可靠，清扫孔、透光孔等都应封闭严密	每1个月
盘梯、平台、抗风栏杆、踏步板（或防滑条）	完好及腐蚀程度	每1个月
浮盘火灾报警系统	感温光纤是否完好	每1个月
其他配套设施：照明设施、监控系统、采样器、金属软管、仪表系统等是否完好		每1个月

5.2.1.5 常压储罐完整性管理

常压储罐完整性是指常压储罐处于安全可靠的服役状态，主要包括常压储罐在结构和功能上是完整的，处于风险受控状态，可满足当前安全运行要求。完整性管理是对常压储罐的风险因素不断进行识别和评价，持续采取各种降险措施，将风险控制在可接受的范围内，保证常压储罐安全、经济运行的管理活动。常压储罐完整性管理以预防为主，有效的完整性管理应能够在危害因素导致常压储罐发生失效前有效识别并采取相应措施。

1. 基本要素

常压储罐完整性管理体系的基本要素一般分为管理要素和技术要素，管理要素包括范围和目标、组织结构和岗位职责、记录和文件管理、沟通、变更管理、培训和技能等六个要素；技术要素包括建设期完整性管理、数据采集与整合、风险评估、完整性评价、降险措施、效能评价、应急管理、失效管理、停用或报废等九个要素。企业应制定规范的流程，将管理要素和技术要素涵盖于常压储罐设计、施工、运行、维护和报废等各个环节。

2. 完整性评价

完整性评价是指通过检验检测、充水试验、合于使用评价或其他已证实的可以确定常压储罐状态的适用技术，确定常压储罐当前完整性状态的过程。

（1）常压储罐一般于投用后3~6年进行首次完整性评价。以后的评价时间由检验机构根据评价结果确定。

（2）常压储罐各部件的完整性评价包括常压储罐罐体和基础、密封系统、阴极保护、防腐涂层、呼吸阀、仪表电气系统、防雷防静电设施及其他相关附件的检验与评价等，必要时进行合于使用评价。

（3）常压储罐完整性评价应根据风险评估的结果和损伤机理选择适宜的检验内容和方法，在满足降低风险的要求下应选择合理的检验有效性，降低检验成本。

（4）综合考虑储罐的损伤机理、损伤部位和检验有效性等因素，可选择开罐检验或在线检验等方式进行常压储罐的检验与评价。

5.2.1.6 常压储罐基于风险的检验

常压储罐基于风险的检验是对储罐进行损伤机理分析和风险的定量计算，并根据风险（或损伤系数）的大小以及检验的有效性确定储罐的检验策略，包括检验类型、检测方法、检验部位和下次检验时间。常压储罐的风险分析仅包括对储罐壁板和底板的分析，检验时还应考虑对储罐顶板以及相关辅助设施的检验。

确定常压储罐的风险时，应综合考虑储罐壁板和底板的风险，以最大风险确定风险等级，按不同部件分别确定检验内容和方法。根据不同的损伤机理选择相应的检验内容和方法时，在满足降低风险的要求下应当选择合理的检验有效性，降低检验成本。

1. 储罐检验类型

（1）检验类型包括开罐检验、在线检验。

（2）储罐检验类型选择应当考虑储罐的损伤机理、损伤部位及现场适宜的检验方法，还应考虑检验的有效性，能将风险或损伤系数降低至预期水平。

2. 检验方法

（1）根据储罐潜在的损伤机理确定检验部位和检验方法，检验部位应选择损伤可能发生的最严重区域，检验方法应考虑针对损伤机理的检验有效性。

（2）首次检验时，检验内容不仅包括使用环境下可能发生的损伤检验，还应补充对制造、安装质量的检验抽查。

3. 检验时间

（1）储罐的风险或损伤系数已经达到或超过企业可接受水平，应当立即实施检验。

（2）储罐的风险或损伤系数未达到企业可接受水平，还应当计算储罐的风险或损伤系数达到企业可接受水平的时间点，下次检验时间设在该时间点之前。

4. 检验实施

企业应当根据风险分析的结果，制定检验计划。检验机构根据风险分析结果和检验计划，结合现场条件，确定具体的检验类型、检测方法和检验内容并实施检验。

5.2.1.7 应用实例

某企业储存二氯乙烷使用内浮顶罐，其设计压力为 $-500 \sim 2$ kPa，设计温度为 $60 ℃$，储罐内径 11500mm，罐壁高度 12000mm，容积 1000m³，罐壁材质 S30408。为防止介质挥发，减少损耗，在内浮顶罐结构设计基础上封闭了通气孔，加装了呼吸阀，同时罐底板使用地脚螺栓固定（图 5.13），解决了氮气吹扫时操作不当导致储罐翘起的问题。

图 5.13　罐底板固定用地脚螺栓

5.2.2 低压储罐

低压储罐是指设计压力大于6.9kPa且小于0.1MPa的储罐。随着石油化工储运行业的迅速发展，储罐的挥发气污染问题越来越受到人们的关注，低压储罐的使用量在不断增加，设计压力也在不断提高。目前低温低压储罐常应用于储存低温液氮、低温LNG等。

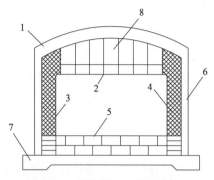

图5.14　低温低压双防罐结构图
1—混凝土拱顶；2—吊顶（绝热）；3—钢制内罐壁；
4—罐壁绝热层；5—罐底绝热层；6—预应力混凝土；
7—承台；8—气相空间

5.2.2.1　分类

目前常见的低压储罐有常温低压储罐、低温低压储罐，其中低温低压储罐分为单防罐、双防罐及全防罐，常用的为全防罐（图5.14）。

5.2.2.2　结构及要求

1. 罐顶

低压储罐常采用带压的拱顶罐型式，内部不设浮盘。罐顶和罐壁连接处主要承受由内压引起的环向压缩力，按照满足正常工况下的强度和稳定性要求，采用强顶连接比较可靠。

由于低压储罐为强顶连接，罐内超压后罐体破裂的风险超过常压储罐，日常应做好压力监控和泄压设施的检查，并做好应急预案。

2. 罐壁

由于罐壁板承受更高的压力，低压罐壁厚均应明显超过同规格的常压储罐。

为了保冷，低温低压储罐的内罐与外罐壁夹层填充保冷材料，一般低温储罐夹层填充珠光砂。

低温储罐内液体在接近常压下储存，其储存温度一般按照常压下液体的沸点选取。低温储罐每天的蒸发率一般在0.02%~0.08%。储罐的保冷措施越好，冷量损失越低，蒸发率就越小。

3. 罐底

低压储罐的内压、风压及地震弯矩所产生的提升力一般会大于罐顶、罐壁及其支撑的构件总重，从而会使罐底板边缘部分升离基础或承台，造成罐底破裂。为平衡提升力，防止罐底失稳变形，通常采用注入混凝土、增加配重和增设锚固三种方法处理。

向罐体内注入混凝土，在混凝土上铺设罐底的方法会牺牲储罐容积；在罐壁底圈部位增加配重则要求储罐基础具有更大的承载能力，所以，目前多通过在罐底增设锚固结构防止失稳。

4. 测量仪表

针对储罐内LNG密度分布与温度、液位密切相关的特点，LNG储罐采用一套LTD（液位－温度－密度）仪表，用于测量罐中产品的上、下密度分布。为了防止因密度差出现分层，从而产生 LNG 翻滚现象，需利用 LTD 精确监控 LNG 密度和温度的分布，如果上下密度差达到 $0.8kg/m^3$ 以上或温度差 $0.3℃$ 以上，应采取措施，避免出现翻滚现象。

5. 泄压设施

低压储罐常见的泄压设施主要有安全阀、爆破片、泄压人孔、放压阀等，当出现超压工况时，通过在罐顶设置安全阀等泄压设施来满足超压排气要求。为确保储罐安全，常见的泄压方式为组合式，如低温 LNG 罐上的安全阀和负压阀组合，为防止 LNG 储罐在运行中产生负压，储罐配有负压阀，该阀能自动开启，进行补气破坏真空，防止储罐出现真空，补气的气源一般为高压外输天然气管道的天然气；液氮和液氧罐上的安全阀和爆破片组合，爆破片的标定爆破压力不得超过储罐的设计压力，安全阀的开启压力应略低于爆破片的标定爆破压力。

6. 罐内低压输送泵

由于 LNG 低温储存的特性，低压低温储罐通常采用罐内泵用于管输及装车。LNG 罐内低压输送泵为潜液式电动泵，在泵井的底部安装有底阀，其主要部件有弹簧、底盖板、密封圈等。无外界干扰条件下，由于弹簧弹力的作用，底盖板闭合，底阀处于关闭状态，适当压力下只允许泵井内液体进入泵井外，而泵井外液体不能进入泵井内部。当罐内低压输送泵启动时，由于泵的重力，底盖板受压下移，会使底阀处于常开状态，此时泵可以自由吸入液体。

如某企业 $16×10^4 m^3$ 低温 LNG 储罐安装 3 台罐内低压输送泵，2 台泵运行，1 台泵作为备用，每台泵的出口管道上设流量控制阀，调节各运行泵在相同流量下工作以防止偏流，紧急情况时流量控制阀可切断输出。LNG 储罐液位应高于罐内泵，方可启泵，防止泵空转损坏。

5.2.2.3 选用原则

《石油化工储运系统罐区设计规范》（SH/T 3007—2014）规定：储存沸点低于 $45℃$ 或在 $37.8℃$ 时饱和蒸气压大于 $88kPa$ 的甲$_B$类液体，应采用压力储罐、低压储罐或降温储存的常压储罐，当选用压力储罐或低压储罐时，应采取防止空气进入罐内的措施，并应密闭收集处理罐内排出的气体。

因为沸点低于 $45℃$ 或 $37.8℃$ 时的饱和蒸气压大于 $88kPa$ 的甲$_B$类液体在常温常压下极易挥发，所以需要采用压力储罐、低压储罐或低温常压储罐来抑制其挥发。单组分液体的沸点是恒定的，适合用沸点来判断其挥发性；多组分液体的沸点是随着气体的蒸发而变化的，适合用蒸气压来判断其挥发性。

用低压储罐储存甲$_B$类液体，罐内易燃气体浓度较高，要求"防止空气进入罐内"是为了消除储罐爆炸危险；要求"密闭收集处理罐内排出的气体"，是为了避免有害气体污染大气环境。密闭措施是指将低压储罐内的气相空间与外部大气环境隔绝的措施，可采取的措施一般有：将储罐进料时排出的气体回收再利用或燃烧处理；储罐出料时，向罐内补充氮气或其他惰性气体，防止空气进入储罐。

5.2.2.4 应用实例

（1）轻石脑油常温低压储罐。由于石脑油的蒸气压较高，为降低轻石脑油在储存过程中的蒸发损耗，某储运企业提高了储罐设计压力，建造了 2 台材质为 20R 钢的 3000m³ 轻石脑油低压储罐，其设计压力 88kPa，储存压力 60kPa，安全阀开启压力 80kPa。操作、设计温度均为常温。该储罐投入运行，效果良好，大大减少了蒸发损耗。

（2）液氮低温低压储罐。某企业设计了 1 台液氮储罐，罐体分内、外罐两层，内罐容积 1500m³，设计压力 18kPa，工作压力 15kPa。外罐设计压力 1kPa，内罐设计温度 −196℃，外罐设计温度常温。内罐材质为 0Cr18Ni9，外罐材质为 Q235A。内筒壁与外筒壁之间用珠光砂填充绝热，内筒底与外筒底之间采用 1000mm 厚泡沫玻璃砖绝热。

（3）LNG 低温低压储罐。大型 LNG 储罐设计成低温低压储罐，一般选用安全、可靠的全防式混凝土外壁地上储罐，储罐采用双层壁结构，在第一层罐体泄漏时，第二层罐体可对泄漏液体与蒸发气实现完全封拦，确保储存安全。低温全防储罐由储罐基础、外罐、内罐、储罐保冷等四部分组成，储罐基础为高承台基础结构，外罐采用预应力混凝土，内罐一般选用 9Ni 钢或铝合金等材料，在内罐和外罐之间填充高性能的保冷材料。另外还有辅助设施通气孔、压力安全阀、真空安全阀、冷却喷淋环及防止死管段的热卸放空阀等，通常 LNG 储罐有 2 条进料线，根据来料 LNG 密度来判定是上进料还是下进料，密度低时下进料，便于 LNG 上浮过程中与原有 LNG 混合；相反密度高时上进料，LNG 下沉过程中与原有 LNG 混合。此外阀门带滴水盘，有利于冷源扩散。

某企业设计了 4 台 LNG 储罐，每台储罐容积为 $16 \times 10^4 m^3$，内罐采用 9Ni 钢（内径 × 高度：80m × 36m），外罐采用预应力混凝土（内径 × 高度：82m × 39m），外罐总高度为 50m。设计压力为 −0.5 ~ 29kPa，设计温度为 −170 ~ 65℃，操作压力为 2 ~ 26kPa，操作温度为 −162℃。

5.2.2.5 低温低压储罐的主要检查内容

低温低压储罐的主要检查内容见表 5.5。

表 5.5　低温低压储罐主要检查内容

检查项目	检查内容与要求	推荐检查周期
承台及承台桩基	表面无裂纹	每 3 个月
罐顶和承台底部防雷线	完好，无锈蚀、断裂现象	每 1 个月
泵井	完好，振动、声音正常	每 1 个月
罐体	外壁有没有冰霜迹象、机械损伤	每 1 个月
液位计、压力计、温度计	灵敏、准确好用，在检验周期内	每 1 个月
阻火设施	储存顶部通气管上装设的阻火器完好	每 1 个月
蒸发气（BOG）管线	保冷无破损、完好	每 1 个月

续表

检查项目	检查内容与要求	推荐检查周期
LTD	灵敏完好，显示准确	每1个月
安全阀、爆破片	安全阀和爆破片未被堵塞（包括结冰、杂物、蜂窝等），安全阀在校验周期内	每1个月
热卸放空阀	阀门完好、无泄漏	每1个月
阀门滴水盘	完好，无锈蚀、变形	每1个月
罐顶夹层填充孔	完好，无异常	每1个月
报警联锁设施	储罐设有的液位计或高、低液位报警器完好，在检验周期内	每1个月
储罐保冷	铝吊顶、内罐外壁、夹层和罐底等保冷材料完好、无破损	每1个月
储罐防腐	防腐层完好，无鼓包、破裂等	每1个月
储罐混凝土外壁	表面无裂纹	每1个月
防静电设施	罐体静电接地设施，完好	每1个月
	输送物料的管道跨接等防静电设施，完好	每1个月
附属管路	连接法兰无泄漏	每1个月
	连接管路无异常振动	每1个月
	放空管未被损坏且固定正确	每1个月

5.2.3 压力储罐

压力储罐通常是指设计压力大于或等于0.1MPa的储罐，常见的压力储罐有立式压力储罐、卧式压力储罐和球形储罐（以下简称"球罐"），储运企业应用最多的是球罐。

5.2.3.1 球罐的结构

球罐由本体、支柱及附件组成（图5.15）。本体是一个球壳，一般由上、下两块圆弧形板（俗称南、北极板）和多块球面板（俗称瓜皮）对接双面焊接而成。大型球罐的球面板数量更多，它既有纵向焊接，又有横向焊接（俗称赤道带、南温带、北温带）。

5.2.3.2 附件

球罐附件主要有安全阀、液位计、压力表、梯子平台、人孔和接管、水喷淋设施、隔热和保冷设施、脱水罐、气相连通管等。

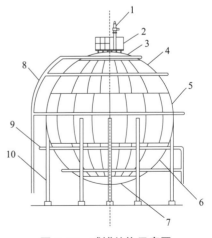

图5.15 球罐结构示意图
1—安全阀；2—顶部操作平台；3—北极板；
4—北温带；5—赤道带；6—南温带；7—南极板；
8—喷淋管线；9—喷淋管线；10—支柱

1. 安全阀

安全阀是为了防止球罐内部压力超过限度而发生爆裂的安全装置，起到防超压保护作用。安全阀按其整体结构及加载机构的不同可以分为杠杆式、弹簧式和脉冲式三种，目前球罐常用弹簧式安全阀。

安全阀出厂应随带合格证、产品质量证明书，并装设牢固的金属铭牌。安全阀垂直安装于储罐的气相空间上部，前后均应设有手动全通径切断阀，正常运行时保持全开状态，并设铅封。安全阀一般每年至少校验一次，应经常保持安全阀的清洁，检查铅封是否完好，定期检查运行中的安全阀是否泄漏，卡阻及弹簧是否锈蚀，若发现问题应及时采取适当措施。

2. 脱水罐

有脱水作业的液化烃储罐宜设有防冻凝的二次脱水罐，二次脱水罐的设计压力应大于或等于液化烃储罐的设计压力与两容器最大液位差所产生的静压力之和。

物料由球罐下部通过管线连接至脱水罐进行水分分离，利用玻璃板液位计观察油水分离情况，确认分层明显后，打开脱水阀门将水排出至污水池或污水场处理。为防止脱水罐冻结，脱水系统应有伴热线，因蒸汽伴热易造成气体膨胀，常采用电伴热来保证冬季脱水罐正常运行，脱水罐上应安装安全阀，以确保安全。

3. 气相连通管

液化烃球罐罐顶通过连通管与其余液化烃球罐相连（图 5.16），每个球罐罐顶设有手动根阀，根阀常开，使各个罐之间达到气相平衡，降低了单台球罐背压高带来的影响收付料效率，但也带来一定的火灾风险，一旦某一台球罐出现火灾，引起群罐火灾，事故灾害会迅速扩大。因此为降低火灾风险，连通管上应设有紧急切断阀及阻爆轰型阻火器，切断阀为自动控制阀，可以远程控制阀门开启，从而最大程度降低风险和损失。

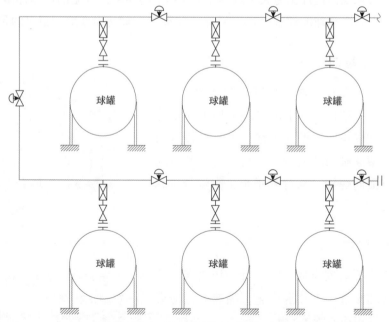

图 5.16　液化烃球罐气相连通示意图

4. 水喷淋设施

水喷淋设施起到消防灭火和夏季喷淋冷却降温的作用。水喷淋设施一般由供水竖管、供水环管、喷头及过滤器组成。由于球罐罐壁的圆形结构，为保证水压平衡，储罐容积大于400m³时，供水竖管采用两条，并对称布置，一条竖直向上为上半球供水环管供水，一条为下半球供水环管供水。喷头有水雾喷头、喷淋喷头，水雾喷头所喷出来的水能在最短的时间内变为水蒸气，从而达到保护面积最大化的目的，将火灾的危害降到最低。喷淋喷头用于夏季气温高时不断均匀地进行喷淋水冷却，降低储罐温度。为防止喷雾和喷淋喷头堵塞，供水主管设置过滤器，过滤器后设置放空阀门，便于使用后及时放空，避免冬季冻凝和存水腐蚀。

5. 液位计

球罐液位计有远传液位计、就地液位计，应选用具有耐压性的液位计，罐内压力的变化不会对其测量的稳定性和准确性产生过大的影响，此外还要考虑介质的挥发性对液位测量的影响。根据国内目前的状况，大多选用伺服液位计、雷达液位计和外测液位计其中的两种配合使用，远传液位计一般选用伺服液位计或雷达液位计，就地液位计为磁翻板液位计。液位计安装方式有两种：一种直接安装在球罐上，另一种通过连通管安装。但当罐内压力变化时，罐内和罐外连通管因堵塞等原因会造成测量数据有偏差。

6. 支柱易熔塞

易熔塞是一种设有塞孔的可拆卸件，塞孔用于灌注易熔合金，塞体材料通常为铜合金或者与球罐壳体或接管材料接近的金属材料。易熔塞平时封住球支柱管内空气，防止腐蚀进一步发生。在火灾情况下，易熔合金熔化，支柱内高温气体向外泄放，防止支柱过早失效。

5.2.3.3 球罐的检查内容

球罐的检查内容见表5.6。

表5.6 球罐检查内容

检查项目	检查内容与要求	推荐检查周期
基础	表面无裂纹、无破损	每3个月
支柱、易熔塞	防火涂层完好，无破裂；支柱无异常，易熔塞无脱落等	每1个月
罐本体	外壁有没有冰霜迹象、机械损伤	每1个月
阻火设施	储存顶部通气管上装设的阻火器完好	每1个月
液位计、压力计、温度计	灵敏、可靠及准确，完整好用，在检验周期内	每1个月
安全阀	安全阀无堵塞（包括结冰、杂物、蜂窝等）、完好，在校验周期内	每1个月
报警联锁设施	液位计或液位报警器完好，在检验周期内	每1个月
保冷或保温设施	保冷（温）材料完好、无破损	每1个月
球罐防腐	防腐层完好，无鼓包、破裂等	每1个月

续表

检查项目	检查内容与要求	推荐检查周期
梯子、平台、栏杆、踏步板	完好及腐蚀程度	每1个月
喷淋系统	完好且效果良好	每1个月
防静电设施	罐体采取静电接地设施，完好	每1个月
	输送物料的管道采用跨接等防静电设施，且完好	
附属管路	阀门完好，连接法兰无泄漏	每1个月
	连接管路无异常振动	

5.2.4 气柜

石油化工企业的可燃性气体排放系统主要包括排放管道、分液罐、水封罐、气柜、火炬、焚烧炉等设施。生产装置及储运系统日常运行、开停工及出现异常情况时，产生的可燃性气体泄放至火炬气管网，首先进入气柜，经压缩、净化后回收再利用。当排放量超过气柜回收能力时，气柜入口阀会联锁关闭，可燃性气体自动进入火炬设施，燃烧后达标排放，流程示意图见图5.17。

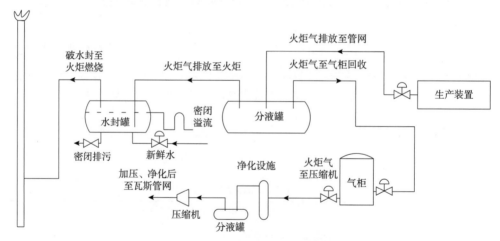

图5.17 气柜与火炬流程示意图

5.2.4.1 气柜

气柜通常作为可燃性气体储存、缓冲、稳压、混合的设备，主要用于平衡全厂可燃性气体排放量的无规则波动，为回收气体压缩机平稳运行和操作提供足够的缓冲时间，以实现排放气体的全部回收。气柜一般分为高压气柜和低压气柜，高压气柜的储存压力较高，可达几十兆帕；低压气柜分为湿式气柜和干式气柜。目前常用的气柜多为低压干式气柜。

1. 干式气柜

（1）干式气柜结构

干式气柜由底板、柜壁、柜顶、活塞、密封、调平和放散等设施组成，单段式干式气柜结构示意图见图5.18。干式气柜按照密封结构分为：稀油密封型、干油密封型和卷帘密封型。卷帘密封型气柜的橡胶膜为主要密封装置，是决定气柜长周期稳定运行的关键。伴随着橡胶膜技术的发展，结构简单、安全性高、运行维护费用低的卷帘密封型气柜得到了广泛应用。

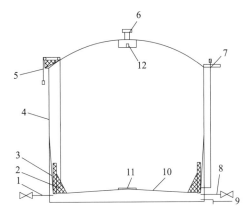

图5.18 单段式干式气柜结构示意图
1—气相入口线；2—活塞围栏；3—橡胶膜；4—柜壁；
5—调平装置；6—通风帽；7—放散装置；8—气相出口线；
9—排凝；10—活塞；11—雷达反射板；12—雷达柜位指示

（2）注意事项

干式气柜长时间运行后，随着橡胶膜老化会出现泄漏，企业应做好巡检和监控，发现问题及时处理。

调平装置发生故障会间接损坏橡胶膜。配重的钢丝绳、滑轮、导轨等应定期维护保养，确保滑轮组、钢丝绳及导轨充分润滑。

放散装置是防止活塞冲顶而设置的自动及手动放空设施，主要由放散阀、管道、隔断阀、滑轮组、手动设施及钢丝绳等组成。放散阀的导向滑轮和钢丝绳要定期清理润滑，钢丝绳不应松弛。

活塞应设置运行速度报警。运行速度应与气柜压力对比观察，当气柜压力大幅度变化，运行速度无变化时应考虑卡轨的可能性。

柜顶通风帽处设置可燃气体和有毒气体报警器，柜顶与活塞顶之间应设置防静电线。

气柜通常应设凝结液回收罐，气柜内的凝结液应能自流进入。

（3）干式气柜的联锁保护系统

设置柜位的高高联锁、低低联锁。当活塞高度达到高高联锁值时，应自动关闭气柜进气管道控制阀门；当活塞高度达到低低限值时，应自动停压缩机。高高限值宜取柜位的90%，低低限值宜取柜位的10%。

设置管线压力高高联锁。当进口管线压力超高时，应自动关闭气柜进气管道控制阀门，将火炬气排放至火炬，防止进入速度过快造成气柜损坏。

设置进气温度高高联锁。当进气温度过高时（一般设置为70℃），应自动关闭气柜进气管道控制阀门，防止高温介质损坏橡胶膜。

设置气柜压力高高联锁。当气柜压力超高时，应自动关闭气柜进气管道控制阀门，将火炬气排放至火炬，防止气柜压力超高造成气柜损坏。

设置装置事故排放联锁。当部分高压装置压力过高，进行紧急排放时，应自动关闭气柜进气管道控制阀门，防止高压装置短时间产生的大量高压火炬气进入气柜，造成气柜损坏。

从系统稳定和安全性考虑，通常采用三取二的方式进行联锁保护。

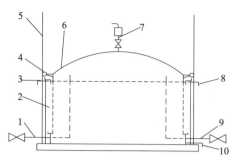

图 5.19 单节垂直导轨湿式气柜结构示意图
1—气相入口；2—水槽；3—溢流线；4—导轮；
5—外导轨；6—钟罩；7—放空管（带阻火器）；
8—注水口；9—气相出口；10—排凝口

2. 湿式气柜

（1）湿式气柜结构

湿式气柜是由立式圆筒型水槽、一个或多个塔节、钟罩及导向装置组成的储气设施，按照柜体与各层塔节、钟罩连接结构和传动方式差别划分为垂直导轨和螺旋导轨两种。单节垂直导轨湿式气柜结构示意图见图 5.19。

湿式气柜具有结构简单、制造和安装精度要求低、造价低的优点，但是湿式气柜运行需要水封，易发生腐蚀，运行成本高，现已逐步被干式气柜取代。在氯乙烯行业中，应使用单节湿式气柜储存氯乙烯。

（2）注意事项

湿式气柜应重点关注水封，当水封被破坏时，柜内气体将会泄漏，易导致事故发生。常见的原因是水封处发生腐蚀泄漏造成水封高度不足。

定期检查和调整气柜导轨导轮，使之紧密贴合，避免出现配合不良造成的卡轨现象。

气柜水槽水质应做好日常检查，发现异常，及时置换或用碱洗等方式调整，避免水槽内的水偏酸性，腐蚀气柜钟罩及塔节，造成设备腐蚀，出现泄漏。

气柜水槽注水管线可采用上进的方式进行，防止注水停止后水槽内水流倒流造成水封高度不足。水槽内污水应处理后排放，不能直接进入企业污水系统。

气柜水槽应根据环境条件设置防冻措施，可采取蒸汽加热或采用蒸汽加热和钢水槽外设置保温的组合措施，一般应检测水槽水温，设置低温报警。

（3）湿式气柜的联锁保护系统

企业应设置柜位高高、低低联锁；应设置气柜压力高、低联锁；应设置管线压力高联锁，同时设置水槽液位联锁，当水槽内液位过低时，启动自动补水至溢流高度，提高安全系数。

3. 气体压缩回收

压缩机是气柜回收火炬气的核心设备，各装置排放到气柜的低压火炬气经压缩升压，再进行脱硫、水洗等净化后，进入瓦斯管网作为生产装置的原料或加热炉的燃料使用。

压缩机一般不少于 2 台，一是作为备用设备，提高运行稳定性，二是由于火炬气波动较大，可开启不同数量的压缩机平衡上游来气量。压缩机出口管道应设单向阀和控制阀，出口管道与气柜入口管道之间应有用于回流的管道，出口与进口管道上应设跨线。

由于火炬气经常为装置生产波动时排放，成分相对复杂、变化大，当作为燃料时，可能造成排放气体不达标等环保问题，应及时切换至清洁燃料。

4. 应用实例

某企业使用的氯乙烯湿式气柜，容积 2500m³，设计压力 2.5kPa，为单节垂直升降导轨型气柜。

在气柜东南西北方向及地坪等位置设置了可燃有毒气体报警器，连续监测环境中氯乙烯浓度，设置声光报警提示，发现异常情况及时处理。

氯乙烯气柜的联锁保护系统设置有气柜的柜位高高、低低联锁，气柜压力高联锁，气柜压力低联锁，进口管线压力高联锁。柜位正常操作一般控制在20%~80%，低限报警设置为30%，低低联锁设置为15%，高限报警设置为75%，高高联锁设置为85%。

由于氯乙烯气柜属于聚氯乙烯生产过程中的重要设备，一旦联锁停车会对上下游装置产生影响，企业应将联锁信号传至中央控制室，及时采取措施，确保上下游装置安稳运行。

5.2.4.2 火炬

火炬用于燃烧工业生产所排放的废气中的可燃组分，在燃烧过程中，气态烃与空气中的氧气进行高温氧化反应，生成二氧化碳和水。火炬设施通常由塔架、筒体、火炬头（或燃烧器）、点火器、长明灯、密封器、蒸汽线、分液罐、水封罐等组成。根据高度的不同分为高架火炬和地面火炬两类。

企业应根据生产负荷、安全风险管控情况和设备设施情况，定期校核系统泄放能力，发生较大变化时，应及时核算。

1. 高架火炬

高架火炬是指为减少热辐射强度和有助于扩散将火炬头安装在地面之上一定高度的火炬（图5.20），其处理量大，也可以处理毒性为极度或高度危害的有毒可燃性气体。缺点是主要设备均位于高空中，检修难度大，且大量排放时会导致燃烧不充分，产生黑烟。

（1）高架火炬的主要组成

塔架：起到支撑火炬的作用，应分节设置梯子平台，按照相关规范设置航空障碍灯。常见火炬塔架是刚性焊接结构，稳定性好，还有螺栓连接的柔性结构、钢丝斜拉的小型火炬结构。

图5.20　高架火炬

筒体：把火炬气送到火炬头进行燃烧的中间结构，一般为碳钢材质。筒体底部应设有积存雨水、凝液、锈渣等空间，并设置手孔、排污孔及凝液排出口等。

火炬头：又称为高温燃烧器，由耐高温不锈钢制成，根据可燃性气体性质的不同应设置多个火炬头，酸性气火炬头一般设置防风罩。

点火器：分为高空电点火器和地面传燃式点火器。高空电点火器的数量应与长明灯的数量相同，用来引燃长明灯，配备不间断电源。每个火炬头应设置一台地面传燃式点火器，其引火管应从点火器至每个长明灯单独设置。地面传燃式点火器是在高空电点火器出现故障时，用来从地面点火，火焰通过引火管向上传播，引燃长明灯。

长明灯：为火炬排放气提供点火能量的持续燃烧的小燃烧器，均匀安装在火炬头顶部。

密封器：火炬应设置速度密封器或分子密封器防止回火，并保持氮气保护，排凝线定期排凝。

蒸汽线：塔架上一般设有雾化蒸汽线、中心蒸汽线、消烟蒸汽线，接到主火炬头。在火炬燃烧时与火炬气混合，能提高燃烧效率，消除黑烟，并托高火焰降低火炬头温度。

分液罐：火炬气进入火炬排放前应进行分液，防止可燃液体带入火炬头后不能充分燃烧造成"火雨"。

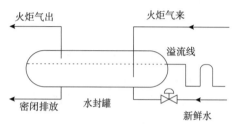

图5.21　水封罐示意图

水封罐：用于防止空气渗入可燃性气体排放系统发生爆炸或为排放系统建立背压，而设置的火炬与排放系统总管隔离设施，宜靠近火炬根部设置（图5.21）。水封罐前管道系统应设置必要的补气措施，宜维持正压不小于1.5kPa，以消除负压对系统的影响。

（2）注意事项

长明灯是火炬日常运行中的主要组件，在工作状态下必须保持长燃。应设温度检测仪表，便于判断长明灯状态，长明灯数量根据火炬头直径设置。

对酸性气火炬、寒冷地区的火炬及低温条件下使用的火炬宜采用压缩空气控制烟雾生成。

长明灯燃料气宜选用天然气或其他清洁燃料气。使用燃料气时，含硫燃料气宜经过脱硫处理，并定期清洗过滤器。过滤器宜并列设置，其中一台处于备用状态，以利于切换清理。长明灯燃料气压力宜设低压报警。

对于火炬气在环境温度下呈固态或不易流动液体的分液罐，应设置必要的加热设施。

水封罐应设液位、温度、压力仪表和高液位报警。对于寒冷地区的水封罐应设置防冻措施。

水封罐水封高度应根据生产需要合理设置，在满足系统正常排放条件下有效防止火炬回火，并确保火炬气在事故排放时能冲破水封排入火炬。

2. 地面火炬

地面火炬分为开放式地面火炬和封闭式地面火炬（图5.22）。开放式地面火炬是指在透风式围栏内阵列排布多个燃烧器并分级燃烧的火炬。封闭式地面火炬是指具有燃烧室和烟囱，燃烧室内设置一个或多个燃烧器进行燃烧的火炬。地面火炬可以处理毒性为轻度和无毒的可燃性气体。

地面火炬宜处理正常开停工及正常生产时排放的可燃性气体，不宜用于处理紧急事故下排放的可燃性气体。在LNG接收站地面火炬应用较多。

图5.22 地面火炬

（1）地面火炬的主要组成

燃烧器：由高温不锈钢制成，可以将大股火炬气分散成小股进行充分燃烧，是地面火炬的核心设施。

燃烧室：封闭式火炬使用，由碳钢制成，用来封闭火焰，产生烟筒效应，内侧应有耐火保护衬里，燃烧室外侧温度应不超过60℃。

金属围栏：开放式火炬使用，用来降低火炬气燃烧时热辐射对周围环境的影响。围栏高度应高于各燃烧器顶部火焰2m。

（2）注意事项

地面火炬不宜处理毒性为中度危害的有毒可燃气体，不得用于处理毒性为极度或高度危害的有毒可燃气体。

各分级管道上的控制阀应设置爆破片或爆破针阀旁路。在火炬系统分级时，各级操作压力范围不宜太窄，否则会在各级之间发生跳跃。压力范围也不宜太宽，否则燃烧时会冒黑烟。

各分级压力开关阀后应设置氮气吹扫系统。常燃级系统应设置连续氮气吹扫系统，防止回火。

3. 火炬联锁系统

（1）火炬联锁点火。虽长明灯设置为常燃，但为提高火炬系统的可靠性，确保火炬气被点燃，通常使用水封罐前压力、水封罐后流量及重要装置事故放空等信号。

（2）水封罐液位补水联锁。水封高度直接影响火炬气管网排放背压，水封罐应根据设定值自动补水。

5.3 装卸设备

按照产品运输工具和液体产品物化性质的不同，企业应设有符合灌装要求的装卸设施。装卸、输送液体产品所需动力主要有两种：一种是以泵为动力进行输送，另一种是利用地势高差或高位罐进行自压，大部分储运系统的装卸均采用第一种输送方式。储运系统装卸设备主要有泵、压缩机、装卸鹤管、工艺管线等。

5.3.1 泵

流体输送设备是石油化工储运系统和其他工业领域最常用的机械设备。为液体提供能量的输送设备称为泵；为气体提供能量的输送设备按不同情况分别称为机或泵，一般分别称为通风机、鼓风机、压缩机和真空泵。泵是一种流体输送设备，是把原动机机械能转换为流体能量的机器。原动机（电动机、柴油机等）通过泵轴带动叶轮旋转，对液体做功，使其能量（包括位能、压能和动能）增加，从而使液体输送到高处或要求有需要的地方。

5.3.1.1 泵的分类

泵的种类繁多，按工作原理和结构，泵的分类见表5.7。

表5.7　泵的分类表

第一分类	第二分类	第三分类
叶片式泵	离心泵	单吸泵、双吸泵
		单级泵、多级泵
		蜗壳式泵、分段式泵
		卧式泵、立式泵
		屏蔽泵
		磁力泵
		自吸泵
		高速泵
	旋涡泵	单吸泵、双吸泵
		卧式泵、立式泵
		离心旋涡泵
	混流泵	
	轴流泵	
容积式泵	往复泵	活塞泵
		柱塞泵
		隔膜泵
	回转泵	齿轮泵
		螺杆泵
		滑片泵
其他类型泵	喷射泵、水锤泵、真空泵	

叶片式泵是利用叶片和液体相互作用来输送液体的。容积式泵是利用工作容积周期性变化的原理来输送液体的。储运企业常用的是离心泵，下面主要介绍离心泵。

5.3.1.2 离心泵的结构

离心泵的基本结构（图5.23），一般有：泵体、叶轮、密封环、泵盖、泵轴、支架、联轴器、轴承等。

5.3.1.3 离心泵的性能参数

流量：单位时间内流过某一断面的液体量（体积或质量），用 Q 表示，单位是 m^3/h。铭牌上所标的流量是指最高效率时的流量，称为额定流量。

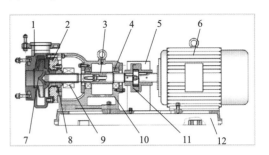

图5.23　离心泵的结构示意图
1—泵体；2—泵盖；3—泵轴；4—轴承；
5—防护罩；6—电动机；7—叶轮；8—静环压盖；
9—机械密封；10—支架；11—联轴器；12—底座

扬程：单位质量的液体由泵的入口被输送至出口能量的增值，用 H 表示，单位是 m。

转速：轴单位时间内的转数，用 n 表示，单位是 r/min，常见的转速为 $1450r/min$、$2900r/min$。

配用功率：原动机的额定功率，单位是 kW。

轴功率：原动机传到泵轴上的功率，用 N 轴表示，单位是 kW。

有效功率：又称输出功率，单位时间内从泵输送出去的液体获得的有效能量，用 N_e 表示，单位是 kW。

效率：有效功率和轴功率之比，用 η 表示，一般小型泵的效率为 $50\% \sim 70\%$，大型泵可达 90% 左右。

汽蚀余量：泵吸入口处单位质量液体超出液体汽化压力的富裕能量，用 $NPSH$ 表示，单位是 m。

必需汽蚀余量：由泵厂根据试验确定的汽蚀余量，用 $NPSHr$ 表示，单位是 m。

泵汽蚀余量是由泵本身的特性决定的，是表示泵本身抗汽蚀性能的参数。

5.3.1.4 泵的特性曲线

流量、扬程、功率和效率是离心泵的主要性能参数，它们之间的量值变化关系用曲线来表示，称为离心泵的特性曲线。泵的特性曲线主要有三条（图5.24）：$Q-H$ 曲线、$Q-N$ 曲线、$Q-\eta$ 曲线，三条曲线均为在一定的转速下，以试验的方法求得的。

1. $Q-H$ 曲线

$Q-H$ 曲线表示泵的流量和扬程的关系，扬程随流量增大而减小。不同型号的离心泵，$Q-H$ 曲线的形状有所不同。如有的曲线较平坦，适用于扬程变化不大而流量变化较大的场合；有的曲线比较陡峭，适用于扬程变化范围大而不允许流量变化小的场合。

2. $Q - N$ 曲线

$Q - N$ 曲线表示泵的流量和轴功率的关系，轴功率随流量的增大而增大。显然，当流量为 $0m^3/h$ 时，泵轴消耗的功率最小。因此，启动离心泵时，为了减小启动功率，应将出口阀关闭。

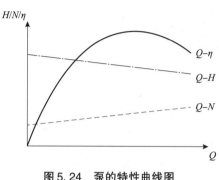

图5.24　泵的特性曲线图

3. $Q - \eta$ 曲线

$Q - \eta$ 曲线表示泵的流量和效率的关系，开始效率随流量的增大而增大，达到最大值后，又随流量的增大而下降，该曲线最大值相当于效率最高点，泵在该点所对应的扬程和流量下工作，其效率最高，所以该点为离心泵的设计点。

在特性曲线上，对于一个任意的流量点，都可以找出一组与其相对应的扬程、功率、效率值。通常，把这一组相对应的参数称为工作状况，简称工况，离心泵最高效率点的工况称为最佳工况。

5.3.1.5　离心泵操作

1. 离心泵的操作

（1）开泵前，检查泵的进、出阀门的开关情况，泵的冷却和润滑情况，压力表是否灵敏，安全防护装置是否齐全。

（2）盘车数周，检查是否有异常声响或阻滞现象。

（3）打开入口阀灌泵，向泵和吸入管内注入液体，让液体灌满吸入管路、叶轮和泵壳。

（4）启动泵后，检查空负荷电流是否超高。当泵内压力达到工艺要求后，缓慢打开出口阀。泵出口阀关闭的时间不能超过3min，因为泵在关闭出口阀运转时，叶轮所产生的全部能量都会变成热能使泵的温度升高，时间长可能会烧坏泵的摩擦部位。

（5）停泵时，应先关闭出口阀，使泵进入空转，然后停下原动机，关闭泵入口阀。

（6）泵运转时，应经常检查泵的压力、流量、电流、温度等情况，检查润滑、冷却及泵体的密封情况。

2. 操作注意事项

（1）不得使用入口阀来调节泵的流量。

（2）在实际操作时，注意一次灌泵充分、一次启动成功、避免抽空和多次启动。

（3）定期检查润滑油（脂），做到检查、添加、更换及时，遇到油变质立即更换。

（4）平时注意对泵进行维护和保养，每天至少盘车1次，每次宜2~3周，做到泵轴静止的位置与上一次相差180°。对于能自动启动的泵，盘车时应注意操作按钮处于手动或停止状态，严禁自动状态盘车。

（5）泵启动时出口阀应处于关闭状态。因离心泵启动时，泵的出口管路内还没介质，不存在管路阻力，在泵启动后，泵扬程很低，流量很大，此时泵电机轴功率很大（据泵性能曲线），很容易超载，就会使泵的电机及线路损坏，因此启动时要关闭出口阀，才能使泵正常运行。

（6）泵宜在设计流量的 80% ~ 115% 之间运行，不宜在低于 30% 设计流量下连续运转。不得用入口管路上的阀门调节流量。

5.3.1.6 无泄漏泵

石油化工储运系统中输送易燃、易爆、易挥发或有毒介质的离心泵，应优先选用零污染、无泄漏泵，根据连接方式不同，无泄漏泵分为磁力泵、屏蔽泵。

1. 磁力泵

（1）工作原理

磁力泵由泵体、叶轮、轴、内磁转子、外磁转子、隔离套、电机等部分组成（图5.25），电机带动外磁转子旋转，利用永磁体的异极相吸原理，外磁转子带动内磁转子同步旋转，进而带动泵轴、叶轮旋转，完成输送。泵的结构优点是以静密封取代动密封，即传动轴不需穿入泵壳，利用磁场透过隔离套传动扭矩，实现了力矩的非接触式传递，从根本上消除了轴封的

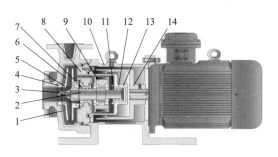

图5.25 磁力泵结构示意图
1—泵体；2—泵轴；3—叶轮螺母；4—泵壳静环；5—叶轮口环；6—叶轮；7—中轴座轴承；8—中轴座；9—内磁转子；10—支架；11—隔离套轴承；12—隔离套；13—加固套；14—外磁转子

泄漏通道，使泵的过流部件完全处于密封状态，从而保证了介质和外界隔绝，实现了完全密封，彻底解决了离心泵机械密封无法解决的跑、冒、滴、漏问题，消除了石油化工储运企业易燃、易爆、有毒、有害介质通过泵密封泄漏的安全隐患。

（2）注意事项

磁力泵不能在泵出口阀门关闭的情况下长时间运行，否则易损坏泵内轴承及内磁转子。

泵轴承依靠被输送的介质进行冷却和润滑，禁止空载干磨，以免损坏轴、轴承等零件，宜配备空转干摩擦自动断电保护器。

泵不能抽空，否则会引起轴承干摩擦损坏及泵内温度急剧升高，引起内磁转子退磁，严重时会引起事故。

定期维修。正常情况下，运行2000h后，应做一次解体检查，清洗叶轮、隔离套及泵腔内的沉积物，检查轴与轴承的配合间隙，如径向间隙 >0.3mm、轴向间隙 >0.5mm 时，应予调整或更换轴承等部件。

2. 屏蔽泵

（1）工作原理

屏蔽泵由泵体、叶轮、定子、转子、前、后导轴承、轴套以及推动盘组成（图5.26）。

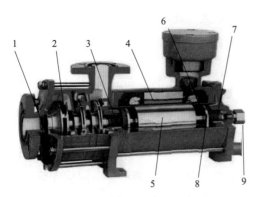

图 5.26　屏蔽泵结构简图

1—泵体；2—叶轮；3—前导轴承；4—定子；5—转子；
6—轴；7—后导轴承；8—推动盘；9—轴承监视器

泵和电机连在一起，电机的转子和泵的叶轮固定在同一根轴上，利用屏蔽套将电机的转子和定子隔开，转子在被输送的介质中运转，其动力通过定子磁场传给转子。屏蔽泵具有无泄漏、振动和噪声小、故障率低的优点，缺点是维修难度大。

（2）优缺点

屏蔽泵的优点：

全封闭。结构上没有动密封，只有在泵的外壳处有静密封，可以实现无泄漏，特别适合输送易燃、易爆、有毒、腐蚀性液体。

安全性高。转子和定子各有一个屏蔽套使电机转子和定子不与物料接触，即使屏蔽套破裂，也不会产生外泄漏的危险。

结构紧凑，日常维修少。泵与电机构成一个整体，拆装不需找正，底座和基础要求不高，日常维修工作量少。

使用范围广。对高温、高压、低温、高熔点等各种工况均能满足要求。

无电机风扇，噪声小。无滚动轴承，无需加润滑油。

屏蔽泵的缺点：

由于屏蔽泵采用滑动轴承，且用被输送的介质润滑，故润滑性差的介质不宜采用屏蔽泵输送。一般适用于屏蔽泵介质的黏度为 $0.1 \sim 20 \mathrm{mPa \cdot s}$。

长时间在小流量情况下运转，屏蔽泵效率较低，会导致发热，使液体汽化，造成泵干转，损坏滑动轴承。

（3）注意事项

在正常操作过程中，出口阀不可关死，应保持微开状态，以防泵内出现气阻现象。

严禁无液运转和 1min 以上的断流运转，防止损坏电动机和轴承。

严禁在气蚀状态下运转，否则会导致轴承磨损。

5.3.1.7　容积式泵

容积式泵应用越来越广泛，在罐车卸车、清洗等作业过程中，常用转子泵、螺杆泵输送物料、污水，特别是转子泵自吸能力强，可满足抽真空需要。

1. 转子泵

（1）工作原理

转子泵属于容积式泵，主要由泵体、转子、耐磨板、齿轮箱、从动轴、主动轴、机械密封等组成（图5.27）。转子泵通过转子与泵体间的相对运动来改变工作容积，进而使液体的能量增加。原动机通过输入轴将动力传递给主动轴，并驱动齿轮箱内的一对同步齿轮，使固定在轴上的两个转子做相对转动，使泵腔吸入端产生真空，从而吸入介质，随着转子的继续转动，填充腔体内的介质不断地被旋转的转子排出泵外。动力机的转向决定了泵输送介质的方向，无正反转之分，在规定范围内泵的流量大小与泵的转速成正比。

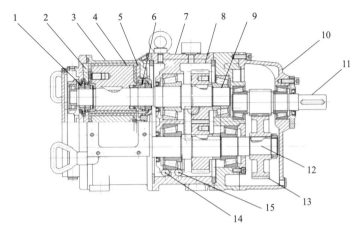

图5.27 转子泵结构简图

1—机械密封；2—外耐磨板；3—泵体；4—转子；5—内耐磨板；6—机械密封；7—齿轮箱；8—同步齿轮；
9—从动轴；10—齿轮箱盖；11—轴齿轮；12—主动轴；13—减速齿；14—中间隔离腔放油孔；15—齿轮箱放油孔

（2）注意事项

泵安装的位置应尽可能靠近介质源，缩短进口管路的长度，泵进口尽量减少自吸高度，以降低吸程。

进口管路应安装真空表，出口管路上应安装单向阀，泵的进口和出口之间使用安全阀。

启动前应打开泵的进、出口阀门，以保证泵的进、出口管路畅通。开机前泵内应有液体存在，不得空转。

泵的流量和压力不得用管路的阀门来调节。

2．螺杆泵

（1）工作原理

螺杆泵是一种容积式泵，按螺杆数量分为单螺杆泵、双螺杆泵、多螺杆泵，由泵体、主动螺杆、从动螺杆、轴套、机械密封、轴承、泵后盖、安全阀等组成（图5.28）。螺杆泵是利用螺杆的回转来吸排液体的。由原动机带动主动螺杆，从动螺杆随主动螺杆做反向旋转。由于螺杆的相互齿合以及螺杆与泵体内

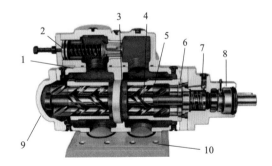

图5.28 螺杆泵结构简图

1—泵体；2—安全阀；3—衬套；4—主动螺杆；5—从动螺杆；
6—轴套；7—机械密封；8—轴承；9—泵后盖；10—泵底脚

壁的紧密配合，在泵的吸入口和排出口之间，就会形成密封空间。随着螺杆的转动和啮合，这些密封空间在泵吸入端不断形成，在螺杆的挤压下提高空间压力，将吸入室的液体沿螺杆轴向连续地推移至排出口，将封闭在空间的液体不断排出。由于螺杆等速旋转，所以液体流量也是均匀的。

（2）注意事项

进口管路应安装真空表，以便观察泵的工作状态。

吸入管路应装设过滤器，其滤网为40~80目，有效过滤面积应大于泵吸入口径20~30倍。

当泵的排出口完全封闭时，泵内的压力就会上升到使泵损坏或使电动机过载的危险程度。所以在泵的排出口处应设置安全阀。

启动螺杆泵前应先确定螺杆泵的运转方向，螺杆泵不能反转。

螺杆泵严禁在泵腔无液体的情况下空运转，应在启动前由泵进口把液体注入泵体后再启动螺杆泵，以免空转磨损螺杆。

5.3.1.8　泵的选型

泵在石油化工储运领域应用十分广泛，通常根据泵的用途和性能，并结合经济性来选择泵型。

1. 泵的选型原则

（1）所选泵的形式和性能必须满足流量、扬程、压力、温度、汽蚀余量等工艺参数的要求。

（2）必须满足介质特性的要求。

对输送易燃、易爆有毒或贵重介质的泵，轴封需可靠或采用无泄漏泵，如磁力泵、隔膜泵、屏蔽泵。

对输送腐蚀性介质的泵，对流部件需采用耐腐蚀性材料，如不锈钢耐腐蚀泵、工程塑料或衬塑磁力泵。

对输送含固体颗粒介质的泵，对流部件需采用耐磨材料，必要时轴封采用清洁液体冲洗。

（3）节能方面宜选用效率高的泵，且使泵的运行工作点长期位于高效区之内。

（4）经济上综合考虑设备费、运转费、维修费和管理费的总成本最低。

（5）选泵应具有结构简单、易于操作与维修、体积小、重量轻等特点。

（6）特殊要求泵的选用：

有计量要求时，选用计量泵。

扬程要求很高，流量很小且无合适小流量高扬程离心泵时，可选用往复泵，如汽蚀要求不高时也可选用旋涡泵。

扬程很低，流量很大时，可选用轴流泵和混流泵。

介质黏度较大（大于 $650~1000mm^2/s$）时，可考虑选用转子泵或往复泵（齿轮泵、螺杆泵）。

介质含气量75%，流量较小且黏度小于 $37.4mm^2/s$ 时，可选用旋涡泵。

对启动频繁或灌泵不便的场合，应选用具有自吸性能的泵，如自吸式离心泵、自吸式旋涡泵、气动（电动）隔膜泵。

从罐车上部卸车泵的选用一般应采用转子泵，既能卸车又能扫仓。

除以上情况外，应尽可能选用离心泵，因为离心泵具有转速高、体积小、重量轻、效率高、流量大、结构简单、性能平稳、易操作和维修方便等特点。

2. 泵选型的基本依据

泵选型依据，应根据工艺流程要求，从五个方面加以考虑，即液体流量、扬程、液体性质、管路布置以及操作运转条件等。

（1）流量选择，以最大流量为依据，兼顾正常流量，在没有最大流量时，通常可取正常流量的 1.1 倍作为最大流量。

（2）扬程选择，扬程一般要放大 5% ～10% 余量。

（3）介质适应性选择，选泵应适应介质的温度、密度、黏度及介质中固体颗粒直径和气体的含量等，考虑介质的化学腐蚀性和毒性，选用合适的泵材料和轴封形式。

（4）管路布置，考虑送液高度、送液距离、送液走向、吸入侧最低液面及排出侧最高液面等，同时考虑管道规格、长度、材料、管件等，用于扬程计算和汽蚀余量校核。

（5）操作条件，考虑液体的饱和蒸气压、吸入侧压力、排出侧容器压力、海拔高度、环境温度、操作是间隙的还是连续的、泵的位置是固定的还是可移的等条件，选择合适的泵。

3. 泵扬程的确定

泵扬程由管网系统的安装和操作条件决定，计算前应首先绘制流程草图、平面布置图，计算出管线的长度、管径及管件形式和数量。

4. 选泵的具体步骤

根据泵选型原则和选型基本条件，具体步骤如下：

（1）根据设备布置、地形条件、运转条件，确定选择卧式、立式和其他形式（管道式、液下式、无堵塞式、自吸式、齿轮式等）的泵。

（2）根据液体介质性质或特殊要求，确定采用水泵、油泵、高温度、化工泵、耐腐蚀泵、杂质泵、无泄漏泵或采用无堵塞泵等。

安装在爆炸区域的泵，应根据爆炸区域等级，采用相应的防爆、高效节能电动机。

（3）根据流量大小，确定选用单吸泵还是双吸泵；根据扬程高低，选用单级泵还是多级泵，高转速泵还是低转速泵（空调泵），多级泵效率比单级泵低，如选单级泵和多级泵同样都能用时，首先选用单级泵。

（4）确定泵的具体型号

按设计最大流量、扬程参数，在泵型谱图（图 5.29）或系列特性曲线上确定具体型号。利用泵型谱图或特性曲线，在横坐标上找到所需流量值，在纵坐标上找到所需扬程值，从两值分别向上和向右引垂直线或水平线，两线交点正好落在特性曲线上，就是要选的泵的型号，但是这种理想情况一般很少，通常有下列两种情况：

第一种：交点在曲线上方，说明流量满足要求，但扬程不够，此时，若扬程相差不多，或相差 5% 左右，仍可选用，若扬程相差很多，则选扬程较大的泵，或减小管路阻力损失。

第二种：交点在曲线下方，说明流量满足要求，扬程偏大。在泵曲线扇状梯形范围内，可初步确定泵的型号，然后根据扬程相差多少决定是否切割叶轮，若扬程相差很小，就不切割，若扬程相差很大，就按所需 Q、H，根据切割定律切割叶轮直径。若交点不落在扇状梯形范围内，应选扬程较小的泵。

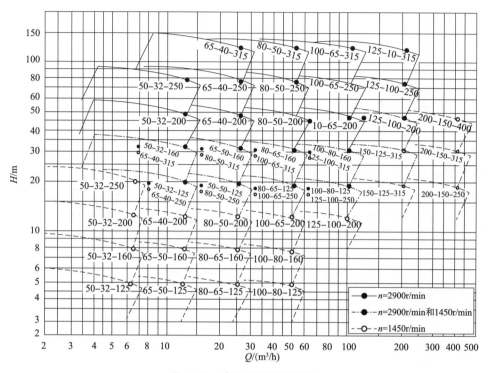

图 5.29　离心泵系列型谱图

（5）校核：泵型号确定后，根据该型号性能表或特性曲线进行校改，确认正常工作点是否落在该泵高效工作区，也可用汽蚀余量（$NPSH$）校核安装高度。

对于输送黏度大于 $20mm^2/s$ 的液体泵（或密度大于 $1000kg/m^3$），应把水实验泵特性曲线换算成该黏度（或者该密度）的特性曲线，特别应对吸入性能和输入功率进行计算或校核。

5. 离心泵的计算

（1）轴功率的计算

离心泵的轴功率是泵轴所需的功率，即电机传给泵轴的功率，单位为 W 或 kW。离心泵的有效功率是指液体从叶轮获得的能量，所以泵的轴功率大于有效功率，即：

$$N = \frac{N_e}{\eta}$$

$$N_e = HQ\rho g$$

式中　N——泵的轴功率，W；

　　　N_e——有效功率，W；

　　　Q——泵在输送条件下的流量，m^3/s；

　　　H——泵在输送条件下的扬程，m；

　　　ρ——输送液体的密度，kg/m^3；

g——重力加速度，m/s^2。

离心泵的轴功率用 kW 来计量，则：

$$N = \frac{QH\rho}{102\eta}$$

例：某型号为 150Y－75A 离心泵，流量为 $360m^3/h$，密度为 $1000kg/m^3$，泵的效率为 0.8，求轴功率。

即已知：$Q = 360m^3/h = 0.1m^3/s$，$H = 75m$，$\rho = 1000kg/m^3$，$\eta = 0.8$。

求：N_e。

解：$N_e = HQ\rho/102\eta = 75 \times 0.1 \times 1000/102 \times 0.8 = 92$（kW）

（2）转速与流量、扬程、功率的关系

离心泵的转速发生变化时，其流量、扬程和轴功率都发生变化。

$$\frac{Q_2}{Q_1} = \frac{n_2}{n_1} \quad \frac{H_2}{H_1} = \left(\frac{n_2}{n_1}\right)^2 \quad \frac{N_2}{N_1} = \left(\frac{n_2}{n_1}\right)^3$$

5.3.2 压缩机

用来压缩气体借以提高气体压力的机械称为压缩机，也称为"压气机"或"气泵"。在石油化工储运系统，广泛地使用压缩机增加气体的能量，达到沿管路输送的目的。

5.3.2.1 分类

1. 按工作原理分类

压缩机按工作原理分为容积式和动力式（表5.8），在容积式压缩机中，压力的提高是依靠直接将气体的体积压缩实现的。而在动力式压缩机中则是首先使气体分子得到一个很高的速度，然后在扩压器中，使速度降下来，把动能转化为压力能。

表5.8 按工作原理对压缩机分类表

按工作原理	按工作腔中运动件或气流工作特征	按工作腔中运动件结构特征
容积式	往复式	活塞式
		柱塞式
		隔膜式
	回转式	双螺杆式
		单螺杆式
		旋涡式
		罗茨式
		液环式
		滑片式
		转子式
		螺旋叶片式
		单齿转子式
		三角转子式

续表

按工作原理	按工作腔中运动件或气流工作特征	按工作腔中运动件结构特征
动力式	离心式	叶轮式
	轴流式	
	旋涡式	
	喷射式	

目前常用的压缩机有活塞式压缩机、螺杆式压缩机、离心式压缩机以及滑片式压缩机。其中活塞式压缩机是最早的压缩机之一，是通过连杆和曲轴使活塞在气缸内向前运动的。

2. 按压缩级数分类

在容积式压缩机中，每经过一次工作腔压缩后，气体便进入冷却器中进行一次冷却，这称为一级。而在动力式压缩机中，往往经过两次或两次以上叶轮压缩后，才进入冷却器进行冷却，把每进行一次冷却的数个压缩"级"合称为一个"段"。

单级压缩机——气体仅通过一次工作腔或叶轮压缩。

两级压缩机——气体顺次通过两次工作腔或叶轮压缩。

多级压缩机——气体顺次通过多次工作腔或叶轮压缩，相应通过几次便是几级压缩机。

3. 按排气压力分类

一般提升压力小于0.02MPa时称为通风机，提升压力大于0.02MPa而小于0.2MPa时称为鼓风机，提升压力超过0.2MPa时按压缩机进行分类（表5.9）。

表5.9　按排气压力对压缩机分类表

名称	排气表压
低压压缩机	0.2～1.0MPa
中压压缩机	1.0～10MPa
高压压缩机	10～100MPa
超高压压缩机	>100MPa

5.3.2.2　活塞式压缩机工作原理

原动机带动曲轴旋转，通过连杆带动活塞在气缸内做往复运动，活塞在气缸内的往复运动与气阀相应的开闭动作相配合，使缸内气体依次实现膨胀、吸气、压缩、排气四个过程，不断循环，将低压气体升压源源输出。

5.3.2.3　活塞式压缩机结构

活塞式压缩机主要由机体、曲轴、连杆、十字头、活塞、气阀、轴封、油循环系统等组成。

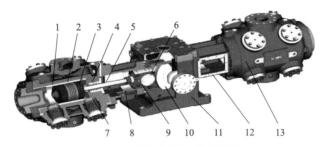

图 5.30　活塞压缩机结构简图

1—气缸套；2—活塞环；3—活塞；4—填料；5—活塞杆；6—连杆；7—气阀；
8—十字头滑道；9—十字头；10—曲轴；11—机体；12—中体；13—气缸

5.3.2.4　压缩机选用原则

（1）高压和超高压压缩时，一般均采用活塞式压缩机。

（2）对于气量较大，且气量波动幅度不大，排气压力为中、低压的情况宜选用离心式压缩机。

（3）流量较小时，选用螺杆式压缩机或活塞式压缩机。

（4）长输管道气体输送一般选用离心式压缩机或活塞式压缩机。

5.3.2.5　压缩机应用实例

压缩机在储运系统使用范围主要有以下几种：

（1）利用压缩机将气体压缩到一定压力进行储存，如氢气压缩至一定的压力进入储罐储存；

（2）利用压缩机压缩空气净化后作为储运公用工程的动力气源，如气动阀门、气动鹤管、气动隔膜泵等；

（3）利用压缩机增压输送气体，如输送氮气用于管线吹扫、储罐氮封，储罐 VOCs 尾气回收治理使用压缩机输送尾气；

（4）部分产品特性要求在低温下储存，需要压缩机进行制冷，如苯乙烯夏季储存、LNG 低温储存等。

🛢 5.3.3　鹤管

鹤管主要用于汽车罐车、火车罐车或船舶装卸物料的机械设备，具有使用寿命长、密封性能好、操作方便、维护费用低的优点。

5.3.3.1　鹤管分类

按装卸形式分为顶部装卸鹤管、底部装卸鹤管。

5.3.3.2　顶部装卸鹤管

1. 工作原理

第一旋转接头与轴承底座同一轴线，内臂沿该轴线可以做水平转动，第二旋转接头和第三旋转接头连接内臂与外臂，使外臂能够在水平和垂直两平面内与内臂做相对转动，第四旋转接头连接外臂和垂管，保证垂管始终向下，弹簧缸平衡装置用于平衡外臂和垂管对第三旋转接头的重力矩，使操作省力，内臂的复位状态是手柄挂在挂钩上，并用内臂锁紧机构将内臂固定。顶部装卸鹤管的结构简图见图 5.31。

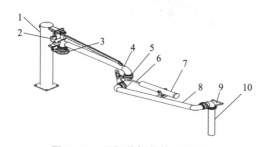

图 5.31　顶部装卸鹤管结构简图

1—立柱；2—内臂锁紧；3—连接法兰；4—内臂；
5—旋转接头；6—中间弯管；7—弹簧缸；8—外臂；
9—出口弯管；10—垂管

2. 操作注意事项

（1）流体装卸鹤管稳定性较差，操作时应注意安全，避免伤人，特别是进行氮气吹扫时应制定可行的方案和措施。

（2）每日操作时，应检查鹤管旋转接头，每半年应对旋转接头加一次润滑脂，每两年应对旋转接头进行一次换油。

（3）每月应对平衡缸与耳片连接的销轴、平衡缸与摆动臂平衡支架连接的销轴、平衡调节螺母处滴一次润滑油。

（4）弹簧平衡缸在安装和使用期间应准确调整弹簧压力和弹簧缸位置，可使操作省力。

5.3.3.3　底部装卸鹤管

底部装卸鹤管由立柱、旋转接头、连接管、拉断阀、快速接头、弹簧缸、球阀、归位器等组成，见图 5.32。每月应检查拉断阀、快速接头阀芯，每年更换一次快速接头密封圈。

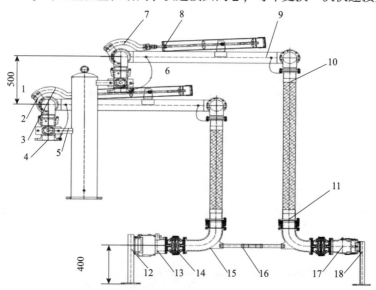

图 5.32　常压罐车底部装车鹤管结构简图

1—立柱；2—角度调整架；3—支撑板；4—液相入口法兰；5—鹤管支撑；6—气相入口法兰；
7—旋转接头；8—弹簧缸；9—内臂；10—复合软管；11—旋转接头；12—液相归位器；
13—快速接头；14—拉断阀；15—铸铝弯头；16—操作把手；17—气相快速接头；18—气相归位器

5.3.4 管线

管线（也称管道）是石油化工储运系统物料输送管路的重要组成部分，主要由管子、弯头、法兰、异径管、三通等组成。管线与设备连接构成一个密闭系统，达到输送流体介质的目的。

5.3.4.1 管线的分类

1. 按压力分类

管线按压力分类见表5.10。

表5.10 管线按压力分类表

级别名称	压力范围/MPa
真空管道	$p < 0$
低压管道	$0 \leq p \leq 1.6$
中压管道	$1.6 < p \leq 10$
高压管道	$10 < p \leq 100$
超高压管道	$p > 100$

2. 按温度分类

管线按温度分类见表5.11。

表5.11 管线按温度分类表

级别名称	介质温度范围/℃
低温管道	$t \leq -40$
常温管道	$-40 < t \leq 120$
中温管道	$120 < t \leq 450$
高温管道	$t > 450$

3. 按材质分类

按照管线材质分为金属管和非金属管，金属管分为铁管、钢管和有色金属管；非金属管分为橡胶管、塑料管、混凝土管、玻璃陶瓷管等。储存石油化工产品及其他产品最常用的管材为钢管，钢管按生产工艺分为无缝钢管和焊接钢管。

5.3.4.2 管线的表示方法

管线表示方法通常有两种，一种是用"外径×壁厚"表示，如 $\Phi 108 \times 5$；另一种是用管线的公称直径 DN 表示，如 $DN100$。公称压力用 PN 表示。

5.3.4.3 管线铺设

管线铺设通常有地下铺设、地上铺设、水下铺设。地下铺设一般又有埋地铺设、管沟铺设、套管铺设；地上铺设一般有管架铺设和管敦铺设。管线连接有焊接、法兰连接、丝扣连接、承插连接、胀管连接等形式，常用焊接和法兰连接。

5.3.4.4 管线试压

管线试压是检验管线强度和严密性的重要方法，是新投用管线和管线大修、更新、改造后应进行的检验项目，常有水压试验和气压试验，应优先选用水压试验。

1. 水压试验

管线充满水之后，用试压泵加压，试验压力为设计压力的 1.5 倍，试验时应排净系统内的空气。升压应分级缓慢，达到试验压力后停压 10min，然后降至设计压力，停压 30min；不降压、无泄漏和无变形为合格。

2. 气压试验

试验压力为设计压力的 1.15 倍，应用空气或其他无毒、不可燃气体介质进行预试验。试验时应逐级缓慢增加压力，当压力升至试验压力的 50% 时，稳压 3min，未发现异常或泄漏，继续按试验压力的 10% 逐级升压，每级稳压 3min，升压直至试验压力，稳压 10min，再将压力降至设计压力，涂刷中性发泡剂对试压系统进行检查，不降压、无泄漏和无变形为合格。试压完成，应放压排空。

5.3.4.5 流量、流速、管径之间的关系

$$Q = \pi d^2 V/4$$
$$V = 4Q/\pi d^2$$
$$d = \sqrt{4Q/\pi V}$$

式中　Q——流量，m^3/h；

　　　V——介质流速，m/s；

　　　d——管子内径，mm。

5.3.5 阀门

阀门是石油化工管道系统的重要组成部件，在储运系统中起着重要作用。其主要功能是：接通和截断介质；防止介质倒流；调节介质压力、流量；分离、混合或分配介质；防止介质压力超过规定数值，以保证管道或设备安全运行等。阀门能适用于气体介质、液体介质、腐蚀性介质和剧毒介质等，如蒸汽、氨、石油气、煤气、油品、水、液氨、硫酸、甲苯等。

5.3.5.1 阀门分类

阀门的种类繁多，分类方法也有很多种，如按阀门的用途和作用、按驱动形式、按公称压力、按工作温度或按阀门的工作原理和结构等分类，目前通常采用按公称压力及按阀门的工作原理和结构来分类。

（1）按公称压力分类

低压阀门，$PN \leqslant 1.6$MPa；

中压阀门，1.6MPa $< PN \leqslant 10$MPa；

高压阀门，10MPa $< PN \leqslant 100$MPa；

超高压阀门，$PN > 100$MPa。

（2）按阀门的工作原理和结构分类

这种分类法是目前国内外最常用的分类方法，一般分为：闸阀、截止阀、止回阀、蝶阀、旋塞阀、球阀、隔膜阀、柱塞阀等。

5.3.5.2 阀门基本参数

（1）公称通径

公称通径是指阀门与管道连接处通道的名义内径，用 DN 表示，单位通常为 mm。它表示阀门规格的大小。如：$DN20$、$DN25$、$DN50$、$DN80$、$DN100$、$DN150$、$DN200$ 等。

（2）公称压力

公称压力是指与阀门的机械强度有关的设计给定压力，用 PN 表示，单位通常为 MPa。如：$PN0.6$、$PN1.0$、$PN1.6$、$PN2.0$、$PN2.5$、$PN4.0$、$PN5.0$ 等。

5.3.5.3 阀门型号

阀门型号编制方法：

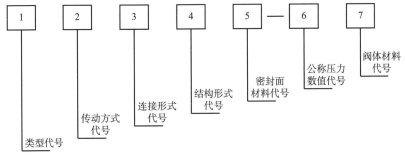

如 Z641H–16C：Z 表示闸阀；6 表示气动传动；4 表示法兰连接；1 表示明杆楔式单闸板；H 表示密封面材料为 Cr13 系不锈钢；16 表示公称压力 1.6MPa；C 表示阀体材料为碳钢。

5.3.5.4 阀门选用

阀门选用原则主要体现在安全可靠性、满足工艺生产要求、操作、安装方便、经济性等方面，阀门的选用步骤用来逐步确认阀门的使用环境和工艺要求，从而选择出正确的阀门。

1. 选用原则

阀门选用最基本的要求就是应满足使用介质、工作压力、工作温度及用途需要，可靠性高。如需要阀门起超压保护作用，应选用安全阀、溢流阀；需要防止操作过程中介质回流的，应采用止回阀；需要自动排除蒸汽管道和设备中不断产生的冷凝水、空气及其他不可冷凝性气体的，应选用疏水阀。另外，当介质有腐蚀性时，应选用耐蚀性好的材料。

阀门选用还要考虑阀门操作、安装及检（维）修方便，应尽量选用制造成本相对较低、结构简单的阀门，降低生产成本，减少后期阀门安装、维护的费用。

2. 选用步骤

（1）根据阀门在工艺管道中的用途，确定阀门的工作状况。如工作介质、工作压力及工作温度等。

（2）根据工作介质、工作环境及用户要求确定阀门的密封性能等级，阀门的密封性能要符合介质的要求。

（3）根据阀门的用途确定阀门的类型和驱动方式。类型如截断阀类、调节阀类、安全阀类、其他特殊专用阀类等。驱动方式如蜗轮蜗杆、电动、气动等。

（4）根据阀门的公称参数选用。阀门的公称压力、公称尺寸的确定应与安装的工艺管道相匹配，其使用工况应与工艺管道的设计选择相一致。根据管道采用的标准体系及管道公称压力，确定阀门的公称压力、公称尺寸、阀门设计制造标准。有些阀门则是根据介质的流量或排量来确定阀门的公称尺寸。

（5）根据实际操作工况及阀门的公称尺寸确定阀门端面与管道的连接形式，如法兰、焊接、对夹或螺纹等方式。

（6）根据阀门的安装位置、安装空间、公称尺寸大小来确定阀门类型的结构形式，如暗杆闸阀、角式截止阀等。

（7）根据介质的特性、工作压力及工作温度，来正确合理地选择阀门壳体及内件的材料。

3. 选用标准

（1）闸阀

闸阀密封性能好，流体阻力小，且有一定的调节性能，但尺寸大、结构复杂、加工困难、密封面易磨损、不易维修、启闭时间长。适合制成大口径的阀门，除适用于蒸汽、油品等介质外，还适用于含有粒状固体及黏度较大的介质，并适用于作放空和低真空系统的阀门。如平板闸阀适用介质范围为水、蒸汽、油品、氧化性腐蚀介质、酸、碱类介质等。刚性闸阀适用于蒸汽、高温油品及油气等介质及开关频繁的部位，不宜用于易结焦的介质。带有悬浮颗粒介质的管道，选用刀形平板闸阀。楔式闸阀一般只适用于全开或全闭，不能作调节和节流使用等。

（2）截止阀

截止阀调节性能好，密封性能不太好，结构较闸阀简单，制造维修较闸阀方便，流体阻力较大，价格较闸阀便宜。高温、高压介质的管路或装置上、小型阀门如针形阀、仪表阀、取样阀、压力计阀等宜选用截止阀。不适用于黏度较大的、含有颗粒易沉淀的介质，不宜作放空阀及低真空系统的阀门。

（3）球阀

球阀结构简单、开关迅速、操作方便、体积小、重量轻、零部件少、流体阻力最小、密封性好。适用于低温（≤150℃）、高压、黏度大的介质。适用于要求快速启闭的场合，亦适用于轻型结构、低压截止、腐蚀性介质中，也可用于带悬浮固体颗粒的介质中，不能作流量调节用。

5.4 仪表设备

仪表设备是石油化工储运企业中必备的设备，主要用于检测过程参数、控制工艺流程及分析产品指标等。仪表设备有液位仪表、流量仪表、温度仪表、压力仪表、分析仪表、控制阀等。

5.4.1 液位仪表

测量液面高度的仪表叫作液位计，常见的液位计有磁翻板液位计、差压液位计、磁致伸缩液位计、雷达液位计、超声波液位计、伺服液位计等。

5.4.1.1 磁翻板液位计

磁翻板液位计具有应用范围广、结构简单、安装方便、维护费用低、抗振荡性能好的优点。其主要采用侧装的安装方式，可就地清晰直观地显示液位，配上磁性开关和液位远传变送器，实现液位远距离指示，记录以及上、下限报警和控制。

1. 工作原理

磁翻板液位计是利用连通器、浮力和磁性耦合原理进行测量，当液位升降时，主导管内磁性浮子随液位升降，通过磁耦合传递到磁翻柱指示面板，使彩色翻柱翻转180°，由一种颜色变为另一种颜色，面板上两种颜色交界处为液位的实际高度，实现液位显示（图5.33）。

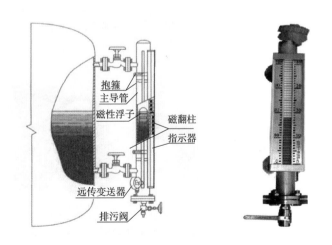

图5.33 磁翻板液位计示意图

2. 注意事项

（1）磁翻板液位计不能用于气体、蒸汽或含有较大气泡液体的测量。所测介质内不应含有固体杂质或磁性物质，以免对浮子造成卡阻。应根据介质情况，定期清洗主导管。

（2）应垂直安装液位计，液位计与设备的引出管应装有阀门，便于检修和清洗。安装位置应避开或远离物料介质进、出口处，避免影响液位测量的准确性。

（3）对液位计采取伴热措施时，伴热管线应选用非导磁材料，如不锈钢管等。

5.4.1.2 差压液位计

差压液位计测量范围大、安装方便、维护量小、易实现远传。在测量含有杂质、结晶、黏度大、凝聚或易自聚、具有腐蚀性介质时，常采用法兰式差压液位计。

1. 工作原理

差压式液位计是利用流体静力学原理，通过测量容器两个不同点处的压力差来计算容器内液位的仪表（图5.34）。

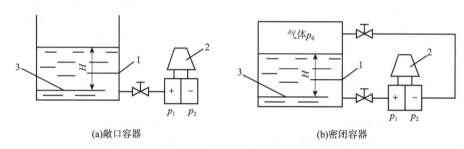

(a)敞口容器　　　　　　　　　　(b)密闭容器

图5.34　差压液位计原理示意图

p_1 和 p_2 为测得容器两点的静压，H 为液位高度，两点的压差为：$\Delta p = p_1 - p_2 = \rho g H$。对于敞口容器 p_2 为大气压，通常被测介质的密度是已知的，因此通过测得差压值就能知道液位高度。

法兰式差压液位计（图5.35）分为单法兰式和双法兰式，法兰结构分平法兰和插入式法兰。法兰式差压液位计与设备通过法兰连接，变送器敏感元件为金属膜盒，经毛细管与变送器的测量室相通，在膜盒、毛细管、测量室组成的封闭系统内充有硅油，通过硅油传递压力。

图5.35　法兰式差压液位计

2. 注意事项

（1）对于强腐蚀性的被测介质，可用氟塑料薄膜粘贴到金属膜表面或采用耐腐蚀合金膜盒。

（2）单法兰液位计用于敞口容器，双法兰液位计常用于密闭带压容器。

（3）不适用密度和温度变化较大、分层液体。

（4）双法兰差压液位计安装时，负法兰在上，正法兰在下，变送器主体安装位置的高低对液位测量没有影响，因此变送器的位置可任意安装。

5.4.1.3 磁致伸缩液位计

磁致伸缩液位计（图5.36）精度高、测量范围大、安装调试简单、性能可靠、防爆性能好、使用安全。传感器元件密封在保护套管内，不与被测液体接触，使用寿命长。介质的雾化和蒸气、介质表面的泡沫等不会对测量精度造成影响，适用于常压或有压容器，介质相对密度≥0.7，干净的非结晶介质，且要求测量精确度较高场合的液位或界面测量，可带多点温度计。

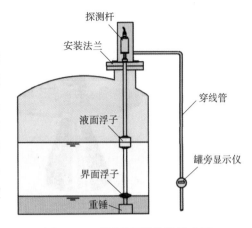

图5.36 磁致伸缩液位计示意图

1. 工作原理

磁致伸缩液位计由探测杆、电路单元和浮子组成。测量时，电路单元产生电流脉冲沿波导丝向下传输，并产生一个环形的磁场。探测杆外装有浮子，浮子内装有一组永磁铁，浮子沿探测杆随液位上下移动。工作时，由电路单元产生起始脉冲，在波导丝中传输时，同时产生沿波导丝方向前进的旋转磁场。当这个磁场与浮球中的永久磁场相遇时，浮子周围的磁场发生改变从而使得由磁致伸缩材料做成的波导丝在浮子所在的位置产生一个扭转波脉冲。这个脉冲以固定的速度沿波导丝传回并由电路单元检出，通过测量电流脉冲与扭动脉冲的时间差可以精确地确定浮子所在的位置，即液面的位置（图5.37）。

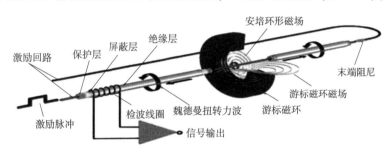

图5.37 磁致伸缩液位计原理示意图

2. 注意事项

（1）不适用于自聚、有腐蚀、高黏度液体的测量。抗干扰能力略差，不宜用在电厂等强电磁辐射的场所。

（2）不宜用于介质黏度高于600mPa·s，操作温度高于350℃的场合。介质中不得含有固体杂质或磁性物质，以免浮子被卡阻或消磁，导致测量不准确。

（3）应垂直安装，安装斜度不得大于5°，不应安装在储罐收付料口附近。

5.4.1.4 雷达液位计

雷达液位计具有测量范围大、精度高、性能可靠、安装使用简单、耐高温、非接触测量等特点，可在真空中以及所有介电常数 >1.2 的介质中测量。雷达液位计分为非接触式雷达液位计（喇叭式、平面式、抛物面式）和导波式雷达液位计（图 5.38），非接触式是采用天线发射和接收信号，导波式则是采用导波缆或导波杆发射和接收信号。

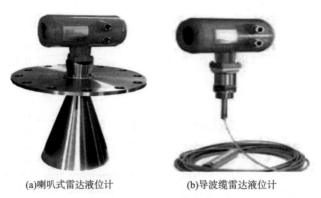

(a)喇叭式雷达液位计　　　　　(b)导波缆雷达液位计

图 5.38　雷达液位计

1. 工作原理

雷达液位计是利用雷达波的回波测距法测量液位到雷达天线的距离，通过测量空高来测量液位。雷达液位计通过天线向被测物料面发射雷达波，在液面上会产生反射，反射雷达波（回波）被天线接收（图 5.39）。雷达波的往返时间与界面到天线的距离成正比，测出雷达波的往返时间，即可计算出液位的高度。

$$d = \frac{t}{2}C$$

$$H = L - d = L - C\frac{t}{2}$$

式中　C——雷达波的传播速度；

　　　d——被测液面到天线的距离；

　　　t——雷达波往返的时间；

　　　L——天线到罐底的距离；

　　　H——液位高度。

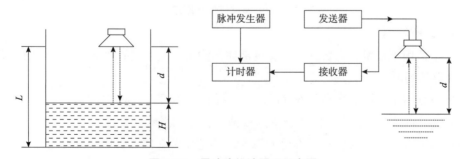

图 5.39　雷达液位计原理示意图

2. 注意事项

（1）非接触式雷达液位计不适用于易汽化、带泡沫介质，被测介质的相对介电常数必须大于液位计所要求的最小值，否则需要用导波管。当测量内、外浮顶罐和球罐的液位时，一般要使用导波管。

（2）不应安装于收料口的上方，以免产生虚假反射。由罐内壁到安装短管的外壁应大于罐直径的1/6，且天线距离罐壁应大于30cm。安装在罐顶接管上时，喇叭口天线应伸出接管至少10cm。

（3）对储罐或容器内具有泡沫、水蒸气、沸腾、喷溅、带有搅拌器或有旋流介质的液位测量时，宜选用导波式雷达液位计。

5.4.1.5 超声波液位计

超声波液位计结构简单、寿命长、不受被测介质的黏度、介电常数、电导率、热导率等性质的影响，可测范围广，液体、粉末、固体颗粒的物位都可测量。液位计换能器不接触被测介质，适用于强腐蚀性、高黏度、易燃性及有毒介质和低温介质的液位测量。

1. 工作原理

超声波换能器发出高频脉冲声波，声波经被测液体表面反射后被换能器接收并转换成电信号，声波的传播时间与声波的发出到液体表面的距离成正比（图5.40）。

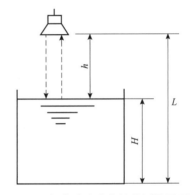

图5.40 超声波式液位计的测量原理图

超声波在被测介质中的传播速度，即声速 v_c，换能器到液面的往返时间为 t，换能器到液面的距离 h 为

$$h = \frac{1}{2}v_c t$$

液位 H 为

$$H = L - \frac{1}{2}v_c t$$

2. 注意事项

（1）不应安装在收料口的上方，会因液面波动造成测量不准确。

（2）换能器应与被测介质表面垂直，以保证能接收到反射回波信号。

（3）超声波液位计不适合高温、高压、真空场合及对声波的吸收能力很强的介质。不宜用于含蒸汽、气泡、悬浮物的液体和含固体颗粒物的液体。

5.4.1.6 伺服液位计

伺服液位计基于浮力平衡的原理，由伺服电动机驱动体积较小的浮子，能精确地测出液位等参数，具有安装简单、测量连续准确、精度高、维修方便的特点。

1. 工作原理

当液位计工作时，浮子作用于细钢丝上的重力在轮鼓的磁铁上产生力矩，导致内磁铁上的电磁传感器的输出电压信号发生变化，其电压值与处理器（CPU）中的参考电压相比较，当浮子的位置平衡时，其差值为零。当被测介质液位变化时，浮子浮力发生改变，磁耦力矩改变，输出电压发生变化，电压值与CPU中的参考电压的差值驱动伺服电动机以一定的步幅带动轮鼓转动，调整浮子跟踪液位变化重新达到平衡点，通过记录伺服电机的转动步数自动计算浮子的位移量来测量液位（图5.41）。

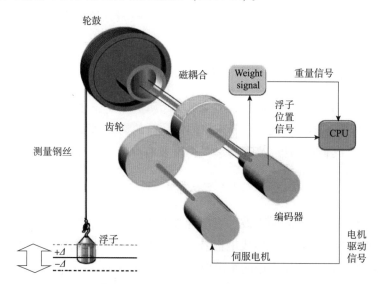

图5.41 伺服液位计的测量原理图

2. 注意事项

（1）内、外浮顶罐，压力储罐及带有搅拌器或有严重旋流的储罐应安装保护导管。

（2）浮子与钢丝绳应连接牢靠，尽量避开进、出料区，搅拌器等干扰源。

（3）不适合黏度高、易结晶的介质，因介质易附着在浮子上改变浮子重量，影响测量精度。

5.4.1.7 液位开关

液位开关是常见测量液位位置的传感器，将设定液位的高度转化为电信号输出。主要分为接触式和非接触式。常见接触式的有浮球液位开关、音叉液位开关；非接触式的有外贴超声波液位开关。

1. 浮球液位开关

浮球液位开关（图5.42）是基于浮力和静磁场原理工作的，上装式浮球液位开关在密闭的金属杆内设计一点或多点磁簧开关，带有磁性的浮球受浮力作用影响，随液位的变化沿金属杆上下移动，当浮球到达传感器（磁簧开关）的位置时，浮球中的磁体和传感器作用下产生开关信号。侧装浮球液位开关是利用浮球受液体浮力而随液体上升或下降，在杠杆作用下，臂端随之摆动，从而驱动接线盒内的微动开关接通或断开，产生开关信号。

图 5.42 浮球液位开关

2. 音叉液位开关

音叉液位开关（图 5.43）是通过安装在基座上的一对压电晶体使音叉在一定共振频率下振动，当音叉与被测介质接触时，音叉的频率和振幅改变，这些变化由智能电路进行检测、处理并产生开关信号。

3. 外贴超声波液位开关

外贴超声波液位开关（图 5.44）是基于超声波技术实现的非接触式液位开关，测量探头安装在容器外壁上，测量时探头发射超声波，并检测其在容器壁中的余振信号，当液体漫过探头所在位置时，此余振信号的幅值会改变，被智能电路检测到后输出开关信号。

图 5.43 音叉液位开关　　　　图 5.44 外贴超声波液位开关

5.4.2 流量仪表

测量液体、气体等各种介质流量的仪表称为流量计，常见的流量计有电磁流量计、质量流量计、超声波流量计、涡街流量计等。

5.4.2.1 电磁流量计

电磁流量计具有结构简单、压损极小、可测流量范围大、适用管径范围宽、输出信号和被测流量成线性、精确度较高、双向测量的特点，最大流量与最小流量的比值一般为

20：1以上，管径最大可达3m，适用于测量电导率不低于5μS/cm的导电介质，包括碱液、盐液、氨水等，以及除脱盐水和凝液水之外的水和其他水溶液。可用于测量强腐蚀、脏污、黏稠、悬浊性液固两相的液体。

1. 工作原理

电磁流量计基于法拉第电磁感应定律，当导体在磁场中做切割磁力线运动时，在导体

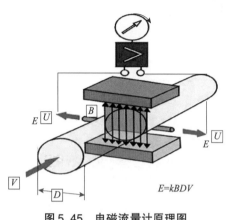

图5.45　电磁流量计原理图

中会产生感应电势，感应电势的大小与导体在磁场中的有效长度及导体在磁场中做垂直于磁场方向运动的速度成正比。同理，导电流体在磁场中做垂直方向流动而切割磁力线时，也会在管道两边的电极上产生感应电势。体积流量等于流体的流速v与管道截面积$\pi D^2/4$的乘积，在管道直径D已确定且保持磁感应强度B不变时，被测体积流量与感应电势呈线性关系。若在管道两侧各插入一根电极，就可引出感应电势，测量此电势的大小，就可求得体积流量（图5.45）。

2. 注意事项

（1）流量计传感器可以水平、垂直或倾斜安装，但要保证测量管与工艺管道同轴；安装地点不能有大的振动源，不能安装在产生较大磁场的设备附近，以免受到电磁场的干扰。上游直管段长度至少应为5倍管径，下游直管段长度至少应为3倍管径。

（2）对于无磨蚀性介质的流速范围宜为0.5～10m/s，有磨蚀性介质的最大流速应小于3.5m/s。测量管内始终充满液体，管道中应无气泡，电磁流量计投入运行时，必须在流体静止状态下做零点调整，流量计应可靠接地。

（3）不能测量气体、蒸汽和含有较大气泡的液体，不能测量电导率很低的液体，如石油制品。

5.4.2.2　质量流量计

质量流量计可直接测量流体的质量流量，与被测介质的温度、压力、密度、黏度、电导率等无关，安装时对上、下游直管段无要求，具有测量精度高、稳定性好、使用方便、维护量小、通信功能强、可实现多参数测量等特点，广泛应用于储运贸易交接等领域。

1. 工作原理

科里奥利质量流量计基于牛顿第二定律，当流体在振动管中流动时，将产生与质量流量成正比的科里奥利力。当没有流体流过时，振动管不产生扭曲，振动管两侧电磁信号检测器检测到的信号是同相位的；当有流体经过时，振动管在力矩作用下产生扭曲，两检测器间将存在相位差（图5.46）。相位差与流经传感器的流体质量流量成比例关系。科里奥利质量流量计的密度测量原理是振动频率与流体密度的平方根成反比，通过测量振动频率

确定流体密度。所以质量流量计既可实现对流体质量流量的测量，又可实现对流体密度的测量。

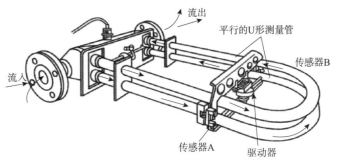

图 5.46　质量流量计原理图

2. 注意事项

（1）安装位置应远离能引起管道振动的设备，附近不能有较大干扰磁场的设备；不能安装在工艺管线的膨胀节附近，应无应力安装；尽可能安装到流体静压较高的位置，以防止发生空穴和气蚀现象，应使管道内流体始终保证充满测量管，测量液体不得含有气体。

（2）测量液体流量时，测量管朝下安装，以避免测量管积聚空气；在测量气体流量时，测量管朝上安装，以避免测量管积聚冷凝液。

（3）在最初安装或改变安装状态之后，用于计量前需重新调零。

（4）测量管内壁有沉积物或结垢会影响测量精确度，需要定期清洗。

5.4.2.3　超声波流量计

超声波流量计是通过检测流体流动时对超声波的作用来测量流体体积流量的一种速度式流量仪表。适用于不易接触的流体及大管径的流量测量，尤其是在大口径天然气管道的流量测量上应用越来越多。其中外夹式流量计，使用时不会产生附加阻力和压力损失，仪表的安装及检修均不影响生产的运行。

1. 工作原理

超声波流量计根据测量原理分为传播时间法和多普勒频移法，其中传播时间法又分为时差法、相位差法、频率差法，目前常采用时差法。

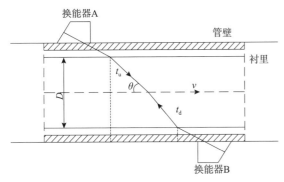

图 5.47　时差式超声波流量计的原理示意图

时差式超声波流量计，其声波在流体中传播，换能器 A 向换能器 B 顺流方向发射超声波信号，声波的传播速度会增大，换能器 B 向换能器 A 逆流方向发射超声波信号，声波的传播速度则会减小，相同的传播距离在顺流和逆流时会有不同的传播时间。时差式超声波流量计正是利用超声波在流体中顺流和逆流传播的时间差与流体流速成正比来测量流体流量的（图5.47）。

流体流速为

$$v = \frac{D}{\sin 2\theta} \frac{t_d - t_u}{t_d t_u}$$

式中　v——流体平均流速；

　　　D——管内直径；

　　　t_{u}——换能器 A 到换能器 B 传播时间；

　　　t_{d}——换能器 B 到换能器 A 传播时间；

　　　θ——超声波传播方向与流体流动方向之间的夹角。

进而可求得流体流量为

$$q_{v} = \frac{\pi D^{2}}{4k}v$$

式中，k 为流速分布修正系数，$k = v/u$。由于 v 为流体平均流速，而不是体积流量计算公式需要的整个流通截面上的面平均流速 u，二者的差值取决于流速分布状况，所以需要对线平均流速进行修正，才能求得相对准确的流体流量。k 值与流体雷诺数有关。

2. 注意事项

（1）根据安装方法分为外夹式超声波流量计、插入式超声波流量计和标准管段式超声波流量计（图 5.48）。外夹式传感器安装前，应先把管外安装处清理干净，除去铁锈、油漆，涂上耦合剂后将传感器紧贴管壁捆绑固定。测量点管道内壁不能有过厚结垢层。

(a)插入式超声波流量计　　　　(b)外夹式超声波流量计　　　　(c)标准管段式超声波流量计

图 5.48　超声波流量计

（2）安装方式常采用 Z 法安装和 V 法安装。Z 法安装方式一般适用于 DN200 以上管道，使用 Z 法安装时超声波在管道中直接传输，没有折射，信号衰减小。V 法安装适用于管径较小时，采用 V 法安装扩大了声程长度，增加了顺、逆向声波传播时间。

（3）上游直管段长度至少应为 10 倍管径，下游直管段长度至少应为 5 倍管径。

（4）时差式超声波流量计只能用于清洁流体；多普勒式超声波流量计适于测量含有一定数量的颗粒或气泡的流体，但脏污太多不可测量。

5.4.2.4　涡街流量计

涡街流量计的特点是压力损失小、量程范围大、精度高、可靠性高、维护量小、无可动机械零件，在测量工况体积流量时几乎不受流体密度、压力、温度、黏度等参数的影响。

1. 工作原理

涡街流量计是基于卡门涡街原理制成的一种流体振荡性流量计（图 5.49），即在流动的流体中放置一个非流线型的对称形状的物体，就会在其下流两侧产生两列有规律的漩涡即卡门涡街，其漩涡频率与流体速度成正比。

$$f = Sr\frac{v_1}{d}$$

式中　v_1——漩涡发生体两侧流体的平均流速；

　　　d——漩涡发生体迎流面最大宽度；

　　　f——单列漩涡的频率，即单位时间内产生的单列漩涡的个数；

　　　Sr——斯特劳哈尔数。

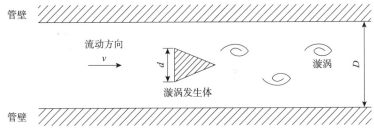

图5.49　涡街流量计原理图

2. 注意事项

（1）涡街流量计安装应避开振动源，若要在流量计附近安装温度计和压力计，则测温点、测压点均应安装在流量计的下游5倍管径至8倍管径处，与流量计相邻的管道其内径应比流量计的内径略微大些。

（2）上游直管段长度至少应为15倍管径，下游直管段长度至少应为5倍管径，当现场不满足要求时，可选用旋进漩涡流量计，其直管段要求前面有3倍管径、后面有1倍管径长度即可。

（3）涡街流量计可采用电池供电，采用锂电池供电可不间断运行1年以上，节省了电缆，可就地显示瞬时流量、累积流量。

（4）不适合高黏度流体测量。

5.4.2.5　差压式流量计

差压式流量计具有结构简单可靠、使用寿命长、适应性强、测量范围广等特点，不必经过单独标定即可投入使用，适用于50～1000mm管径的流体测量，被广泛应用。

1. 工作原理

差压式流量计基于流体流动的节流原理，利用流体流经节流装置产生的压力差实现流量测量。在充满流体的管道中，当流体流经管道内的节流元件时，流速将在节流元件处形成局部的收缩，当流体流速增加、动压能增加时，其静压能必然下降，静压力降低，在节流件前后便产生了压差。流体的流量越大，产生的压差越大，测得节流元件前后的静压差大小，即可确定流量。

差压式流量计由节流装置、引压管和差压变送器三部分组成，节流装置包括节流元件、取压装置，用于将流体的流量转化为压力差，标准节流元件的结构、尺寸和技术条件都有统一标准，节流元件常用有孔板、喷嘴、文丘里管等。引压管是连接节流装置与差压变送器的管路，安装有三阀组及其他附件。差压变送器用来测量差压信号，把压差信号转换成流量。目前常用一体式差压流量计，将节流装置、引压管、三阀组、差压变送器直接组装成一体（图5.50）。

图5.50　一体式差压流量计

2. 注意事项

（1）应保证节流元件前端面与管道轴线垂直，不垂直度不得超过±1°，节流元件的开孔应与管道同心。节流元件的安装方向不得反向安装。

（2）应保持节流装置的清洁，如在节流装置处有沉淀、结焦、堵塞等现象，会改变流体的流动状态，引起较大的测量误差，应及时清洗。

（3）三阀组的开关顺序是：打开正压阀→关闭平衡阀→打开负压阀；关闭顺序是：关闭负压阀→关闭正压阀→打开平衡阀。

5.4.3　温度仪表

温度的检测和控制在石油化工储运系统是非常普遍和重要的，常见的温度仪表有双金属温度计、热电阻温度计、热电偶温度计等。

图5.51　双金属温度计

5.4.3.1　双金属温度计

双金属温度计（图5.51）结构简单、耐振动、耐冲击、读数使用方便、维护容易、价格低廉，适于振动较大场合的温度测量。测温范围为－80～500℃，它适用于精度要求不高时的温度测量。

1. 工作原理

双金属温度计基于固体受热膨胀原理，测量温度通常是把两片膨胀系数差异相对很大的金属片叠焊在一起，构成双金属感温元件。当温度变化时，因双金属片的两种不同材料的线膨胀系数差异相对很大，产生不同的膨胀和收缩，导致双金属片产生弯曲变形。根据不同的变形的量而产生不同的转动量，转动的量带动连接的转轴，转轴带动另一端的指示针指在正确的读数上，指示出温度。

2. 注意事项

（1）双金属温度计应配备温度计套管，不应安装在阀门、弯头和死角处，需要保障温度计的测量端与被测介质之间充分的热交换。

（2）有螺纹的温度计安装时必须使用扳手转动六角部分，严禁用手转动温度计表头。

（3）双金属温度计一般有轴向和径向两个种类，需要按照规定标准安装，表盘直径宜选用 100mm。照明条件差、安装位置较高及观察距离较远的场合，表盘直径宜选用 150mm。表盘外壳宜选用不锈钢材质，应带防爆玻璃。

5.4.3.2 热电阻

热电阻温度计是利用导体或半导体的电阻值随温度变化的性质来测量温度的，在所有材料中，铂和铜的性能较好，被用来制作热电阻。铂热电阻的适用温度范围为 −200 ~ 850℃，铜电阻价格低廉并且线性好，但温度过高易氧化，故只适用于 −50 ~ 150℃ 的较低温度环境中，目前已逐渐被铂热电阻所取代。

1. 铂热电阻

铂热电阻是利用铂金属材料在温度变化时其电阻值也随着变化的特性来测温的，其性能最稳定，测量范围很大，精度高。铂热电阻与温度之间的关系，即特性方程如下：

在 −200 ~ 0℃ 温度范围内

$$R_t = R_0 \left[1 + At + Bt^2 + C \left(t - 100 \right) t^3 \right]$$

在 0 ~ 850℃ 温度范围内

$$R_t = R_0 \left(1 + At + Bt^2 \right)$$

式中　R_t——t℃ 时铂电阻值；

　　　R_0——0℃ 时铂电阻值；

A、B、C——系数，$A = 3.90803 \times 10^{-3}$；$B = -5.775 \times 10^{-7}$；$C = -4.183 \times 10^{-12}$。

常用的铂热电阻有 PT100，PT 后的 100 即表示它在 0℃ 时阻值为 100Ω。

2. 注意事项

（1）铂热电阻最高使用温度不可超过该铂热电阻的测量范围。

（2）铂热电阻的插入深度，一般不得小于套管外径的 8 ~ 10 倍。在管道上安装时，铂热电阻的感温元件应与被测介质形成逆流，至少应与被测介质流束方向成90°角。

5.4.3.3 热电偶

热电偶温度计具有测温范围广、性能稳定、结构简单、动态响应好、测量精度高等特点，是目前使用最广泛的温度计。

1. 工作原理

当有两种不同的导体或半导体 A 和 B 组成一个回路，其两端相互连接时，一端温度为 T，称为工作端或热端，另一端温度为 T_0，称为自由端或冷端，只要两结点处的温度不同，回路中将产生一个电动势，该电动势的方向和大小与导体的材料及两接点的温度有关。这种现象称为"热电效应"，两种导体组成的回路称为热电偶，这两种导体称为热电极，产生的电动势则称为热电动势。

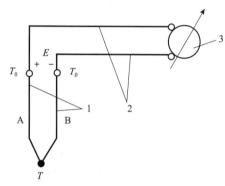

图 5.52　热电偶温度计组成示意图
1—热电偶；2—连接导线；3—显示仪表

热电偶由两根不同的导体材料将一端焊接或交接而成（图 5.52），热电偶的热端一般要插入需要测温的设备中，冷端置于设备外，如果两端所处温度不同，则测温回路中会产生热电势 E。在冷端温度 T_0 保持不变的情况下，用显示仪表测得 E 的数值后，便可知道被测温度的大小。

2. 注意事项

（1）在使用热电偶补偿导线时必须注意型号相配，极性不能接错，补偿导线与热电偶连接端的温度不能超过 $100℃$。

（2）为了使热电偶测量端与被测介质之间有充分的热交换，应合理选择测量点位置，热电偶应该有足够的插入深度。

（3）热电偶的电势大小与热电极直径、长度及沿热电极长度上的温度分布无关，只与热电极材料和两端温度有关。

5.4.4　压力仪表

压力仪表是指测量压力的仪器。通常是将被测压力与某个参考压力进行比较，因而测得的是相对压力或压力差。储运系统常见的压力仪表为弹性式压力表、智能压力变送器。

弹性式压力表，利用弹性元件受到压力作用时产生的弹性变形的大小间接测量被测压力。弹性元件有多种类型，覆盖了很宽的压力范围，此类压力表在压力测量中得到了普遍的应用。

智能压力变送器是将压力传感器检测的压力信号，经变送器转换后，将压力变化量按一定比例转换为 $4 \sim 20mA$ 标准输出信号的仪表，变送器的输出信号传输到中控室进行压力指示、记录或控制。

5.4.4.1　压力仪表的选择

选择压力仪表应根据被测压力的种类（压力、负压或差压），被测介质的物理、化学性质和用途，以及工艺技术要求来选择。同时应本着既能满足精度要求，又要经济合理的原则，正确选择压力仪表的型号、量程和精度等级。

1. 压力表类型的选择

普通弹簧管压力表可用于大多数压力测量场合。压力表在特殊测量介质和环境条件下的类型选择，可考虑如下因素。

（1）在腐蚀性较强、粉尘较多和淋液等环境恶劣的场合，宜选用密闭式不锈钢及全塑压力表。

（2）测量弱酸、碱、氨类及其他腐蚀性介质时，应选用耐酸压力表、氨压力表或不锈钢膜片压力表。

（3）测量具有强腐蚀性、含固体颗粒、结晶、高黏稠液体介质时，可选用隔膜压力表。

（4）在机械振动较强的场合，应选用耐振压力表。

（5）测量氨、氧、氢气、氯气、乙炔、硫化氢等介质时，应选用专用压力表。

2. 变送器的选择

（1）需要标准信号（4~20mA）传输时，应选变送器。

（2）对易结晶、堵塞、黏稠或有腐蚀性的介质，可选用法兰型变送器。

（3）在爆炸危险区域内应选用隔爆型或本安型变送器。

3. 量程的选择

（1）测量稳定压力时，正常操作压力应为量程的 1/3~2/3。

（2）测量脉动压力时，正常操作压力应为量程的 1/3~1/2。

（3）使用压力变送器测量压力时，操作压力宜为仪表校准量程的 60%~80%。

5.4.4.2 安装

（1）安装位置应尽量避免振动和高温影响，应选在被测介质直线流动的管段上，不应选在管道拐弯、分岔、死角及流速形成涡流的地方，与阀门、挡板的距离应大于 $2D~3D$（D 为管道直径）。

（2）测量有腐蚀性、黏度较大、易结晶、有沉淀物的介质时，应优先选取带隔膜的压力表及远传膜片密封变送器。

（3）压力取源部件在施焊时应注意端部不能超出工艺设备或工艺管道的内壁，为了检修方便，在取压口与仪表之间应装切断阀，并应靠近取压口，压力变送器的导压管应尽可能得短，并且弯头尽可能得少。

（4）当被测介质易冷凝或易冻结时，应加装保温或伴热管。

🏭 5.4.5 分析仪表

分析仪表是对物质的成分及性质进行分析和测量的仪表，按介质分为气体分析仪和液体分析仪，其中气体分析仪主要包括气相色谱分析仪、红外线分析仪、热导式气体分析仪、激光气体分析仪、可燃气体和有毒气体探测器等。储运企业常用分析仪表的场所有油品调和的组分分析、现场环境的可燃和有毒气体检测、卸车管线上的物料质量分析、储罐

VOCs 治理的氧含量分析及排放口气体的组分分析等，本节重点介绍常用的在线气体分析仪表。

在线分析仪表包括取样、预处理装置，分析仪表本体等。取样是提取待分析的样品；预处理装置对该样品进行冷却、除水、除尘、加热、气化、减压和过滤等处理，还具有流路切换、样品分配等功能，为分析仪表提供符合技术要求的样品。经分析处理后，将得到样品分析数据远传到 DCS（图 5.53）。

图 5.53　在线分析工作流程示意图

1. 气相色谱分析仪

气相色谱仪宜用于测量有机物、无机物的混合气体，测量范围为百分数级、$10^{-6} \sim 10^{-9}$ 级或多组分的含量。色谱法是一种物理化学分析方法，利用不同溶质（样品）与固定相和流动相之间作用力的差别，当两相相对移动时，各溶质在两相间进行多次平衡，使各溶质达到相互分离。目前气相色谱仪常用的是柱色谱法，柱色谱法是将固定相装在一金属或玻璃柱中或将固定相附着在毛细管内壁上做成色谱柱，试样从柱头到柱尾沿一个方向移动而进行分离的色谱法。

工艺气体经取样和预处理装置变成洁净、干燥的样品连续流过定量管，取样定量管中的样品在载气的携带下进入色谱柱系统，样品中的各组分在色谱柱中进行分离，然后依次进入检测器，检测器将组分的浓度信号转换成电信号并显示。载气常采用氮气，检测器常用热导检测器（TCD）、氢焰检测器（FID）、火焰光度检测器（FPD），对于有机物或无机物组分的百分数级浓度测量宜采用热导检测器，分析浓度下限通常不宜低于 1×10^{-4}；对于有机物组分的 10^{-6} 级浓度测量宜采用氢焰检测器，分析浓度下限不宜低于 2×10^{-8}，微量 CO、CO_2 等组分经甲烷转化后也可用 FID 测量；对于硫化物、磷化物组分的 10^{-6} 级及 10^{-9} 级组分测量宜采用火焰光度检测器（FPD），分析浓度下限不宜低于 1×10^{-8}。

当用于多流路、多组分分析时，每台分析仪的流路数不宜超过 3 个，每个流路分析的组分不宜超过 6 个。作为连续测量分析仪，分析周期宜为 $1 \sim 15$min，其中响应时间不宜超过 12min。

2. 激光气体分析仪

激光技术是一种光谱吸收技术，通过分析激光被气体的选择性吸收来获得气体的浓度。激光气体分析仪适合于恶劣环境应用，不受背景气体、粉尘与视窗污染的影响，无需采样，现场在线直接测量，且能自动修正温度、压力对测量的影响，维护方便。宜用于测量混合气体中的 O_2、CO、CO_2、NH_3、H_2S、CH_4 等；可实现原位测量，宜用于一些采样和预处理困难、样品引出危险性大，及样品预处理后背景气体组分变化引起气体浓度不准确的工况。

激光气体分析仪一般由发射单元、接收单元、中央分析单元等组成，由发射单元发出的激光束穿过被测烟道（或管道），被安装在直径相对方向上的接收单元接收，并由中央分析单元对获得的测量信号进行处理与光谱计算，通过测量激光强度衰减，得出被测气体的浓度。常用氮气对发射单元与接收单元吹扫。

常用的激光气体分析仪有光纤式和非光纤式两种，响应时间均小于1s。

3. 红外线气体分析仪

红外线气体分析仪具有测量气体种类多、测量范围宽、灵敏度高、精度高、反应快等特点，宜用于测量混合气体中的CO、CO_2、NO、NO_2、SO_2、NH_3、CH_4等含量，还可用于高温、高压、具有毒性或腐蚀性气体的测量。

红外线气体分析仪基于朗伯比尔定律，通过某些气体对红外线的选择性吸收来测量，将待测气体连续不断地通过一定长度和容积的容器，从容器可以透光的两个端面中的一个端面入射一束红外光，在另一个端面测定红外线的辐射强度，依据红外线的吸收与吸光物质的浓度成正比，即可得到被测气体的浓度。

所测气体的背景气体应干燥、清洁、无粉尘、无腐蚀性；在样品组成复杂且存在较大背景交叉干扰情况下应避免选用；不得用于测量单原子惰性气体（He、Ne等）和具有对称结构无极性的双原子分子气体（N_2、H_2、O_2、Cl_2等）；测量范围宜为$5 \times 10^{-6} \sim 100\%$，响应时间宜≤10s。

4. 可燃气体和有毒气体探测器

可燃气体和有毒气体探测器是一种检测气体浓度的仪器。当可燃气体或有毒气体泄漏、积聚时，气体探测器检测到可燃气体或有毒气体的气体浓度达到设定的报警浓度时，报警器就会发出报警信号，以提醒工作人员采取安全措施，防止发生火灾、中毒等事故。气体探测器按检测气体可分为可燃气体探测器、有毒气体探测器和复合式气体探测器。按使用方式可分为固定式气体探测器和便携式气体探测器。

有毒气体探测器的测量单位为ppm，对环境大气（空气）中污染物浓度的表示方法有质量浓度表示法、体积浓度表示法两种。质量浓度表示法是指每立方米空气中所含污染物的质量数，即mg/m^3。体积浓度表示法是指一百万体积的空气中所含污染物的体积数，即ppm。标准规范采用质量浓度单位（mg/m^3）表示，但质量浓度与检测气体的温度、压力环境条件有关，实际测量时需要同时测定气体的温度和大气压力。

浓度单位ppm与mg/m^3的换算按下式计算：

$$C_{ppm} = \frac{22.4}{M_w} \times \frac{T}{273} \times \frac{1}{p} \times C_{mg/m^3}$$

式中，M_w为气体相对分子质量，g/mol；T为环境温度，K；p为环境大气压力，atm。

可燃气体探测器的测量范围为（$0 \sim 100\%$）LEL，可燃气体探测器应设有两级报警：一级报警设定值不大于25% LEL，二级报警设定值不大于50% LEL。"LEL"是指爆炸下限，即可燃气体发生爆炸时的下限浓度值。若可燃气体探测器的显示值为a，其现场浓度为$a\% LEL$，ppm与% LEL的换算，按下式计算：

$$C_{ppm} = a\% \times LEL \times 1000000$$

例如：甲烷的爆炸下限为5%，可燃气体探测器显示数值为4，根据换算公式，计算环境中甲烷体积浓度为：$4\% \times 5\% \times 1000000 = 2000\mathrm{ppm}$，当状态条件为20℃，101.325kPa时，甲烷的相对分子质量为16，根据 ppm 与 $\mathrm{mg/m^3}$ 的换算公式，可计算甲烷的质量浓度为

$$C_{\mathrm{mg/m^3}} = 2000 \times \frac{16}{22.4} \times \frac{273}{273+20} \times \frac{1}{1} = 1331\mathrm{mg/m^3}$$

5.4.6　控制阀

5.4.6.1　调节阀

调节阀是过程控制系统中用动力操作去改变流体流量的设备，根据控制信号的大小，控制阀门的开度达到调节介质流量的目的。

1. 结构

调节阀一般由执行机构和阀体组成，执行机构有气动、液动、电动等形式，阀体有直通单座、直通双座、角形、隔膜、蝶形、偏心旋转阀、球形等形式。

2. 作用方式

在选用气动执行机构时，还必需考虑气动执行机构的作用方式。气开阀工作原理是在有气时阀打开，无气时阀关闭。气关阀工作原理是在有气时阀关闭，无气时阀打开。

3. 流量特性

调节阀的流量特性，是在阀两端压差保持恒定的条件下，介质流经调节阀的相对流量与阀的开度之间的关系。调节阀的流量特性有线性特性、等百分比特性及抛物线特性三种。调节性能上等百分比特性为最优，抛物线特性又比线性特性的调节性能好。

4. 调节阀的选择

调节阀的选型应根据用途、工艺条件、流体特性、管道材料等级、调节性能、控制系统要求、防火要求、环保要求、节能要求、可靠性及经济性等因素综合考虑。

当企业有可靠的仪表空气系统时，宜选用气动调节阀；当无仪表空气系统但有负荷分级为一级负荷的电力电源系统时，宜选用电动调节阀；当工艺过程、机组有特殊要求时，也可选用电液调节阀。

调节阀的压力等级、阀体材质、配管连接形式及等级应符合其所安装管道的管道材料等级规定。调节阀不得用石棉或石棉制品作阀门填料和垫片材料。

执行机构应按工艺专业提供的阀门最大关闭压差来决定执行机构的输出力，当要求执行机构有较大的输出力、较快的响应速度时，宜选用气动活塞式执行机构或长行程执行机构。

5.4.6.2　自力式调节阀

自力式调节阀是一种无需外加驱动能源，依靠被调介质自身的压力为动力源，当被调介质压力变化时按预定设定值进行自动调节的节能型控制阀。自力式调节阀结构简单，维

护工作量小，压力可调范围宽，宜用于调节公用工程介质，如空气、氮气、燃料气、蒸汽等，也可用于调节清洁、无毒、无腐蚀的工艺介质。

自力式调节阀主要用于不需要远程控制、不需要频繁改变调节回路设定值、工艺过程允许被操作量小范围偏离设定值、不需要紧密关断、现场无控制气源或电源的场合。

在储罐氮封系统中，氮封阀是一种专用的自力式调节阀，常用于维持储罐的微正压，隔离物料与外界接触，减少物料的挥发，保证储罐安全。氮封阀控制精度高，调节压差比大，适合微压气体控制。当储罐内压力低于压力设定值时，氮封阀打开，向储罐内补充氮气，当储罐内压力达到压力设定值时，氮封阀关闭，停止补充氮气。氮封阀一般安装于罐顶，阀前设置过滤器，根据阀前和阀后压力确定阀门的公称压力，设置带孔板的旁路，应急时使用。

5.4.6.3 开关阀

开关阀常用形式有气动和电动。气动阀开关速度快，精度高，需要稳定的气源；电动阀动作慢，执行机构会出现卡齿现象。

1. 工作原理

（1）气动阀门是借助压缩空气驱动的阀门，通过控制电磁阀的动作来控制气路，从而控制阀门气缸的动作，实现阀门的开和关。

（2）电动阀门通常由电动执行机构和阀体组成，执行机构控制阀门的开和关。

气动阀门从控制方式上一般分单电控和双电控，气缸分为单作用气缸和双作用气缸。单作用气缸采用单电控电磁阀控制气源驱动阀门开关。双作用气缸采用双电控电磁阀控制气源驱动阀门开关，一个电磁阀控制通气开阀门，另一个电磁阀控制通气关阀门。用于单作用的电磁阀宜选用2位3通型、断电排气型，用于双作用的电磁阀宜选用2位4通或2位5通。

2. 注意事项

（1）球阀、闸阀和蝶阀均可用于开关阀，但不宜选用截止阀。

（2）对于气动开关阀，根据工艺给定的阀门故障安全位置选择故障关型（FC）或故障开型（FO），选用弹簧返回型单作用气缸执行机构。当工艺特别要求阀门为故障保持型（FL）时，应选用双作用气缸执行机构，并配有仪表空气储罐，阀门保位时间不应低于48h。

（3）电动执行机构的防爆等级应符合危险区划分等级，防护等级不应低于IP65。电动机产生的扭矩不应低于150%堵转扭矩，电动执行机构应具有阀位开关和扭矩开关来停止阀门在关闭及打开方向上运动，扭矩开关应具备快速切断功能。

3. 紧急切断阀

紧急切断阀是开关阀的一种特殊应用，专门用于当出现紧急状态（火灾、泄漏等事故）时用来隔断物料的阀门，防止出现潜在的事故以及将事故限制在一定的范围内。当工艺安全对紧急切断阀有防火要求时，在距离紧急切断阀15m之外应设置紧急切断阀的现场操作开关。

(1) 设置范围

构成一级、二级重大危险源的危化品罐区，构成三级、四级重大危险源中的毒性气体、剧毒液体和易燃气体等设施。

有毒物料储罐、低温储罐和压力球罐的物料进出管道，液化烃球罐底部的物料进出管道。

(2) 选择注意事项

紧急切断阀的执行机构应有故障安全措施。选用故障安全型单气缸气动执行机构；选用双作用气缸气动执行机构时，配置仪表空气储罐；选用电动执行机构时，采用 UPS 备用电源或自带蓄能装置的电动执行机构。

当工艺安全对紧急切断阀有防火保护要求时，用于紧急切断阀的气动、电动执行机构及其附件应有防火措施，首选安装防火保护罩，能够在 1093℃ 下，抵抗烃类火灾 30min。电动执行机构的动力电缆及信号电缆宜采取防火保护措施。

紧急切断阀的最大行程时间（阀门从正常操作位置到联锁要求的安全位置的时间）不应超过 10s。

4. 多段阀

多段阀多应用于定量装车控制系统中，在装车开始及结束阶段减缓开阀、关阀速度，使管道中流体变化平稳，避免水击现象，同时也提高计量精度。

以两段式气动球阀为例进行说明，此阀门是一种能实现两步开及两步关动作的阀门，通过两个电磁阀控制阀门气缸的活塞行程，阀门阀芯停在预先设定的角度，进行流量调节。主要由气动单作用或双作用执行机构和阀体、阀位回讯开关、电磁阀等构成。可以在打开或关闭阀门过程中停顿一次，打开时先打开设定的开度，当满足设置要求时全部打开，阀门关闭时同理。

5.5 运输设备

石油化工产品运输设备按运输方式分为：铁路运输设备、道路运输设备、航空运输设备、水路运输设备和管道输送设备。输送化工产品常见的有铁路运输设备、道路运输设备和管道输送设备。

5.5.1 铁路运输设备

装运石油化工类产品铁路运输设备包括机车、铁路线路、铁路车辆等。

5.5.1.1 机车

为满足运输生产需要，企业应配置一定数量的自备机车。企业自备调车内燃机车随着干线牵引内燃机车的发展，已从液力传动调车机车发展到功率等级齐全的电传动调车内燃机车，电传动调车机车功率利用比较好，低速时效率高，牵引力大，可用于企业铁路专用线的调车及小运转作业。

（1）机车安全装备。根据中国铁路《企业自备机车在国家铁路接轨站作业安全规定》，进入国家铁路接轨站作业的企业自备机车须配备机车信号、列车运行安全监控系统、车载无线通信设备（列车无线调度通信设备）、机车列尾控制设备等安全装备。

（2）机车检修周期。机车应实行计划预防修，检修周期及技术标准按铁路总公司机车检修规程执行。交直流传动内燃机车定期检修的修程分为大修、中修、小修和辅修。检修周期分别为大修 7~9 年，中修 2.5~3 年，小修 4~6 个月，辅修 2~3 个月。

5.5.1.2　铁路线路

铁路专用线是指由企业或者其他单位管理的与国家铁路或者其他铁路线路接轨的岔线，包括工务设备和信号设备，铁路专用线的修建虽然是为解决企业或者单位内部的运输需要而修建的，但是其本身也是国家铁路网的一个组成部分。

（1）工务设备。铁路线路是由钢轨、轨枕、路基、道床、桥梁、隧道构成，在路基上铺设道床，道床上铺设轨道，供机车车辆和列车运行的土工构筑物。铁路线路是为了进行铁路运输所修建的固定路线，也是铁路固定基础设施的主体，铁路标准直线轨距为 1435mm。铁路线路分为正线、站线、段管线、岔线及特别用途线。铁路线路维修分为综合维修、常保养和临时补修。

（2）信号设备。铁路信号设备是组织指挥列车、车列运行，保证行车安全，提高运输效率，传递信息改善行车人员劳动条件的重要设施，就是以标志物、灯具、仪表和音响等向铁路行车人员传送机车车辆运行条件、行车设备状态和行车有关指示的技术与设备，其作用是保证机车车辆安全有序地行车与调车作业。铁路信号设备可分为信号机、信号标志、表示器等三大类。电动转辙机是铁路股道转换的重要动力装置，属于电务设备。

5.5.1.3　铁路车辆

铁路货运车辆主要以罐车为主，另外还有棚车、平车等。罐车主要装运液体、液化气体及粉末状危险化学品、油品类货物。棚车主要装运固体类，或者防止湿损、日晒或散失的危险化学品货物。平车可以装运罐式集装箱（集装箱罐可以装运液体类石油化工产品）。铁路罐车在铁路运输中占有重要的地位，约占货车总数的 18%。

（1）铁路罐车分类。铁路罐车按产权所属分为路用罐车和企业自备车。按其用途的不同可分为轻油类罐车、黏油类罐车、酸碱类罐车、化工类罐车、食品类罐车、液化气体类罐车和粉状货物类罐车等，按结构特点可分为有底架罐车和无底架罐车、上卸式罐车和下卸式罐车等，按压力可分为常压罐车和压力罐车，按其承重又分 60t 级、70t 级铁路罐车。目前 60t 级各类铁路罐车已陆续退出运输市场，70t 级各类车型以作为主流车型，在铁路运输中广泛应用。

（2）铁路罐车检修。对铁路车辆采用定期检修和日常保养相结合的车辆检修制度。罐车的定期检修分为厂修、段修修程，厂修周期一般为 4 ~ 5 年，段修周期一般为 1 年。日常维修一般在铁路沿线的车辆检修所进行。

5.5.2 道路运输设备

道路运输设备主要指运输车辆，即汽车。运输流体类物品（如石油）及易挥发、易燃等危险品的运输车辆主要是汽车罐车，它具有密封性强的特点。

（1）分类。汽车罐车是车体呈罐形的运输车辆，罐车按其罐体承受工作压力大小，分为压力罐车和常压罐车。压力罐车是指其罐体在正常运输过程中的工作压力大于或等于 0.1MPa 的道路运输液体危险货物罐式车辆。常压罐车是指其罐体在正常运输过程中的工作压力小于 0.1MPa 的道路运输液体危险货物罐式车辆。道路运输液体危险货物罐式车辆，是指罐体内充装液体危险货物，且与定型汽车底盘或罐式半挂车行走机构采用永久性连接的道路运输罐式车辆。包括罐式汽车、罐式半挂车以及罐式半挂汽车列车。

（2）检验。汽车罐车的定期检验包括对罐体和各种附件的检查和修理。罐车的定期检验分为年度检验和全面检验两种，年度检验每年至少进行一次，全面检验每六年进行一次，罐体发生重大事故或停放时间超过一年的，使用前应进行全面检验。

5.5.3 管道输送设备

管道输送是用管道作为运输工具的一种长距离输送液体和气体物资的运输方式，管道输送设备基本由储存库、管道、泵站、加热设备、清管设备、计量及标定装置等组成。

管道主要分输油管道、输气管道、固体料浆管道三类，具体按管道输送的介质不同可分为原油管道、成品油管道、天然气管道、固体料浆管道；按输送距离和用途不同，可分为矿场集输管道、长距离输送管道（简称长输管道）、城镇燃气管道；按照压力管道安装许可类别可分为长输管道、公用管道、工业管道、动力管道等，储运系统常见的是长输管道。

长输管道包括管道线路、站场及附属设施等，有独立的经营管理系统。长输管道一般以油气管道首（末）站为起（止）点，往往跨越多个行政区域，具有管径大、压力高、输量大、运距长的特点，也称干线输油气管道。长输管道按《压力管道定期检验规则 长输（油气）管道》（TSG D7003）进行定期检验，定期检验包括年度检查、全面检验和合于使用评价。

5.6 加油站设备

加油站是指具有储油设施，使用加油机为机动车加注汽油、柴油等车用燃油并可提供其他便利性服务的场所。

5.6.1 加油站分级

按照加油站油罐容积不同可将加油站分为三个等级，具体见表5.12。

表5.12 加油站的等级划分表

级别	油罐容积/m^3	
	总容积	单罐容积
一级	$150 < V \leqslant 210$	$V \leqslant 50$
二级	$90 < V \leqslant 150$	$V \leqslant 50$
三级	$V \leqslant 90$	汽油罐 $V \leqslant 30$，柴油罐 $V \leqslant 50$

注：总容积 = 汽油罐总容积 + 柴油罐总容积 × 50%。

5.6.2 主要设备设施

加油站主要设备设施有油罐、加油机、工艺管道及油气回收系统。

（1）油罐：加油站的主要设备，用于储存油品。一般采用卧式金属油罐，埋地设置。常用罐容有$10m^3$、$15m^3$、$20m^3$、$30m^3$、$40m^3$和$50m^3$等多种规格，其中$30m^3$和$50m^3$应用较多。

①油罐的结构

卧式油罐由筒体、封头、支座及人孔、法兰等组成，环向采用搭接焊缝，纵向采用对接焊缝。油罐人孔通常安装于筒体的顶部，人孔上方应设操作井，以方便检修操作。油罐的进油结合管、出油结合管、量油孔、潜油泵、液位计等一般都设在人孔盖上。目前埋地油罐由于设置输油管线多，有液位计、潜油泵等原因，一般在油罐上设置双人孔。同品种的油罐设置气相连通管，用于气相平衡。

②油罐的检查与维护

日常维护内容：检查快速卸油接头密封是否良好；对人孔操作井进行检查、保养，确保井内无积尘、积水、油污和油气；对人孔井内附件和螺栓等除锈，检查静电跨接完好。对于双层油罐通过检测夹层内的真空度来判断油罐是否泄漏。油罐到加油机双层管线夹层泄漏检测的方法常采用电阻率检测技术，双层管线间布设特制的橡胶带检测元件，当管线泄漏时，橡胶带吸收油气导致电阻率变化，从而引起电流发生变化来判断管线是否泄漏。

定期维护内容：定期进行油罐清罐作业，并对油罐腐蚀情况进行检查。

（2）加油机：加油站的主要设备，起着安全供油和计量的作用。通常按加油机泵源可分为自吸泵加油机和潜油泵加油机。加油机还包括过滤器、加油电磁阀、计量器、加油胶管、安全拉断阀和油枪等附件。

油枪（图5.54）是加油机供油系统的终端，是向车辆油箱中注油的工具。目前加油站使用的油枪为自封油枪，具有自动关闭功能。同时汽油枪又具有油气收集功能，即为油气回收枪，内部有油品通道和回气通道，在油枪内部增加了气路阀门，可将加油时油箱内的油气通过油枪回气口、枪内的回气管线（图5.55）、地下回收总管回收至油罐内，为达到更好的油气收集效果，应在枪头设置集气罩。

图5.54　油枪　　　　　　　　图5.55　油气回气管线

（3）工艺管道：主要分为油品管道、油气回收管道、油罐通气管。而油品管道又可分为进油管（卸油管）和出油管。

5.6.3　油气回收系统

油气回收系统主要包括卸油油气回收系统、加油油气回收系统和油气排放处理装置，见图5.56，而加油油气回收系统又可分为集中式和分散式，分散式油气回收系统一般安装在加油机内部，现已成为主要的油气回收方式。

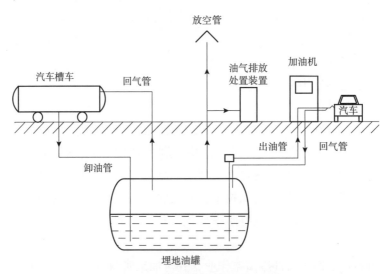

图5.56　油气回收系统工艺流程图

（1）卸油油气回收系统：也称为一次油气回收系统，即将油罐车向汽油罐卸油时产生的油气密闭回收至油罐车内的系统。

（2）加油油气回收系统：也称为二次油气回收系统，即将给汽油车辆加油时产生的油气密闭回收至埋地汽油罐的系统。

（3）油气排放处理装置：即汽油罐内油气回收系统，也称为三次油气回收系统。汽车加油时，空气和汽油蒸气的混合气体在二次油气回收装置的作用下进入地下储罐，随着加油油气回收系统回收的油气增加，加油站储油罐内压力逐渐增高，当地下储油罐内的油气压升高到设定的压力值（常为150Pa）并且持续一定时间（常为10s）时，油气排放处理装置开启，油气通过管路进入油气回收系统，烃类物质被吸附剂吸附，洁净空气随管路达标排出。汽油储罐的油气压力低于50Pa时，设备停止吸附，进入待机状态，结束一次油气回收处理过程。

🏭 5.6.4 典型应用

随着技术的发展，加油站向阻隔防爆橇装式加油装置发展，该装置是一种集地面阻隔防爆储罐、加油机、自动灭火器设备于一体的地面加油系统，具有阻燃、防爆性能。

阻隔防爆橇装式汽车加油装置的储罐的设计压力不小于0.1MPa，采用上部进油方式，软管接头采用快速自封接头。储罐设有高液位报警功能的液位计、自动灭火器、紧急泄压装置、防溢流装置、阻隔防爆装置，能在90%装载量时承受1h标准可燃液体火的作用，而不发生罐泄漏、罐失效及泄压功能受阻等现象。储罐出油管道设有高温自动断油保护阀。

阻隔防爆橇装式加油装置设有接纳卸油时溅漏油品的容器，周围设有防撞设施。自动灭火器的启动温度不高于95℃。

5.7 防雷防静电

雷电是一种常见的自然现象，能引起火灾和爆炸事故。静电会产生于如气体、液体的输送，液体的混合、搅拌、过滤等石油化工储运过程中，一旦对静电防护稍有疏忽，就可能导致火灾、爆炸和人身触电。为了防止和减少雷电、静电伤害，保障石油化工储运企业安全生产，必须采取防雷、防静电措施。

🏭 5.7.1 管理要求

（1）新建、改造工程的防雷防静电设施应做到"三同时"，即与主体工程同时设计、同时施工、同时投入使用。

（2）企业应建立健全所属范围内防雷防静电设施档案，档案包括防雷防静电接地设施平面布置图、检查记录、竣工图纸和检验报告等。防雷防静电设施发生变化后应当及时修改防雷防静电设施平面图及台账，确保档案资料与现场一致。

（3）储运设备设施场所应设置防雷接地，防雷接地可兼作防静电接地。防雷接地（除独立接闪器的防雷接地外）、防静电接地、工作接地和保护接地宜共用接地装置，接地电阻值应按接入设备中要求的最小值确定。

（4）独立避雷针（防雷引下线）应设置雷电警示牌，并注明"雷雨天气，请保持远离防雷引下线 3m 的距离!"雷电警示牌白底红字。独立避雷针及接地装置与道路或建筑物的出入口等的距离应大于 3m。

(5) 控制室、机柜间应设置等电位连接和保护接地，电气和电子设备的金属外壳、线槽、电缆金属铠装层、保护管均应等电位连接。

(6) 输送液体危化品管路的阀门、金属法兰盘等连接处的接触电阻大于 0.03Ω 时，连接处应采用金属线跨接。非腐蚀环境下，不少于 5 根螺栓连接的金属法兰能构成电气通路时可不跨接。

(7) 施工中确需临时拆除或解开防雷防静电设施时，施工单位应与设施所属管理单位共同确认位置、数量，制定完善的防护措施，施工结束后按原样恢复，工程验收时双方共同复查（测）确认。

(8) 防雷防静电设施引下线保护管内应填实，避免腐蚀。在易受机械损伤处，地面上 1.7m 到地面下 0.3m 的一段接地应采用暗敷或采用镀锌角钢、改性塑料管或橡胶管加以保护。

5.7.2 防雷措施

(1) 企业应根据《交流电气装置的过电压保护和绝缘配合设计规范》（GB 50064）确定装置、设施所在地雷暴日等级，结合实际情况制订雷电天气应急响应机制。

(2) 企业应建立雷电临近预警系统。

(3) 遇高强闪电、雷雨天气，室外人员应停止露天作业，及时进入有避雷设施的场所，远离带电设备或其他金属设施；野外作业应注重人员和生产设施的雷电防护。

(4) 雷电活动强烈地区以及经常遭受雷击的杆塔和线路，应采取设置避雷器、降低接地电阻、全程架设避雷线、增加绝缘子或架设耦合地线等防护措施。

(5) 室外场所高大的生产设备，通过框架安置在高处的生产设备和引向火炬的主管道，安置在地面上的大型压缩机，成群布置的机泵等转动设备，在空旷地区的火炬、烟囱，安置在高处易遭受直击雷的照明设施等应落实防直击雷措施。

(6) 大型静设备的金属实体可作为防直击雷的接闪器。用作接闪器的设备金属壁厚应符合《石油化工装置防雷设计规范》（GB 50650）的相关规定。转动设备不应用作接闪器。

(7) 储运场所所有金属的设备、框架、管道、电缆保护层（铠装、钢管、槽板等）和放空管口等，均应接到接地装置上。

(8) 储罐的护栏、上罐扶（爬）梯、阻火器、呼吸阀、量油孔、人孔、透光孔、法兰等金属附件应与罐体做等电位连接。

(9) 内、外浮顶金属储罐应采用有效、可靠的连接方式将浮顶与罐体做均匀布置的电气连接。

(10) 压缩天然气（CNG）加气母站和子站的车载 CNG 储气瓶组拖车停放场地应设置至少 2 处临时固定防雷接地装置，确保在防雷保护范围内。

（11）采用屏蔽电缆时，屏蔽层应至少在两端及防雷区交界处做等电位连接并接地。系统要求只在一端做等电位连接时，应采用两层屏蔽或穿钢管敷设，外层屏蔽或钢管至少应在两端及防雷区交界处做等电位连接并接地。

（12）保护电气和电子设备的电涌保护器（SPD）应与被保护设备的耐压水平相适应。

电涌保护器是一种为各种电子设备、仪器仪表、通信线路提供安全防护的电子装置，按照具体用途划分电源线路以及信号线路这两种保护装置。当电气回路或者通信线路中因为外界的干扰突然产生尖峰电流或者电压时，电涌保护器能在极短的时间内导通分流，从而避免电涌对回路中其他设备的损害，本质上讲，电涌是发生在仅仅几百万分之一秒时间内的一种剧烈脉冲。

5.7.3 防静电措施

防止静电的原则是控制静电的产生和防止静电的积累。控制静电的产生主要是改善工艺过程，如限制流速、加缓冲器、静止一定时间等；控制静电的积累主要是设法加速静电的泄漏和逸散，使静电不超过安全限度，如接地、安装静电消除器等。

（1）储运设备设施应尽量采用金属等防静电材料、等电位连接和静电接地措施。移动设备应采用报警接地装置，在操作前接好，操作结束经过规定的静置时间后才能拆除。

（2）生产过程中若不能采用改善工艺条件等方法减少静电积聚时，应根据情况采取静电缓和、消除和监控等措施。

（3）在泵房门外、上罐扶梯入口处、储罐采样口、装卸作业区内操作平台扶梯入口处、码头上下船出入口处、加油站（点）油口处等易燃易爆危险品作业场所，应设人体静电消除装置。

（4）甲乙类可燃液体应通过管道或鹤管从底部进入槽车、罐车以及储罐等，并采取流速控制措施。

（5）加油站汽车罐车卸油、静置时间等应执行操作规程，自助加油设施应采取消除人体静电措施。

（6）可燃液体检尺、测温、采样等应采用防静电器具并接地，符合静置时间要求，并按操作规程执行。

（7）工艺管道系统的所有金属附件，包括外保护层等均应接地。

（8）油气化工码头装卸臂、登船梯、消防水炮、钢引桥等金属构件应进行电气连接，并与接地系统形成电气通路。

（9）油气化工码头与作业船舶之间应采取电气绝缘措施。装卸臂绝缘法兰或软管配带的不导电短管的电阻值不应小于 $25k\Omega$，且不得大于 $2.5M\Omega$。该绝缘段向船舶一侧的金属部件应与船体保持电气连续性，向码头一侧的金属部件应与码头接地装置保持电气连续性。码头登船通道不得形成船岸之间的电气通路。

（10）爆炸危险环境中进行打磨、喷砂、喷涂等易产生静电的施工作业时，应采取静电泄放措施，避免静电积聚。

5.7.4　检测检查

（1）企业应在雷雨季节来临之前对防雷防静电设施进行全面检查、检测和维修。爆炸危险环境的防雷防静电设施的检测周期一般为 6 个月，其他环境检测周期为 12 个月。

（2）企业应当委托具有相应资质的防雷装置检测机构进行定期检测，发现防雷装置安全隐患，应当按照检测机构出具的整改意见进行整改，做好防雷装置的日常维护工作。

（3）防雷防静电设施的检查应坚持定期检查与日常检查相结合，发现问题应及时修复或更换。检查内容包括：接地装置、等电位连接线等是否安装到位；防雷防静电设施、等电位连接线是否有松动、脱焊或锈蚀等现象；各类电涌保护器、静电监测消除设备的运行状况是否良好；接地装置和等电位连接的电阻值是否符合规范要求。

5.8　防爆

防爆是指能够抵抗爆炸的冲击力和热量而不受损失仍能正常工作。在爆炸性气体环境中应选择相应的防爆型仪表和防爆型电气设备，结构型式分为隔爆型、增安型、正压型、充砂型、本质安全型等。

5.8.1　危险区域划分

爆炸性气体环境应根据爆炸性气体混合物出现的频繁程度和持续时间分为 0 区、1 区、2 区：0 区应为连续出现或长期出现爆炸性气体混合物的环境；1 区应为在正常运行时可能出现爆炸性气体混合物的环境；2 区应为在正常运行时不太可能出现爆炸性气体混合物的环境，或即使出现也仅是短时存在的爆炸性气体混合物的环境。

5.8.2　防爆设备类别

爆炸性环境用电气设备分为Ⅰ类、Ⅱ类和Ⅲ类。Ⅰ类电气设备用于煤矿瓦斯气体环境；Ⅱ类电气设备用于除煤矿瓦斯气体之外的其他爆炸性气体环境；Ⅲ类电气设备用于除煤矿之外的其他爆炸性粉尘环境。与储运系统相关的爆炸性环境用设备为Ⅱ类电气设备。

5.8.3　防爆标识

防爆电气设备的防爆标识内容包括：防爆标志＋防爆型式＋设备类别＋气体组别＋温度组别。

5.8.3.1　防爆标志

Ex——中国及国际电工委员会防爆标志；

EEx——欧共体；

AD——意大利；

MS、AE——法国；

FLP——英国；

UL、FM——美国；

E——德国。

5.8.3.2 防爆型式

爆炸性环境用电气设备常用防爆型式见表5.13。

表 5.13　爆炸性环境用电气设备常用防爆型式表

防爆型式	防爆型式标志	防爆型式	防爆型式标志
隔爆型	d	充砂型	q
增安型	e	浇封型	m
正压型	p	n 型	n
本质安全型	ia、ib	特殊型	s
油浸型	o		

5.8.3.3 气体组别

爆炸性气体混合物的传爆能力，标志着其爆炸危险程度的高低，爆炸性混合物的传爆能力越大，其危险性越高。爆炸性混合物的传爆能力可用最大试验安全间隙（$MESG$）表示。同时，爆炸性气体、液体蒸气、薄雾被点燃的难易程度也标志着其爆炸危险程度的高低，它用最小点燃电流比（$MICR$）表示。

Ⅱ类隔爆型电气设备或本质安全型电气设备，按其适用于爆炸性气体混合物的最大试验安全间隙或最小点燃电流比（表5.14），进一步分为ⅡA、ⅡB和ⅡC。

表 5.14　爆炸性气体混合物分级表

气体组别	最大试验安全间隙（$MESG$）/mm	最小点燃电流比（$MICR$）
Ⅱ A	≥0.9	>0.8
Ⅱ B	$0.5 < MESG < 0.9$	$0.45 \leq MICR \leq 0.8$
Ⅱ C	≤0.5	<0.45

5.8.3.4 温度组别

Ⅱ类电气设备按其最高表面温度分为 T1～T6 组别（表5.15），使对应的 T1～T6 组的电气设备的最高表面温度不能超过对应的温度组别的允许值。

表 5.15　Ⅱ类电气设备的最高表面温度分组

温度组别	最高表面温度/℃
T1	≤450
T2	≤300
T3	≤200
T4	≤135
T5	≤100
T6	≤85

注：不同的环境及不同的外部热源和冷源可能有一个以上的温度组别。

5.8.4　防爆措施

（1）工艺设计中应采取下列消除或减少可燃物质释放及积聚的措施：

①工艺流程中宜采取较低的压力和温度，将可燃物质限制在密闭容器内；

②工艺布置应限制和缩小爆炸危险区域的范围，并宜将不同等级的爆炸危险区或爆炸危险区与非爆炸危险区分隔在各自的厂房或界区内；

③在设备内可采用以氮气或其他惰性气体覆盖的措施；

④宜采取安全联锁或发生事故时加入聚合反应阻聚剂等化学药品的措施。

（2）防止爆炸性气体混合物的形成或缩短爆炸性气体混合物的滞留时间可采取下列措施：

①工艺装置宜采取露天或开敞式布置；

②设置机械通风装置；

③在爆炸危险环境内设置正压室；

④对区域内易形成和积聚爆炸性气体混合物的地点应设置自动测量仪器装置，当气体或蒸气浓度接近爆炸下限值的50%时，应能可靠地发出信号或切断电源。

（3）在区域内应采取消除或控制设备线路产生火花、电弧或高温的措施。

5.9　腐蚀与防护

腐蚀是指材料受环境介质的化学、电化学和物理作用产生的损坏或变质现象。腐蚀的危害具体表现在经济损失、人身伤亡与环境污染、资源和能源浪费等方面，据估计，我国每年腐蚀造成的直接损失约6000亿元。腐蚀造成储运过程中的"跑、冒、滴、漏"，使有毒气体、液体等外泄，不仅污染周围的环境，而且会危及人类的健康和生命安全。因此，做好腐蚀防护，推广应用先进的防腐蚀技术是防止环境污染、保护人民健康的重要手段。

5.9.1 腐蚀

腐蚀现象普遍存在，如金属的腐蚀、混凝土的风化、橡胶的老化等，其中金属腐蚀最为常见。当金属和周围的介质相接触时，由于发生化学作用或电化学作用而引起的破坏，叫作金属腐蚀，如钢铁的生锈、铜线的发绿等。

5.9.1.1 腐蚀分类

根据材料类型，将腐蚀分为金属腐蚀和非金属腐蚀。根据腐蚀机理，一般可将金属腐蚀分为化学腐蚀、电化学腐蚀和物理腐蚀。

1. 化学腐蚀

金属与氧气、氯气、二氧化硫、硫化氢等干燥气体或汽油、润滑油等非电解质接触发生化学作用所产生的破坏，叫作化学腐蚀。化学腐蚀的产物存在于金属的表面，腐蚀过程中没有电流产生。

如果化学腐蚀所产生的化合物很稳定，即不易挥发和溶解，且组织致密，与金属母体结合牢固，这层腐蚀产物附着在金属表面上，对金属母体可以起到保护的作用，称为"钝化作用"。

如果化学腐蚀所生成的化合物不稳定，即易挥发或溶解，或与金属结合不牢固，则腐蚀产物就会一层层脱落（如氧化皮），这种腐蚀产物不能保护金属不再继续受到腐蚀，这种作用称为"活化作用"。

2. 电化学腐蚀

金属与液态介质，如水溶液、潮湿的气体或电解质（如酸碱溶液）接触时，就会产生电化学作用（原电池作用），由电化学作用引起的腐蚀，叫作电化学腐蚀，其特点是在腐蚀过程中有电流产生。电化学作用，就是把化学能转变为电能，或利用化学作用来产生电流。

电化学腐蚀按形态分为全面腐蚀和局部腐蚀。

（1）全面腐蚀：腐蚀发生在金属表面的全部或大部，分为均匀的全面腐蚀和不均匀的全面腐蚀。多数情况下，金属表面会生成保护性的腐蚀产物膜，使腐蚀变慢。通常用平均腐蚀率（即材料厚度每年损失若干毫米）作为衡量均匀腐蚀的程度，也作为选材的原则，一般年腐蚀率小于 $1 \sim 1.5mm$，可认为合理。

（2）局部腐蚀：腐蚀只发生在金属表面的局部，分为点蚀、电偶腐蚀、晶间腐蚀、选择性腐蚀、缝隙腐蚀等。其危害性比均匀腐蚀严重得多，它约占化工机械腐蚀破坏总数的 70%，而且可能是突发性和灾难性的，会引起爆炸、火灾等事故。

3. 物理腐蚀

金属由于单纯的物理溶解作用而引起的腐蚀。

5.9.1.2 储罐常见腐蚀

储罐常见的腐蚀主要是罐壁、罐顶板的外腐蚀和罐壁板、罐底板及罐顶的内腐蚀。外腐蚀主要受干气、潮气、湿气和雨水等不同程度的影响，非保温罐一般腐蚀程度较轻，主要是局部腐蚀，腐蚀现象表现为鼓包、剥蚀等。内腐蚀主要发生在罐壁、罐顶及罐底板，不同程度地与大气和介质频繁接触，使罐壁、罐顶、罐底腐蚀。

1. 储罐内壁腐蚀

储罐内壁按各部分所处的环境，分为气体空间部分、与物料接触部分、底部与沉降物接触部分。

（1）气体空间部分的内壁腐蚀

气体空间部分的内壁腐蚀通常较严重，内浮顶罐上部及四周的通气孔与大气直接相通，此时罐内气体的腐蚀因素主要是氧气、水蒸气及温度的影响。由于气温的变化，水蒸气易在罐顶、内壁凝结成水膜，而罐内气体中含有的杂质、氧气也会溶解在水膜中，形成了电解质溶液，从而发生电化学腐蚀，造成罐壁及罐顶腐蚀。

（2）与物料接触部分的腐蚀

接触物料的罐壁，由于物料的收付造成液位上下浮动影响，罐壁不同程度吸附物料，裸露的内壁物料与空气中的水分，会形成电化学腐蚀。

（3）底部与沉降物接触部分的腐蚀

造成罐底内腐蚀的原因是罐底沉降水和沉积物，罐底会因收付物料负重不同而出现变形，凹陷部分易存杂质，特别是腐蚀介质，从而形成腐蚀。

2. 储罐外壁腐蚀

储罐外壁腐蚀主要发生在保温罐，腐蚀程度较重，其腐蚀原理为微电化学腐蚀，点蚀现象比较严重，主要受保温破损后雨水侵蚀，腐蚀部位多发生在罐顶焊缝部位、罐顶检尺平台附近、与罐顶接管处、储罐人孔、盘梯斜支撑与罐壁连接处、保温层的环状支撑带以及保温钉、罐底板外边缘等。

储罐的保温层材料多为蓬松多孔结构，有很大的表面积和丰富的毛细管，具有较强的吸附能力，常吸收空气中的水分而形成电解质水溶液，造成储罐外壁的电化学腐蚀，多表现为罐壁局部坑蚀。

3. 重点部位腐蚀

（1）储罐盘梯角钢斜支撑与罐壁连接处腐蚀

每台储罐设有紧贴罐壁的盘梯，采用角钢斜支撑与罐壁焊接，保温密封处理较困难。如果斜角钢处保温接口处理不严密，会给湿气的进入提供通道，雨季时雨水顺角钢支撑进入保温材料与罐壁，以角钢为中心逐步漫延，造成罐壁的局部腐蚀。保温储罐罐顶检尺孔、环状支撑圈以及保温钉等处也会产生类似腐蚀。

（2）罐底板外边缘重点腐蚀部位

储罐使用一段时间后，会不同程度地发生沉降，且由于物料收付过程中罐底频繁地张弛，从而会造成罐基础边缘板高于罐基础底板而翘起，使罐底板与基础出现缝隙，处于干湿交替的环境中，甚至雨季还会有明水存在，水和腐蚀性气体进入该缝隙，导致罐底板及边缘板的腐蚀。

（3）不锈钢检尺管与碳钢罐顶板焊接处的腐蚀

不锈钢检尺管与碳钢罐顶焊接处存在腐蚀问题，温度过高时，碳钢会对不锈钢造成渗碳、贫铬现象，使不锈钢抗腐蚀性能降低；同时两者的线膨胀系数也相差较大，容易造成焊接处开裂。如焊接处存在热应力，还易造成应力腐蚀，出现人字形裂纹；如碳钢与不锈钢焊接使用碳钢焊条，容易造成晶间腐蚀，因为碳是造成晶间腐蚀的主要元素，而碳钢的含碳量高于不锈钢。因此不锈钢和碳钢焊接应使用不锈钢焊条或专用焊条，并进行焊接性试验，确定最可靠的焊接工艺，保证焊接接头的质量。

5.9.1.3 管线常见腐蚀

管线腐蚀是储运企业常遇到的问题之一，主要分为外腐蚀和内腐蚀。外腐蚀主要是由于管线金属材质与外部环境（大气、雨水等）相接触引起的腐蚀，同时，保温管线还存在保温层下腐蚀。内腐蚀是由管线内流体性质及流速等引起的腐蚀，包括酸性腐蚀、氯离子腐蚀、微生物腐蚀、应力腐蚀、冲刷腐蚀、焊接腐蚀等。

1. 典型外腐蚀

外腐蚀多发生在保温层有破损、积雨设备管线、支架处、高点放空、低点排凝、埋地管线打压点未处理处、混凝土支架因混凝土风化后不平造成雨水集聚等部位，常见的外腐蚀多有保温层下腐蚀（CUI）、不锈钢与碳钢接触腐蚀等。

（1）保温层下腐蚀

保温层下腐蚀是指外部被保温层覆盖的管道或设备，由于冷凝水、雨水和腐蚀性物质的进入而发生的管道或设备外表面的局部腐蚀，腐蚀因素主要包括水分或污染物的浸入、温度的变化、保温材料不合格、保温材料类型不符合、卤化物或氯化物的侵蚀、胶黏剂或密封胶的不当使用等，具有结构特殊、隐蔽性高、发生范围广及检查困难等特点。

（2）不锈钢管线与碳钢支撑接触腐蚀

不锈钢与碳钢接触腐蚀是指不锈钢和碳钢接触存在电位差，形成两个电极，发生电化学反应造成的腐蚀，如不锈钢管线与其碳钢支撑、不锈钢法兰使用碳钢螺栓连接等部位的腐蚀。

在实际使用中不锈钢与碳钢相互接触在一起时，在特定的空气环境下会产生电化学反应以及晶间腐蚀。当不锈钢材料与碳钢材料必须接触在一起时，可以将两种材料进行绝缘隔绝。

2. 典型内腐蚀

内腐蚀多发生在有焊接应力、管线弯头等部位，常见的有在氯离子环境下不锈钢的腐蚀、管线弯头的冲刷腐蚀等。

（1）在氯离子环境下不锈钢的腐蚀

不锈钢具有良好的耐温耐腐性能，当氯离子含量大于 25mg/L，则会发生应力腐蚀、孔点腐蚀、晶间腐蚀等。

应力腐蚀：不锈钢在含有氯离子的腐蚀介质环境中易产生应力腐蚀，失效所占的比例高达 40% ~ 45%。因此，工艺管道在拼口组对及焊接过程中应控制应力，严格遵守焊接工艺规范，尽量减少应力集中，并使其与介质接触部分具有最小的残余应力，防止磕碰划伤。

孔点腐蚀：不锈钢表面的氧化膜在含有氯离子的水溶液中产生溶解，结果在金属上生成孔蚀核。只要介质中含有一定量的氯离子，便可能使蚀核发展成蚀孔。

晶间腐蚀：由于任何金属材料都不同程度地存在非金属夹杂物，这些非金属化合物，在氯离子腐蚀作用下很快形成坑点腐蚀，在闭塞电池作用下，坑外的氯离子将向坑内迁移，而带正电荷的坑内金属离子将向坑外迁移。在不锈钢材料中，加 Mo 的材料比不加 Mo 的材料在耐点腐蚀性能方面要好，Mo 含量越多，耐坑点腐蚀的性能越好。

（2）管线弯头的冲刷腐蚀

冲刷腐蚀又称为磨损腐蚀，是金属表面与流体之间由于高速相对运动而引起的金属损坏现象，是管道受冲刷和腐蚀交互作用的结果，是一种危害性较大的局部腐蚀。发生冲刷腐蚀时，金属离子或腐蚀产物因受高速腐蚀流体冲刷而离开金属材料表面，使新鲜的金属表面与腐蚀流体直接接触，从而加速了腐蚀过程。一般说来，流体的速度越高，流体中悬浮的固体颗粒越多、越硬，冲刷腐蚀速度越快。在管道的拐弯处及流体进入管道或储罐处容易产生冲刷腐蚀。

抑制或减少冲刷腐蚀的措施有：选择耐蚀性和耐磨性好的材料，改变腐蚀环境如添加缓蚀剂，过滤悬浮固体粒子，降低温度，减小流速和湍流等。

🏭 5.9.2 防护

针对腐蚀机理，积极采取先进的防腐蚀技术和措施，推广新技术、新工艺、新材料、新设备应用，做好金属腐蚀防护，节约资金，保证安全生产。

5.9.2.1 防护方法

1. 钝化法

利用化学药剂使金属表面形成钝化膜，对金属起保护作用。常用的成膜剂有铬酸盐、磷酸盐、碱、硝酸盐和亚硝酸盐的混合物。

2. 加入缓蚀剂法

在流体介质中加入少量的缓蚀剂，能大大降低金属的腐蚀速度。缓蚀剂有两类：一类是有机类，如苯胺、硫醇胺、乌洛托品等；另一类是无机类，如铬酸盐、硝酸盐、磷酸盐、硅酸盐等。

3. 阴极保护法

阴极保护法对电化学腐蚀有效，有牺牲阳极法和外加电流法。

牺牲阳极法将较活泼的金属或合金连接在被保护的金属上，形成原电池，较活泼金属作为腐蚀电池的阳极被腐蚀，被保护的金属作为阴极免遭腐蚀。一般选铝、锌及其合金作为阳极材料。

外加电流法将被保护的金属与另一附加电极作为电解电池的两个极，被保护金属为阴极，在外加电流的作用下得到保护。

5.9.2.2　正确选材

防止或减缓腐蚀的根本途径是正确地选择材料。应根据介质性质、浓度及温度、压力、流速等工艺条件，以及材料的耐腐蚀性能、经济技术指标，综合考虑选择材料。

非金属材料具有优良的耐蚀性及很好的机械性能，广泛用于防腐设备的代材，常用的有聚氯乙烯、聚乙烯、聚丙烯、橡胶、陶瓷、不适性石墨、玻璃等。

针对腐蚀性介质，可以选择耐蚀材料的设备，或在器壁上涂上耐蚀防腐层，表面涂层可以是金属的，如电镀、电喷层等；也可以是非金属的，如油漆、搪瓷等；也可以采用复合钢板。

5.9.2.3　金属表面防腐

1. 处理

涂漆前应对金属管道等钢材表面进行处理，使钢材表面与涂层之间有较好的附着力，更好地起到防腐作用。钢材表面除锈的方法有手工法、机械法、火焰法、化学清洗法和电化学法等。

管道的钢材表面处理后，应进行检查并评定处理等级，符合《石油化工设备和管道涂料防腐蚀设计标准》（SH/T 3022—2019）中所规定的钢材表面处理等级。经处理后的表面，应及时涂底漆。

2. 涂漆

一般以碳钢、低合金钢、铸铁为材料的设备、管道、支架、平台、栏杆、梯子等均应涂漆防腐。有色金属铝、铜、铅等，奥氏体不锈钢、镀锌表面、涂防火水泥的金属表面以及塑料和涂塑料的表面均不需涂漆。对设备的铭牌及其他标志板或标签，其表面不应涂漆。

5.9.2.4　防腐蚀管理

（1）建立设备、管道的腐蚀档案、腐蚀数据等基础资料，腐蚀数据、各种记录必须真实，能反映设备、管道的腐蚀情况。

（2）凡采用防腐蚀措施的设备，严格按操作规程进行操作。当工艺条件发生变化时，应采取相应措施，防止设备防腐蚀措施失效。

（3）企业应根据生产工艺和设备特点，制定和实施工艺防腐措施。对于已有的工艺防腐蚀措施，不得随意变更。

（4）定期开展工艺防腐蚀检查。检查内容包括工艺防腐蚀设施、防腐蚀药剂使用情况以及工艺操作指标执行情况，根据反馈信息，及时调整工艺操作或防腐蚀药剂。

（5）对长期停用的设备和管线，应根据其特点采取必要的防腐蚀措施进行保护并定期检查防护措施的可靠性。

（6）对于易发生腐蚀的设备，应建立定期监测制度，设置固定监测点，定期进行监测。监测可采用化学分析、挂片、探针、测厚等方法。检查防护层是否完好，衬里是否有凸起、开裂等损坏，对腐蚀裂纹等缺陷要进行监测，防止孔蚀。对金属材料组织恶化（如脱碳、脱皮、晶间腐蚀）的容器，应进行金相检验、化学成分分析和表面硬度测定。

（7）针对工艺生产特点，加强对物料中腐蚀性介质含量的监测和分析，建立定期分析制度，严格控制腐蚀性介质的含量。

（8）定期开展保温层下腐蚀、细小接管、大气露点等专项腐蚀检查，整改存在的腐蚀问题。

（9）对采取阳极保护等电化学防腐蚀措施的设备，应定期检查保护效果，根据检查结果，及时采取相应措施。

5.9.3 典型实例

1. 含硫浮顶储罐的腐蚀与防护

目前炼油企业高含硫原油的加工量不断增加，因此在储罐中低温湿硫化氢腐蚀普遍存在，石脑油储罐和轻污油储罐中尤其明显。

5000m³石脑油储罐如果未做内部防腐，每年清罐均能清理出大量铁锈。石脑油罐也曾多次出现过内部硫化亚铁自燃、通气孔闪爆等事故，危险性高。这类储罐腐蚀的根本原因是油品高含硫，另一个不可忽视的原因是浮盘的密封性差，挥发的油气在罐顶和罐壁与水汽形成湿硫化氢腐蚀。

湿硫化氢腐蚀的保护措施有罐底板采用安装牺牲阳极保护块、罐内整体内防腐、采用全接液浮盘和高效密封、增加氮封保护等。

储罐检修时应彻底处理铁锈，对于含硫污水罐、轻污油罐等高含硫储罐，应考虑钝化处理防止自燃。对于未进行内防腐的储罐，应保持罐内湿润，可在停止施工时通蒸汽保护。

2. 罐底边缘板防护技术应用

弹性聚氨酯（CTPU）防水涂料具有良好的弹性、抗老化性、耐腐蚀性，同时与钢板和混凝土有很强的粘接强度，可有效地阻止罐边缘板变形造成的罐底与基础的缝隙，防止因罐底变形造成的罐底腐蚀。

CTPU严禁在环境温度低于5℃或相对湿度大于85%时施工，且施工时工具及基础表面必须干燥无水。施工步骤为基材预处理、基材刷打底涂料、胶料配制、胶料施工、刷表面涂料、粘接增强层、再次刷表面涂料。

5.10 换热设备

许多石油化工产品，如苯、燃料油、润滑油、重柴油等在低温时黏度较大，会发生凝固。为了降低这些物料的黏度，提高其流动性，需对物料进行加热。

换热和换冷是冷热能量的互相传递，一种介质被加热，另一介质就会被冷却，主要以工作介质需要升温或降温来区分。常用换热设备通常有管壳式换热器、板式换热器、热管换热器、空气冷却器等。

5.10.1 换热器

换热器是一种在不同温度的两种或两种以上流体间实现物料之间热量传递的节能设备，是使热量由温度较高的流体传递给温度较低的流体，使流体温度达到流程规定的指标，也是提高能源利用率的主要设备之一。

储运企业常使用管壳式换热器，又称列管式换热器，是以封闭在壳体中管束的壁面作为传热面的间壁式换热器，有固定管板式换热器、浮头式换热器、U形管式换热器、填料函式换热器等几种类型，通常由壳体、传热管束、管板、折流板（挡板）和管箱等部件组成。壳体多为圆筒形，内部装有管束，管束两端固定在管板上。进行换热的冷热两种流体，一种在管内流动，称为管程流体，另一种在管外流动，称为壳程流体。

在易凝固物料储罐内部一般使用列管式加热器，在罐内安装若干组加热器管。使用时将蒸汽通入加热器内对罐底物料均匀加热，提升到设定的温度。同时应严格控制加热器的操作温度，防止沸溢性物料中的水急速汽化发生突沸现象。

5.10.2 换冷器

换冷器是利用冷媒与物料进行热量传递，使物料温度降到工艺控制指标，一般分为风冷却式、水冷却式。储运罐区在接收轻、重污油时，常使用干式空气冷却器进行冷却后进入罐内。

5.10.2.1 干式空冷器工作原理

干式空冷器的工作原理是利用电机带动叶轮转动，产生的涡流不断将空气吸入，使冷空气通过风道上升，与空冷器带有翅片的管束接触后，管束中的热量传递到空气中，将管束内温度高的物料冷却。

5.10.2.2 干式空冷器注意事项

（1）运行中检查管束和各密封面有无渗漏现象，地面有无油痕，到管束上表面检查时，避免损坏翅片管，管束上方有树枝等杂物时要及时清理。

（2）检查管束翅片上是否积满灰尘。每年定期清理翅片上的尘垢以保持冷却效果，清除方法是用消防水或氮气冲刷。

（3）运行中发现管束出现泄漏，应立即停用，吹扫试验确定泄漏的管子并进行处理。

（4）风扇保护罩是否完好，检查各零部件的紧固状态，风机轴承每年应加注一次润滑脂。

（5）空冷器停用时应充氮保护，日常巡检时检查充氮压力，保持管束内正压。

5.10.3 伴热线

伴热是一种保证管线内产品流动性和防冻凝的措施，在储运企业内被广泛应用。常见的伴热方式有蒸汽伴热、热水伴热和电伴热。

伴热线温度设置应与物料性质结合，满足工艺要求即可，避免热源浪费。如液碱输送时，由于不同浓度的凝点存在差异，伴热温度应不同。温度较高的液碱易产生应力腐蚀，造成管线泄漏。

电伴热作为一种先进的物料管线伴热方式，得到了越来越广泛的应用，其工作原理是伴热媒体散发一定的热量，通过直接或间接的热交换补充物料管线的热损失，以达到防冻凝的要求。

电伴热系统主要由电源、电伴热带、温控器（恒功率电伴热带）、恒温器（自限温电伴热带）以及接线盒、二通、三通、尾端等附件构成。其中，电伴热带是发热部件，按其作用方式分为自限温电伴热带、恒功率电伴热带。

自限温电伴热带又称自控温电伴热带，是新一代带状恒温电热产品，由高分子导电碳粒和两根平行母线外加绝缘层构成，其发热元件的电阻率具有很高的正温度系数且相互并联。它能够自动限制发热温度，并随被伴热体温度自动调节输出功率，可以任意剪切或在一定长度范围内接长使用，允许多次交叉重叠而无高温过热烧毁之虑，维护简便且节约电能。

恒功率电伴热带分为并联电伴热带和串联电伴热带，指电伴热带通电后即以一恒定的功率发热，并不随环境温度改变而变化。

电伴热加热效率高，可自动化控制，设计简单，施工方便，同时使用方便，尤其是在不便于提供蒸汽管网的地区，电伴热的优势非常明显。但是，如果施工质量不高，容易造成电伴热带损坏，极易出现故障，同时电伴热需要专业电气人员进行维护，如果维护力量不足，会造成生产波动。

5.11 发展与探讨

5.11.1 储罐大型化技术发展

纵观储罐的发展进程，石油化工储罐大型化充分适应了国内石油化工储运和加工规模不断扩大的趋势，也适应了国家石油战略储备的需要以及国民经济的快速发展。储罐大型化是必然趋势，其具有以下优势：经济性比较高，储罐越大，越节约钢材，节约安装配件，从而节约投资；规划紧凑、占地面积小。在总容积一样的情况下，几台大储罐要比多台小储罐更节约占地面积，便于操作管理，且在检查、修理和管理等方面都比较便利。

目前我国在储罐大型化方面已经取得了相当的成果，$10 \times 10^4 \sim 15 \times 10^4 \mathrm{m}^3$ 的原油储罐比较成熟，国内已在大庆、茂名等地区使用 $20 \times 10^4 m^3$ 储罐，储罐罐容逐步向 $24 \times 10^4 \sim 30 \times 10^4 m^3$ 发展。但石油化工储罐大型化过程中还存在焊接施工变形、地基不均匀沉降等方面的问题，对大型储罐施工技术要求不断提高，应充分利用储罐大型化的广阔前景，加快相关应用技术的研究。

5.11.2　储罐新型全接液式浮盘应用

随着环保要求越来越高，常压储罐未来发展趋势是在储存过程中逐步实现零污染、零排放，这就要求更多地采用常压储罐全密封、增加氮封系统或呼吸气 VOCs 治理技术。特别对于内浮顶罐来说，取消通气孔、采用新型全接触液式内浮盘是必然趋势，以减少罐壁内腐蚀和介质挥发，保护环境，保证产品质量。

浮盘是内浮顶罐的重要附件，常见的浮盘有浮筒式内浮盘、全接触液式浮盘等。传统的浮筒式内浮盘结构简单，价格较低，虽然在技术上比较成熟，但存在盘下油气空间大、密封性能欠佳、结构强度不够、抗油气冲击性能差等缺点。目前随着技术发展，出现许多新型全接触液式浮盘，常见的有全接液蜂窝式内浮盘、新型蜂巢玻璃钢内浮盘、网格梁装配式冲压浮箱型铝浮盘等。其中全接液蜂窝式内浮盘、网格梁装配式冲压浮箱型铝浮盘等，实质都是箱式浮盘，从根本上消除了盘下油气空间，减少了油气挥发带来的安全环保风险。目前也存在浮箱泄漏沉盘、处理不当着火爆炸等风险，但箱式浮盘应用是未来必然发展趋势，需要探讨对箱式浮盘结构进一步改进：一是在箱体下部中间加支撑，增加箱体下板刚度，减少折弯致泄漏风险；二是箱体内部加泡沫填充材料，解决箱体泄漏进料问题，杜绝了处理不当着火爆炸风险。

5.11.3　储罐浮盘组合密封技术应用

根据《石油化学工业污染物排放标准》（GB 31571—2015），浮盘的三种高效密封形式为液体镶嵌式、双封式（双密封）、机械式鞋形密封。液体镶嵌式密封是指用泡棉或液体充填形成的密封弹性体与储存物料液面接触的封气设施。双密封是指囊式密封与舌形密封的任两种组合。机械式鞋形密封由鞋形滑动弹力板、密封隔膜、支托板、弹力压板、增强型边缘板等部件组成，其补偿范围在环向间距的基础上可达 $-100 \sim 200mm$ 以上，对罐壁的补偿量大，不受罐体限制，密封性较好，但也存在一定的缺点，即弹力板对储罐内防腐层存在一定程度的破坏。

国内浮盘密封一般采用三种密封形式：囊式密封、舌形密封和管式充液密封。囊式密封属于液体镶嵌式密封，但因其贴紧罐壁自由升降，浮顶在长期运行后，可能会导致囊式密封包带内进油，给检修带来安全隐患。舌形密封由于刚度差会发生下垂导致不反转，影响密封效果。管式充液密封只在钢制浮顶上，其他应用较少。

因此，单一种密封形式都不同程度存在缺陷，很难满足高标准的环保要求。目前随着浮盘密封技术发展，普遍采用密封组合的方式，提高密封性能。如，目前广泛采用的囊式密封 + 舌形密封技术，是比较典型的双密封技术，密封效果良好。

5.11.4　外浮顶罐穹顶技术应用研究

国内外在储存大量原油、燃料油或其他易挥发介质时，往往都采用大型外浮顶罐。但是敞口的外浮顶罐运行过程中，受外界自然环境的影响大，如雨、雪、结冰、沙、石及阳光曝晒等影响，导致易腐蚀、易受雷击，也出现不少问题和事故，且会出现排水管泄漏，影响油品质量。为了降低油罐储油过程中的事故率，在国外，现有的大型外浮顶罐上加穹顶，已成为各石油化工储运企业提高油品储存安全性的措施之一，并已成为一种趋势，目前国内已开始尝试此项技术应用。加装穹顶后，雷击火灾风险大大降低，防火安全性能提高，还能减轻环境对油罐储存功能的影响，消除雨水、雪、冰、风沙的侵袭，从而可以避免浮盘超载下沉并且保持浮顶干净，减轻浮顶故障。而且油品在铝合金穹顶和内浮顶的双重保护下，蒸发损失比一般浮顶油罐小，相比可以减少90%左右。

外浮顶罐穹顶一般采用铝合金材质，因为铝合金穹顶结构重量轻、耐大气和油气的腐蚀，现场安装不需要焊接，由螺栓连接而成。对于易挥发介质，有利于采取油气回收措施。目前国内 $10 \times 10^4 m^3$ 储罐加铝合金穹顶已有实例，敞口的大型外浮顶罐将逐步被带有穹顶的储罐代替。但外浮顶罐加穹顶也存在一定的缺点，外浮顶罐加穹顶后类似于内浮顶罐，发生火灾后影响移动泡沫混合液的直接投射，给消防灭火带来一定的困难，需要提高固定消防措施的灭火能力。

5.11.5　外浮顶罐二次密封气相空间氮封技术应用

外浮顶罐浮盘密封通常由两道密封组成，称为一次密封与二次密封。一次密封一般为液体镶嵌式密封，包括聚氨酯发泡棉填充型与管式充液型，二次密封为不锈钢弹性压板式机械密封。一、二次密封的结构型式决定了两道密封中间会存在气相空间，由一次密封与罐壁间隙挥发出的介质在气相空间形成聚集，存在雷击着火的风险，同时也存在 VOCs 排放超标的问题。

为降低雷击着火风险，解决超标排放问题，目前普遍采用氮封技术，该技术与内浮顶罐、拱顶罐氮封工艺接近，原理是向外浮顶罐一、二次密封中间的气相空间内充入一定压力的氮气，保证气相空间微正压（图5.57）。该方法能有效地抑制储罐内的介质在一次密封与罐壁接触位置的挥发，达到降低 VOCs 排放的

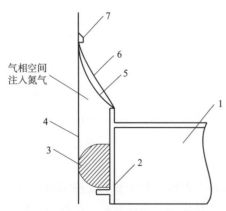

图 5.57　二次密封气相空间氮封示意图
1—浮船；2—支撑板；3—一次密封；4—罐壁；
5—二次密封带；6—二次密封压板；7—橡胶板

目的。随着外浮顶罐使用年限的增长，二次密封磨损，与罐壁局部位置的贴合度会变差，造成氮气过度消耗。

5.11.6 新材料在磁力泵上的应用

机泵的技术发展速度较快,平均 2 ~ 3 年技术更新一次,并逐渐向无泄漏、高效率、自动化控制等方面发展,针对化工系统产品、原料危害大的特性,近几年出现了磁力泵,实现了零泄漏,但也存在抽空能力差、滑动轴承易磨损等问题,影响了使用范围和工作效率。因此需要探讨应用新材料,解决相应问题。

1. 陶瓷材料应用

磁力泵磁力耦合易在不锈钢隔离套上形成涡流,产生大量热量,需要通过输送介质降温,而磁力泵抽空影响介质降温效果,限制了磁力泵的使用能力。为此国内外专家积极研究采用陶瓷材料制造隔离套,消除涡流,大大提高了磁力泵应用范围,目前德国对于此项研究取得成功,但只限于小功率磁力泵的应用,随着技术的不断发展,应用陶瓷材料全面解决涡流问题指日可待。

2. 氮化硅材料应用

现有磁力泵一般使用滑动轴承,轴承材质为石墨。由于石墨脆性较大,泵运转过程中一旦出现抽空、碰撞,易发生磨损、脆裂等故障。目前随着材料技术的进步,轴承材质逐渐由石墨改为氮化硅,大大提高了干磨性能,即使短时间内抽空、空转,也不会发生损坏故障,从而提高了磁力泵的使用范围。

5.11.7 适度提高常压储罐设计压力以降低损耗

常压储罐设计压力一般为 2kPa,随着环保要求的提高,可考虑适当提高设计压力,如升高到 4kPa 或更高,相应呼吸阀、泄压人孔及氮封压力也提高,进一步减少介质挥发,降低产品损耗,保护环境。特别是将储罐设计压力提高到 6.9kPa 以上,达到低压储罐要求,能明显降低物料蒸发损耗。低压储罐本体是一个密闭的结构,只要在罐承压能力范围内,温度变化造成的小呼吸损耗均可以消除,因而可以做到低压储罐的小呼吸挥发损耗为零。

以内浮顶罐为例,尽管罐内安装了内浮盘大大降低了储液的挥发损耗,但由于内浮盘密封在浮盘上、下浮动过程中并不能 100% 地密封,而且浮盘上的通气阀、量油口等部件也存在泄漏现象。根据《石油库节能设计导则》(SH/T 3002—2019)的规定计算内浮顶罐的小呼吸蒸发损耗,以年收发量 $3 \times 10^4 t$ 的 $3 \times 10^4 m^3$ 石脑油内浮顶罐为例,通过计算可以得出:小呼吸损耗 70085kg/a,按照每吨石脑油 6000 元,使用时间按 10 年计算,损失可达 420 万元。因此,提高储罐设计压力,有着明显的经济和环保效益。

第6章

运输管理

>>>

相比于存储方式，石油化工产品运输方式有多种，如道路运输、铁路运输、水路运输、航空运输以及管道运输等。目前，我国石油化工产品运输以水路、铁路以及道路为主，管道、航空运输总量较低。同时，由于大部分石油化工产品为危险货物，在运输过程中，发生事故的频次较高、危险性较大，易产生较为严重的社会影响，因此，石油化工产品运输管理也是日常管理的重中之重。

6.1 道路运输

道路运输具有机动灵活、快速直达、适应性强、经济方便的特点。道路运输承运产品种类繁多，车型多样化，大量易燃、易爆、剧毒、腐蚀的危险货物在全国公路上运输，形成了一个个流动的危险源，加之驾驶人员违章行为易造成事故多发，因此，必须加强危险货物的运输安全管理。

6.1.1 托运企业管理

托运环节是危险货物道路运输的源头。托运企业应当委托具有相应资质的企业承运危险货物，与承运企业签订安全协议，明确双方安全责任。托运企业承担的主要责任包括对承运企业资质、托运危险货物及其包装把关，准备运输单证和应急保障。

1. 危险货物分类

托运企业应当按照《危险货物道路运输规则 第2部分：分类》（JT/T 617.2）、《危险货物道路运输规则 第3部分：品名及运输要求索引》（JT/T 617.3）等标准规范，确定危险货物的类别、项别、品名、编号，并且在运输过程中应用。

与危险化学品分类不同，在交通运输领域，危险货物分为九类：第1类为爆炸性物质和物品；第2类为气体；第3类为易燃液体；第4类为易燃固体、易于自燃的物质、遇水放出易燃气体的物质；第5类为氧化物和有机过氧化物；第6类为毒性物质和感染性物质；第7类为放射性物质；第8类为腐蚀性物质；第9类为杂项危险物品，包括危害环境物质。其中第1类、第2类、第3类、第4类、第5类和第6类再分为小项别，如第2类气体分为2.1项易燃气体，2.2项非易燃无毒气体，2.3项毒性气体。

对于有特殊规定，要求添加抑制剂或者稳定剂的，应当按照规定添加，并将有关情况告知承运企业。不得在托运的普通货物中违规夹带危险货物，或者将危险货物匿报、谎报为普通货物托运。

2. 托运及包装管理

托运企业负责编制托运清单，并应当妥善保存，保存期限不得少于12个月。托运清单主要包括托运人、收货人、装货人和承运人等企业基本信息、货物信息、应急信息等。同时，需要提交给承运企业的材料还包括化学品安全技术说明书（SDS）、化学品安全标签和包装证明。托运剧毒化学品应当提供公安机关核发的剧毒化学品道路运输通行证。托运危险废物应当提供生态环境主管部门发放的电子或者纸质形式的危险废物转移联单。托运易制毒化学品应当提供公安部门提供的购买证明。

危险货物包装的作用是防止危险货物变质或产生化学反应，减轻危险货物所受的应力，避免货物之间直接接触。托运企业按照《危险货物道路运输规则 第4部分：运输包装使用要求》（JT/T 617.4），结合危险货物理化性质，选择符合标准规范要求并检测合格的危险货物运输包装，妥善包装危险货物，并按照《危险货物道路运输规则 第5部分：托运要求》（JT/T 617.5）的规定在外包装设置相应的危险货物标志。托运企业委托其他企业或者单位进行包装、充装或者装载的，应当确保其满足相关行业标准要求。

当托运危险货物的包装与国家规定的包装不同时，必须附有"包装检查证明书"和"包装适用证明书"，"包装检查证明书"经主管部门确认后才能生效。危险货物根据物质本身的危险程度，分为3个包装类别：包装类别Ⅰ适用于内装高度危险性的物质，包装类别Ⅱ适用于内装中等危险性的物质，包装类别Ⅲ适用于内装低度危险性的物质。例如，对于易燃液体包装类别划分的标准见表6.1。

表6.1 第3类易燃液体包装类别划分标准

包装类别	闪点/℃	初始沸点/℃
Ⅰ	—	≤35
Ⅱ	<23	>35
Ⅲ	≥23，≤60	>35

3. 应急保障

托运企业应当在危险货物运输期间保持应急联系电话畅通。其目的是危险货物道路运输突发事件应急过程中，可以向承运人提供事故应急救援技术指导。

🛢 6.1.2 承运企业管理

6.1.2.1 资质和证单管理

（1）承运企业要取得《道路运输经营许可证》，并在许可的经营范围内承运危险货物。例如，经营范围只有第 3 类危险货物的承运企业，不能承运第 2 类危险货物。企业应当配备具有 3 年以上危险货物道路运输安全管理经验的专职安全生产管理人员，专职安全生产管理人员数量不少于危险货物道路运输车辆数（挂车除外）的百分之二。企业应建立安全生产责任制、安全生产监督检查、安全生产培训教育、安全生产作业规程、安全生产考核与奖惩、安全事故管理等安全生产管理制度。

（2）企业应当制作危险货物运单，并交由驾驶人员随车携带。危险货物运单包含托运人、承运人和收货人等企业基本信息，货物基本信息，车辆信息，驾驶人员信息等。运单要根据运输状态做到按时关闭。

（3）危险货物道路运输车辆的驾驶人员取得相应机动车驾驶证，年龄不超过 60 周岁。从事危险货物道路运输的驾驶人员、装卸管理人员、押运人员应当经设区的市级交通运输主管部门考试合格，并取得相应的从业资格证；从事罐式危险货物道路运输车辆、罐式集装箱、可移动罐柜、长管拖车运输的驾驶人员，其从业资格证应包括"罐式运输"；从事剧毒化学品、第 1 类爆炸品运输的驾驶人员，其从业资格证应包括"剧毒化学品运输"或者"爆炸品运输"。

6.1.2.2 运输车辆安全

1. 运输车辆选择

承运企业应当使用符合《道路危险货物运输管理规定》要求的且与所承运的危险货物性质、重量相匹配的车辆及设备进行运输。如运输"剧毒"的，危险货物运输车辆《道路运输证》相关栏，应标注"剧毒"。使用常压液体危险货物罐式车辆运输危险货物的，应当符合《道路运输液体危险货物罐式车辆　第 1 部分：金属常压罐体技术要求》（GB 18564.1），并在罐式车辆罐体的适装介质列表范围内承运；使用移动式压力容器运输危险货物的，应当符合《移动式压力容器安全技术监察规程》的要求。

罐式专用车辆的罐体应当经质量检验部门检验合格，且罐体载货后总质量与专用车辆核定载质量相匹配。运输爆炸品、强腐蚀性危险货物的罐式专用车辆的罐体容积不得超过 $20m^3$，运输剧毒化学品的罐式专用车辆的罐体容积不得超过 $10m^3$，但符合国家有关标准的罐式集装箱除外。

罐车应当在罐体检验合格的有效期内承运危险货物，禁止使用报废、擅自改装、检测不合格、技术等级不达标的罐车。

2. 车辆安全附件及标志

罐车的安全附件要处于完好状态。液化烃类罐车的安全附件包括安全阀、紧急切断阀、液位计、温度计、压力表、静电拖地带。紧急切断阀位于罐体底部液相、气相出口处，用于发生泄漏时进行紧急止漏。常压罐车的安全附件包括安全泄放装置、真空减压阀、紧急切断装置、导静电装置，设置紧急泄放装置的罐体还应设置呼吸阀，防止罐车在高温状态下憋压。装卸口应设置阀门箱或防碰撞护栏等保护装置，防止罐车因装卸口遭碰撞损坏发生事故。

车辆应当安装卫星定位系统车载终端，车辆要设置符合规范的安全警示标志。车辆的外观安全警示标志包括色带、反光标识、危险货物包装标志、"危险"标志牌、标志灯、安全告知牌。车辆前部左侧、尾部右侧应安装"危险"标志牌；车辆喷涂、钉附或插槽固定的危险货物包装标志应与所运载危险货物的类、项相对应。车辆后部和侧面应粘贴红、白相间的反光标识，罐体两侧应沿罐体水平中心线两侧喷涂一条表示运输介质种类的色带，色带采用反光涂料。罐体两侧后部色带的上方喷涂"罐体下次检验日期：×××年××月"，字体颜色为红色。运输爆炸品和剧毒化学品车辆还应当安装、粘贴符合《道路运输爆炸品和剧毒化学品车辆安全技术条件》（GB 20300）要求的安全标示牌。

6.1.3 运输过程管理

6.1.3.1 运输安全

（1）做好出车前安全检查。运输前对车辆等设备进行安全检查，是确保途中行车安全的有效手段之一。重点对运输车辆、罐式车辆罐体、可移动罐柜、罐箱及相关设备的技术状况，以及卫星定位装置进行检查并做好记录，对驾驶人员、押运人员进行运输安全告知。

（2）驾驶人员和押运人员检查随身携带的单据和证件是否齐全。驾驶人员除了应携带驾驶证和机动车行驶证之外，还需要携带危险货物道路运输要求的证件和单据，主要包括：道路运输证、从业资格证、危险货物运单、危险货物道路运输安全卡，运输剧毒化学品、危险废物时还应当随车携带规定的单证报告。

（3）在危险货物道路运输过程中，除驾驶人外，还应当在专用车辆上配备必要的押运人员，确保危险货物处于押运人员监管之下。

（4）危险货物运输车辆在高速公路上行驶速度不得超过80km/h，在其他道路上行驶速度不得超过60km/h。道路限速标志、标线标明的速度低于上述规定速度的，车辆行驶速度不得高于限速标志、标线标明的速度。

（5）罐车的装卸阀门要处于关闭状态，车辆运行过程中导静电橡胶拖地带要与地面相接触，导静电橡胶拖地带与地面的接触长度不应小于2cm，不得悬空。

（6）承运企业在车辆运行期间通过定位系统和主动安全防御系统对车辆和驾驶人员进行动态监控。运输剧毒化学品时，应当按照公安机关批准的路线、时间行驶。

（7）危险货物运输车辆需在高速公路服务区停车的，驾驶人、押运人员应当按照有关规定采取相应的安全防范措施。

（8）罐体的维修需要到有资质的维修单位进行，并由维修单位出具维修证明，严禁使用单位或个人对罐体进行自行维修。

6.1.3.2　随车携带安全应急装备

车辆应随车携带防护用品、应急救援器材和危险货物道路运输安全卡。防护用品包括轮挡、三角警示牌、眼部冲洗液、反光背心、防护手套、便携式照明设备。运输车辆应随车携带至少2具干粉灭火器，灭火器压力应在有效压力范围之内，并放置于便于拿取的位置。除此之外，还应该配备应急逃生面具、防爆铲子和下水道口封堵器具。危险货物道路运输安全卡规定了事故发生后，驾驶人员和押运人员应该采取的基本应急救援措施和防护措施，以及运输过程中随车携带的基本安全应急设备。

📦 6.1.4　停车场管理

危险货物车辆停车场是为了加强危险品运输车辆停放的统一管理，减少车辆路边停放造成的风险积聚。但是，停车场设置不合理，管理不规范，车辆在停车场也会发生泄漏、着火事故，需要加强停车场的管理，预防和减少事故发生。

6.1.4.1　停车场的建设

危险货物运输车辆停车场可以参照《化工园区危险品运输车辆停车场建设标准》（T/CPCIF 0050）进行建设。停车场建设要符合综合交通规划及安全、环保、消防和卫生要求，停车场不应该有架空电力线路、通信线路穿越，并且与内部相关设施、外部防护目标的安全防护距离符合相关标准规范。

（1）停车场出入口数量应不少于2个，停车区与其他功能区有道路分隔，停车区宜设置环形消防车道。停车场按照危险品特点，对运输车辆分区分组停放，重载车辆停放区每组停车位数不应多于10辆，空载车辆停放区停车位数不应多于30辆。液化烃类车辆防火间距不应小于20m，与可燃液体车辆停放组之间的防火间距不应小于25m。可燃液体车辆停放组之间的防火间距不应小于9m。严禁将化学品性质或者扑救方法相抵触的车辆停放在同一区域内。

（2）停车区应设置安全警示标识，设置明确标识行走线、停车位，设置停车区之间的隔离设施。停车场应根据危化品特性配置便携式可燃、有毒气体报警仪，并定期校验。

（3）停车场应设置消防给水及室外消火栓系统，根据车辆所装介质，配备干粉灭火器、泡沫灭火器、灭火毯、沙池等。重载车辆停放区应配置不少于2门遥控移动式消防炮，遥控式移动消防炮的流量不应小于30L/s。

（4）停车场应参照《危险化学品单位应急救援物资配备要求》（GB 30077），配备相应的防护装备及应急救援器材、设备、物资，并保障其完好、方便使用。

6.1.4.2　停车场安全管理

（1）停车场应建立健全各项规章制度，配备专职管理人员。停车场管理人员应按期巡检，遇突发情况应及时汇报并按照处置预案迅速处置。

（2）停车场设置的通信、火灾报警装置，配备对外联络通信设备，保证处于适用状态。停车场应对进入车辆、人员进行严格检查，经检查合格、登记后方可进入。车辆停放期间，严禁驾驶人员或其他人员在车辆驾驶室内停留。

（3）停车场应编制相应事故应急救援预案，每半年组织一次演练。

（4）停车场不得从事石油化工产品运输罐车修理、清洗、倒罐等作业，严禁擅自清洗或者倾倒残液。

6.2 铁路运输

铁路运输广泛应用于石油化工储运行业，铁路运输高度集中，在铁路大动脉上运行，与道路运输相比，风险低，运输安全。对于大批量的原油、成品油等产品而言，采用铁路运输更为经济，一般大型石化企业、码头、油库均建有企业铁路专用线。

6.2.1 企业铁路专用线

危险货物企业铁路专用线是指办理铁路危险货物运输业务（铁路危险货物到达、发送）的专用线（专用铁路），其安全要求均高于普通货物专用线。专用铁路配属有自备调车机车，拥有较多的铁路自备货车，并具备专门的调车作业人员，其内部为完整的铁路运输系统，与接轨铁路车站间的取送调车作业一般由企业自备调车机车负责完成。

铁路运输应做到"五个统一"，即：托运人名称与危险货物托运人名称表相统一；经办人身份证与货物运单记载相统一；货物运单记载的品名、类项、编号等内容与铁路危险货物品名表的规定相统一；发到站、办理品名、装运方式与办理限制相统一；货物名称、重量、件数与货物运单记载相统一。

6.2.2 资质管理

企业应取得《铁路危险货物托运人资质证书》。在专用线办理危险货物运输时，企业应与办理站签订《专用线运输协议》和《危险货物运输安全协议》。危险货物运输需要共用专用线时，应由产权单位、共用单位、办理站签订《危险货物专用线共用协议》《危险货物运输安全协议》和《危险货物专用线共用协议》，每年签订一次。自备车辆应具有《过轨运输证》，铁路自备车需取得铁路部门签发的《危货车安全合格证》，实行一车一证，按规定品名装运。机车司机应当向国家铁路总公司申请铁路机车车辆驾驶资格，经考试合格后取得资格许可，并获得相应类别的铁路机车车辆驾驶证。

6.2.3 自备车管理

铁路罐车自备车一般用于液体或液化气体货物，特别适用于这些货物的大宗运输，比其他运输方式更经济，更容易实现规范管理。企业购置新罐车、罐车变更介质均需办理技术审查，购置单位须向所在发送或到达铁路分公司提出技术审查申请，铁路分公司进行技术条件初审后向铁路总公司运输局出具审查意见，审核通过后方可购置。

企业自备罐车运输时，应向过轨站段提出申请，站段初审后报所属铁路分公司审核，符合规定的由所属铁路分公司签发《危货车安全合格证》，每年进行一次复核。此证实行一车一证，车证相符，按规定品名装运，不得租借和混装使用。

6.2.3.1 自备车安全

（1）装运酸、碱类的罐车罐体为全黄色，罐体两侧纵向中部应涂装有一条宽 300mm 黑色水平环形色带；装运煤焦油、焦油的罐体为全黑色，罐体两侧纵向中部应涂装有一条宽 300mm 红色水平环形色带。装运其他危险货物罐车罐体底色应为银灰色，罐体两侧纵向中部应涂装有一条宽 300mm 表示货物主要特性的水平环形色带，红色表示易燃性，绿色表示氧化性，黄色表示毒性，黑色表示腐蚀性。

（2）装车单位应严格执行铁路罐车允许充装量的规定，防止超装超载。罐体有漏裂，阀、盖、垫及仪表等附件、配件不齐全或作用不良的罐车禁止使用，厂、段修过期车辆不得装车运用。气体类危险货物充装前应有专人检查罐车，检查罐体外表面、罐体密封性能、罐体余压等状况，不具备充装条件的罐车严禁充装。

（3）罐车装运气体类（含空车）危险货物实行全程押运，押运员应按照规定穿着印有红色"押运"字样的黄色马甲。

（4）液化气体罐车的安全阀、紧急切断阀、液位计、压力表、温度计等安全附件要处于良好使用状态。液体罐车要确保呼吸阀、泄放阀畅通。装车完成车盖封紧严密，重车空重阀要打至"重"的位置，空车要打至"空"的位置。

（5）为保证人身安全、货物安全及发生事故时不致使灾害扩大，装运危险货物的车辆在编入列车时，用装有普通货物的车辆或空车隔离危险货物车辆。确定隔离车辆数的主要依据：剧毒气体、爆炸品等性质激烈，发生事故不易施救，事故后果严重，与牵引机车隔离 4 辆；运输气体类危险货物的重、空罐车，每列编挂不得超过 3 组，每组间的隔离车不得少于 10 辆；运输原油时，与机车可以不隔离，易燃液体、腐蚀类车辆与牵引机车隔离 2 辆。

6.2.3.2 自备车维修

为保证铁路运输的安全，企业的自备车在进入国铁线路前，必须具备良好的车辆技术状态，主要是做好车辆检修工作，铁路自备车的维修由取得维修合格证的单位实施。自备车要定期做好厂修、段修、辅修等各铁路车辆检修修程。气体类铁路罐车还要进行罐体的大修、中修修程，并按规定由押运员进行小修检查，见表6.2。

表6.2　铁路罐车检修周期及使用年限表

修程	气体类罐车	液体罐车
厂修	4 年	5 年
段修	1 年	1 年
辅修	6 个月	6 个月
大修	4 年	—
中修	1 年	—
小修	装卸车前	—
使用年限	液氯、液态二氧化硫 15 年，其他 20 年	20 年

6.2.4 调车作业安全

6.2.4.1 调车作业制度

企业调车作业应制定机车乘务员待乘休息、瞭望及呼唤应答、人身安全等制度，以及防止冒进信号，防止断钩，机车防火，机车及车辆防溜，雨天、雾天行车等安全措施。

6.2.4.2 栈台调车作业

在装卸栈台作业前，调车人员应了解装卸车及货位情况并将装卸车品名、车号、车数通知装卸栈台值班人员，栈台值班人员检查线路、鹤管、梯子，具备条件后，开放防护信号，准备接车。调车作业人员应认真检查线路、车辆、鹤管、梯子及防护信号，未经联系与检查确认，不准进入装卸作业栈台。车辆对好位后，应得到装卸人员认可后，方可摘钩。停留车辆必须分组采取防溜措施，防止溜逸，发生意外。装、卸车作业完成，装卸栈台值班人员应及时整理鹤管、梯子，具备取车条件后，通知调度员，并开放防护信号。

严禁机车在作业中进入装卸栈台，对位机车前端不准越过台位最顶端。在对位、连挂作业中应有足够的隔离车，以保证对位车辆能够按要求对位及挂出。调动液化气、丙烯、石脑油、汽油及其他需要带隔离车的车辆时，应至少带一个隔离车以保证安全。顶送对位车辆最多不能超过 48 辆。编好待发车列应停放距警冲标 50m 以内。

6.2.4.3 调车速度

为确保调车作业安全，调车速度应遵守下列规定：区间牵引运行速度不得超过 30km/h；在空线上牵引运行时不得超过 30km/h，推进运行时速度不得超过 15km/h；调运装载爆炸品、压缩气体、液化气体、超限货物的车辆速度不得超过 15km/h；车辆进出装卸栈台、机车库各线时，不得超过 5km/h；经过轨道衡过衡时运行速度控制在 5～9km/h；接近被连挂车辆或尽头线终端不得超过 3km/h；机车、车辆通过平交道口及遇天气不良等非常情况，司机应适当降低速度。

在尽头线上调车时，距线路终端应有 10m 的安全距离；遇特殊情况，必须近于 10m 时，应严格控制速度。

6.2.4.4 风管连接

调车组连接作业应试风、试拉，调动 5 辆车及以下可不接风管，6～15 辆车接 30% 的风管，15 辆车以上接 50% 风管，车列超过 30 辆车（含 30 辆）全部接通风管；编好待发转线的车列，所有车辆应全部接通风管；调动液化气体、压缩气体及其他特殊要求的车辆全部接通风管。连接风管作业，应进行简略试验，保证作用良好。

6.2.5 线路管理

厂内铁路宜集中布置在厂区边缘，当液化烃装卸栈台与可燃液体装卸栈台布置在同一装卸区时，液化烃栈台宜布置在装卸区的一侧。当液化烃、可燃液体的铁路装卸线为尽头线时，其车挡至最后车位的距离不应小于20m。液化烃、可燃液体的铁路装卸线不得兼作走行线。

铁路道口周边必须是完全封闭的，在道口栏门关闭后，从公路方向绝对不能有其他的通行通道。线路两侧建筑物、设备均不得侵入铁路建筑接近限界。专用线应具备良好的通信、照明设备和明显的货位标志及防溜设施，专用线内须建立消防组织和消防制度，配齐、配够消防器材和设施，定期检查、更换，保持良好状态。

为保证施工和维修作业的时间，铁路施工维修作业要设置天窗。天窗是指列车运行图中不铺画列车运行线或调整、抽减列车运行，为施工和维修作业预留的时间，以及在编组站驼峰调车作业过程中，调车场里股道内停留车组之间的空档。天窗分为施工天窗和维修天窗，技改工程、线桥大中修及大型养路机械作业、接触网大修及改造时，不应少于180min。铁路维修天窗，双线不应少于120min，单线不应少于90min。

6.3　水路运输

随着我国能源需求越来越大，从事内河危险货物运输的船舶呈逐年递增趋势，致使航行密度不断增大，船舶日益大型化、专业化，船速不断提高，增大了运输企业对船舶的管理难度。运输过程中，一旦发生事故，不但会造成重大的人员伤亡，还可能给社会、环境造成巨大的伤害。

6.3.1　资质管理

从事危险货物港口作业的经营人应办理《港口经营许可证》，有效期为3年。同时还应当具备以下条件：设有安全生产管理机构或者配备专职安全生产管理人员；具有健全的安全管理制度、岗位安全责任制度和操作规程；有符合国家规定的危险货物港口作业设施设备；有符合国家规定且经专家审查通过的事故应急预案和应急设施设备；从事石油化工产品作业的，还应当具有取得从业资格证书的装卸管理人员。

内河运输船舶应具有《船舶营业运输证》。载运危险货物的船舶，必须持有经海事管理机构认可的船舶检验机构依法检验并颁发的危险货物适装证书，并按照国家有关危险货物运输的规定和安全技术规范进行配载和运输。

从事危险货物运输船舶的船员，应当按照规定持有特殊培训合格证，熟悉所在船舶载运危险货物安全知识和操作规程，了解所运危险货物的性质和安全预防及应急处置措施。

6.3.2　油气化工码头

6.3.2.1　总体布置

油气化工码头宜布置在港口的边缘地区，并应远离海滨休闲娱乐区和人口密集区。依据《油气化工码头设计防火规范》（JTS 158—2019），油品与液体化学品装卸可共用泊位，液化天然气与液化烃装卸可共用泊位，50000t级及以下的油品泊位可兼顾常温液化烃装卸作业，油气化工泊位可兼顾采用密闭管道输送的酸、碱等不燃液体装卸作业。油品与液化天然气装卸、油品与低温液化烃装卸、液体化学品与液化天然气装卸、液体化学品与液化烃装卸不得共用泊位。

依据《海港总体设计规范》（JTS 165—2013），甲、乙类危险化学品码头前沿线与陆上储罐的防火间距不应小于50m。装卸甲、乙类危险化学品泊位与锚地的距离不应小于1000m，丙类危险化学品泊位与锚地的距离不应小于150m。液化天然气泊位与其他货类泊位的船舶净间距不应小于200m。

6.3.2.2　工艺系统

装船工艺不得采用从顶部向舱口灌装方式。除装卸液体化工产品船舶以及5000t级以下油品船舶可采用软管装卸作业外，均应采用装卸臂作业。装卸臂应设置作业范围超限报警装置，与船舶管汇连接应配置快速连接器，装卸软管与船舶管汇连接宜配置快速连接器。装卸甲$_A$类和极度危害介质的码头装卸臂或软管端部，应设置在紧急情况下可切断管路并与船舶接口脱离的装置。采用金属软管装卸作业时，应采取防止软管与码头面或甲板面摩擦碰撞产生火花的措施。

工艺管道宜沿港区道路布置，不得穿越或跨越与其无关的易燃和可燃液体装卸设施、泵站等建（构）筑物。在距泊位20m以外或岸边处的装卸船管道上应设置便于操作的紧急切断阀。工艺管道与消防水泵房、消防控制室、变配电间、泡沫站的间距小于15m时，朝向工艺管道一侧的外墙应采用无门窗的不燃烧体实体墙。有车辆通行要求的引桥、引堤上的工艺管道和道路之间应设置隔离墩和防撞护栏等隔离防护设施。

用于船舶油气回收的装卸臂、软管与码头收集管道之间应设置阻爆轰型阻火器。装卸管道设计流速应控制在船舶或储罐的进液口要求的静电安全流速范围内，输送油品管道设计流速不应大于4.5m/s，液化烃的液相管道设计流速不应大于3.0m/s。

油气化工码头工艺系统应具备超限保护报警、紧急制动和防止误操作的功能，控制室应配备接收火灾报警、发生火灾声光报警信号的装置。

6.3.2.3　吹扫和放空系统

码头装卸臂或软管应设管残液排空系统。采用吹扫工艺时，装卸甲、乙类物料的装卸臂、软管和工艺管道所采用的吹扫气体，其含氧量不得大于5%。液化天然气或液化烃码头的工艺管道或设备排空或排气时，应接至密闭收集系统。装卸臂、软管和工艺管道端口应配置盲板法兰。

6.4　运输信息化技术应用

随着信息化的发展，利用物联网、互联网等技术，建设危险化学品运输信息化管理系统，加强危险化学品运输的安全管理，能有效防止事故发生。下面以某企业在危险化学品运输安全管理信息化的典型做法举例。该危险化学品运输安全管理系统采用集中部署、分级管理模式。主要针对企业总部、企业监管部门、二级单位和承运商分四个层级进行管控。系统主要由信息数据集成、运输过程监控、风险预警、数据统计分析、行为分析五大模块组成。

6.4.1 信息数据集成

将危险化学品运输企业的承运商、驾驶人员、运载工具信息进行全面集成，同时结合生产物流系统以及车载终端的 GPS 和主动安全系统实时获取运单数据和物流运输状态数据。信息数据主要包括：承运商证件、车辆、司机等基本信息；承运车辆运输货物的介质品种及数量监测数据；承运车辆位置、速度、行驶路线、车辆状态、驾驶行为的实时监控数据；车辆出发单位信息、接收单位信息、承运人信息、出发时间、到达时间等运输信息。

6.4.2 运输过程监控

危险化学品运输车辆在运输过程中，通过实时获取车辆位置、速度、空间姿态、驾驶时长、物料种类等动态数据，实时监控运输过程，识别行驶路线轨迹信息和驾驶行为信息，从而实现对整个运输过程的实时动态监控（图 6.1）。

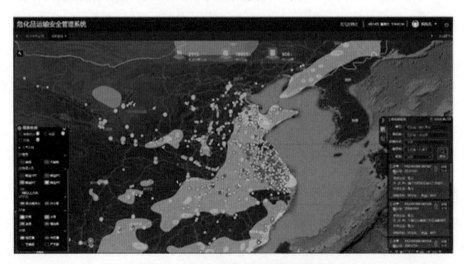

图 6.1 运输过程及实时动态监控图

6.4.3 风险预警技术

将车载终端数据上传至运输监控平台，监控平台接收车辆实时动态数据并进行解密计算，保存至车辆动态信息库中，监控平台中可针对导致事故的各个关键因素，设置相应数据的上下阈值，当车辆的实时状态数据信息不在对应设定的阈值区间时，通过对危险化学品种类、数量、状态，以及天气等数据进行分析，形成不同层次的预警等级提醒，并根据预警等级判定是否语音或其他通信方式提示现场司机或船舶驾驶人员，从而有效提前预知、警示，以减少事故的发生率。

6.4.4 数据统计分析

通过对承运商准入的规范化流程管理，记录承运商车辆/船舶信息、驾驶员管理、运输过程管理、运输配载率、运输过程预警提醒、运输事故登记、运输产品始发地和目的地等全方位信息，依据数据分析模型，结合 GIS 系统地图显示和分析功能，进行大数据分析。为企业生产、物资调配、输送供应、物流选择等管理流程提供数据流分析。

6.4.5 行为分析技术

通过视频实时分析技术对运输过程中的违规行为进行自动识别并发出告警信息，利用深度学习的数据挖掘和分析技术，对车辆轨迹和实时位置进行限定区域、敏感区域驶入、驶出等异常情况的分析判定（图6.2）。

图6.2 危险化学品运输安全管理系统

第7章

VOCs治理

>>>

现阶段，随着社会经济水平的不断提升，工业发展导致环境问题日益严重，环境恶化已经成为长久发展的拦路石，环境保护关系到国民经济能否持续发展和人民身体的健康，尤其是石油化工企业，环保治理是重点关注的领域，所以在石油化工储运环节应充分重视环保问题并应采取切实可行的治理措施。

7.1 主要污染源

石油化工企业储运系统的主要污染源有废水、废气、废渣、噪声等。其中，当今社会最关注的环境治理问题当属废气的治理，正是因为废气对环境的危害巨大，国家开始关注这个严重的社会性问题，废气的治理更是成为环境保护的重中之重。

7.1.1 废水

废水主要来源为部分产品的脱除水；设备检修时的清洗水；初期雨水，即下雨时前15min所汇集的雨水，这些水都含有少量的产品成分。罐区的废水主要来源于脱除水和清罐污水及初期雨水。另外一部分废水来自部分装船油轮中卸下的压舱水及槽车清洗过程产生的污水。

7.1.2 废气

罐区的废气主要是储罐在储存产品时，由于温度或大气压的变化，引起的储罐呼吸气及在收产品过程中因气相空间的变化，而导致部分产品排出罐外产生的废气。各种储罐由此蒸发损耗量约占储运系统损耗总量的 50% ~ 80%。

产品在装卸车过程中会产生挥发，根据装卸车损耗计算公式可计算出装卸车损耗。另外，安全阀超压排放出的混合气也是废气来源的一种。

7.1.3 废渣

储运系统的废渣主要来源于清罐时的罐底油泥及污水池清理时的干化污泥。

7.1.4 噪声

储运系统的噪声污染主要是由机泵和压缩机产生的。大型电机噪声可高达 90～110dB（A），呈中宽频带。

7.2 VOCs 基本控制要求

随着工业经济的快速发展，大气污染问题比较突出，雾霾天气频繁出现，空气质量下降。影响空气质量的因素较多，其中挥发性有机物（Volatile Organic Compounds，VOCs）是形成细颗粒物（$PM_{2.5}$）和臭氧（O_3）的重要前体物，是雾霾形成的主要因素之一。石油化工企业生产过程中，会有少量的挥发性有机物（VOCs）无组织排放，其中储运环节排放是 VOCs 排放的重要来源。VOCs 成分复杂，不仅易燃、易爆，而且具有毒性、刺激性、致癌性、致畸性，对人体健康和环境质量危害较大。因此，石油化工企业必须采用相应的治理措施，减少 VOCs 无组织排放，实现 VOCs 达标排放，降低大气环境污染，加强生态文明建设，保障员工身心健康，实现企业可持续发展。

7.2.1 挥发性有机化合物（VOCs）概述

挥发性有机化合物（VOCs），是指在 101.3kPa（20℃）标准大气压下，任何沸点低于或等于 260℃ 的有机化合物。VOCs 种类繁多，包括各种脂肪烃、芳香烃、烃类、酸、酯、醇、酮、卤代烃等有机物质（表 7.1）。

表 7.1 储运行业常见的 VOCs 种类表

类别	常见有机化合物
芳香类化合物	苯、甲苯、二甲苯
脂肪类化合物	丁烷、戊烷、己烷、环己烷
酮、醛、醇等类	丙酮、环丙酮、甲醛、甲醇、异丙醇
酚、醚、环氧类化合物	四氢呋喃、苯酚、对苯二酚、环氧乙烷
酯、酸类	甲酸、甲基丙烯酸甲酯、乙酸乙酯
胺类、腈类	二甲基甲酰胺、苯甲胺、己二腈
有机混合物	油类、苯类、醇类等有机物挥发气的混合物

7.2.1.1　VOCs 的主要危害

VOCs 的成分复杂，对人体及周围环境危害较大。

（1）目前已知许多 VOCs 对神经、肾脏及肝脏都具有毒性，长期接触对人体的皮肤、眼睛、鼻等具有刺激作用，会诱发免疫系统、内分泌系统及造血系统疾病，浓度高时很容易引起急性中毒，浓度低时会出现头痛、头晕、咳嗽、恶心、呕吐，或呈酩醉状；长期接触会引起白血病、肝损伤、畸形等，甚至致癌。

（2）VOCs 性质多样，VOCs 与 NO_x 的连续反应，形成 $PM_{2.5}$，引发哮喘、支气管炎和心血管病，同时 VOCs 与 NO_x 在光化学反应下，生成臭氧造成低空臭氧指标增加，形成二次污染，危害区域环境。

（3）部分 VOCs 废气易燃易爆，存在较大的安全隐患。

7.2.1.2　储运行业重点 VOCs 污染源

（1）罐区储罐大小呼吸排放的 VOCs 废气：汽油、煤油、柴油、沥青、苯类、醇类、醛类、酯类、酸类、胺类、腈类等产品罐呼吸产生的废气，原油、石脑油、蜡油、渣油、污油、含油污水等原料及中间罐呼吸产生的废气。

（2）有机液体装卸过程 VOCs 废气：汽油、煤油、苯类产品等装卸车（船）、洗车过程产生的废气。

（3）储运污水处理系统逸散 VOCs 废气，包括集水井、隔油池、浮选池、污水罐、曝气池等产生的废气。

（4）密封点泄漏 VOCs 废气：机泵、阀门、法兰、开口管线和储罐的密封点泄漏产生的有机废气。

7.2.2　储运系统 VOCs 无组织排放控制要求

VOCs 物料应储存于密闭的容器、包装袋、储罐、储库、料仓中。盛装 VOCs 物料的容器或包装袋应存放于室内，或存放于设置有雨棚、遮阳和防渗设施的专用场地。盛装 VOCs 物料的容器或包装袋在非取用状态时应加盖、封口，保持密闭。VOCs 物料储罐应密封良好。VOCs 物料储库、料仓应储存在密闭空间内，该密闭空间应利用完整的围护结构将污染物质、作业场所等与周围空间阻隔，除人员、车辆、设备、物料进出时，以及依法设立的排气筒、通风口外，门窗及其他开口（孔）部位应随时保持关闭状态。

7.2.2.1　储罐 VOCs 控制要求

1. 基本要求

储存真实蒸气压大于等于 76.6kPa 的挥发性有机液体储罐，应采用低压储罐、压力储罐或其他等效措施。储存真实蒸气压大于等于 27.6kPa 但小于 76.6kPa 且储罐容积大于等于 75m³ 的挥发性有机液体储罐，以及储存真实蒸气压大于等于 5.2kPa 但小于 27.6kPa 且储罐容积大于等于150m³的挥发性有机液体储罐，应符合下列规定之一：

（1）采用内、外浮顶罐，对于内浮顶罐，浮顶与罐壁之间应采用浸液式密封、机械式鞋形密封等高效密封方式，对于外浮顶罐，浮顶与罐壁之间应采用双重密封，且一次密封应采用浸液式密封、机械式鞋形密封等高效密封方式；

（2）采用拱顶罐，排放的废气应收集处理并满足相关行业排放标准的要求［无行业排放标准的应满足《大气污染物综合排放标准》（GB 16297）的要求］，或者处理效率不低于90%；

（3）采用气相平衡系统；

（4）采取其他等效措施。

2. 储罐运行维护要求

挥发性有机液体储罐应符合下列内浮顶罐或拱顶罐运行维护要求，若不符合，应记录并在90天内修复或排空储罐停止使用。如延迟修复或排空储罐，应将相关方案报生态环境主管部门确定。

（1）内、外浮顶罐。内、外浮顶罐罐体应保持完好，不应有孔洞、缝隙。浮顶边缘密封不应有破损。储罐附件开口（孔），除采样、计量、例行检查、维护和其他正常活动外，应密闭。支柱、导向装置等储罐附件穿过浮顶时，应采取密封措施。除储罐排空作业外，浮顶应始终漂浮于储存物料的表面。自动通气阀在浮顶处于漂浮状态时应关闭且密封良好，仅在浮顶处于支撑状态时开启。边缘呼吸阀在浮顶处于漂浮状态时应密封良好，并定期检查定压是否符合设定要求。除自动通气阀、边缘呼吸阀外，浮顶的外边缘板及所有通过浮顶的开孔接管均应浸入液面下。

（2）拱顶罐。拱顶罐罐体应保持完好，不应有孔洞、缝隙。储罐附件开口（孔），除采样、计量、例行检查、维护和其他正常活动外，应密闭。定期检查呼吸阀的定压是否符合设定要求。

7.2.2.2 物料转移和输送的VOCs控制要求

（1）液态VOCs物料宜采用密闭管道输送。采用非管道输送方式转移液态VOCs物料时，应采用密闭容器、罐车。粉状、粒状VOCs物料应采用气力输送设备、管状带式输送机、螺旋输送机等密闭输送方式，或者采用密闭的包装袋、容器或罐车进行物料转移。

（2）挥发性有机液体装载。挥发性有机液体应采用底部装载方式；若采用顶部浸没式装载，出料管口距离槽（罐）底部高度应小于200mm。装载物料真实蒸气压大于等于27.6kPa且单一装载设施的年装载量大于等于500m³，以及装载物料真实蒸气压大于等于5.2kPa但小于27.6kPa且单一装载设施的年装载量大于等于2500m³的，装载过程中排放的废气应收集处理并满足相关行业排放标准的要求［无行业排放标准的应满足《大气污染物综合排放标准》（GB 16297）的要求］，或者处理效率不低于80%（特别控制要求不低于90%）；排放的废气连接至气相平衡系统。

7.2.2.3 停工检修过程 VOCs 控制要求

载有 VOCs 物料的设备及其管道在开停工（车）、检维修和清洗时，应在退料阶段将残存物料退净，并用密闭容器盛装，退料过程废气应排至 VOCs 废气收集处理系统；清洗及吹扫过程排气应排至 VOCs 废气收集处理系统。工艺过程产生的含 VOCs 废料（渣、液）应按照落实储存、转移和输送要求。盛装过 VOCs 物料的废包装容器应加盖密闭。

7.2.2.4 设备与管线组件 VOCs 泄漏控制要求

企业中载有气态 VOCs 物料、液态 VOCs 物料的设备与管线组件的密封点大于等于 2000 个时，应开展泄漏检测与修复工作。储运系统设备与管线组件包括：泵、压缩机、搅拌器（机）、阀门、开口阀或开口管线、法兰及其他连接件、泄压设备、取样连接系统、其他密封设备。

出现下列情况，则认定发生了泄漏：密封点存在渗液、滴液等可见的泄漏现象或设备与管线组件密封点的 VOCs 泄漏检测值超过表 7.2 规定的泄漏认定浓度。

表 7.2　设备与管线组件密封点的 VOCs 泄漏认定浓度

适用对象		重点地区泄漏认定浓度/（μmol/mol）	一般地区泄漏认定浓度/（μmol/mol）
气态 VOCs 物料		2000	5000
液态 VOCs 物料	挥发性有机液体	2000	5000
	其他	500	2000

（1）泄漏检测。应按下列频次对设备与管线组件的密封点进行 VOCs 检测：

①对设备与管线组件的密封点每周进行目视观察，检查其密封处是否出现可见泄漏现象；

②泵、压缩机、搅拌器（机）、阀门、开口阀或开口管线、泄压设备、取样连接系统至少每 6 个月检测一次；

③法兰及其他连接件、其他密封设备至少每 12 个月检测一次；

④对于直接排放的泄压设备，在非泄压状态下进行泄漏检测，直接排放的泄压设备泄压后，应在泄压之日起 5 个工作日之内，对泄压设备进行泄漏检测；

⑤设备与管线组件初次启用或检维修后，应在 90 天内进行泄漏检测。

（2）设备与管线组件符合下列条件之一，可免予泄漏检测：

①正常工作状态，系统处于负压状态；

②采用屏蔽泵、磁力泵、隔膜泵、波纹管泵、密封隔离液所受压力高于工艺压力的双端面机械密封泵或具有同等效能的泵；

③采用屏蔽压缩机、磁力压缩机、隔膜压缩机、密封隔离液所受压力高于工艺压力的双端面机械密封压缩机或具有同等效能的压缩机；

④采用屏蔽搅拌机、磁力搅拌机、密封隔离液所受压力高于工艺压力的双端面机械密封搅拌机或具有同等效能的搅拌机；

⑤采用屏蔽阀、隔膜阀、波纹管阀或具有同等效能的阀，以及上游配有爆破片的泄压阀；

⑥配备密封失效检测和报警系统的设备与管线组件；

⑦浸入式（半浸入式）泵等因浸入或埋于地下以及管道保温等原因无法测量的设备与管线组件；

⑧安装了VOCs废气收集处理系统，可捕集、输送泄漏的VOCs至处理设施；

⑨采取了其他等效措施。

（3）泄漏源修复。当检测到泄漏时，对泄漏源应予以标识并及时修复。发现泄漏之日起5天内应进行首次修复，除标准规范明确规定的外，应在发现泄漏之日起15天内完成修复。

符合下列条件之一的设备与管线组件可延迟修复。企业应将延迟修复方案报生态环境主管部门备案，并于下次停车（工）检修期间完成修复。

①装置停车（工）条件下才能修复；

②立即修复存在安全风险；

③其他特殊情况。

（4）记录要求。泄漏检测应建立台账，记录检测时间、检测仪器读数、修复时间、采取的修复措施、修复后检测仪器读数等。台账保存期限不少于3年。

（5）其他要求。在工艺和安全许可的条件下，泄压设备泄放的气体应接入VOCs废气收集处理系统。开口阀或开口管线应配备合适尺寸的盲法兰、盖子、塞子或二次阀；采用二次阀，应在关闭二次阀之前关闭管线上游的阀门。

7.3　VOCs治理技术

VOCs治理应从源头减排和过程控制、回收利用及末端治理等方面入手，实施全方位管控与治理，源头和过程控制可以有效减少VOCs排放量，再通过末端治理技术实现达标排放。

7.3.1　VOCs治理的源头减排和过程控制

加强源头和过程控制减少VOCs的排放，采用清洁生产的技术和设备，例如使用密闭性较高的设备等，从而消除或减少VOCs废气的排放，是治理有机废气污染的最佳方法，但由于目前生产技术水平的限制，会不可避免地向环境中排放和泄漏不同浓度的有机废气，实现难度较大。

（1）减少无组织排放。加强含VOCs物料储存过程密闭管理，包装容器、包装袋及时加盖、封口，储罐高效密封，实行封闭式操作；储罐罐顶呼吸阀采用高效新型呼吸阀，减少呼吸废气的排放；污水集输系统实行密闭管理，减少废气外逸；储存过程中通过水喷淋、使用太空隔热涂料等降温措施，减少储罐小呼吸损失。

（2）减少泄漏。做好泵、管道、阀门等设备设施的维护保养工作，尽可能减少物料在输送过程中的泄漏。

（3）集中治理。配套建设 VOCs 收集、治理设施，对储运系统排出的挥发气进行统一回收，集中处理。

（4）检测与修复。对于设备与管线组件、废水处理等过程产生的含 VOCs 废气污染防治技术措施包括：对泵、压缩机、阀门、法兰等易发生泄漏的设备与管线组件，制定泄漏检测与修复（LDAR）计划，定期检测、及时修复，防止或减少跑、冒、滴、漏现象。废水收集和处理过程产生的含 VOCs 废气经收集处理后达标排放。

（5）密闭收集。在产品储存、装卸过程中应配备相应的挥发气收集系统，储罐宜采用高效密封的内（外）浮顶罐；当采用拱顶罐时，通过密闭排气系统将含 VOCs 气体输送至回收设备；采用底部装卸车方式的鹤管应使用自封式快速接头。

🏭 7.3.2　VOCs 末端治理技术

在生产末端 VOCs 排向大气时采取有针对性的治理技术，是确保 VOCs 达标排放的重要措施。末端 VOCs 治理技术可分为回收技术、销毁技术（表 7.3）。回收技术是通过采用物理方法将 VOCs 回收的非破坏性方法，主要方法有活性炭吸附法、冷凝法、吸收法、膜处理法等。此类方法不仅能有效控制 VOCs 的排放，而且回收利用能够节约资源，带来经济效益。销毁技术即通过化学或生物反应过程使 VOCs 废气氧化分解为无毒或低毒物质的破坏性方法，主要技术有燃烧、光催化降解、等离子体技术、生物降解等。浓度低、大风量废气，宜采用沸石转轮吸附、活性炭吸附、减风增浓等浓缩技术，提高 VOCs 浓度后净化处理；高浓度废气，优先进行溶剂吸收，难以回收的，宜采用高温焚烧、催化氧化等技术。油气（溶剂）回收宜采用冷凝＋吸附、吸附＋吸收、膜分离＋吸附等技术。低温等离子、光催化、光氧化技术主要适用于恶臭异味等治理；生物法主要适用于低浓度 VOCs 废气治理和恶臭异味治理。

表 7.3　VOCs 末端治理主要技术汇总表

类型	回收技术（物理方法）	销毁技术（化学/生化方法）
传统技术	吸收法	燃烧处理法
	冷凝法	生物降解法
	吸附法	
新型技术	膜分离法	光催化降解法
	循环无排放技术	等离子体技术
		分子共振技术
组合技术	吸附浓缩 - 催化氧化技术	
	沸石转轮吸附浓缩 - 催化氧化技术	
	滤筒除尘 + 蓄热催化氧化	
	吸附 + 高级氧化	
	冷凝 + 膜分离 + 吸附技术	

7.3.2.1 VOCs 回收技术

1. 吸附技术

吸附, 是指当两种相态不同的物质接触时, 其中密度较低物质的分子在密度较高的物质表面被富集的现象和过程。具有吸附作用的物质（一般为密度相对较大的多孔固体）被称为吸附剂, 被吸附的物质（一般为密度相对较小的气体或液体）称为吸附质。

吸附按其性质的不同可分为四大类, 即: 化学吸附、活性吸附、毛细管凝缩、物理吸附。化学吸附是指吸附剂与吸附质间发生化学反应, 并在吸附剂表面生成化合物的吸附过程。其吸附过程一般进行得很慢, 且解析过程非常困难。活性吸附是指吸附剂与吸附质间生成有表面络合物的吸附过程。其解吸过程一般也较困难。毛细管凝缩是指固体吸附剂在吸附蒸气时, 在吸附剂孔隙内发生的凝结现象。一般需加热才能完全再生。物理吸附是指依靠吸附剂与吸附质分子间的分子力（即范德华力）进行的吸附。其特点是吸附过程中没有化学反应, 吸附过程进行得极快, 参与吸附的各相物质间的平衡在瞬间即可完成, 并且这种吸附是完全可逆的。利用固体吸附剂对气体混合物中各组分吸附选择性的不同而分离气体混合物的方法, 吸附技术用于处理挥发性有机物废气时, 一般用于高浓度废气的回收和低浓度废气的达标治理。活性炭吸附过程包括吸附净化和再生两步。

吸附净化过程是将有机废气由排气风机送入吸附床, 有机废气在吸附床被吸附剂吸附而使气体得到净化, 净化后的气体达标后排向大气即完成净化过程。

当吸附床内吸附剂所吸附的有机物达到允许的吸附量时, 该吸附床已经不能再进行吸附操作, 需要脱附再生。脱附再生即采用热再生或降压解析或抽真空的方式, 使吸附的有机物脱附出来。

常用 VOCs 吸附剂:

（1）颗粒活性炭（湿度影响: 50% 以下; 相对分子质量影响: 一般 45~130; 粉尘影响）;

（2）蜂窝状活性炭（规整填料, 压降小、装填易; 吸附、脱附慢, 用量大）;

（3）活性炭纤维（更均匀、更多的微孔面积, 比表面 $1100~2000\text{m}^2/\text{g}$, 能迅速有效吸附 VOCs 废气成分）;

（4）改性硅胶（油气回收用硅胶和活性炭混合体）;

（5）沸石分子筛（疏水亲油性改造）。

活性炭吸附特性:

优点:

（1）比表面积高、吸附容量大;

（2）孔径分布范围广, 适应于不同分子大小的化合物的吸附;

（3）可负载性, 可以负载各种无机和有机成分以强化吸附, 如活性炭脱硫剂、甲醛吸附剂等;

（4）可成型性, 柱状、球状、蜂窝状、涂敷材料等, 适于不同场合;

（5）制造方便、价格便宜（利用原煤、木材和果壳制造）。

缺点：

（1）燃点低，在吸附与再生过程中易于着火，安全性较差；

（2）在活性炭表面上含有多种含氧基团和一些金属氧化物（灰分），表面性质非常复杂，某些醛类、酚类、酮类有机物吸附后易于发生表面化学反应而变质；

（3）由于表面含氧基团的存在，造成活性炭吸水能力增强，在高湿度条件下处理废气时对有机物的选择性吸附能力快速下降。

吸附技术分类：

常见的吸附系统分固定床和流动床两种。此外，为方便更换吸附剂，也有采用抽屉式或纤维滤网式的吸附设备，将吸附剂装填在抽屉式设备内，或制成滤网形式，操作一段时间后即予抽换。

活性炭吸附塔的操作效能决定于：活性炭对特定 VOCs 的吸附能力、操作温度、吸附及脱附循环时间、活性炭的用量与种类、污染物特性。

吸附剂的再生：

活性炭吸附饱和后一般需要进行再生处理。

变温吸附（TSA）：常温吸附，高温再生。

变压吸附（PSA）：高压吸附，低压再生；或常压吸附，抽真空再生。

吸附技术选用注意：

（1）待处理废气的 VOCs 分子量的影响，高沸点的大分子污染物需要提前脱除；

（2）待处理废气的水蒸气浓度，浓度越小效果越好；

（3）待处理废气的粉尘浓度或黏性物质浓度，浓度越小效果越好；

（4）有些特殊 VOCs 尽量不用吸附（自聚合，PO、SM 等）；

（5）再生方式的选择，尽量不用抛弃法；

（6）考虑固废或液废的处理；

（7）再生产生的浓缩废气要有合适处理技术。

2. 吸收（洗涤）技术

溶剂吸收法一般指采用低挥发或不挥发性溶剂对 VOCs 进行吸收，利用 VOCs 分子和吸收剂物理性质的差异进行分离。吸收效果主要取决于吸收剂的吸收性能和吸收设备的结构特征。

常用柴油进行物理吸收。也可以采用酸或碱溶液对特定的 VOCs 或恶臭组分进行吸收脱除，化学吸收。

吸收剂：

吸收剂选择要求对被去除的 VOCs 有较大的溶解性、蒸气压低、易解析、化学稳定性和无毒无害性、分子量低等特点。

常用吸收剂有以下几种：

（1）水（脱除醛、酮、醇、醚等水溶性 VOCs）；

（2）碱液（脱除有机酸类、硫化氢）；

（3）有机胺（脱除硫化氢）；

（4）酸（易溶于酸的VOCs，如酯类、氨基等，PO）；

（5）柴油（大部分VOCs和硫化物）。

常用吸收设备：

用于VOCs净化的吸收装置，多数为气液相反应器，要求气液的有效接触面积大，气液湍流度高，设备的压力损失小，易于操作和维护。

目前工业上常用的气液吸收设备有喷淋塔、填料塔、板式塔、鼓泡塔。填料塔应用较广泛。

吸收技术选用注意：

（1）待处理废气的VOCs浓度；

（2）吸收液的来源与应用方式；

（3）吸收过程放热问题的处理；

（4）吸收液的循环方式及去向；

（5）考虑废液的处理；

（6）需要再加配套其他治理技术才能达标。

3. 冷凝技术

冷凝法利用物质在不同温度下的饱和蒸气压的不同，采用降低温度的方法，使处于过饱和状态的污染物冷凝并与废气分离。该方法适用于处理废气浓度较高的VOCs废气。一般作为其他方法净化高浓度废气的前处理，以降低有机物负荷，回收有机物。

VOCs废气经过冷凝后，一般很难达到排放指标，需要添加其他深度净化设施。

4. 膜分离技术

膜分离技术主要是利用不同气体在不同速度下扩散率和溶解度的差异，通过高分子膜对油气中某些烃类物质选择性透过的特性，将油气组分和空气的混合气在一定的压差推动下穿过膜组件，使得混合气中的油气优先透过膜得到回收，空气被过滤排放。分离效率受膜材料、压差、气体组成、分离系数以及温度等因素的影响，是一种典型的动力学分离过程。

VOCs废气经过膜分离后，一般很难达到排放指标，需要附加其他深度净化设施。

5. 循环无排放技术

储罐呼吸气循环惰封无排放技术，是根据产品收付料或温度变化气体呼吸平衡原理，先对常压内浮顶罐进行氮气密封改造，罐顶增设气体连通管道。当产品收料或气温升高时，呼出的废气先收集，经过净化、压缩、储气调峰后储存到储气罐内；产品付料或气温下降时，储气罐气体作为吸气回到罐内，实现呼吸密闭自循环，达到了零排放、无污染。

工艺流程主要包含四部分：储罐惰封流程、VOCs净化流程、惰封气体压缩流程、储气调峰流程，见图7.1。

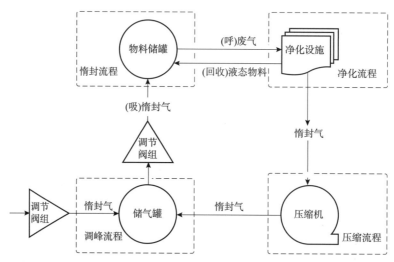

图 7.1　循环无排放技术示意流程图（以苯储罐为例）

（1）惰封流程：内浮顶罐增加惰气密封，惰封介质为氮气；在每台储罐上设置氮封阀组和限流孔板旁路，正常情况下使用氮封阀组维持罐内气相空间压力为合理区间，当气相空间压力高于合理区间时，氮封阀关闭，停止氮气供应；当气相空间压力低于合理区间时，氮封阀开启，开始补充氮气；当氮封阀需要检修或故障时，使用限流孔板旁路给储罐内补充氮气。

当氮封阀事故失灵不能及时关闭，造成罐内压力超过一级上限压力时，首先通过呼吸阀排放，当罐内压力持续上升至二级上限压力，通过储罐罐顶的紧急泄压阀进行外排；当氮封阀事故失灵不能及时开启时，造成罐内压力降低至下限时，通过带阻火器呼吸阀向罐内补充空气，确保罐内压力不低于储罐的设计压力低限。

（2）净化流程：在储罐之间设置气相连通管道，每台储罐出口均设置阻爆轰型阻火器。将内浮顶罐排放的废气进行收集，经废气主管送至 VOCs 净化设施进行净化，使废气中的有机物浓度低于爆炸下限，净化下来的液体产品送至凝液罐储存，凝液罐配有外送泵。

（3）压缩流程：净化后的废气从 VOCs 净化设施流出至缓冲罐，进入压缩机进行压缩至上限范围，压缩机启停由缓冲罐上压力信号控制，缓冲罐上压力采用"二取一"模式，当压力大于高压力值时启动压缩机，控制缓冲罐压力合理区间范围之间，压缩机根据压力信号变频；当压力小于低压力值时，停止压缩机运行。

（4）储气调峰流程：惰封气用储气罐储存，当产品付料或气温下降时，储罐压力低于设定值，氮封阀开启，惰封气自动向罐内补气。

7.3.2.2　VOCs 销毁技术

1. 生物降解技术

通过生物细胞壁吸收降解溶解于水中的有机污染物。生物法根据处理运行方式的不同可分为生物过滤床、生物洗涤床和生物滴滤床三种形式。

适合于处理非甲烷总烃浓度小于 $1000mg/Nm^3$ 气量稳定、可溶于水的 VOCs 气体。运行中易受浓度和组分冲击，总烃去除率相对较低，而且直链烃没有去除效果。

2. 直接燃烧技术（TO）

（1）适用于可燃组分浓度较高或热值较高的废气。

（2）一般是作为一种安全控制手段而不是环保手段来使用，仅适用于浓度超高可直接点燃的 VOCs 废气处理，或者适用于剧毒污染物的处理。燃烧设备可用燃烧炉、窑、锅炉等，温度控制在 1100℃ 左右。

3. 催化氧化技术（CO）

催化氧化法是利用催化剂在较低温度下将有机物氧化分解成 CO_2 和 H_2O 等，同时放出大量热能，反应温度通常为 250 ~ 500℃ 之间。催化氧化是典型的气 – 固相催化反应，其实质是活性氧参与的深度氧化作用。在催化氧化过程中，催化剂降低活化能，同时催化剂表面具有吸附作用，使反应物分子富集于表面提高了反应速率，加快了反应的进行。高浓度有机废气，经过阻火器，进入均化罐。废气在总烃浓度均化罐内完成废气浓度的均化，使废气浓度维持在较稳定的水平。均化后的废气通过空气稀释，然后由过滤器进入组合反应器。组合反应器包括换热器、加热器、催化氧化反应器三个主要单元。废气经过换热器和加热器后，可以达到催化氧化反应温度。在催化氧化反应器中，废气中的有机物在催化氧化催化剂作用下，与氧气发生氧化反应，生成 H_2O 和 CO_2，并释放出大量的反应热。处理后的气体携带大量的热量，通过换热器将热量传给处理前的废气，使废气加热；处理后的气体充分回收热量后，经排气筒排放到大气中。具体流程见图 7.2。

一般情况下，废气催化氧化放出的热量可维持系统的平稳运行，不需要提供外部能源。在装置正常运转过程中，加热器是关闭的；只有在开车阶段或当废气中有机物浓度很低时，才需要启动加热器补充热量。

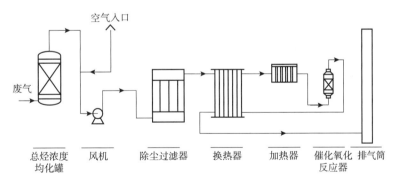

图 7.2　CO 装置流程示意图

催化氧化技术的特点：

（1）起燃温度低，节省能源。有机废气催化氧化与直接燃烧相比，具有起燃温度低，能耗也小的显著特点。VOCs 浓度达到一定范围时，达到起燃温度后便无需外界供热。催化氧化虽然不能回收有用的产品，但可以回收利用催化氧化的反应热，节省能源，降低处理成本，在经济上是合理可行的。

（2）适用范围广。催化氧化适合于处理非甲烷总烃浓度为 1400~6000mg/Nm³ 的且硫化氢浓度较低的 VOCs 气体，几乎可以处理所有的烃类有机废气及恶臭气体，即它适用于浓度范围广、成分复杂的各种有机废气处理。对于石化行业排放的低浓度、多成分，又没有回收价值的废气，直接焚烧不经济，采用催化氧化法的处理效果更好。

（3）处理效率高，无二次污染。净化率一般都在 97% 以上。最终产物是 CO_2 和 H_2O（杂原子有机化合物还有其他燃烧产物），无 NO_x 二次污染。CO 技术的缺点是硫化氢易引起催化剂中毒，且需定期更换；高浓度时存燃爆隐患。

催化氧化技术的关键点：

（1）催化剂性能和成本；

（2）废气中的 VOCs 浓度；

（3）热量回收效率；

（4）装置管理和操作水平。

4. 蓄热燃烧技术（RTO）

RTO 装置由气体切换阀门、蓄热室、燃烧室、燃烧器、控制系统等组成，蓄热室内装蓄热体，多为陶瓷材料。燃烧器安装在燃烧室内，可用油或天然气等作为燃料。燃烧室温度可达 500~900℃，可将 VOCs 氧化为 CO_2 和水。正常工作时，废气不断变换通过蓄热室的流向，实现废气被蓄热体加热升温和将燃烧热传导给蓄热体。

优点：在破坏法 VOCs 气体处理上，RTO 有广泛应用，它几乎可以处理各种有机物废气，处理气量大，适用浓度低，可处理含少量灰尘和固体颗粒的气体，热效率可达 95% 以上，废气 VOCs 浓度大于 1.5~5g/m³ 即可实现自供热操作，多数 RTO 的 VOCs 去除率大于 99%，净化气中非甲烷总烃可小于 20mg/m³。

蓄热体热量回收率达 95% 以上，处理效率高、能耗低、效果稳定。

缺点：由于切换阀组在高温下容易发生故障，故障率高；RTO 出现故障停车时，一般 RTO 故障备用活性炭罐容量仅有 2m³，吸附处理能力仅能满足短停要求，而且吸附效果不能满足达标排放要求；切换阀组泄漏或蓄热轮盘密封泄漏时，影响处理效果；存在 NO_x 二次污染。运行安全上若多股废气共用 RTO 设施，危险气体浓度不均或为了提高去除率提高入口浓度时，很容易造成 RTO 入口气达到爆炸极限或者联锁停车，虽然设置符合要求的阻火器，但危险性仍不可忽视。

5. 蓄热催化氧化（RCO）处理技术

处理对象：含 VOCs 的有机废气，包括烃、醛、酮、醇、酸等，废气总烃浓度一般在 1000~5000mg/m³。

原理：RCO 技术是 RTO 与 CO 技术的集成。其流程与 RTO 相同，但是将蓄热体床层部分蓄热体（靠近燃烧室）更换为催化剂，从而使得它的操作温度较 RTO 大大降低。床层操作温度一般在 400~600℃。

优点：能耗低，处理效率高。

缺点：与 CO 技术一样存在催化剂中毒可能，也与 RTO 一样存在阀组损坏泄漏导致的净化气超标的情况。

6. 低温等离子技术

通过高压脉冲放电在常温常压下获得高能电子、离子和自由基等活性粒子，与各种污染物发生作用，转化为 CO_2、H_2O、N_2、S、SO_2 等无害或低害物质，能去除挥发性有机物（VOCs）、无机物、硫化氢、氨气、硫醇类等主要污染物，以及各种恶臭味。VOCs 去除率 80% 以上，恶臭组分去除率可达 90% 以上。

适合于处理组分相对单一或浓度较低组分复杂的气体，多应用于硫化氢、硫醇等恶臭气体。

优点：对恶臭组分去除率高；系统动力消耗低；先作用于容易被破坏的分子；投资与运行成本低。

缺点：真空发生器废气中含一定浓度的氢气，在放电过程中，容易发生着火、爆炸安全风险。

7. 光催化技术

光催化剂纳米粒子在一定波长的光线照射下受激生成电子–空穴对，空穴分解催化剂表面吸附的水产生氢氧自由基，电子使其周围的氧还原成活性离子氧，从而具备极强的氧化–还原作用将光催化剂表面的各种污染物摧毁。适合于空气中低浓度 VOCs 气体，尤其是甲醛。

优点：占地面积小；系统能耗低。

缺点：催化剂需定期更换。

8. UV 光解技术

UV 光解净化工艺利用高能紫外线光束照射恶臭气体（工业废气）分子键，裂解恶臭气体物，使呈游离状态的污染物原子与臭氧氧化聚合成小分子无害或低害物质，如 CO_2、H_2O 等。

适合于空气中低浓度 VOCs 气体，尤其是甲醛。

优点：设备简单；多用于空气除臭、杀菌、消毒。

缺点：能耗高，有机物降解不彻底。

9. 共振量子协同技术

核心原理是基于低功率光诱发的分子快速反应，该技术由三个基本单元组成，每个单元本身均具有相当的除臭与氧化能力。

第一单元为增压器技术单元。通过高能电子激发器，产生大量活性基团，与污染物进行复杂的物理化学反应，产生高浓度的引发剂、氧化剂、淬灭剂，可以消除部分污染物。

第二单元为量子激发器技术。根据发臭官能团对特征波长的吸收产生激发的特征，通过调控光子能量，即可高效除去污染分子。

第三单元为光反应器技术。该单元对未反应物质进行二次激发，实现尾气分解，可实现处理效果达到 99.9%。

当三个单元以某种方式耦合，且耦合方式符合共振条件时，会发生协同作用，使得性能效果大大提高。

7.3.2.3　VOCs末端治理技术对比情况

VOCs末端治理技术优缺点对比情况见表7.4、表7.5。

表7.4　VOCs治理技术比较（回收技术/物理方法）

类型	基本原理	适用范围	优点	缺点
吸收法	由废气和洗涤液接触将VOCs从废气中移走	吸收剂选择要求对被去除的VOCs有较大的溶解性、蒸气压低、易解吸、化学稳定性和无毒无害性、分子量低等特点	技术成熟，可去除气态和颗粒物，投资成本低，占地空间小，传质效率高，对酸性气体高效去除	有后续废水、废物处理问题，颗粒物浓度高，会导致塔堵塞，维护费用高
冷凝法	冷凝将废气降温至VOCs成分之露点以下，使之凝结为液态后加以回收	多用于高浓度、单一组分有回收价值的VOCs的处理	能够回收VOCs废气中的有用成分，并减少污染	设备操作运营费用高，冷凝液直接排放会产生二次污染
吸附法	利用吸附剂与污染物质（VOCs）进行物理结合或化学反应并将污染成分去除	适用于中低浓度的VOCs的净化	去除效率高，易于自动化控制	不适用于高浓度、高温的有机废气，且吸附材料需定期更换，有危险废物处理问题
膜分离法	用人工合成的膜分离VOCs物质	适用于高浓度VOCs，回收效率高于97%	回收效率高，操作简单，运行成本低，无二次污染	前期设备投资较高，需要高压条件，对膜的依赖性较强
循环无排放技术	利用产品收付料或温度变化气体呼吸平衡原理	适用于储罐、管线等密闭容器的VOCs治理	降低了工艺处理运行难度，减少了公用工程投资	

表7.5　VOCs治理技术比较（销毁技术/化学生物方法）

类型	基本原理	适用范围	优点	缺点
生物降解法	利用微生物的新陈代谢活动将有害气体转化为简单的无机物	VOCs废气为微生物可分解物质	投资少、无二次污染、处理效果好，运营成本低	能量利用率低、速率慢、占地多、运行不易
光催化降解法	一定波长的光照下，利用催化剂的光催化特性，将吸附在催化剂表面上的VOCs废气催化氧化	消除室内VOCs污染	投资少，费用低，无二次污染，反应快，设备简单，无毒害	催化剂固定难、易失活、光催化降解效率低
低温等离子技术	利用高压脉冲放电在常温常压下获得高能电子、离子和自由基等活性粒子，与各种污染物发生作用，将污染物分子离解小分子物质	适用于低浓度、恶臭的VOCs	工艺操作简单，可无人值守	VOCs去除效率偏低；放电过程中，容易发生着火、爆炸安全风险

续表

类型	基本原理	适用范围	优点	缺点
共振量子协同技术	光化学技术中的共振激发，链反应，臭氧氧化及高级氧化达到分解废气的目的	适用高浓度，大气量，恶臭气体的脱臭净化处理	投资低，占地面积小，脱臭效率高，运行成本低，管理维护简单	技术要求高，目前不具备现场投用条件
燃烧处理法	利用 VOCs 气体的可燃性来进行消除处理，其中蓄热燃烧法（RTO）、催化氧化法（RCO）是石油化工行业处理 VOCs 的主流技术	RTO：中低浓度、成分复杂的 VOCs 废气治理 RCO：利用催化剂使 VOCs 废气在较低的温度下转彻底分解	RTO：广泛应用在橡胶厂热塑性丁苯橡胶废气、化纤厂聚酯废气的处理 RCO：使 VOCs 废气在较低的温度下转彻底分解	RTO：运转过程能耗高 RCO：催化剂成分来源少、价格昂贵

7.3.3 VOCs 处理技术的选择原则

对不同来源、组成或性质的 VOCs 应采用不同的治理策略。

（1）储运系统的 VOCs 的治理应积极选用循环无排放工艺，实现社会效益、经济效益、环保效益的统一。

（2）罐区 VOCs 的治理优先选用压力储罐、低温储罐、高效密封的内浮顶罐，适当提高常压储罐设计压力等源头控制措施，减少储罐的 VOCs 的排放。无法满足时，采用罐顶油气连通集中处理实现达标排放。

（3）对于含高浓度 VOCs 的废气，宜优先采用冷凝回收、吸附回收技术进行回收利用，并辅助以其他治理技术处理后实现达标排放。

（4）对于含中等浓度 VOCs 的废气，可采用吸附技术回收，或采用催化氧化和热力焚烧技术净化后达标排放。当采用催化氧化和热力焚烧技术进行净化时，应进行余热回收利用。

（5）对于含低浓度 VOCs 的废气，有回收价值时可采用吸附技术、吸收技术对有机溶剂回收后达标排放；不宜回收时，可采用吸附浓缩燃烧技术、吸收技术或紫外光高级氧化技术等净化后达标排放。

（6）恶臭气体污染源可采用生物技术、等离子体技术、吸附技术、吸收技术、紫外光高级氧化技术或组合技术等进行净化。净化后的恶臭气体除满足达标排放的要求外，还应采取高空排放等措施，避免产生扰民问题。

（7）污水处理场均质罐、隔油池、气浮池等污水收集、处理系统 VOCs 废气应单独收集，不宜和其他废气共用收集系统，宜采用"脱硫及总烃浓度均化 – 催化氧化"处理技术。

（8）挥发性有机液体装载（车船）作业油气处理，汽油和石脑油装载作业油气，宜采用低温柴油吸收、活性炭吸附 – 真空再生等回收法及其组合工艺处理，仍不能稳定达标的可进 CO 装置、RTO 焚烧炉、加热炉等再进一步深度处理。煤油、柴油、芳烃、溶剂油、原油装载作业油气，近距离宜作为平衡气反输发油罐，处理方法宜采用活性炭吸附 –

热再生或催化氧化等工艺。甲醇、乙醇、环氧丙烷等易溶于水的化学品装载作业排气，宜采用水吸收或吸收－热氧化（CO、RTO 等）处理。

（9）排放要求较高的产品储罐，如苯储罐等产生的挥发气，当使用冷凝、吸收等物理方法和催化氧化等化学方法无法解决问题，可以采用循环无排放技术。

（10）严格控制 VOCs 处理过程中产生的二次污染，对于催化氧化和热力焚烧过程中产生的含硫、氮、氯等无机废气，宜采用碱洗的方式进一步处理后达标排放；吸附、吸收、冷凝、生物等治理过程中所产生的有机液体回收综合利用，产生的含有机物废水应送至污水处理场处理后达标排放。

（11）对于不能再生的过滤材料、吸附剂及催化剂等净化材料，应按照国家危险废物管理的相关规定无害化处置。

7.4　VOCs 治理安全风险及应对措施

7.4.1　VOCs 治理潜在的安全风险

在 VOCs 治理过程中，存在一些安全风险，如果不能准确识别，就可能引发安全事故。结合常用环保改造方式和现有事故分析，VOCs 治理过程中可能存在如下主要风险。

（1）产品储罐实行密闭操作，可能造成罐顶呼吸阀不能正常工作，物料储存过程中的安全风险加大。

（2）含油污水罐（池）、污水处理系统实行封闭式管理，可能使可燃气体积聚，易发生爆炸事故。

（3）VOCs 废气集中收集，可能会使不同尾气相互发生反应或尾气串入其他储罐并与储罐中的物料发生反应，带来新的安全风险，造成产品质量事故。

（4）为控制 VOCs 废气挥发，在运输途中关闭槽罐车顶部呼吸阀与罐体间阀门，易造成槽罐内压力升高，在泄压时容易发生物料泄漏。

（5）增设环保治理设施，往往涉及动火作业等特殊作业，如果特殊作业管理与承包商管理不到位，容易引发火灾爆炸事故。

（6）增加 VOCs 废气回收设施，容易导致与易燃易爆场所防火间距不足，进而增加安全风险。

（7）VOCs 废气治理装置运行过程中，采用等离子、RTO、CO 等销毁技术存在高温点火源，若联锁保护措施设计不合理或控制失灵，导致达到爆炸限的 VOCs 废气进入燃烧炉内，引发火灾爆炸事故。

（8）新增 RTO 装置未进行安全风险评估论证，对于废气成分复杂的，未进行 HAZOP 分析并采取相应的安全措施，或临时、突然停电影响环保设施运行，造成现场气体浓度超标，易造成中毒、爆炸等事故。

（9）VOCs 废气治理装置改造完成后，员工培训不到位，试生产过程可能存在新的作业风险。

（10）罐区呼吸气治理采用罐顶连通，发生火灾爆炸事故时，易出现群罐火灾、爆炸。

7.4.2　VOCs 治理风险管控建议

（1）全面准确识别 VOCs 废气回收和治理过程中存在的各种风险，提前制定风险管控措施。对不同废气的组分、危险性、爆炸极限、闪点、燃点等进行检定和检测，全面掌握尾气的安全风险，避免发生事故。

（2）在 VOCs 废气回收、治理项目基础设计时，充分对照安全技术要求，考虑装置设备设施的防爆，选用相应的安全附件，落实安全管控措施，确保设施安全投用，平稳运行。

（3）罐顶油气连通应根据物料性质、火灾危险性、储存温度等因素选用合适的收集方案。储罐系统不能与污水集输系统、装卸系统共用废气收集系统；苯乙烯等易自聚介质储罐、储存温度大于 90℃ 的高温物料储罐及气相空间高含硫化物的储罐等废气收集系统宜单独设置；储罐尤其是中间原料罐宜设置氮封，维持储罐微正压，防止空气进入；各储罐罐顶气相管线设置管道阻爆轰型阻火器，多个 VOCs 收集系统合用一套 VOCs 废气处理装置时，各支线并入处理装置前分别设置紧急切断阀。

（4）根据废气来源及处理方式的不同在收集系统管道上增设氧含量分析仪、总烃浓度分析仪、压力检测仪等在线检测设施并设置高高联锁切断，确保收集系统安全；在密闭厂房内，应采用集气罩、气相软管等设施，回收无组织排放的气体，同时保持良好的通风，减少挥发物局部积聚现象。

（5）加强 VOCs 废气回收、治理设施改造时的风险评估，确保风险可控，并编制施工方案，加强改造施工作业管理。储罐（池）设施上施工作业前做好安全分析，识别作业风险，制定管控措施；作业过程中要严格落实安全管控措施，加强现场监护，确保施工作业过程安全。

（6）全面熟悉各设备设施的性能要求，掌握 VOCs 废气治理设施投用要求，编制 VOCs 废气回收、治理设施投用方案，做好职工培训，科学组织试生产工作，确保设施安全平稳投用。

（7）加强 VOCs 废气回收、治理设施运行日常检查和维护，及时消除隐患，确保装置安稳运行。定期检查维护储罐氮封设施和气相切断阀，确保氮封设施和切断阀完好投用；连通系统中单罐需要检修时，要采取可靠的隔离措施，防止串气；单罐检修完成切入回收、治理系统前，要进行氮气置换，防止形成爆炸性气体；定期检查维护阻火器的运行状态，防止堵塞、过火或阻火性能失效等，确保阻火器完好投用；检查在线检测仪表和各联锁切断设施运行正常，确保异常状态下联锁设施运行正常。

7.4.3　VOCs 治理发生的典型安全事故

近年来，发生了多起与环保改造相关的安全事故。

7.4.3.1 工艺尾气治理改造方面

2017 年 12 月 9 日，某企业发生爆炸，造成 10 人死亡。事故直接原因是尾气处理系统的氮氧化物（夹带硫酸）串入 1#保温釜，与釜内物料发生化学反应，在紧急卸压放空时，遇静电火花燃烧。随着釜内压力骤升，物料大量喷出，遇燃烧火源发生爆炸。事故发生前，该企业对四车间脱水釜、保温釜、高位槽的直排尾气进行了改造。不过，原本应采用碳钢管道的尾气管道，企业使用了 PP 塑料管道。运行中，该企业又擅自将改造后的尾气处理系统与原有的氯化水洗尾气处理系统连通，中间仅设置了一个管道隔膜阀，原本两个独立的尾气处理系统实际串联成一个系统，这为事故的发生埋下了隐患。

2016 年 4 月 1 日，某企业发生一起硫化氢中毒事故，造成 3 人死亡，同样是与工艺尾气改造相关。该企业废水池废气与装置废气共用吸收塔，工艺设计不合理，埋下事故隐患。当该企业在排放试生产产生的硫化钠废水时，未开启尾气吸收塔，导致含有硫化钠的碱性废水与废水池中存有的酸性废水反应释放出硫化氢气体。硫化氢经废气总管回串至车间抽滤槽并逸散，致使在附近作业的 1 名人员中毒；施救人员盲目施救，导致事故后果扩大。

7.4.3.2 储罐尾气治理改造方面

2019 年 4 月 3 日，某企业污水处理车间 1 号废水罐顶部起火，烧毁了 1 号废水罐与 2 号废水罐之间连接管上的塑料阀门。起火约 3min 后，2 号钢质废水罐发生燃爆。根据事故分析，该企业环保设施安全管理存在缺失，对废水中含有少量雷尼镍颗粒可能暴露在空气中发生自燃、废水中低浓度甲苯在密闭容器中挥发可能达爆炸极限的安全风险，该企业未进行辨识分析，也未采取有效的安全防范措施。

7.4.3.3 废水池加盖方面

2019 年 10 月 11 日，某企业污水处理厂，1 名女工在复产检查时跌落污水池，另外 5 人在施救过程中相继坠池，施救中造成事故扩大，造成 6 人中毒窒息死亡。这是典型的污水池加棚盖密闭后，形成受限空间，因该企业停工期间停用了排气扇，致使污水池棚盖积聚有害气体。

7.4.3.4 煤改气装置运行方面

2017 年 12 月 19 日，某企业干燥一车间低温等离子环保除味设备发生一起火灾事故，造成 7 人死亡。事故直接原因是干燥一车间对未通过验收的燃气热风炉进行手动点火（联锁未投用），导致天然气通过燃气热风炉串入干燥系统内，与系统内空气形成爆炸性混合气体，遇到电火花发生爆燃，并引燃其他可燃物料，发生火灾事故。事故发生前，该企业在进入干燥塔的热风管道上增加了一套天然气直接燃烧加热系统，将燃烧后的天然气尾气及其空气混合物作为干燥介质。当班班长在控制室启动天然气加热系统的瞬间，天然气通过新增设的直接燃烧加热系统串入了干燥系统，并与干燥系统内空气形成爆炸性混合气体，遇点火源引发爆燃。

7.5 VOCs 治理技术应用与探讨

7.5.1 VOCs 治理技术应用过程中存在的问题

目前，在国家各项政策的大力推动下，全国 VOCs 治理工作快速推进，但是也出现一些方面的问题值得进一步探讨。

7.5.1.1 VOCs 治理方向要求未能贯彻到位

我国是一个资源相对匮乏的国家，为此各项方针政策都提倡以节约为前提，大力推行节能减排，在 VOCs 治理上提倡以回收资源为主。《石油炼制工业污染物排放标准》（GB 31570）、《石油化学工业污染物排放标准》（GB 31571）和《石化行业挥发性有机物综合整治方案》（环发〔2014〕177 号）等文件强调采用源头治理技术，挥发性有机液体储存设施应在符合安全等相关规范的前提下，通过控制挥发蒸气压，采用压力储罐、低温储罐、高效密封的内浮顶罐等治理技术，适当提高常压储罐压力、储罐增加隔热等源头控制措施，减少储罐的 VOCs 排放量，如柴油、航煤等介质采用高效密封的内浮顶罐可满足环保标准。但是目前普遍提倡采用销毁技术（燃烧法、低温等离子体法、光催化、UV 光解等）将有用的资源烧掉，而且认为只有这样才能处理彻底达标。这种只图省事而不惜使大量资源被烧掉的做法既浪费资源又带来 CO_2、二噁英、NO_x 等排放问题。在采用燃烧法（包括 RCO、RTO）的过程中，不少 VOCs（比如含氯的物质）是不可以烧的，因为燃烧会生成毒性更强的二次污染物。

7.5.1.2 吸附工艺中吸附剂不当选择

吸附工艺中吸附剂的选择，一般来说，优先采用吸附能力强的吸附剂，如活性炭类吸附剂。但是在实际工作中，却存在活性炭使用不当的问题，部分企业在并不充分了解吸附剂知识的前提下，盲目否定活性炭的吸附剂地位，从而提出改用分子筛等作为新型的吸附剂进行推广，实际上，分子筛对小分子物质吸附能力较低。通过对活性炭、分子筛、硅胶在处理 VOCs 方面所表现出的能力的比较，在用于吸附 VOCs 方面，活性炭的吸附性能远远优于其他类型的吸附剂。

7.5.1.3 单一技术和组合技术选用不当

在实际工程实践中，采用单一技术还是组合技术应根据治理产品组分、物化性质决定，不能简单一刀切。有些工程由于技术选择不当、运行程序设计和运行管理上存在一些问题，造成了排气超标，就否定单一技术也是不科学的。无论单独采用哪一种治理技术，只要选择得当、程序设计合理、运行管理到位，都可以收到理想的处理效果。关键是多研究 VOCs 处理技术和装置的原理，以便使我国治理 VOCs 的工作沿着正确的道路前进。

7.5.1.4 VOCs 治理引起的火灾爆炸事故频发

近些年，环保要求不断提升，VOCs 治理时间紧、任务重，且大部分都是易燃易爆气体，部分 VOCs 治理项目准备不充分，工艺技术不成熟，废气收集、输送和处理等环节未充分开展安全论证，消化吸收不到位，工艺技术未能完全掌握，存在操作规程不健全、工艺危害性分析不到位、员工技能及应急能力不足等问题，本质安全存在薄弱环节，已发生多起 VOCs 治理设施着火爆炸事故。

因此无论是环保设计单位还是 VOCs 产生企业，都必须对治理设施安全风险给予高度重视。一是确保设计本质安全，从全流程识别存在的风险和隐患，严格履行变更程序，经安全专项论证后方可实施。二是要切实落实变更后的工艺、操作、设备和施工等环节的管理措施，完善操作规程，定期组织岗位培训和应急演练，确保风险可控。三是强化治理设施运行管理，与生产装置"同等看待、同等管理"，设备管理和维护要及时到位，确保环保设施安稳运行。

从治理装置本身看，事故原因主要是两个方面：对有活性炭吸附工艺的装置，由于吸附过程放热造成自燃；对采用氧化燃烧的装置，主要是浓度高的可燃气体瞬间进入炉子，造成爆炸火灾。所以当 VOCs 送往蓄热氧化（RTO）、蓄热式催化氧化（RCO）等需控制入口总烃浓度的 VOCs 处理设施时，应设置在线总烃分析仪，并设置总烃含量高高联锁切断。应综合考虑总烃分析仪的实际检测时间、切断阀关闭时间等参数，合理确定安装位置，确保充足的过程安全时间，防止浓度超限气体进入 VOCs 处理设施。

7.5.1.5 混淆罐顶连通与直接连通的概念影响储罐 VOCs 治理

目前罐顶连通有直接连通、非直接连通两种方式，直接连通方式有气相平衡管方式、直接连通共用切断阀方式，非直接连通方式有单罐单控方式、单呼阀方式。

（1）气相平衡管方式是将存储同一种物料多个储罐的气相空间用管线连通，使一个储罐收料时排出的气体为同时付料的另一个储罐所容纳，从而降低呼吸损耗。

（2）直接连通共用切断阀方式是将多个储罐气相通过管线连通，实现气相平衡功能，并在罐组连通收集总管道上设置远程开关阀，通过监测储罐压力和（或）罐组收集总管的压力，控制连通罐组排气。

（3）单罐单控方式是在每台储罐 VOCs 气相支线与管线阻爆轰型阻火器之间的管段上设置远程开关阀，通过监测储罐气相压力与开关阀前后的压力（压差）控制储罐排气，不同储罐的排气通过气相管线并入罐组收集总管。

（4）单呼阀方式是在每台储罐 VOCs 气相支线与管线阻爆轰型阻火器之间的管段上设置单呼阀，控制储罐排气。不同储罐的排气通过气相管线并入罐组收集总管。

以上四种方式，前两种为直接连通，在 VOCs 治理中为防止群罐火灾，尽量不用。单罐单控方式、单呼阀方式连接的储罐不属于直接连通，在 VOCs 治理中可以采用。

7.5.2 VOCs 排放常见违法行为

（1）废气收集系统的输送管道未采用负压状态，或者正压状态时的泄漏检测值超过 500ppm。

（2）废气采用外部排风罩（集气罩）收集，在距排风罩开口面最远处的 VOCs 无组织排放位置，控制风速未达到 0.3m/s（行业相关规范有具体规定的，按相关规定执行）。

（3）对于设备与管线组件 VOCs 泄漏控制，如发现下列情况之一，属于违法行为，依照法律法规等有关规定予以处理：

①企业密封点数量超过 2000 个（含），但未开展泄漏检测与修复工作的；

②未按规定的频次、时间进行泄漏检测与修复的；

③现场随机抽查，在检测不超过 100 个密封点的情况下，发现有 2 个以上（不含）不在修复期内的密封点出现可见泄漏现象或超过泄漏认定浓度的；

④未按照规定的频次和时间开展泄漏检测与修复工作的。

（4）含 VOCs 产品以及有机聚合物在使用过程中，未采用密闭设备或未在密闭空间内操作，或者未采取局部 VOCs 收集措施的（VOCs 质量占比小于 10% 的 VOCs 产品除外）。

（5）未按规定配置 VOCs 处理设施，收集的废气中 NMHC 初始排放速率 ≥3kg/h 时，应配置 VOCs 处理设施，处理效率不应低于 80%；对于重点地区，收集的废气中 NMHC 初始排放速率 ≥2kg/h 时，应配置 VOCs 处理设施，处理效率不应低于 80%；采用的原辅材料符合国家有关低 VOCs 含量产品规定的除外。

（6）排气筒高度低于 15m（因安全考虑或有特殊工艺要求的除外），或者未根据环境影响评价文件建设排气筒。

（7）VOCs 废气收集处理系统未与生产工艺设备同步运行。VOCs 废气收集处理系统发生故障或检修时，对应的生产工艺设备应停止运行，待检修完成后同步投入使用；生产工艺设备不能停止运行或不能及时停止运行的，应设置废气应急处理设施或采取其他替代措施。

（8）未按规定建立台账记录废气收集系统、VOCs 处理设施的主要运行和维护信息，如运行时间、废气处理量、操作温度、停留时间、吸附剂再生更换周期和更换量、催化剂更换周期和更换量、吸收液 pH 值等关键运行参数。

（9）超过标准排放大气污染物。在厂房门窗或通风口、其他开口（孔）等排放口外 1m，距离地面 1.5m 以上位置处进行监测。若厂房不完整（如有顶无围墙），则在操作工位下风向 1m，距离地面 1.5m 以上位置处进行监测，按照监测规范要求测得监控点的任意 1h 平均浓度值（6mg/m³）或任意一次浓度值（20mg/m³）超过本标准规定的限值判定为超标。

7.5.3 储运 VOCs 治理检查要点

（1）储运 VOCs 治理设施整体情况。包括安装时间、吸附剂填充量及更换频次、耗材用量及完好率、连续稳定运行时长、检修维护记录等。

（2）工艺设施去除率。重点关注单一采用光氧化、光催化、低温等离子、一次性活性炭吸附、喷淋吸收、生物法等工艺设施的去除率。

（3）是否设置废气应急处理设施。对 VOCs 废气处理系统发生故障或检修，生产工艺设备不能停止或不能及时停止运行的企业，应设置废气应急处理设施或采取其他替代设施。

（4）引气情况检查。是否科学规划设计废气收集系统，优先采用密闭设备、在密闭空间中操作或采用全密闭集气罩等收集方式，最大限度将无组织排放转变为有组织排放，实施有效控制，提升废气收集率，做到"应收尽收"。采用局部集气罩的，应根据废气排放特点合理选择收集点位，距集气罩开口面最远处的 VOCs 无组织排放位置，控制风速不低于 0.3m/s。重点检查企业的油气回收、装卸平台、原辅材料及产品储存转运、污水处理等有组织排放点位，以及加料、生产、转出中间或最终产品等无组织排放点位。

7.5.4 VOCs 治理应落实国家"碳达峰""碳中和"战略目标

中央提出，力争 2030 年前实现碳达峰，2060 年前实现碳中和，"十四五"是碳达峰的关键期、窗口期，按照目标，单位国内生产总值能耗和 CO_2 排放要分别降低 13.5%、18%。围绕实现碳达峰、碳中和目标，VOCs 治理也要制定时间表、路线图、施工图，要推动减污降碳与 VOCs 治理协同，促进经济社会发展全面绿色转型，构建清洁低碳、安全高效的能源体系。

企业在设计环保治理设备的工艺时，不能把排放达标作为唯一的指标，而忽略了设备运行过程中的能耗问题。选择不合理的工艺，不但设备一次性投入巨大，同时运行能耗非常高。在设备招投标过程中，把能耗问题提到与设备造价、达标效果同等地位，只有把能耗管理作为项目的一个约束条件，放到和达标排放一样的高度，才有可能驱使设备制造企业正视这点，做出既能达标又有效节能的设备。

同步加大对环保新材料和新装备的研发投入支持，通过对国内科研院所、创新企业的投入持续加大，开发更多掌握自主知识产权的节能产品。如在硫化氢的治理上，可以研究攻关通过微波或催化氧化的技术制氢得硫，一举两得。用沸石固定床吸附浓缩催化燃烧技术替代活性炭吸附浓缩技术，通过脱附后高浓度废气催化燃烧放热循环利用，实现能耗节约的目标。对现有销毁技术 VOCs 治理装置进行改造升级，采用更低反应温度的催化剂产品，回收利用，循环无排放，减少二氧化碳、氮氧化物等的排放。

第8章

信息与控制

>>>

企业的生产管理离不开信息数据的传递、统计和分析，需结合外部市场等因素，对生产计划和生产过程进行有效控制。作为石油化工储运企业，为了高效获取信息，并及时传达控制指令，需要建立多种信息与控制处理系统，采用的技术多种多样，其中最典型的做法是分层级管理。

一般将生产信息控制从结构上分为三层：企业信息管理、生产综合信息管理、过程控制管理。

三层之间并没有严格的界限，层级间高度融合，原始数据自下而上，成为决策依据，管理数据自上而下，调控系统运行。企业信息管理层更倾向于行政管理，生产综合信息管理层更倾向于实时调度，过程控制管理层更多地体现对底层硬件的控制管理。

8.1 企业信息管理系统

ERP（Enterprise Resource Planning）系统，企业资源计划的简称，是指建立在信息技术基础之上，集信息化技术与先进管理思想于一体，以系统化的管理思想，为企业员工及决策层提供决策手段的管理平台。通过软件把企业的人、财、物、产、供、销及相应的物流、信息流、资金流、管理流、增值流等紧密地集成起来实现资源优化和共享。

现代企业都有自己的管理系统，一般都是采用成熟ERP管理软件，根据企业自身的特点，融入自身的管理理念，开发完善后运行。数据在各业务系统之间高度共享，源数据只在某一系统输入一次，就可以全系统共享，保证数据的一致性。

ERP系统一般包含的基础管理软件包括：客户关系管理软件、进销存软件、项目管理软件、供应链管理软件、OA软件等。其主要特点是集成性、先进性、统一性、完整性、开放性、实用性。

ERP 系统实际应用中更重要的是体现其"管理工具"的本质。ERP 系统主要宗旨是对企业所拥有的人、财、物、信息、时间和空间等资源进行综合平衡和优化管理，把分散在企业各处的数据整合，提升数据的统一性、准确性。ERP 系统协调企业各管理部门，围绕市场导向开展业务活动，提高企业的核心竞争力，从而取得最优的经济效益。

8.2 生产综合信息管理系统

石油化工储运企业作业系统一般分为炼油化工和铁路两部分。炼油化工部分负责产品的存储和输送，铁路部分负责铁路车辆的调度运输。生产综合信息管理系统将两者结合起来，主要负责数据处理，采集过程控制层的数据，处理人工录入数据，对数据进行统计分析，下达调度指令，完成质量控制、库存管理、设备管理、产品出厂管理、统计报表等任务。该系统起到承上启下的作用，一方面为 ERP 提供数据，另一方面提供人工数据录入接口，作为控制系统的补充。

8.2.1 系统构成

8.2.1.1 硬件

该系统核心硬件是服务器、磁盘存储阵列、客户端，根据需要可配置服务器多台，也可以建立服务器集群，来优化、均衡服务器的负荷。服务器按功能分为应用服务器、数据库管理服务器、数据备份服务器、接口服务器、时间校准服务器、病毒防火墙等。系统的数据存储设备采用磁盘阵列，系统所有用户必须配备满足系统操作要求的客户机。

8.2.1.2 软件

数据中心软件的服务器操作平台一般采用 Windows 平台，大型的多采用 unix 平台，数据库平台多采用 Oracle 系统，固定式客户端操作平台多采用 Windows 系统，手持移动终端多采用安卓系统，也有部分同时支持苹果 iOS 系统。

8.2.2 系统功能

系统功能包括权限管理、消息管理、专业管理。系统实现了炼油化工和铁路部分的生产过程管理，炼油化工系统实现化工物料从产品进厂到产品出厂的全过程管理，铁路系统实现从车辆进厂到车辆出厂的全流程管理。两部分互相交叉，实现了有机的融合（图8.1）。

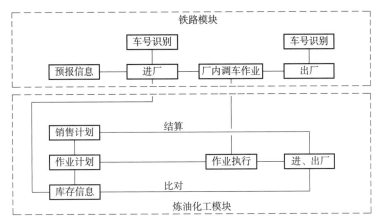

图 8.1　系统功能示意图

8.2.2.1　权限管理

根据用户不同设置操作权限，每名用户分配不同的权限，只能在自己管辖范围内执行模块操作。

8.2.2.2　消息管理

每个岗位都可以编辑消息，指定接收岗位，实现紧急通知、问题反馈等。

8.2.2.3　专业管理

专业管理模块主要包括仓储模块、现车信息处理模块、生产调度模块、其他模块。

1. 仓储模块

仓储模块针对罐区收付料作业管理，实现产品入库和出库管理的基本功能。产品调度根据库存下达收料和付料计划。计划接收岗位按照计划完成任务，并反馈执行结果。每批次物料进出罐区之前要经检验合格，技术参数符合客户需求，达到指标才可以出厂。装车岗位根据销售计划完成产品装车作业，实现销售出厂。生产调度根据需要完成各类数据的统计分析、记录的查询、单据的打印。

该部分的基础数据来自罐区监控系统、定量装车系统、衡器计量系统、销售软件系统等，主要数据均自动采集，个别数据可以采用人工干预手动录入。

以收料作业为例，生产调度首先编制下达收料通知单。收料通知单列表内容包括作业单编号、通知时间、作业罐号、物料品名、物料生产单位、作业单录入人、作业岗位（图8.2）。每张通知单卡片列出详细内容（图8.3），除以上内容外，还包括产品质量参数。

接收人要返回收料通知回馈单（图8.4）。作业过程完成后罐区监控系统把数据自动传入生产综合管理信息系统（图8.5）。

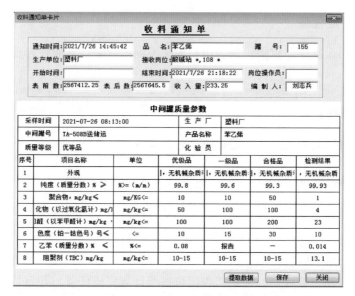

图 8.2　收料通知单列表示意图

图 8.3　收料通知单卡片示意图

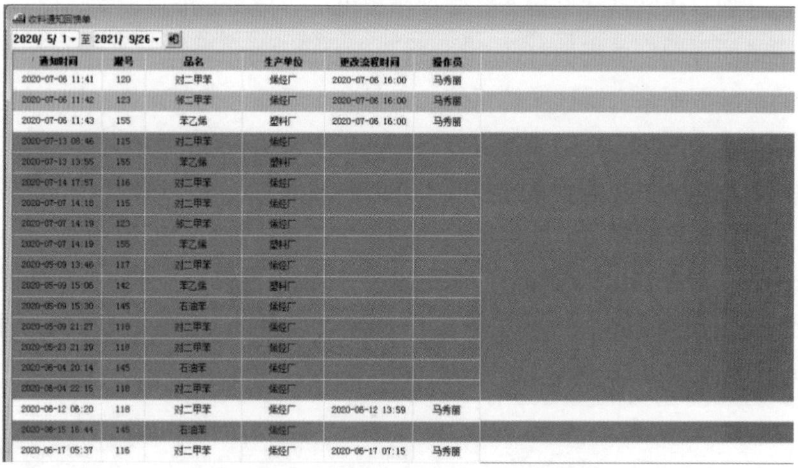

图 8.4　收料通知回馈单示意图

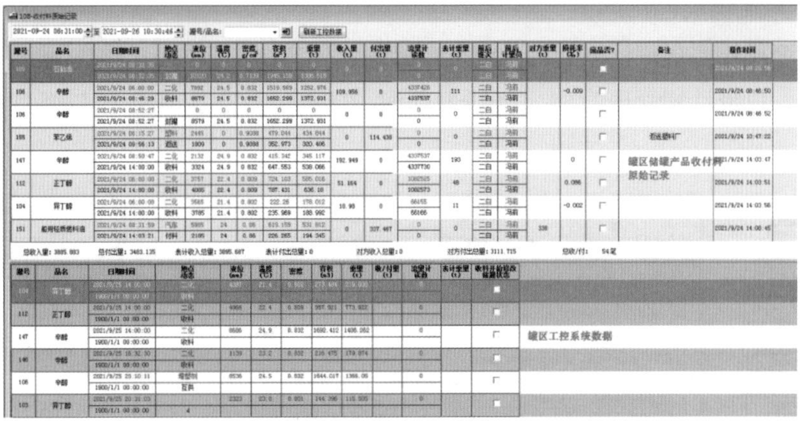

图 8.5　收付料原始记录示意图

2. 现车信息处理模块

现车信息处理模块主要完成进厂车辆信息录入，实现对厂内空车、重车、股道信息、车型、车辆维修信息、车辆现状、配货、客户管理、路车停时等跟踪管理。车辆进厂之前，生产调度员通过铁路路局系统查看车辆预报信息，做好接车准备。车辆进厂时列检岗位完成车辆进厂数据的采集，检查车辆并录入车辆本体状况，检查车辆修理周期在有效期内，核对进厂车辆货票信息和计划，结果一致则接车成功，其中是路车的，开始计时，计算路车使用费。车辆接车成功后，调度安排作业计划，完成计量、卸车、洗车、装车、检验、配货、维修、出厂等工作。系统对整个作业过程每一个环节进行跟踪，形成现车信息。系统货票管理模块，实现对配货信息、货物来源、出厂合同、发货等的管理。系统车辆检修管理模块，实现对车辆的厂修、段修、辅修管理。客户档案管理模块，实现对车辆租赁合同、租金结算、路车使用费管理。车辆检查模块完成对车辆部件检查维修的管理。该部分的自动数据来自车号识别系统、铁路行车控制系统等。

以重车跟踪为例，详细内容见图 8.6，系统以表格的形式列出跟踪信息。

图 8.6　重车跟踪示意图

3. 生产调度模块

生产调度模块实现班计划管理、调度令管理、生产调度日报表、交接班管理、零星作业单录入等。以班计划管理为例，有列表查询、详细卡片，实现全局与细目信息的显示（图8.7）。

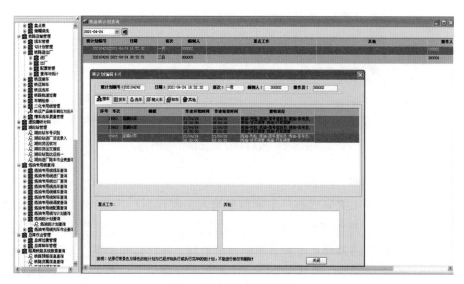

图8.7 生产调度示意图

4. 其他模块

其他模块包含污水处理、储罐清洗、润滑油分析、汽车衡管理、计划统计、能耗管理。

以汽车衡管理为例，系统把来自衡器的计量数据进行综合利用，以列表形式显示，数据见图8.8。

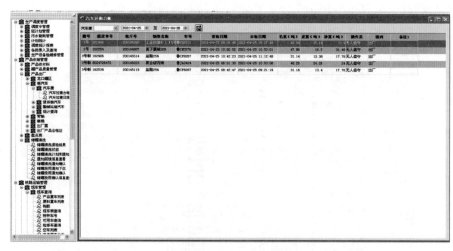

图8.8 汽车过衡示意图

8.3　过程控制管理系统

过程控制管理系统主要是 DCS、PLC、SCADA 等系统，主要负责现场设备设施的控制优化，满足工艺流程需要，执行调度生产计划。

DCS（Distributed Control System），集散控制系统或分布式计算机控制系统，由过程控制级和过程监控级组成的以通信网络为纽带的多级计算机系统，综合了计算机、通信、显示、控制等技术。其特点是集中管理和分散控制，因硬件配置分散，互相影响小，具有高可靠性；硬件适应恶劣环境条件，具有自诊断功能，方便维护，通过鼠标键盘操控整个工厂的运行，调整运行数据，操作简便；模块化的组态，提供用户自主开发专用高级控制算法的支持能力，组态灵活；适应大规模的控制，拥有强大的数据处理能力；具有开放的体系结构，提供给多层开放的数据接口。

PLC（Program Logic Controler），可编程逻辑控制器，是在传统的顺序控制器基础上，引入微电子技术、计算机技术、自动控制技术和通信技术形成的工业控制装置。随着科技的发展，PLC 配合一些智能模块、计算机软件，实现和 DCS 相媲美的功能。

SCADA（Supervisory Control And Data Acquisition），简称数采系统，是数据采集与监视系统，是以计算机为基础的生产过程与调度自动化系统，可以对现场的运行设备进行及时监视和控制，多数倾向于采集。

储运过程控制管理系统主要包括罐区监控系统、定量装车系统、自动化洗车系统、轻质油品卸火车自动化控制系统、衡器计量系统、铁路行车控制系统、车号识别系统等。以生产综合信息管理系统为中心，以上系统均可作为生产综合信息管理系统的数据来源，或作为生产综合信息管理系统的指令执行者。

8.3.1　罐区监控系统

罐区管理是危险化学品储运企业运行管理的中心环节，产品的周转数据直观反映生产经营的状况。从技术实现上讲，如果罐区靠近生产装置，其管理都和生产装置的控制系统一体化实现，采用 DCS 系统居多。如果单独的罐区，常采用 PLC 和辅助工业控制计算机实现，该方案相对简单。

8.3.1.1　系统构成

罐区监控系统主要由底层测量仪表、执行机构、核心控制器、核心交换机、数据库服务器、应用服务器、客户端（操作员站、工程师站）、防火墙（网关）组成，见图8.9。

测量仪表负责采集罐区储罐液位、温度、压力、管线流量等。

执行机构主要是阀门、电机、变频器等，完成流程的控制。

核心控制器主要是采集数据并进行处理，按照逻辑关系输出控制信号给阀门、电机、变频器等，执行相应的动作。

核心交换机把控制器与各类服务器、客户端、防火墙进行网络互联。

数据库服务器对各类数据进行存储，应用服务器提供各类应用，客户端提供人机交互界面。

防火墙（网关）用于控制系统与上层网络进行安全交互。

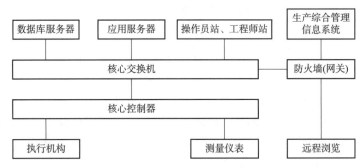

图8.9　罐区监控系统构成示意图

8.3.1.2　系统功能

该系统能够实现罐区储罐运行液位、重量、温度、压力等技术参数的显示、记录；对收付料进行管理，包括收付料流量计量，收料作业开始、结束，付料作业开始、结束，盘点作业等；根据作业需要控制管输泵、阀，实现定量控制，提供系统的远程浏览、数据共享等。

图8.10　数据查询示意图

1. 存储功能

所有的静态、动态数据，均存储在数据库，根据磁盘空间和数据库软件规格确定保存时间，一般存储时间为1年以上。

以数据查询为例，可以按照时间来查询存储的数据（图8.10）。

2. 显示功能

工艺流程的显示，显示整个罐区的工艺流程图，并实时显示过程参数值，使操作员对所管辖区域的动态实时掌握。

以单罐图、罐组、列表的形式，或用以上几种方式的组合，显示罐组储罐的各类参数。

动态显示各类报警信息，在信息栏以文字信息显示事件，以不同的颜色区分待确认信息和已确认信息，在工艺流程图、单罐图、列表等画面，以动画颜色来显示报警状态。

以单罐图为例（图8.11），实时显示数据，可以操作收付料阀门，进行相关参数设置。

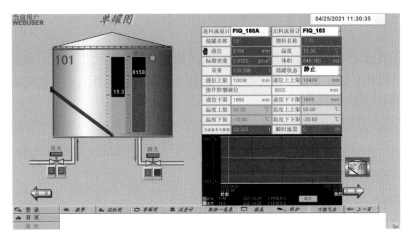

图 8.11　单罐图

3. 控制功能

针对需要控制的阀门、机泵等，在流程图、单罐图等画面显示控制按钮，提供设备的在线控制，以颜色的变化来区分设备的运行状态。显示控制阀门一览表，提供多阀门的同时控制。对收付料作业、封罐、清罐、定量管输等进行控制。根据设置好的逻辑关系，自动控制各类联锁。

以定量管输为例（图 8.12），控制过程如下：

工艺员根据需要打开储罐的付料阀门、管输泵的入口阀，管输流程具备输送物料条件。

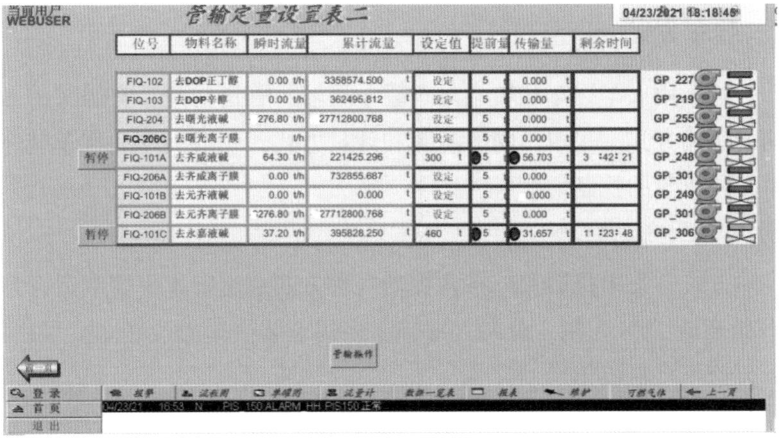

图 8.12　管输定量设置图

在工艺流程打通的情况下，内操打开管输设定画面，找到计划管输的流量计，在对应栏输入设定值，输入提前量，打开管输泵出口阀门。内操通知司泵员手动开启管输泵，管输开始。

系统采集流量计的流量并进行累计，同步计算作业过程剩余时间，如果累积量达到提前量，则进行报警提醒，提示管输接近完成，操作员可以结束管输作业，也可以忽略报警继续管输，直至流量计的累计值达到设定值，系统自动关闭管输泵，并关闭泵出口阀，管输作业结束。

为了作业安全，系统自动检测泵出口阀门，如果阀门处于关闭状态，系统锁闭泵开启信号，司泵员的开泵操作无效。内操通知司泵员手动开启管输泵而不自动开泵，防止流程未打通情况下开泵造成设备损坏。

4. 参数设置

系统提供多种形式的参数设置，以设置一览表的形式提供批量修改参数。在单罐图、流程图等画面提供各类参数的单独设置。

5. 记录查询

系统提供工艺参数、报警信息及系统操作事件等查询。

6. 数据上传

系统有作业动态时，自动触发上传程序，把涉及的数据上传生产综合管理信息系统，包括管输、收付料、封罐、清罐、手动盘点、定时盘点等数据。

7. 远程浏览

系统配备 WEB 应用服务器，提供企业网内的浏览器在线浏览。远程浏览可以实现部分或者全部的操作员站的功能，基于浏览器来进行查看和操作。通常情况远程浏览客户端无操作权限，需要的时候可以登录更高级权限进行部分的操作。

8.3.2 定量装车系统

8.3.2.1 装车方式

产品出厂一般采用火车罐车运输、汽车罐车运输、管道输送，有码头的多采用船舶运输。针对不同的运输方式，采取不同的灌装和计量方式。一般火车、汽车装车均为定量装车，实现对单车装车量的控制。

1. 定量方式

定量实现的方式有集中控制和分布式控制两种方式。定量集中控制适合多鹤位同时批量装车，采用 PLC 或 DCS 控制。分布式控制，多用于装汽车鹤位装车，采用批控仪控制，适合多品种、频繁小批量装车。

2. 计量方式

出厂计量，一种方式是采用贸易交接流量计，可以定量装车后直接出厂。但要对装车过程进行监控，监控装车流量曲线，无断流、无流量突变、没有报警停装等视为装车正常；另一种方式是采用衡器计量出厂，如装车流量计精度不够，一般采用计量衡计量出厂，汽车衡静态称量，毛重减皮重得到净重。火车轨道衡可以过静衡，也可以过动衡，同样毛重减皮重得到净重。火车罐车的计量还有检尺计算计量方式，通过国家标准罐车容积计量软件计算装车容量。

3. 过程控制

为了实现装车过程流量稳定，可采用变频器控制装车泵装车，控制变量采用鹤位流量计的流速，也可以采用装车管线压力来间接控制装车流速。对每个独立鹤位可采用调节控制阀来单独控制流速，但实现成本高。汽车装车鹤位用批控仪控制时采用数控阀辅助配合变频器控制装车流量，实现装车过程的平稳，减少水击。针对火车小鹤管批量装车，装车过程不可能达到所有罐车都同步开始或同步结束，如果不对流量实时控制会造成装车流量波动过大，超流量计测量量程造成计量不准，出现超装甚至装冒车，流量过小会造成装车缓慢、效率低。

火车装车一般采用单台装车泵对应多鹤位，或多台泵对应多鹤位。汽车装车一般采用单台泵对应单鹤位或单台泵对应多鹤位。火车装车采用鹤位流速控制装车泵，需要计算总流量，还需要计算正在装车的槽车节数，算法稍复杂，一般不采用。较为可行的是采用装车总管压力控制装车流量。根据装车节数的不同选取合适的装车总管压力，如果能保持装车总管压力恒定，每台鹤位的装车流量会大体稳定。只要压力选取合理，流量就得到了控制。单台装车泵对应多鹤位的情况因为只需要一台变频器，压力信号可以直接接入变频器，利用变频器自身的PID运算程序，就可以控制平稳装车。对于多装车泵对应多鹤位的情况，可以采用单台变频器为主，多台软启动器为辅的情况。压力信号接入变频器，变频器根据装车需要，可以适当启动或关闭其他软启动器来实现流量控制（图8.13）。

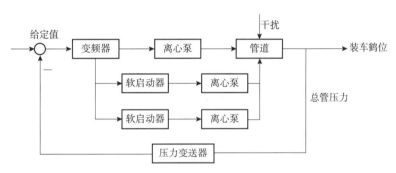

图8.13 控制示意图

由于物料黏度和管阻的不同，同样的装车流量，总管压力的设定值也不同。通过控制装车总管压力，可以使单鹤位的装车流量保持在合理的范围内。以某厂装火车鹤位压力控制为例，通过实际测定，具体压力设定值见表8.1。

表8.1 鹤位压力设定值

物料品名	总管压力/MPa	单鹤位流量范围/(m^3/h)
苯乙烯	0.1	50~60
辛醇	0.17	48~55
对苯	0.105	50~60
离子碱	0.08	50~60
甲苯	0.06	50~60
纯苯	0.105	50~60

以辛醇装火车控制为例，具体控制过程如下：

辛醇一根装车总管带6台鹤位，装车泵设置3台，1台泵由变频器控制，2台泵由软启动器控制，变频器提供2路控制点，分别控制2台软启动器。装车总管安装压力变送器，信号直接接入变频器。装车开始，6台鹤位依次开启装车，首先由变频器启动1台泵，总管压力逐步提高，当变频器运行到最高频率时，总管压力仍然达不到设定的0.17MPa，变频器控制另一台软启动器开始启动，两台装车泵同时装车，软启动器稳定后装车压力仍然达不到0.17MPa，变频器会控制第2台软启动器开启，3台泵同时装车，变频器自动调节总管压力维持在设定值。装车后期，个别鹤位先装完，关闭了装车阀门，总管压力会升高，如果压力超过0.17MPa，变频器降低频率，压力下降，直至压力稳定在0.17MPa。如果变频器降到最低频率后，压力仍然超过0.17MPa，变频器会关闭第二台软启动器，并自动调节总管压力到设定值。随着装车鹤位依次完成装车，变频器通过软启动器关闭相应2台装车泵，最终变频器随装车完成关闭最后1台装车泵。

8.3.2.2 系统构成与控制

1. 批控仪定量控制

批控仪控制的定量装车系统，一般由装车鹤管、流量计、自控阀门、批控仪、静电检测装置、溢油报警装置等组成。控制室由通信服务器、操作员站组成。

从操作员站输入装车信息，经运算，把装车数据传输给批控仪，同时传送的还有装车密码。装车台批控仪输入装车密码，校验正确后，批控仪显示装车设定量，开始装车。装车中流量计把流量信号送给批控仪，批控仪进行流量累计，当达到设定量时，批控仪发出停泵和关阀信号停止装车。装车过程如果溢油报警装置或静电检测报警装置产生报警，报警信号送给批控仪，批控仪会立即停止装车。批控仪定量控制过程示意图见图8.14。装车过程中定量装车系统操作员站会对整个装车过程监控，记录流量数据。装车完成后计量管理系统会形成装车量记录。根据需要数据上传到达生产综合信息管理系统，形成结算依据。考虑到装车要具有紧急切断功能，系统还提供快速切断物料输送管线阀门的控制功能。考虑装车的平稳性，装车管线设置压力变送器，装车泵的电机采用变频控制，用压力控制来实现装车的稳定。为了实现停泵关阀过程中不产生水击，装车自控阀门可以使用多段控制阀或数控阀，配合批控仪实现多段关阀或连续控制功能。

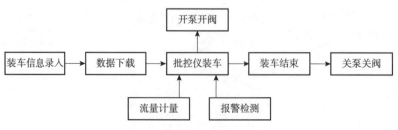

图8.14 批控仪定量控制示意图

2. 集中控制装车系统

现场一般由装车鹤管、流量计、自控阀、附属静电检测装置、溢油报警装置等组成，控制室由控制器（PLC 或 DCS）、服务器、客户端组成。

现场所有信号进入控制器，由控制器取代批控仪的功能，来实现装车控制（图 8.15）。

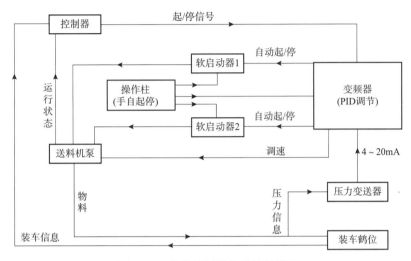

图 8.15　集中控制装车系统示意图

装车开始，装车员把鹤管安放到位，检查密闭情况并锁闭，打开工艺手动阀门，把静电夹夹持到罐车上，等待装车开始。操作员从装车系统读取生产综合信息管理系统装车计划，把每个鹤位的装车量下达到装车控制器，点击开始装车。装车开始，如果没有静电等报警信息，系统自动打开装车自控阀门，并开启装车泵。随着物料流动，流量计开始计量，控制器读取流量计数据，与装车设定量比较，当达到设定量时，关闭对应鹤位的装车阀门，该鹤位装车结束。只有全部装车完成，系统才会关闭装车泵。

装车过程装车总管的压力由压力变送器实时监测，信号直接送到装车变频器，变频器按照 PID 控制方式控制装车总管的压力恒定，实现平稳装车。

对于集中控制的装火车系统，装车量可以批量设置，逐台开始装车，装车数据可以来自上层计划调度系统，也可以手动输入。装车完成，自动把数据传到上层数据库。

从智能化考虑，还可以实现车号自动识别、刷卡装车、装车信息电子屏的实时显示。

8.3.2.3　系统功能

核心功能就是实现定量装车。根据罐车的装车设定量，定量控制装车，实现销售任务的精准执行。

实现紧急切断功能。系统对装车过程进行监控，出现异常情况可以紧急关闭装车阀门，也可以紧急切断装车总管紧急切断阀。

实现出厂管理。对装车量进行计量管理，用于财务结算。

实现报警联锁功能。实现装车过程各类报警信号的联锁控制，保证装车安全。

生产综合信息管理系统对装车的流程进行了管理控制，首先是装车计划的下达，系统下达计划，经过车辆安检、鹤位核对、产品规格核对、装车量的核对，信息无误，定量装车系统就可以读取装车计划，并根据计划自动把装车信息下达到指定鹤位。装车完成，定量装车系统会把装车信息上传生产综合信息管理系统。

8.3.2.4　功能设备

实现装车功能的设备很多，有变频器、数控阀门、多段阀、联锁控制器、流量计等。变频器用于装车流量控制，自身可以作为控制器用于压力运算，直接控制输出。变频器需自带 PID 运算功能，部分型号变频器自带可编程功能，可以实现变频器控制软启动器的自主操作，采用一带多控制方式，实现以变频器为主、多台软启动器为辅的装车方式。变频器实现单泵的变频调节，超出的流量由软启动器泵来供应，变频根据需要控制软启动器的启停。变频器也可作为纯执行机构，仅接受控制器换算好的数据，控制电机频率。此时变频器就仅作为一个执行机构存在。

常用的数控阀门有电液数控阀、气动数控阀。电液数控阀采用管道压力作为源动力，通过电磁阀控制膜片上、下的压力差，控制阀芯和阀座的间隙来控制流通量，可以做到连续控制，配合批控仪，可以在量程范围内控制装车流量。

图 8.16　联锁控制器图

气动数控阀阀体为偏心板阀，通过控制气缸的气压，配合气缸弹簧来控制阀门阀板的偏转度，控制流体流通截面积控制流量大小，实现连续控制。因通过电磁阀的介质是压缩仪表风，不存在腐蚀，所以故障率低，使用可靠。

多段阀一般是两段式控制，与批控仪配合实现两段式控制，不能连续控制，在不要求连续限流的情况下能满足控制要求。

装卸车联锁控制器（图 8.16）可以实现车辆静电连接检测、人体静电释放检测、溢油检测、气相流量检测、可燃气检测、鹤管归位检测、钥匙检测等，实现顺控功能并与定量装车系统报警联锁，也可通过通信的方式输出各类报警信息。

用于贸易交接的流量计，一般采用质量流量计，体积流量计很少采用，主要是因为体积流量计需要换算成质量，精度达不到贸易要求。流量计多采用脉冲信号输出给批控仪、PLC 或 DCS，用于定量装车。

8.3.2.5　常见故障

溢油报警装置故障是常见的故障。溢油报警装置多采用浮子开关报警器、射频导纳报警器、光纤报警器等。溢油报警装置故障会造成误报警，报警信号会造成装车急停或不能装车。一般浮子会粘连到套筒内壁造成不报警或误报警；光纤报警器采用光的折射原理进行测量，如果探头脏污也会造成误报警；射频导纳报警器也会因为探头脏污产生故障，需要定期测试清洗。

静电接地故障多产生在静电接地夹，静电接地夹多采用三针式夹子，三针针尖用合金做成，用于刺破漆皮，易于接触良好。接地夹未夹好或磨损严重造成接触不良会产生误报警，另外控制器电路板因环境恶劣也会产生故障。

批控仪通信故障多因通信线路接触不良，或受到干扰，造成了数据传输故障，需对系统进行复位操作。

8.3.3 汽油在线调合系统

汽油在线调合是将各组分油和添加剂按照一定比例在混合器中连续混合，并在线实时监测，调合出成品汽油的过程。在线调合系统在满足质量要求的基础上，可以实现两种优化目标，即质量过剩最小和组分成本最低。

8.3.3.1 系统构成

汽油在线调合系统主要由调合控制和优化系统、DCS 控制系统、药剂添加系统、分析系统四部分组成，见图 8.17。

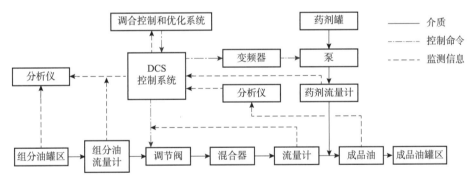

图 8.17　汽油在线调合系统示意图

8.3.3.2 系统功能

调合控制和优化系统主要功能是制定组分比例配方，根据分析仪的检测数值进行优化，在保证质量的前提下进行质量过剩最小和组分成本最低控制，实现效益最大化。

DCS 系统从调合控制和优化系统获取配方策略，按照各组分的比例设置，进行各组分的流量控制，调合出合格产品。同时对组分油罐区、成品油罐区、药剂储罐进行监控，控制产品总量。调合过程中采用调节阀控制流量。控制系统把各组分分析仪数据、成品油分析仪数据回传调合控制和优化系统，调合控制和优化系统根据实时数据进行配方的优化。

加剂系统根据成品油的流量按照比例添加抗静电剂药剂，最终产品输送到成品油罐区。

分析系统由组分油分析仪和成品油分析仪组成，系统以研究法辛烷值和总硫为主要控制指标，分析仪多采用多探头近红外分析仪。

8.3.4 轻质油品卸火车自动化控制系统

轻质油品卸火车自动化控制系统采用变频技术，卸车鹤位分散控制技术、远程监控技术、安全联锁技术等，实现了对整个卸车流程的监控，达到了高度的系统优化，同时有效避免了抽空现象的发生。

8.3.4.1 系统构成

轻质油品卸火车自动化控制系统示意图见图8.18。

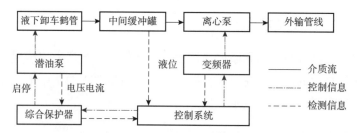

图8.18 轻质油品卸火车自动化控制系统示意图

卸车鹤管把油品打入中间缓冲罐，离心泵负责把油品输送到罐区。卸车鹤管采用潜油泵鹤管，综合保护器对潜油泵电机的电流和电压进行检测，根据电流曲线判断罐车油品的液位，控制潜油泵的启停。控制系统检测中间缓冲罐的液位，根据设定值控制卸车变频器控制离心泵，确保中间缓冲罐恒液位卸车。

8.3.4.2 系统功能

1. 潜油泵低液位综合保护

在卸车过程中，采用高精度互感器对潜油泵电机电流进行检测，电流在卸车过程中呈缓慢下降趋势，在鹤管抽空的瞬间，产生阶跃下降，综合保护器根据此变化值判断鹤管抽空，控制潜油泵停机（图8.19）。通过防止潜油泵过度空转，避免泵头温度升高带来的安全隐患。

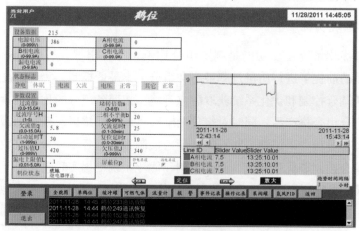

图8.19 综保检测画面

2. 液位控制

中间缓冲罐随着卸车量的减少，油品会逐渐减少，易造成离心泵抽空，产生泵的气蚀甚至损坏。系统设计了恒液位控制功能，中间缓冲罐安装液位计，控制系统设定液位控制值，采用变频器对离心泵进行调节，使液位稳定在设定值，保证了离心泵不抽空，同时又不影响卸车进度。

3. 带料功能

卸车完成，缓冲罐液位维持在设定值，不会再下降。为了降低缓冲罐液位，系统设计了带料功能。开启该功能，变频器自动把液位降低到 200mm 以下，完成后关闭变频器，卸车作业结束。

4. 实时监控功能

工艺监控画面提供实时卸车显示（图 8.20），主要有综合保护器的实时参数、离心泵的运转状态、离心泵出口阀门的状态、中间缓冲罐的液位、变频器的参数，还有可燃气体报警器等辅助设施的状态。远程监控进一步提高了卸车过程的管理，通过远程监控，中间缓冲罐液位、变频器电流值、转速、调节曲线实时显示在屏幕上，仪表、电气管理人员可以随时监控设备的工作状态，发现问题及时处理。

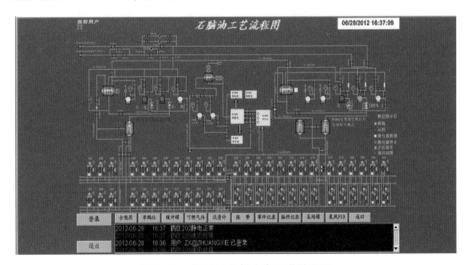

图 8.20　轻质油品卸火车工艺流程图

8.3.4.3　系统特点

1. 自动化程度高

系统的控制由 PLC 自动完成，潜油泵自动启停，中间缓冲罐液位恒定控制，实现一键卸车。

2. 解决了轻质油品输送过程中的气阻问题

潜油泵和综合保护器配合，保证管线始终充满液体，有效减少气阻，克服了工艺缺陷。中间缓冲罐和变频器配合，始终维持一定液位，避免了泵的气蚀，延长了设备的使用寿命。

🏭 8.3.5 铁路罐车自动化洗车系统

罐车清洗是装卸车作业中的重要一环，生产调度根据生产需求，通过生产综合信息管理系统产生洗车作业计划，下达到洗车班组，洗车班组对车辆进行清洗作业，洗车完成后，车辆的质量检查由质检员检验完成，检验信息录入生产综合信息管理系统。

目前罐车清洗方式比较多样化，自动化的清洗方式中，典型的是高压全自动洗车系统。其原理是利用一定温度的水，用高压泵加压到10MPa以上，喷射到罐壁上，把附着物清除，达到清洗的目的。

8.3.5.1 系统构成

自动化洗车系统主要由热水供应系统、高压水系统、三维定位机系统、清洗机、抽水系统、风干系统、控制系统组成，见图8.21。

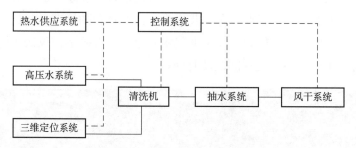

图8.21 自动化洗车系统构成

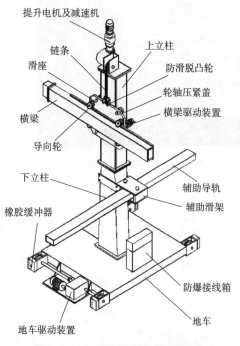

图8.22 三维定位机结构示意图

三维定位机结构见图8.22，主要由地车、上立柱、下立柱、横梁、滑座、链条、辅助导轨、电机、减速机和配重等构成。

清洗机的结构见图8.23，主要由弯管、旋转架、底座、连接架、弯管进退驱动装置、旋转驱动装置组成。

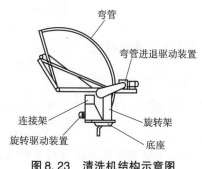

图8.23 清洗机结构示意图

8.3.5.2　控制过程

（1）洗车作业前操作员用爬车把罐车停放到洗车台位，三维定位机通过地车的前进和后退、滑座的上升和下降、横梁的前伸和后缩把清洗机定位到罐口，清洗机底盘对准罐车罐口，稳压在罐口上，清洗机的三维喷头进入罐口。

（2）热水供应系统利用蒸汽对储水罐的清洁水进行加热，形成温水，供给高压水系统使用。高压水系统的高压水泵把水的压力提升到10MPa以上，通过高压管路输送给清洗机。

（3）清洗机通过机械传动，将三维喷头送入罐车内部，使其对罐车内壁保持适当的靶距，按照设定的点位对罐车自动进行高压水射流清洗。

（4）清洗完成，高压水系统停止运行，清洗机把喷头退出罐车，三维定位机把清洗机移出罐口，远离罐车。

（5）抽水系统负责把罐车内的水抽到污水罐。抽水完成后操作员把风筒放入罐车，开启鼓风泵对罐车进行风干处理，洗车作业完成。

8.3.5.3　系统特点

（1）自动化程度高。系统的控制由PLC自动完成。清洗时，三维喷头有若干个清洗停留点。当高压水从三维喷头上两偏心设置的喷嘴喷出时，形成力矩带动喷嘴旋转，喷嘴的转动带动三维喷头壳体做回转运动，喷出的水柱在罐车内包络喷射各个方向。

（2）安全性有保障。所有的运动装置均有限位，各类设备保护措施齐全，作业安全系数高。

（3）减轻工人劳动强度。主要作业均由PLC控制系统自动完成，减少人工清洗作业量，同时杜绝工人进罐车作业的安全风险。

（4）减少环境污染。由于不需要对罐车进行蒸煮，消除了污染物挥发，降低了环境污染。

（5）节约能源。洗车过程不需要蒸汽蒸车环节，节约了蒸汽消耗。

8.3.6　衡器计量系统

衡器系统多种多样，化工产品进出厂主要使用的是汽车衡和铁路轨道衡，均属于电子衡器。汽车衡用于汽车罐车重量称量，属于静态称量。轨道衡用于火车车列称量，一般分为静态电子轨道衡和动态电子轨道衡，有单台面和双台面，现在根据需要发展出三台面衡器。衡器主要有承重系统、传力转换系统、示值三部分。承重系统采用钢结构框架承载器，传力转换系统采用数字式称重传感器，示值部分采用带数字接口的显示仪或带软件管理系统的主机，能自动显示称量数值和打印记录。具有远传信息、连续计量等特点。

8.3.6.1　轨道衡计量系统

1. 静态电子轨道衡

静态电子轨道衡用于称重静止状态货车载重。由承重台、传感器、称重显示仪表（电脑主机）和打印机四部分组成。单台面承重台称量时货车全部位于台面上。双台面称量时货车的前后轴分别位于不同的两个台面，均需要货车定位，不能超出台面。衡器需要稳固的基础，传感器托架支撑传感器，承重台落在传感器上。一般承重台做成框架结构，有横向和纵向连杆，用于调整平衡。为了保证承重台的相对独立，承重台两侧的引线轨与承重台的钢轨采用过渡块过渡。部分厂家采用带压力传感器的过渡块，用于判断来车的行进方向。

2. 动态电子轨道衡

动态轨道衡是用于称量行驶中货车载重。承重台有单台面、双台面、三台面。其由承重台、称重传感器、称重显示器和打印机等组成。称量时，列车以小于 15km/h（一般车速控制在 7～12km/h）的速度通过承重台，自动判别车头和货车，利用支撑承重台的传感器，将货车载重转换为电信号，经过放大和模数转换，形成数字信号，经计算机处理后显示出货车的行进方向、每节车的重量、过衡速度，配合车号识别系统，显示每节车的车号等信息，在上传处理过程中，可以匹配货物名称，计算皮重、净重等信息。根据需要可以打印过衡数据。操作简便、效率高。但是不允许过衡时列车超速，一般不超 15km/h，超过限值会导致称重不准确。三台面衡用于加长型、有特殊需求的场合，校验程序烦琐，一般应用较少。

单台面轨道衡和双台面轨道衡，一般都是 8 台传感器，它的稳定和精度决定了衡器称重的稳定性和精度，衡器一般精度要求为 2‰。从轨道衡测量区外端边缘计算，前后整体道床长度分别不得小于 25m。另一方面衡器两端 50m 均要求平直，其坡度变化应不大于 2‰，否则会影响测量精度。

8.3.6.2 汽车衡系统

1. 汽车衡的分类

汽车衡分地中衡和地上衡。地中衡即浅基坑式，电子衡秤体安装在地下，安装好后秤体表面与地面平齐，占地少，不需要做斜坡，选址需要确保地势较高的位置，地势低容易造成基坑进水，受雨水影响。另一方面，传感器等部件在地下，不利于维护保养。地上衡不需要基坑，全部秤体位于地上，维修方便，但需要衡器两端建设坡道，便于汽车上下衡。

2. 系统构成

新式电子衡标准配置主要有称重传力机构（秤体）、数字式称重传感器、称重显示仪表三大件组成。完备的配置还有称重管理软件、网络数据接口、视频监控、越界传感器、自动道闸、大屏显示器、自助过衡客户端、打印机等。

（1）秤体台面

质量好的衡器需要好的秤体，钢材的好坏和秤体结构是决定秤体强度的关键因素，刚度越大质量越好。秤体和基础两边要有缓冲装置，用于减少汽车上衡过程中对衡器的冲击。如果是衡器有防爆要求，还要考虑缓冲装置的材质，一般用不锈钢或铜材质。

（2）传感器

传感器是决定测量精度的关键部件。老式传感器多为模拟信号，受外界影响大，防作弊性差，新式传感器都是数字式传感器，新一代传感器的安全性比上一代更高，加密措施更强。

（3）显示仪

显示仪是处理信号的关键设备，稳定性、纠偏、补偿、数据接口等功能决定了仪表的质量和价格，它与传感器配合，决定了计量精度。稳定的系统，称重过程数值稳定，操作快捷，如果称重过程数值跳动频繁，容易造成取值误差，可操作性差，效率低。

（4）管理软件

现在衡器一般都配备管理软件，用于称重数据的管理，其主要功能是完成毛重、皮重、净重的处理，匹配车号、货物品名，规格型号、价格、收发货单位等，实现对数据

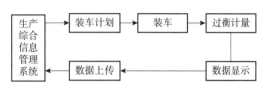

图8.24　管理软件信息控制流程示意图

的综合应用，具备打印记录等功能，也可以同步把数据上传管理数据库（图8.24）。

过衡的计划来自生产综合信息管理系统，过衡系统是生产计划的执行者，生产综合信息管理系统对过衡数据进行统一采集，综合应用。汽车衡过衡时会自动产生检斤号，是对单车单次过衡数据进行识别的唯一标识。生产综合信息管理系统以检斤号作为关键字，对过衡数据进行检索使用。在流量计计量出厂的场合，如果装车过程异常，需要用过衡数据和流量计进行比对，也是由生产综合信息管理系统完成。轨道衡过衡时会自动产生批次号，数据传输到生产综合信息管理系统后，批次号作为数据应用的检索关键字。

8.3.7　安全仪表系统

安全仪表系统（Safety Instrumented System，简称SIS），是实现一个或多个安全仪表功能的仪表系统，用于监视装置（或独立单元）的运行，当工艺过程或设备自身运行参数或状态超出安全操作范围、机械设备故障、联锁保护系统自身故障或能源中断时，能自动产生一系列预先定义的动作，使储运过程、工艺装置、设备处于安全状态。

对于石油化工储运企业的罐区，应根据风险评估情况必要时设置SIS系统，应独立于过程控制系统。

8.3.7.1　SIS系统设计过程

石油化工罐区SIS系统的设计，应有相应设计资质的单位进行，主要包括以下几个过程。

1. 重大危险源辨识与分级

根据原国家安全生产监督管理总局《危险化学品重大危险源监督管理暂行规定》要求，石油化工罐区涉及毒性气体、液化气体、剧毒液体的一级或者二级危险化学品重大危险源，需配备独立的SIS系统。罐区经过危险化学品重大危险源辨识与分级，确定是否需

要配备独立的 SIS 系统。

2. HAZOP 分析

利用 HAZOP 方法，分析罐区在运行过程中工艺参数的变动，操作控制可能出现的偏差，以及这些变动与偏差对系统的影响及可能导致的后果，找出出现变动与偏差的原因，以及罐区运行过程中存在的主要危险有害因素，并针对变动与偏差的后果提出改进措施。

3. SIL 定级

安全完整性等级（SIL）是对安全仪表系统各个安全仪表功能（SIF）能力的衡量，分为 4 个等级，SIL1、SIL2、SIL3、SIL4。安全仪表功能是为防止、减少危险事件发生或保持过程安全状态，用测量仪表、逻辑控制器、最终元件及相关软件等实现的安全保护功能或安全控制功能。企业应在危险与可操作性分析（HAZOP）结果的基础上，可通过保护层分析（LOPA）方法，对罐区每个 SIF 功能进行 SIL 定级，确定 SIS 系统的安全完整性等级。

4. SIL 验证

企业应在确定了罐区所需 SIL 等级后，对安全仪表功能回路的现有设置进行定量计算，验证是否能达到所需 SIL 等级的要求，根据验证情况，提高相应的改进措施。

5. SIS 系统设计

根据罐区 SIL 定级情况，依据《石油化工安全仪表系统设计规范》（GB/T 50770）设计满足等级要求的 SIS 系统，并出具 SIS 系统规格书。

8.3.7.2 系统结构

SIS 系统一般由测量仪表、控制单元（逻辑运算器）、执行单元等组成，见图 8.25，设置工程师站与操作员站等作为人机接口，以及根据需要设置紧急停车按钮、信号报警器及信号灯等。

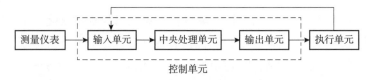

图 8.25 SIS 系统结构示意图

测量仪表包括模拟量和开关量测量仪表，测量储罐的液位、温度、压力等。

控制单元由中央处理单元、输入输出单元、通信单元及电源单元等组成。控制单元内主流采用三重化结构，每个控制器与输入/输出单元都有 3 个独立的通道回路，三路隔离、并行运行，3 个通道都正常时按三取二执行，若 2 个通道正常时按二取一执行，当 1 个通道正常时，系统输出故障安全值。

执行单元包括控制阀（调节阀、切断阀）、电磁阀、电机等。

工程师站用于安全仪表系统组态编程，系统诊断，状态监测、编辑、修改及系统维护；操作员站用于显示测量数据，显示信号报警和联锁动作报警及记录。

辅助操作台上设置紧急停车按钮，在异常紧急情况下手动一键停车，强行提供安全保护。

8.3.7.3 系统功能

（1）控制功能：测量仪表将测量数据或状态给控制单元的输入单元，在正常工况下，SIS 系统是静态系统，始终监视设备的运行，系统输出不变，对运行过程不产生影响。在异常工况下，将按照预先设计的策略进行逻辑运算，输出驱动信号给执行单元，使运行装置安全停车。

（2）事件顺序记录（SOE）功能：采集并记录发生的顺序事件，记录事件发生的时间、状态、类型和位置等，记录精度一般精确到毫秒级。

（3）系统诊断功能：内部诊断系统可识别系统运行期间产生的故障，并发出适当的报警和状态指示，其模块支持在线更换。

（4）组态和调试功能：可通过工程师站对 SIS 系统实现在线组态，以及在联机状态下数据调试。

（5）现场信号回路检测功能：实现从传感器到执行元件所组成的整个回路的检测，可检测现场信号回路故障，例如开短路、变送器故障等。

8.3.7.4 应用实例

某企业丙烯罐组有 6 台球罐，按照设计规范，每台球罐设 1 台伺服液位计，1 台雷达液位计，1 个外贴式超声波液位开关。通过专业机构评估 SIL 定级为 SIL1，为安全考虑，选择了安全仪表等级 SIL3 的 SIS 系统，配备 1 台工程师站、1 台操作员站。辅助操作台上对每台储罐都设置声光报警及紧急停车按钮。

当液位达到报警值时，SIS 系统采用联锁控制球罐紧急切断阀起到安全保护功能，每台球罐的 2 台液位计和 1 台液位开关的信号分别连接 SIS 系统的不同的输入卡件，输出卡件信号输出至紧急切断阀，现场设置紧急切断阀紧急关闭按钮。

因液位计有时会出现仪表故障，三取一联锁关闭紧急切断阀，提高了安全性，但降低了可靠性，综合考虑故采用三取二联锁方式，即当某台储罐的 2 台液位计、1 个液位开关中的任意 2 台仪表液位达到液位高高报的设定值时，SIS 系统联锁关闭紧急切断阀。操作台上紧急停车按钮用于异常情况下，手动紧急关闭紧急切断阀。对于现场紧急切断阀关闭按钮，每一个按钮对应一个控制回路，信号引至 SIS 系统，可以锁联关闭紧急切断阀，同时 SIS 系统向操作员站发出报警信号。

🏭 8.3.8 可燃气体和有毒气体检测报警系统

为保障人身安全和财产安全，需对储运设施中泄漏的可燃气体或有毒气体进行监测，并及时报警，预防人身伤害，杜绝火灾与爆炸事故的发生，企业应设置可燃气体和有毒气体检测报警系统（Gas Detection System，简称 GDS）。

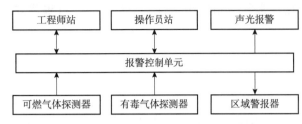

图8.26 可燃气体和有毒气体检测报警系统示意图

8.3.8.1 系统结构

可燃气体和有毒气体检测报警系统由探测器、现场警报器、报警控制单元等组成，并设置工程师站与操作员站，见图8.26。

（1）探测器用来检测可燃气体或有毒气体的浓度，安装于气体可能泄漏的地点，其核心部件为气体传感器，传感器检测空气中气体的浓度。

（2）现场警报器包括探测器自带一体化的声光报警和区域警报器的声光报警，两者均通过声音和光进行报警。

（3）报警控制单元采用以微处理器为核心的电子产品，独立设置。

（4）工程师站与操作员站提供人机交互界面。

8.3.8.2 系统功能

GDS系统集实时监测、预警处理、远程控制、设备管理于一体，能够实现对厂区内可燃气体和有毒气体泄漏实时监测，并智能判断，提供声光报警，实现运行过程气体泄漏管理，保障企业安全生产。

1. 报警控制功能

可燃气体和有毒气体探测器对生产现场的气体进行检测，并将气体浓度转换成电信号，传送至GDS控制单元，GDS控制单元将检测值与报警值比较，检测浓度值达到报警值时，GDS控制单元通过DO模块输出报警信号，开启现场与控制室的声光报警器，同时操作员站的人机界面显示报警位置。探测器本体一般设置两级报警，当探测器检测到气体浓度达到一级报警设定值，将通过声音与光发出一级报警，提醒车间操作人员注意并进行现场巡检，及时查找报警原因；当探测器检测气体浓度达到二级报警设定值就会发出二级报警，提醒现场和车间操作人员采取应急处理措施（如有必要应及时撤离现场），或将二级报警信号传送给DCS、PLC系统执行相关自动控制，如启动电磁阀、排气扇等外联设备，自动排除隐患。

2. 显示查询功能

操作员站显示工艺流程图，画面实时显示探测器所在位置气体浓度值，提供实时曲线查询、报警信息和历史数据查询等。

8.3.8.3 应用实例

某企业有化工产品丙烯汽运出厂，现场有4个丙烯装车鹤位，实现定量装车与联锁控制。丙烯装车实现车辆静电报警、可燃气体报警、气相管线堵塞报警联锁停止装车，人体静电释放报警、钥匙管理器与启动装车联锁，鹤管归位与钥匙管理器联锁。

在装车现场的每个丙烯鹤位设置1台可燃气体探测器，安装位置距离可燃气体释放源周围10m内，共设置4台可燃气体探测器，每台探测器都带声光报警功能，其报警值设定两级，一级为25% LEL，二级为50% LEL。可燃气体探测器的4～20mA信号传送至机柜间，通过安全栅分为两路，一路给GDS系统，一路给DCS系统。DCS系统把信号传给批量控制仪，批量控制仪关闭鹤位的阀门，同时DCS系统输出信号直接控制停泵和关闭总管线紧急切断阀。

当现场可燃气体探测器检测到可燃气体达到25% LEL时，现场与控制室都发出一级声光报警，提醒操作人员注意并进行现场巡检，及时查找报警原因并处理。

当现场某1台可燃气体探测器值达到50% LEL二级报警，或2台及以上可燃气体探测器值达到25% LEL一级报警时，现场与控制室报警器发出尖锐的声光报警，DCS系统通过通信信号给批量控制仪联锁关闭所有鹤位上的气相与液相阀门，同时DCS系统输出信号直接控制停泵及关闭丙烯总管线上的紧急切断阀，确保装车现场安全。

8.3.8.4 系统互联

现场设置的可燃气体和有毒气体探测器都用来检测气体浓度，根据其作用，检测信号送到不同的控制系统，各系统之间又相互关联（图8.27），主要如下：

（1）当气体探测器仅作为环境气体浓度检测时，信号传送给GDS系统，GDS系统可将气体的二级报警信号与系统故障信号传送至消防控制室的火灾报警控制器。

（2）当气体探测器作为DCS等系统的检测仪表，用于控制某设备时，此探测器信号需同步送给GDS系统和DCS系统。可采用两种方式实现：一种是把探测器信号以一分二的方式，分别传送给GDS系统和DCS系统；另一种是把探测器信号

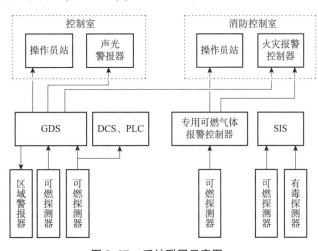

图8.27 系统联网示意图

先传送给GDS系统，再以通信的方式传送给DCS系统，由DCS去控制电磁阀、排气扇等外联设备。

（3）当气体探测器用于安全仪表系统时，信号传送给SIS系统，探测器应独立设置，GDS系统与SIS系统也应独立设计，相互不能产生影响。

（4）当可燃气体探测器用于消防联动的报警信号时，可燃气体探测器不能直接接入火灾报警器，应先进入报警控制单元，再传送给火灾报警器。

8.3.9 铁路行车控制系统

生产调车计划在生产综合信息管理系统生成后，通过接口机向铁路调度集中系统传达

计划，调度集中控制系统生成具体的行车作业内容，通过无线调车机车信号监控系统把作业内容传输到机车控制室供机车司机执行；另一方面，行车调度员把作业内容转化为对铁路线路信号机的控制，通过调度集中控制系统下达到微机联锁控制系统，后者根据逻辑

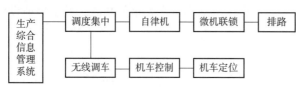

图 8.28　铁路行车控制系统示意图

计算，自动控制转辙机排路，为机车的运行准备好线路（图 8.28）。无线调车机车信号监控系统与地面定位主机通信，实时确定自己的位置，发送回调度集中系统，实现位置的显示。

8.3.9.1　调度集中控制系统

调度集中控制系统是一套在保证安全可靠的前提下的智能化、自动化控制系统，具有实时性、高效性、高集成性、可扩充性等特点。

系统重点体现了智能、自动、高效、安全的设计理念，进一步实现了车站信号设备的集中控制、调车进路按计划自动排列，以及无线调车信息传递等功能。

系统通过和生产综合信息管理系统相结合，把从生产综合信息管理系统传送过来的调车作业单转化为调车作业进路控制指令，下达给车站自律机，根据触发命令自动自律开放调车进路，系统通过中心操控台集中控制车站信号，进行人工干预，从而实现自动和集中控制车站信号设备的功能。

1. 系统组成

系统以双冗余服务器（数据库服务器和应用服务器）作为核心，对铁路行车系统内的所有操作员站进行统一管理（图 8.29）。服务器通过网络与各站自律机通信，自律机与自己管辖的联锁行车控制系统连接，通过数据接口收发控制命令，实现对线路行车的控制。服务器通过网络与无线调车机车信号监控系统通信，获取机车的精确位置、运行方向、车速。

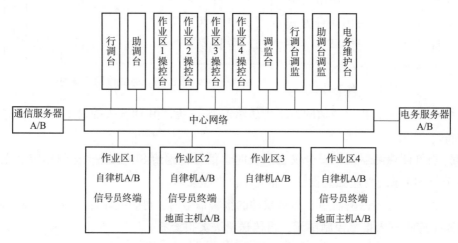

图 8.29　调度集中控制系统示意图

2. 系统功能特点

（1）系统以调车作业单为中心，将全厂铁路信号集中控制、自动排路、自动执行，提

高了系统的安全性。

（2）该系统从计划编制开始，到发送计划至机车，最终完成整个作业单的执行，改变了传统的调车作业模式，采用先进的计算机设备和软件系统，可以涵盖多部门，采用网络化、信息化的设备，使人员集中管理，作业统一协调。

（3）该系统具有很强的可操作性，良好的人机交互界面、多重环节保证进路的可靠性，避免了错排误排进路，满足现场复杂多变的作业环境。系统提供跨站场操控功能，系统对于常用的跨站场长调车进路进行配置，可以实现跨站场长调车进路的一次性办理。

（4）系统实现站控、自律和集中控制三种模式，并且系统支持切换功能，可根据现场实际需要在三种模式之间进行切换。

（5）系统实现调度监督功能，实时显示全站场信号设备状态，包括信号机开放状态、区段占用情况、道岔定反位位置等信息，与无线调车机车信号监控系统结合，能够实时显示机车位置、速度等信息，使管理和指挥人员实时掌握现场情况。

（6）系统具有存储功能，能够将三个月内的操作信息和设备状态记录下来，并可回放历史信息，为事故查找建立了历史数据库。

（7）系统可根据调车作业结果，能够自动绘制作业图表，可替代人工绘制图表。

8.3.9.2 微机联锁控制系统

微机联锁系统是以计算机为主要技术手段实现车站联锁的信号系统，主要功能依据来自铁道行业标准《铁路车站计算机联锁技术条件》（TB/T 3027），既能完成进路选排、锁闭、解锁，信号开放，轨道电路区段空闲、占用、锁闭，道岔定反位状态显示、定反位单操，取消进路，人工解锁进路等基本操作，还可以根据厂区现场特点，完成同意动岔、机车出入库、调车中途折返和原路返回等特殊作业的操作。

系统配有维修机，维修机是计算机联锁系统的重要组成部分，可以实现站场信息的记录、存储、回放，以状态图的形式显示实时站场图、历史站场图、机箱板卡状态图和联锁设备状态图，以表格的形式显示按钮日志、板卡日志和系统日志，并能够对控显机进行一些维护性操作。

1．系统构成

微机联锁控制系统构成见图8.30。继电设备是执行单元，倒机单元是确定执行 A、B 主机哪一个主机命令的判定单元，采集板是采集现场设备状态功能板，输出驱动检测板是负责驱动继电设备的功能板，联锁机分 A 机和

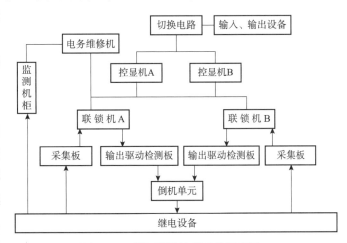

图 8.30　微机联锁控制系统示意图

B机，实现双机热备。控显机是显示控制的主机，两台主机共用一台显示器，一套鼠标键盘。电务维修和监测用于辅助功能。

2. 系统的功能特点

（1）联锁控制系统采集驱动电路都采用安全电路，增加数据回读，无论任何元器件出现故障都会导致输出停止，符合故障导向安全原则。

（2）联锁控制系统采用专用的双机热备倒机切换单元，实现无缝切换，当主用系统出现故障时，第一时间切换到备机，保障联锁系统正常运行。

（3）联锁控制系统软件可靠，不会出现死机、掉信号、不解锁、错误解锁、排不出进路、错排进路、不转岔、错误转岔等现象，减少了系统故障率，减轻了信号维修人员的工作强度。

（4）联锁控制主机有调度集中系统的接口，实现和调度集中系统的互联互通，支持调度集中功能。

（5）系统提供中途折返特殊调车作业的处理。系统通过设置后续进路执行成功标记、删除后续调车作业进路或者设置钩进路执行成功标记等三种方式来告知自律机和平友好开放后续进路。由于该方式不会对钩进路执行状态造成影响，所以现车信息不会出现错误。

（6）调监图显示可支持全景显示、单站显示，站场图，并对部分单类设备提供缩放功能，且支持历史回放功能。

（7）系统提供时钟校对功能。系统在中心机房设置一台GPS时间服务器，时间服务器接收GPS卫星时钟，系统内部各节点定时向服务器校对，从而保证整个系统时钟的准确性和一致性。

8.3.9.3　无线调车机车信号监控系统

无线调车机车信号监控系统是一套针对站内调车作业过程进行安全防护控制和监视的系统（图8.31）。该系统采用无线方式将地面信号状态和地面调车作业单传送到机车司机室，并实时显示地面站场信号和调车作业单；同时利用地面信号、机车运行速度和方向、地面应答器等实现车列定位和控制，防止调车过程中"冲、撞、脱"等事故发生，对调车作业全过程进行监督。

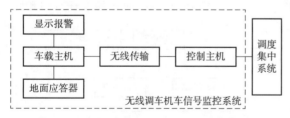

图8.31　无线调车机车信号监控系统示意图

业全过程进行监督。该系统主要解决车站平面调车作业过程中的安全防护，不仅降低调车作业人员的劳动强度，改善作业环境，还为调车作业的现代化管理提供先进、可靠的技术手段。

1. 系统组成

系统由车载主机、地面设备、无线调车机车信号监控主机、天线等部分组成。地面合适位置安装应答器，机车经过应答器时校准机车位置，车载主机监测车速、运行方向，根据站场线路运算机车位置并进行显示，通过车载天线把信息实时发回控制室监控主机，主机把信息传回调度集中控制系统，实现机车的跟踪显示。调度集中控制系统把作业单传给无线调车机车信号监控主机，监控主机把作业单发给车载主机。

2. 系统的功能特点

（1）在机车上以站场图的形式实时显示调车作业状态，并以图标的方式实时显示机车车列在线路上的位置，司机在机车内就可掌握车列前方信号机的状态、限速、防护距离等信息。

（2）以表格的形式实时显示调车作业单和钩计划进度，调车作业单可无线发送到机车。

（3）系统能够防止机车作业时冒进阻挡信号机，防止车列在调车作业时越过站场规定的停车点，控制车列在尽头线安全距离前方停车，防止机车车辆在调车作业时车列运行速度超过规定的最高限速。

（4）车载显示器前面板设置 IC 卡转储接口，能方便地转储数据。

（5）系统还有语音提示功能，车列越过信号机后语音提示机车司机前方信号机状态，便于机车司机控制机车速度。当机车行驶速度接近限制速度时语音告警机车司机"减速"。

8.3.10 铁路车号识别系统

铁路车号识别系统是原国家铁道部针对快速实时统计区段内进出车辆而研发，初期仅在国家铁路使用，随着成本的降低，在企业专用线逐步推广使用。

8.3.10.1 系统组成

系统由 AEI（Automatic Equipment Identification：自动识别设备）、CPS（Control and Processing System：控制和处理系统）服务器、通信设备组成。依托铁路车辆标配的无源标签为识别对象，完成车辆信息的统计。

AEI 设备由主机［内含主板、接口板、磁钢板、解码板、射频（RF）组件、微机电源］、防雷组件、天线、磁钢四部分组成。

8.3.10.2 工作原理

电子标签安装于车体底部，地面读出装置主机安装于路边 AEI 设备间。地面读出装置天线安装于识别地点轨枕之间，对应的钢轨一侧安装两支磁钢（计轴判辆磁钢），往两边辐射 25m 钢轨内侧各安装一支磁钢（开机磁钢）。天线接入主机 RF 模块，磁钢经过防雷模块接入磁钢板。通信设备连接接口板，另一端连接 CPS 服务器。

电子标签编程器可以对电子标签进行信息编辑，车载式标签编程器也可以对标签信息编辑。一般车载式标签编程器主要用于需要频繁编辑的机车标签。

来车时，首先由开机磁钢向地面读出装置主机传送一个射频开机信号，地面读出装置由天线向外辐射电磁波，形成一个有效"阅读区"；当安装于车体底部的电子标签进入

"阅读区"后，收到微波照射信号，在其内部建立电源并使电子标签内部电路工作，将所保存的标签数据信息通过调制信号反射回地面读出装置天线。

地面读出装置接收到由电子标签反射回的微波信号，经数据处理后得到电子标签储存的识别代码信息。

数据流程示意图见图 8.32。

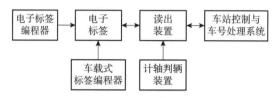

图 8.32　电子标签数据流程示意图

AEI 系统的工作频点为：910.10MHz、912.10MHz、914.10MHz。其核心技术为"无源电子标签 + 反射调制信号接收"技术。

整个过程具体可以分为开机、接车状态、设备延时关机、报文生成、发送报文。

开机，当列车车头部分连续有大于等于 n（$n = \text{KAIJI}$，系统预先设定）个轴划过开机磁钢时设备开机。从上次设备关机到本次设备开机的间隔时间为 1min，小于 1min 时不能开机。当开机磁钢损坏时，计轴判辆磁钢也可以正常开机，开机条件除要满足上面时间间隔外，还必须满足磁钢信号个数大于等于 2，但这样接车时可能会丢掉第一个机车标签。

接车状态，当设备正常开机后，设备就进入接车状态，在整个接车过程中，设备主要完成的工作为接收标签信息、记录标签所在的轴距位、接收磁钢信息、计算列车轴距信息。

关机，当列车每个车轴经过计轴判辆磁钢时，设备根据列车运行速度计算得到一个延时关机时间，当在该时间段内再没有车轴经过磁钢时设备关机，否则再计算时间继续等待，只到最后一个车轴经过磁钢时设备关机。

CPS 服务器是数据处理中心，把 AEI 设备采集到的数据进行处理，根据标签信息，区分车辆类型，判断车辆轴数等，把数据进行全面整合，提供给上层应用数据库，同时提供设备分析信息，用于故障处理等。

8.3.10.3　信息的应用

车号识别数据是生产综合信息管理系统的数据来源之一，车号识别系统安装在车辆经过的咽喉区段，实现了车辆进出厂信息的自动录入。相比人工录入，信息的准确性和正确率更高。车辆信息是厂内调车作业的决策依据，有了车辆的详细信息，生产综合信息管理系统可以完成车辆的卸、洗、装、过衡计量、修理、配货出厂、路车使用费计算、班组调车作业工作量统计等一系列应用。

第9章

检维修安全管理

>>>

储运系统检维修过程存在高风险的动火作业、受限空间作业、高处作业、吊装作业、临时用电作业、动土作业、盲板抽堵作业、断路作业等特殊作业，检维修过程特殊作业发生的事故在企业各类型事故中占有极大的比例，不仅危害承包商作业人员安全，而且给设备设施带来了严重的损害或破坏，造成了恶劣的社会影响，阻碍了企业的正常生产。本章着重从检维修前管理、检维修过程控制、典型做法等方面介绍储运检维修安全管理内容，严格控制特殊作业过程风险，规范检维修作业行为。

9.1 检维修准备

9.1.1 承包商管理

9.1.1.1 资质和方案

企业应选择具有与项目相适应的资质证书、安全业绩好的承包商。组织审查承包商安全资质、能力，确保与承担的检维修项目相适应。承包商安全资质审查的内容包括但不限于：政府部门颁发的安全生产许可证、危险废物处置资质证书，职业安全健康管理体系认证证书、环境管理体系认证证书等。承包商主要负责人、项目负责人、专职安全生产管理人员应取得政府部门颁发的安全生产考核合格证书。特种作业人员和特种设备作业人员应持有相关的资质证书。

通过安全资质审查的承包商，企业与承包商签订《安全管理协议书》，安全协议中应明确双方的安全责任和义务。承包商应根据检维修项目编制施工方案，并经企业方审核同意后方可实施。对于容易造成群死群伤的危险性较大的分部分项工程应编制专项施工方案。施工方案的主要内容包括工程概况、施工组织、施工准备、风险识别、安全管理机构和管理措施、环保措施等。

承包商应制定安全生产事故应急救援预案，建立应急救援组织，配备应急救援人员和必要的应急救援器材、设备，并定期组织演练。

9.1.1.2　分包安全管理

检维修项目实行施工总承包的，由总承包单位对施工现场的安全生产负总责。总承包单位应当自行完成检维修项目主体结构的施工，禁止项目转包、违法违规分包。

总承包单位依法将检维修项目分包给其他单位的，分包合同中应当明确各自的安全生产方面的权利、义务。总承包单位和分包单位对分包工程的安全生产承担连带责任。分包单位应当服从总承包单位的安全生产管理，分包单位不服从管理导致生产安全事故的，由分包单位承担主要责任。

两个及以上承包商在同一作业区域内作业、可能危及对方生产安全的，企业项目主管部门应明确工作边界，协调承包商之间签订安全管理协议，明确各自的安全生产管理职责和应当采取的安全措施，并指定专职安全生产管理人员进行安全检查与协调。

9.1.1.3　安全教育培训

承包商主要负责人、项目负责人、专职安全生产管理人员、特种作业人员、特种设备作业人员等应当经建设行政主管部门或者其他有关部门考核合格后方可任职。承包商人员应具备一定文化程度，能正确理解安全培训内容和检维修作业指令，遵守企业安全管理规定，具备检维修作业工种所需的基本知识和工作技能。

承包商负责其员工自主的安全培训与考核，应当建立各级员工安全培训矩阵，对其管理人员和作业人员每年至少进行一次安全培训，安全培训考核不合格的人员，不得上岗。企业负责检查和验证承包商自主的安全培训工作。承包商员工进入现场前，企业应开展入厂前安全培训，并考核验证其安全能力，验证形式应以实操为主，不合格者不允许进入现场。

承包商安全培训内容应与企业或承包商自身特点及承包商员工工种、服务业务、专业等相结合。根据检维修项目不同检维修阶段的风险特点，对承包商检维修作业人员开展安全培训，建立安全培训台账。安全培训主要内容如下：

（1）有关作业的安全规章制度；

（2）作业现场和作业过程中可能存在的危险有害因素及应采取的具体安全措施；

（3）作业过程中所使用的个体防护器具的使用方法及使用注意事项；

（4）事故的预防、避险、逃生、自救、互救等知识；

（5）相关事故案例和经验、教训。

9.1.2　检维修机具管理

企业对承包商检维修（作业）的机具、设备和车辆应进行入场前检查，确保使用符合国家标准的检维修机具，并保证完好，检维修机具排放污染物应满足环保管理要求，布置和摆放符合安全通行和安全间距要求，具有防水、防雨、防晒、防漏电措施，配件附件齐全，安全保护装置完整，电源线绝缘保护完好，架设、敷设符合安全要求，作业中应进行动态检查及管理，并做好检查记录。实施监理的项目由监理单位负责对承包商进场机具设备进行检查、验收。

例如：临时用电设备和线路应按供电电压等级和容量正确使用，所用的元器件应符合国家相关产品标准及作业现场环境要求，临时用电电源施工、安装应符合《石油化工建设工程施工安全技术标准》（GB/T 50484）的有关要求，并有良好的接地。施工现场所有配电箱和开关箱中应装设漏电保护器，用电设备必须做到二级漏电保护。严禁将保护线路或设备的漏电开关退出运行。电焊机应放置在干燥、防雨且通风良好的机棚内，电焊机的外壳应接地良好。电焊机二次线应采用铜芯软电缆，电缆应绝缘良好。输送氧、乙炔气的胶管应用不同颜色区分，胶管接头应严密，胶管不得鼓泡、破裂和漏气。

又如：脚手架架杆宜选用符合国家标准的直缝焊接钢管，外径宜为 48～51mm，壁厚宜为 3～3.5mm；规格不同不得混用；脚手架架杆应涂有防锈漆，不得有严重腐蚀、结疤、弯曲、压扁和裂缝等缺陷。脚手架扣件应有质量证明文件，并应符合《钢管脚手架扣件》（GB 15831）的规定。扣件使用前应进行质量检查，出现滑丝的螺栓必须更换，严禁使用有裂缝、变形的扣件。

作业前，承包商对作业现场及作业涉及的设备、设施、工器具等进行检查，应符合如下要求：

（1）作业现场消防通道、行车通道应保持畅通，影响作业安全的杂物应清理干净；

（2）作业现场的梯子、栏杆、平台、箅子板、盖板等设施应完整、牢固，采用的临时设施应确保安全；

（3）作业现场可能危及安全的坑、井、沟、孔洞等应采取有效防护措施，并设警示标志，夜间应设警示红灯，需要检修的设备上的电源应可靠断电，在电源开关处加锁并加挂安全警示牌；

（4）作业使用的个体防护器具、消防器材、通信设备、照明设备等应完好；

（5）作业使用的脚手架、起重机械、电气焊用具、手持电动工具等各种工器具应符合作业安全要求，超过安全电压的手持式、移动式电动工器具应逐个配置漏电保护器和电源开关；

（6）检维修作业场地严禁堆放杂物，特别是易燃易爆物品，承包商应及时恢复因检维修破坏的设施和环境，清除现场和设备内部检维修垃圾，做到工完料净场地清。

9.1.3 能量隔离

检维修过程中，危险能量与物料意外释放将导致事故（事件），如储运系统在大检修时，会在部分储罐中留存一些开工用的原料，如果不谨慎处理留存原料的能量隔离，储罐将会发生火灾爆炸等事故。企业应落实隔离及防护措施，强化盲板抽堵、电气施工等作业安全，采取将阀门、电气开关等设定在合适的位置或借助特定的设施使设备停止运转或危险能量和物料不能释放的措施。

9.1.3.1 隔离方式

能量隔离主要包括电气隔离和机械隔离等方式。电气隔离应将电路或设备部件从所有的输电源头安全可靠地分离开。由具有相应资质的电气（或仪表）专业人员按照国家相关标准与规定、安全规程实施隔断并上锁挂牌。机械隔离应将设备、设施与动力源、气体源头和液体源头物理断开。一般采用双阀隔离加盲板的方式，将管线阀门关闭，排空两阀之间的介质并加入盲板，实现物料的隔离。作业区域内所有危险能量和物料均应实施有效隔离，并对具备条件的隔离装置上锁挂牌。

9.1.3.2 隔离措施

企业技术人员（工艺、设备、电气、仪表等专业）应根据作业区域内设备、系统或环境内所有的危险能量和物料的来源及类型，辨识可能存在的危害，确定隔离点。在工艺处置等方案（单）中应明确隔离措施，主要包括隔离方法、隔离点及上锁挂牌等内容。

企业应通过检测，确认危险能量和物料已清空或已被隔离。对存在电气危害的，企业应组织施工单位在断电后实施验电或放电接地检验。检维修作业前，由企业作业人员和承包商作业人员共同确认隔离措施。确认完成隔离后，企业应向施工单位提供相关安全锁及钥匙，与施工单位对隔离装置上锁。施工作业期间，隔离装置应始终保持合格的上锁挂牌状态，尤其是盲板抽堵作业过程。

检维修作业完成后，确认设备、系统复位符合投用条件，企业和承包商再进行解锁。

🏭 9.1.4 安全技术交底

检维修项目应根据不同检维修阶段的风险特点，对承包商检维修作业人员分阶段进行安全技术交底。承包商和企业应对作业现场和作业过程中可能存在的危险有害因素进行辨识，制定相应的安全措施。企业现场技术人员向检维修单位负责项目管理的技术人员进行安全技术交底，检维修单位技术人员将有关安全检维修的技术要求向检维修作业班组、检维修人员作出详细说明。

以储罐罐顶护栏维修动火作业安全交底为例，主要交底内容为可能存在的风险和安全措施。

可能存在的风险主要为动火点周围易燃物易造成火灾事故；动火部位与其他含易燃易爆设备、设施连通；泄漏电流危害易造成触电身亡；高处动火作业火星飞溅易引发火灾事故、人员烫伤等。

对应的安全措施主要为：动火点周围或其下方边沟、地井、地漏等做好封堵；切断与动火设备相连通的设备管道并加盲板隔断、挂牌，并办理《盲板抽堵作业许可证》；电焊回路线应搭在焊件上，不得与其他设备搭接；高处动火作业办理《高处作业许可证》，并采取措施，防止火花飞溅、散落；对罐顶施工作业人员数量进行控制，减少非必要人员在罐顶作业等。

9.2 检维修过程控制

在检维修作业的全过程应落实安全生产责任制，确定检维修项目负责人、项目安全负责人和现场安全监督员等关键人员。承包商应办理作业审批手续，并有相关责任人签名确认。作业时审批手续应齐全、安全措施应全部落实、作业环境应符合安全要求。每次进入生产区域检维修作业前，应确认作业环境的安全性和作业对象、作业内容的准确性。作业期间应设监护人，监护人应由具有生产（作业）实践经验的人员担任，并经专项培训考试合格，佩戴明显标识，持培训合格证上岗。企业和施工单位应建立安全检查制度，定期对施工现场开展安全检查，做到即查即改，实现所有问题的闭环管理。作业完成，应及时清理现场和工具，确保工完料净场地清。

9.2.1 动火作业

动火作业是指在直接或间接产生明火的工艺设施以外的禁火区内从事可能产生火焰、火花或炽热表面的非常规作业，如电焊、气焊（割）、喷灯、电钻、砂轮、喷砂机等进行的作业。

部分企业在长期的实践过程中，总结了"三不动火"原则，即无动火作业许可证不动火、动火监护人不在现场不动火、防护措施不落实不动火。

9.2.1.1 作业分级

固定动火区外的动火作业分为特级动火、一级动火、二级动火三个级别；遇节假日、公休日、夜间或其他特殊情况，动火作业应升级管理。

固定动火区是指在非火灾爆炸危险场所划出的专门用于动火的区域。

特级动火作业是指在火灾爆炸危险场所处于运行状态下的生产装置设备、管道、储罐、容器等部位上进行的动火作业（包括带压不置换动火作业）；存有易燃易爆介质的重大危险源罐区防火堤内的动火作业。

一级动火作业是指在火灾爆炸危险场所进行的除特级动火作业以外的动火作业，管廊上的动火作业按一级动火作业管理。

二级动火作业是指除特级动火作业和一级动火作业以外的动火作业。凡生产系统全部停车，经清洗、置换、分析合格并采取安全隔离措施后，根据其火灾、爆炸危险性大小，经企业生产负责人或安全管理负责人批准，动火作业可按二级动火作业管理。

9.2.1.2 安全措施

（1）动火作业应有专人监护，作业前应清除动火现场及周围的易燃物品，或采取其他有效安全防火措施，并配备消防器材，满足作业现场应急需求。

（2）凡在盛有或盛装过助燃或易燃易爆危险化学品的设备、管道等储存设施及处于火灾爆炸危险场所中设备上动火作业，应将其与生产系统彻底断开或隔离，不应以水封或仅关阀门代替盲板为隔断措施。

（3）拆除管线进行动火作业时，应先查明其内部介质危险特性、工艺条件及其走向，并根据所要拆除管线的情况制定安全防护措施。

（4）动火点周围或其下方如有可燃物、电缆桥架、孔洞、窨井、地沟、水封设施、污水井等，应检查分析并采取清理或封盖等措施；对于动火点周围15m范围内有可能泄漏易燃、可燃物料的设备设施，应采取隔离措施。对于受热分解可产生易燃易爆、有毒有害物质的场所，应进行风险分析并采取清理或封盖等防护措施。

（5）在有可燃物构件和使用可燃物做防腐内衬的设备内部进行动火作业时，应采取防火隔绝措施。

（6）在作业过程中可能释放出易燃易爆、有毒有害物质的设备上或设备内部动火时，动火前应进行风险分析，并采取有效的防范措施，必要时应连续检测气体浓度，发现气体浓度超限报警时，应立即停止作业；在较长的物料管线上动火，动火前应在彻底隔绝区域内分段采样分析。

（7）在使用、储存氧气的设备上进行动火作业时，设备内氧含量不应超过23.5%（体积分数）。

（8）在油气罐区防火堤内进行动火作业时，不应同时进行切水、取样作业。

（9）动火期间，距动火点30m内不应排放可燃气体；距动火点15m内不应排放可燃液体；在动火点10m范围内、动火点上方及下方不应同时进行可燃溶剂清洗或喷漆等作业；在动火点10m范围内不应进行可燃性粉尘清扫作业。

（10）在厂内铁路沿线25m以内动火作业时，如遇装有危险化学品的火车通过或停留时，应立即停止作业。

（11）使用电焊机作业时，电焊机与动火点的间距不应超过10m，不能满足要求时应将电焊机作为动火点进行管理。

（12）使用气焊、气割动火作业时，乙炔瓶应直立放置，不应卧放使用；氧气瓶与乙炔瓶间距不应小于5m，两者与动火点间距不应小于10m，并应设置防晒和防倾倒措施；乙炔瓶应安装防回火装置。

（13）遇五级风以上（含五级风）天气，禁止露天动火作业；因生产确需动火，动火作业应升级管理。

（14）高处作业动火时，应对周围存在的易燃物进行处理，并对其下方的可燃物、机械设备、电缆、气瓶等进行清理或采取可靠的防护措施，同时应采取防止火花飞溅坠落的安全措施。

（15）作业完成应清理现场，确认无残留火种后方可离开。

（16）特级、一级动火作业许可证有效期不应超过8h；二级动火作业许可证有效期不应超过72h。

9.2.1.3 特级动火作业要求

特级动火作业在落实上述安全措施的同时，还应符合以下规定：

（1）应预先制定作业方案，落实安全防火防爆及应急措施；

（2）在设备或管道上进行特级动火作业时，设备或管道内应保持微正压；

（3）存在受热分解爆炸、自爆物料的管道和设备设施上不应进行动火作业；

（4）特级动火作业应采集全过程作业影像，且作业现场使用的摄录设备应为防爆型。

9.2.1.4 动火分析及合格标准

（1）动火作业前应进行气体分析，气体分析的检测点要有代表性，在较大的设备内动火，应对上、中、下（左、中、右）各部位进行检测分析；在管道、储罐等设备外壁上动火，应在动火点 10m 范围内进行气体分析，同时还应检测设备内气体含量；在设备及管道外环境动火，应在动火点 10m 范围内进行气体分析；气体分析取样时间与动火作业开始时间间隔不应超过 30min；特级、一级动火作业中断时间超过 30min，二级动火作业中断时间超过 60min，应重新进行气体分析；每日动火前均应进行动火分析；特级动火作业期间应连续进行监测。

（2）动火分析合格标准为：当被测气体或蒸气的爆炸下限大于或等于 4% 时，其被测浓度应不大于 0.5%（体积分数）；当被测气体或蒸气的爆炸下限小于 4% 时，其被测浓度应不大于 0.2%（体积分数）。

（3）可燃气体和有毒气体探测器的选用，应根据探测器的技术性能、被测气体的理化性质、被测介质的组分种类和检测精度要求、探测器材质与现场环境的相容性、工艺环境特点等确定。

9.2.2 受限空间作业

受限空间是指进出受限，通风不良，可能存在易燃易爆、有毒有害物质或缺氧，对进入人员的身体健康和生命安全构成威胁的封闭、半封闭设施及场所。如罐、槽、管道及窨井、坑（池）、管沟或其他封闭、半封闭场所。

受限空间作业是指进入或探入受限空间进行的作业。

部分企业在长期的实践过程中，总结了受限空间作业"三不进入"原则，即无受限空间作业许可证不进入，监护人不在场不进入，安全措施不落实不进入。

9.2.2.1 安全隔离

作业前，应对受限空间进行安全隔离，要求如下：

（1）与受限空间连通的可能危及安全作业的管道应采用插入盲板或拆除一段管道进行隔绝；不应采用水封或仅关阀门代替盲板作为隔断措施；

（2）与受限空间连通的可能危及安全作业的孔、洞应进行严密地封堵；

（3）对作业设备上的电器电源，应采取可靠的断电措施，电源开关处应上锁并加挂警示牌。

9.2.2.2 通风

应保持受限空间内空气流通良好，可采取如下措施：

（1）打开人孔、手孔等与大气相通的设施进行自然通风；

（2）必要时，可采用强制通风或管道送风，管道送风前应对管道内介质和风源进行分析确认；

（3）不应向受限空间充纯氧气或富氧空气；

（4）在受限空间内进行刷漆、喷漆作业或使用易燃溶剂清洗等可能散发易燃气体、易燃液体的作业时，应采取强制通风措施；

（5）在忌氧环境中作业，通风前应对作业环境中与氧性质相抵的物料采取卸放、置换或清洗合格的措施，达到可以通风的安全条件要求。

9.2.2.3　气体分析

作业前，应确保受限空间内的气体环境满足作业要求，要求如下：

（1）作业前30min内，应对受限空间进行气体检测，检测分析合格后方可进入。其中氧含量为19.5%～21%（体积分数），在富氧环境下不应大于23.5%（体积分数）。有毒物质允许浓度应符合《工作场所有害因素职业接触限值　第1部分：化学有害因素》（GBZ 2.1）的规定。可燃气体分析合格标准为：当被测气体或蒸气的爆炸下限大于或等于4%时，其被测浓度应不大于0.5%（体积分数）；当被测气体或蒸气的爆炸下限小于4%时，其被测浓度应不大于0.2%（体积分数）。

（2）检测点应有代表性，容积较大的受限空间，应对上、中、下（左、中、右）各部位进行检测分析。

（3）检测人员进入或探入受限空间检测时，应佩戴符合规定要求的个体防护装备。

（4）作业中断时间超过60min时，应重新进行气体检测分析。

9.2.2.4　安全措施

（1）缺氧或有毒的受限空间经清洗或置换仍达不到气体环境分析合格标准要求的，应佩戴隔绝式呼吸防护装备，并正确拴带救生绳。

（2）易燃易爆的受限空间经清洗或置换仍达不到气体环境分析合格标准要求的，应穿防静电工作服及防静电工作鞋，使用防爆工器具。

（3）酸碱等腐蚀性介质的受限空间，应穿戴防酸碱防护服、防护鞋、防护手套等防腐蚀护品。

（4）从事电焊作业时，应穿绝缘鞋。

（5）有噪声产生的受限空间，应配戴耳塞或耳罩等防噪声护具。

（6）有粉尘产生的受限空间，应在满足《粉尘防爆安全规程》（GB 15577）要求的条件下，按《个体防护装备配备规范　第1部分：总则》（GB 39800.1）要求配戴防尘口罩等防尘护具。

（7）高（低）温的受限空间，进入时应穿戴高（低）温防护用品，必要时采取通风、隔热（供暖）等防护措施。

（8）在受限空间内从事清污作业，应佩戴隔绝式呼吸防护装备，并正确拴带救生绳。

（9）受限空间出入口应保持畅通。在受限空间内作业时，应配备相应的通信工具。

（10）当一处受限空间存在动火作业时，该处受限空间内不得安排涂刷等其他可能产生有毒有害、可燃物质的作业活动。

（11）作业人员不应携带与作业无关的物品进入受限空间；作业中不得抛掷材料、工器具等物品；在有毒、缺氧环境下不应摘下防护面具。

（12）难度大、劳动强度大、时间长、高温的受限空间作业应采取轮换作业方式。

（13）接入受限空间的电线、电缆、通气管应在进口处进行保护或加强绝缘，且应避免与人员出入使用同一出入口；电焊机、变压器、气瓶应放置在受限空间外，电缆、气带应保持完好，使用的工具、电气设备、照明灯具应符合防爆要求。受限空间内使用的照明电压不应超过36V，并满足安全用电要求；在潮湿容器、狭小容器内作业电压不应超过12V。

（14）作业时，作业现场应配置移动式气体检测报警仪，连续检测受限空间内可燃气体、有毒气体及氧气浓度，并2h记录1次；气体浓度超限报警时，应立即停止作业、撤离人员、对现场进行处理，重新检测合格后方可恢复作业。

（15）作业期间发生异常情况时，不得无防护救援。停止作业期间，应在受限空间入口处增设警示标志，并采取防止人员误入的措施。

（16）作业结束后，应将工器具带出受限空间。

（17）受限空间作业许可证有效期不应超过24h。

9.2.2.5 监护人的特殊要求

（1）监护人应在受限空间外进行全程监护，不应在无任何防护措施的情况下进入或探入受限空间。

（2）在风险较大的受限空间作业时，应增设监护人员，并随时与受限空间内作业人员保持联络。

（3）监护人应对进入受限空间的人员及其携带的工器具种类、数量进行登记，作业完成后，再次进行清点，防止遗漏在受限空间内。

9.2.3 高处作业

高处作业是指在距坠落基准面2m及2m以上有可能坠落的高处进行的作业。

9.2.3.1 作业分级

（1）作业高度 h 分为四个区段：$2m \leqslant h \leqslant 5m$；$5m < h \leqslant 15m$；$15m < h \leqslant 30m$；$h > 30m$。

（2）直接引起坠落的客观危险因素主要分为9种：

①阵风风力五级（风速8.0m/s）以上。

②平均气温等于或低于5℃的作业环境。

③接触冷水温度等于或低于12℃的作业。

④作业场地有冰、雪、霜、水、油等易滑物。

⑤作业场所光线不足或能见度差。

⑥作业活动范围与危险电压带电体距离小于表9.1的规定。

⑦摆动，立足处不是平面或只有很小的平面，即任一边小于500mm的矩形平面、直径

小于 500mm 的圆形平面或具有类似尺寸的其他形状的平面，致使作业者无法维持正常姿势。

⑧存在有毒气体或空气中含氧量低于 19.5%（体积分数）的作业环境。

⑨可能会引起各种灾害事故的作业环境和抢救突然发生的各种灾害事故。

表9.1　作业活动范围与危险电压带电体的距离表

危险电压带电体的电压等级/kV	≤10	35	63~110	220	330	500
距离/m	1.7	2.0	2.5	4.0	5.0	6.0

不存在上述任一种客观危险因素的高处作业按表9.2规定的 A 类法分级，存在上述列出的一种或一种以上客观危险因素的高处作业按表9.2规定的 B 类法分级。

表9.2　高处作业分级表

分类法	高处作业高度/m			
	$2 \leqslant h \leqslant 5$	$5 < h \leqslant 15$	$15 < h \leqslant 30$	$h > 30$
A	I	II	III	IV
B	II	III	IV	IV

9.2.3.2　安全措施

（1）高处作业人员应正确佩戴符合《坠落防护　安全带》（GB 6095）要求的安全带及符合《坠落防护　安全绳》（GB 24543）要求的安全绳，下部应有安全空间和净距。在不具备安全带系挂条件时，应增设生命绳、速差防坠器、安全绳自锁器等安全措施。垂直移动宜使用速差防坠器、安全绳自锁器；水平移动拉设生命绳；30m 以上高处作业应配备通信联络工具。

（2）高处作业应设专人监护，作业人员不应在作业处休息。

（3）应根据实际需要配备符合安全要求的作业平台、吊笼、梯子、挡脚板、跳板等；脚手架的搭设、拆除和使用应符合《建筑施工脚手架安全技术统一标准》（GB 51210）等有关标准要求。高处作业人员不应站在不牢固的结构物上进行作业，在彩钢板屋顶、瓦楞板等轻型材料上作业，应铺设牢固的脚手板并加以固定，脚手板上应有防滑措施；不应在未固定、无防护设施的构件及管道上进行作业或通行。

（4）在临近排放有毒、有害气体、粉尘的放空管线或烟囱等场所进行作业时，应预先与作业属地生产人员取得联系，并采取有效的安全防护措施，作业人员应配备必要的符合国家相关标准的防护装备（如隔绝式呼吸防护装备、过滤式防毒面具或口罩等）。

（5）雨天和雪天作业时，应采取可靠的防滑、防寒措施；遇有五级风以上（含五级风）、浓雾等恶劣天气，不应进行高处作业、露天攀登与悬空高处作业；暴风雪、台风、暴雨后，应对作业安全设施进行检查，发现问题立即处理，当发现有松动、变形、损坏或脱落等现象时，应立即修理完善，维修合格后再使用。

（6）作业使用的工具、材料、零件等应装入工具袋，上下时手中不应持物，不应投掷工具、材料及其他物品。易滑动、易滚动的工具、材料堆放在脚手架上时，应采取防坠落措施。

（7）在同一坠落方向上，一般不应进行上下交叉作业，如需进行交叉作业，中间层应设置安全防护层，坠落高度超过 24m 的交叉作业，应设双层安全防护。

（8）因作业需要，须临时拆除或变动作业对象的安全防护设施时，应经作业审批人员同意，并采取相应的防护措施，作业后应立即恢复。拆除脚手架、防护棚时，应设警戒区并派专人监护，不应上部和下部同时施工。

（9）高处铺设钢格板时，必须边铺设边固定。安装区域的下方采取拉设安全网、搭设脚手架平台等防坠落措施，作业人员在作业全过程中应确保安全带系挂在生命绳或牢固的构件上，且铺设过程中形成的孔洞应及时封闭。

（10）使用移动式梯子时，下方应有人监护。

（11）使用移动式直梯时，上下支承点应牢固可靠，不得产生滑移。直梯工作角度与地平夹角宜为 70°～80°，工作时只许 1 人在梯上作业，且上部留有不少于 4 步空挡。

（12）使用人字梯时，上部夹角宜为 35°～45°，工作时只许 1 人在梯上作业，且上部留有不少于 2 步空挡，支撑应稳固。

（13）临边及洞口四周应设置防护栏杆、设置警示标志或采取覆盖措施。

（14）作业平台四周应设置防护栏杆、挡脚板。

（15）通道口、脚手架边缘等处，不得堆放物件。

（16）高处作业许可证有效期最长为 7 天。当作业中断，再次作业前，应重新对环境条件和安全措施进行确认。

9.2.4 吊装作业

吊装作业是指利用各种吊装机具将设备、工件、器具、材料等吊起，使其发生位置变化的作业。

9.2.4.1 作业分级

吊装作业按照吊装重物质量 m 不同分为：

（1）一级吊装作业：$m > 100t$。

（2）二级吊装作业：$40t \leqslant m \leqslant 100t$。

（3）三级吊装作业：$m < 40t$。

9.2.4.2 作业要求

（1）一、二级吊装作业，应编制吊装作业方案。吊装物体质量虽不足 40t，但形状复杂、刚度小、长径比大、精密贵重，以及在作业条件特殊的情况下，三级吊装作业也应编制吊装作业方案。吊装作业方案应经审批。

（2）吊装场所如有含危险物料的设备、管道等时，应制定详细吊装方案，并对设备、管道采取有效防护措施，必要时停车，放空物料，置换后进行吊装作业。不应利用管道、管架、电杆、机电设备等作吊装锚点。未经土建专业审查核算，不应将建筑物、构筑物作为锚点。

（3）不应靠近输电线路进行吊装作业。确需在输电线路附近作业时，起重机械的安全距离应大于起重机械的倒塌半径并符合《电业安全工作规程　电力线路部分》（DL409）的要求；不能满足时，应停电后再进行作业。

（4）作业前，作业单位应对起重机械、吊具、索具、安全装置等进行检查，确保其处于完好状态，并签字确认。指挥人员应佩戴明显的标志，并按《起重机　手势信号》（GB/T 5082）规定的联络信号进行指挥。应按规定负荷进行吊装，吊具、索具应经计算选择使用，不应超负荷吊装。

（5）起吊前应进行试吊，试吊中检查全部机具、地锚受力情况，发现问题应将吊物放回地面，排除故障后重新试吊，确认正常后方可正式吊装。大雪、暴雨、大雾、六级及以上大风时，不应露天作业。

（6）监护人员应确保吊装过程中警戒范围区没有非作业人员或车辆经过；吊装过程中吊物及起重臂移动区域下方不得有任何人员经过或停留。

9.2.4.3　吊装作业人员

（1）按指挥人员发出的指挥信号进行操作；任何人发出的紧急停车信号均应立即执行；吊装过程中出现故障，应立即向指挥人员报告。

（2）吊物接近或达到额定起重吊装能力时，应检查制动器，用低高度、短行程试吊后，再吊起；利用两台或多台起重机械吊运同一重物时应保持同步，各台起重机械所承受的载荷不应超过各自额定起重能力的80%；不应在起重机械工作时对其进行检修；不应在有载荷的情况下调整起升变幅机构的制动器。

（3）下放吊物时，不应自由下落（溜）；不应利用极限位置限制器停车；停工和休息时，不应将吊物、吊笼、吊具和吊索悬在空中。

（4）吊车工作、行驶或停放时应与沟渠、基坑保持一定的安全距离，且不得停放在斜坡上。

（5）汽车式吊车，作业前支腿应全部伸出，并在支撑板下垫好方木或路基箱，支腿有定位销的应插上定位销。底盘为悬挂式的吊车，伸出支腿前应先收紧稳定器。

（6）作业中严禁扳动支腿操纵阀。调整支腿必须在无载荷时进行，并将臂杆转至正前方或正后方。作业中发现支腿下沉、吊车倾斜等不正常现象时，应放下重物，停止吊装作业。

（7）以下情况不应起吊：

①无法看清场地、吊物，指挥信号不明或违章指挥不吊；

②起重臂吊钩或吊物下面有人、吊物上有人或浮置物；

③重物捆绑、紧固、吊挂不牢，吊挂不平衡，绳打结，绳不齐，斜拉重物，棱角吊物与钢丝绳之间没有衬垫；

④重物质量不明、与其他重物相连、埋在地下、与其他物体冻结在一起；

⑤起重机支垫不牢不吊。

9.2.4.4　司索人员

（1）听从指挥人员的指挥，并及时报告险情。

（2）不应用吊钩直接缠绕重物及将不同种类或不同规格的索具混在一起使用。

（3）吊物捆绑应牢靠，吊点和吊物的重心应在同一垂直线上；起升吊物时应检查其连接点是否牢固、可靠；吊运零散件时，应使用专门的吊篮、吊斗等器具，吊篮、吊斗等不应装满。

（4）起吊重物就位时，应与吊物保持一定的安全距离，用拉绳或撑杆、钩子辅助其就位。

（5）起吊重物就位前，不应解开吊装索具。

9.2.4.5 作业完成

（1）将起重臂和吊钩收放到规定位置，所有控制手柄均应放到零位，电气控制的起重机械的电源开关应断开。

（2）对在轨道上作业的吊车，应将吊车停放在指定位置有效锚定。

（3）吊索、吊具应收回，放置到规定位置，并对其进行例行检查。

（4）对起重机械进行维护保养时，应切断主电源并挂上标志牌或加锁。应告知接替工作人员设备、设施存在的异常情况及尚未消除的故障。

9.2.5 临时用电作业

临时用电是指在正式运行的电源上所接的非永久性用电。在运行的火灾爆炸危险性罐区和具有火灾爆炸危险场所内不应接临时电源，确需时应对周围环境进行可燃气体检测分析，分析合格方可使用临时用电。各类移动电源及外部自备电源，不应接入电网。动力和照明线路应分路设置。在开关上接引、拆除临时用电线路时，其上级开关应断电、加锁，并挂安全警示标牌，接、拆线路作业时，应有监护人在场。临时用电应设置保护开关，使用前应检查电气装置和保护设施的可靠性。所有的临时用电均应设置接地保护。临时用电设备和线路应按供电电压等级和容量正确配置、使用，所用的电器元件应符合国家相关产品标准及作业现场环境要求，临时用电电源施工、安装应符合《建设工程施工现场供用电安全规范》（GB 50194）的有关要求，并有良好的接地。

（1）火灾爆炸危险场所应使用相应防爆等级的电气元件，并采取相应的防爆安全措施。

（2）临时用电线路及设备应有良好的绝缘，所有的临时用电线路应采用耐压等级不低于500V的绝缘导线。

（3）临时用电线路经过火灾爆炸危险场所以及有高温、振动、腐蚀、积水及产生机械损伤等区域，不应有接头，并应采取相应的保护措施。

（4）临时用电架空线应采用绝缘铜芯线，并应架设在专用电杆或支架上，其最大弧垂与地面距离，在作业现场不低于2.5m，穿越机动车道不低于5m。

（5）沿墙面或地面铺设电缆线路应符合下列规定：电缆线路敷设路径应有醒目的警示标识，沿地面明敷的电缆线路应沿建筑物墙体根部敷设，穿越道路或其他易受机械损伤的区域，应采取防机械损伤的措施，周围环境应保持干燥；在电缆敷设路径附近，当有产生明火的作业时，应采取防止火花损伤电缆的措施。

（6）对需埋地敷设的电缆线路应设有走向标志和安全标志。电缆埋地深度不应小于 0.7m，穿越道路时应加设防护套管。

（7）现场临时用电配电盘、箱应有电压标志和危险标志，应有防雨措施，离地距离不宜少于 30cm，盘、箱、门应能牢靠关闭并上锁管理。

（8）临时用电设施应安装符合规范要求的漏电保护器，移动工具、手持式电动工具应逐个配置漏电保护器和电源开关。

（9）任何临时用电设备在未证实无电以前，应视作有电，不得触摸其导电部分。

（10）不得带电移动配电箱。移动或拆除临时用电设备和线路，应切断电源并对电源端导线作绝缘保护处理。

（11）未经批准，临时用电单位不应擅自向其他单位转供电或增加用电负荷，以及变更用电地点和用途。

（12）用电结束后，用电单位应及时通知供电单位拆除临时用电线路。

（13）临时用电时间一般不超过 15 天，特殊情况不应超过 30 天。用于动火、受限空间作业的临时用电时间应和相应作业时间一致。

9.2.6 动土作业

动土作业是指挖土、打桩、钻探、坑探、地锚入土深度在 0.5m 以上；使用推土机、压路机等施工机械进行填土或平整场地等可能对地下隐蔽设施产生影响的作业。

9.2.6.1 作业前安全

（1）掌握地下隐蔽设施的分布情况，做好地面和地下排水，防止地面水渗入作业层面造成塌方。

（2）检查工具、现场支撑是否牢固、完好，发现问题应及时处理。

（3）现场应根据需要设置护栏、盖板和警告标志，夜间应悬挂警示灯。

9.2.6.2 作业过程管理

（1）挖掘土方应自上而下逐层挖掘，不应采用挖底脚的办法挖掘；使用的材料、挖出的泥土应堆放在距坑、槽、井、沟边沿至少 1m 处，堆土高度不应大于 1.5m。挖出的泥土不应堵塞下水道和窨井，不应在土壁上挖洞攀登，不应在坑、槽、井、沟上端边沿站立、行走，不应在坑、槽、井、沟内休息。

（2）应视土壤性质、湿度和挖掘深度设置安全边坡或固壁支撑。作业过程中应对坑、槽、井、沟边坡或固壁支撑架随时检查，特别是雨雪后和解冻时期，如发现边坡有裂缝、松疏或支撑有折断、走位等异常情况，应立即停止工作，并采取相应措施。

（3）在坑、槽、井、沟的边缘安放机械、铺设轨道及通行车辆时，应保持适当距离，采取有效的固壁措施，确保安全；在拆除固壁支撑时，应从下而上进行；更换支撑时，应先装新的，后拆旧的。

（4）作业人员在沟（槽、坑）下作业应按规定坡度顺序进行，使用机械挖掘时不应进入机械旋转半径内；深度大于 2m 时应设置人员上下的梯子等，保证人员快速进出设施；两个以上作业人员同时挖土时应相距 2m 以上，防止工具伤人。

（5）动土临近地下隐蔽设施时，应使用适当工具挖掘，避免损坏地下隐蔽设施。如暴露出电缆、管线以及不能辨认的物品时，应立即停止作业，妥善加以保护，报告动土审批单位处理，经采取措施后方可继续动土作业。

（6）机械开挖时，应避开构筑物、管线，在距管道边 1m 范围内应采用人工开挖；在距直埋管线 2m 范围内宜采用人工开挖，避免对管线或电缆造成影响。

（7）在罐区等危险场所动土时，监护人应与所在区域的生产人员建立联系，当储运设施发生突然排放有害物质时，监护人员应立即通知动土作业人员停止作业，迅速撤离现场；遇有埋设的易燃易爆、有毒有害介质管线、窨井等可能引起燃烧、爆炸、中毒、窒息危险，且挖掘深度超过 1.2m 时，应执行受限空间作业相关规定。

（8）施工结束后应及时回填土石，并恢复地面设施。

9.2.7 盲板抽堵作业

盲板抽堵作业是指在设备、管道上安装或拆卸盲板的作业。

9.2.7.1 盲板要求

作业前，企业应预先绘制盲板位置图，对盲板进行统一编号，并设专人统一指挥作业。对于在不同危险化学品企业共用的管道上进行盲板抽堵作业，作业前应告知上下游相关单位。应根据管道内介质的性质、温度、压力和管道法兰密封面的口径等选择相应材料、强度、口径和符合设计、制造要求的盲板及垫片。高压盲板使用前应经超声波探伤；盲板选用应符合《管道用钢制插板、垫环、8 字盲板系列》（HG/T 21547）或《阀门零部件 高压盲板》（JB/T 2772）的要求。

作业单位应按图进行盲板抽堵作业，并对每个盲板设标牌进行标识，标牌编号应与盲板位置图上的盲板编号一致。企业应逐一确认并做好记录。

9.2.7.2 抽堵作业

作业前，应降低系统管道压力至常压，保持作业现场通风良好，并设专人监护。在火灾爆炸危险场所盲板抽堵作业时，作业人员应穿防静电工作服、工作鞋，并应使用防爆灯具和防爆工具，距盲板抽堵作业地点 30m 内不应有动火作业。

在强腐蚀性介质的管道、设备上进行盲板抽堵作业时，作业人员应采取防止酸碱灼伤的措施。介质温度较高或较低、可能造成烫伤或冻伤的的管道、设备上进行盲板抽堵作业时，作业人员应采取防烫、防冻措施。

在有毒介质的管道、设备上进行盲板抽堵作业时，作业人员应按《个体防护装备配备规范 第1部分：总则》（GB 39800.1）的要求选用防护用具。在涉及硫化氢、氯气、氨气、一氧化碳及氰化物等毒性气体的管道、设备上进行作业时，还应佩戴移动式气体检测仪。

不应在同一管道上同时进行两处或两处以上的盲板抽堵作业。同一盲板的抽、堵作业，应分别办理盲板抽、堵作业许可证；一张许可证只能进行一块盲板的一项作业。盲板抽堵作业结束，由作业单位和企业专人共同确认。

9.2.8 断路作业

断路作业是指在企业生产区域内交通主、支路与车间引道上进行工程施工、吊装、吊运等各种影响正常交通的作业。

（1）作业前，作业单位应会同企业相关部门制定交通组织方案，方案应能保证消防车和其他重要车辆的通行，并满足应急救援要求。

（2）作业单位应根据需要在断路的路口和相关道路上设置交通警示标志，在作业区附近设置路栏、道路作业警示灯、导向标等交通警示设施。

（3）在道路上进行定点作业，白天不超过2h、夜间不超过1h即可完工的，在有现场交通指挥人员指挥交通的情况下，只要作业区设置了相应的交通警示设施，可不设标志牌。

（4）在夜间或雨、雪、雾天进行作业应设置道路作业警示灯。道路作业警示灯设置高度应离地面1.5m，不低于1.0m，其设置应能反映作业区域的轮廓，应能发出至少自150m以外清晰可见的连续、闪烁或旋转的红光。

（5）断路作业结束后，作业单位应清理现场，撤除作业区、路口设置的路栏、道路作业警示灯、导向标等交通警示设施，并与企业检查核实，报告有关部门恢复交通。

9.3 典型做法

近几年，企业为了加强特殊作业安全管理，提升现场安全管理水平，通过抓安全、控风险，总结出很多可供借鉴的经验和管理模式，在实践过程中结合企业实际可推广应用。

9.3.1 安全网格化管理

施工现场检修安全网格化管理模式的组织形式按照一级网格、二级网格和基础网格设置，逐级管理。在实施过程中，网格的范围可根据作业任务变化动态调整。相邻的基础网格之间既要明确管理界限，也要保证有效衔接，不能留有管理盲区。实施安全网格化管理有利于落实安全责任，规范现场施工管理，提升现场安全管理水平。

一级网格：企业安全、机动、技术、生产等管理部门组成一级网格的管理者，负责企业内施工作业的安全管理（表9.3）。

表9.3　一级网格管理看板示例

	部门	厂领导	生产技术	机动	工程	安全	承包商/监理
一级网格（厂级）	姓名	×××	×××	×××	×××	×××	××公司：
	电话	×××	×××	×××	×××	×××	××× ×××

二级网格：企业各车间为二级网格的管理者，负责管理区域内的作业安全管理（表9.4）。

表9.4　二级网格管理看板示例

二级网格 （车间级）	责任人	车间负责人	工艺	设备	安全	承包商/监理
	姓名	×××	×××	×××	×××	××公司： ×××
	电话	×××	×××	×××	×××	×××

基础网格：车间管理的相对独立的区域（或单元），按照地理位置进一步细分出的下一级管理区域组成基础网格，具体负责网格区内的作业安全管理。基础网格由企业基层单位班长或班组业务骨干进行管理，任务量大时，应适当增加网格安全管理者人数（表9.5）。

表9.5　基础网格管理看板示例

基础网格	1#区域：××××××				
	责任人	区域负责人	监护人	区域承包商负责人	区域承包商安全管理人员
	姓名	×××	×××	×××	×××
	电话	×××	×××	×××	×××

各级网格中均应按照管理程序、分级配备相关人员，逐级负责管理，共同抓好网格内的安全管理。不同基础网格内的管理人员，同一时间段内不得兼管其他基础网格的作业安全管理。为保证现场监管人员对现场的熟悉程度、管理的连续性，原则上，区域内的安全管理人员应相对固定，不能频繁更换。一般情况下，不得把监护人作为网格内的安全管理人员。

网格内安全管理人员应不间断对施工现场进行巡检和督查。基础网格区域现场应设置看板，网格内相关方责任人名单和联系方式应在看板明显位置公布。基础网格看板应设置在作业区域现场，一、二级网格看板应设置在进入作业现场主要通道的入口处。企业应提前、逐项安排好项目施工进度，优化组织，规避交叉作业等现象。应针对网格化管理的特点和要求，结合现场施工计划安排，提前做好相关方的人员选派工作。

按照"谁的网格谁负责"的原则，建立网格化管理考核细则，对企业网格化管理情况进行监督检查，对未实行网格化管理及落实不到位的单位进行通报和考核。

9.3.2　作业过程视频监控

储运企业对特殊作业以及重要的、危险性较大的施工现场、三个三（特殊作业环节、承包商和危险化学品三个关键环节；罐区、管廊和装卸车三个关键部位；生产异常、极端天气和敏感时段三个关键时期）实施全程视频监控，加大施工作业全过程管控力度，强化施工作业全过程岗位人员职责落实，有效防范安全事故发生。

作业前需纳入视频监控的内容包括：车间项目负责人组织施工人员开展的危害分析全

过程，施工人员进入现场前进行作业安全交底全过程，动火、受限空间等需要对作业环境进行化验分析的作业、化验分析取样过程及化验分析结果，作业许可证填写过程、危害分析及作业许可证中各项安全措施确认人对安全措施落实情况的检查、签字过程。

作业过程中需纳入视频监控的内容包括：作业实施全过程，因作业中断重新对作业环境进行化验分析、受限空间定时环境化验分析的过程。

作业完成后需纳入视频监控的内容包括：作业现场"工完料净场地清"的执行情况，作业完工验收检查过程及作业许可证确认签字情况。

视频监控设备优先使用生产现场固定式视频监控，其次为具备实时传输功能的防爆移动单兵视频监控。特殊作业的安全视频监控信号必须传输至监控中心实时监控，对违章行为做到实时纠正。

🏭 9.3.3 承包商记分管理

对承包商及承包商员工实行记分制度，通过制定承包商记分标准，对违反安全管理制度的行为进行扣分。承包商单位的管理违章只扣承包商单位积分；个体违章行为既扣承包商个人积分，同时对应扣承包商单位积分。

承包商人员累计扣分达到某一限值时，立即停工收缴入厂证，开展自主培训。企业根据入厂教育计划对其进行安全教育培训，培训考核合格方可允许入厂作业；不按时参加培训的承包商人员列入"黑名单"。承包商人员12个月内个人扣分达到规定值时，列入"黑名单"，取消其在企业的作业资格。

无资质、超资质范围的承包商，转包、违法分包或者挂靠的承包商，一经查出，列入承包商"黑名单"，永久停止承包商资格。

建立健全承包商资质及施工人员数据库，动态完善承包商资质信息和承包商违规处理情况，定期发布承包商及施工人员黑名单。

🏭 9.3.4 检维修现场标准化

设备检修应严格遵守检修规程，执行检修质量标准，缩短检修时间，做到安全检修、文明检修。检修工程应有严密的施工方案和技术措施，重点检修项目应进行看板管理，绘制平面布置图、网络图和施工进度表。

检修现场必须做到"三不落地、三不见天、三条线、三净、二清"。三不落地是指工具和量具不落地、拆卸零件不落地、油污和脏物不落地；三不见天是指润滑油（脂）不见天、清洗过的机件不见天、打开的设备不见天；三条线是指工具摆放一条线、零件摆放一条线、材料摆放一条线；三净是指停工场地净、检修场地净、开工场地净；二清是指当天垃圾当天清、工完料净场地清。

检修完工后，现场区域环境应达到"一平、二净、三见、四无、五不缺"标准。一平是指地面平整；二净是指门窗玻璃净、墙壁地面净；三见是指沟见底、轴见光、设备见本色；四无是指无垃圾、无杂草、无废料、无闲散器材；五不缺是指保温油漆不缺、螺栓手轮不缺、门窗玻璃不缺、灯泡灯罩不缺、地沟盖板不缺。

9.3.5 检维修现场安全督查

安全督查模式，以观察、引领、沟通、纠正为主要工作方式，以适度的管理责任和绩效考核为辅助手段，以消除隐患、促进整改、完善管理为主要目的，促进职工自觉遵章守纪。

通过设立专职安全督查大队，在安全总监和安全管理部门的领导下，对企业生产经营和施工现场进行全覆盖、全天候的安全督查。企业依据安全风险分级管控的原则，对安全督查实行分级管理。各级安全督查应通过督查通报、停工培训、会议讲评、专业考核、安全谈话等管理措施，保持整治严重违章行为的高压态势，督促违章单位立查立改，警示其他单位对照整改，促进企业安全管理水平不断提升。

安全督查应结合实际，制定现场督查计划，坚持每日现场督查，完成督查日报。应按计划做实作业现场巡检和违章查处，并赋予督查人员现场处罚权和停工权。安全督查应聚焦作业现场，根据作业风险和作业量，及时调整督查人员和技术力量，确保督查能力满足要求。对于督查人员提出的处理意见，涉及的相关业务管理部门不予及时处理的，应追究相关单位及人员责任。

9.3.6 作业过程第三方监督服务

第三方监督服务，是借助第三方专业化服务单位的技术力量和管理经验，协助开展资质审查、施工指导、人员培训和现场检查等工作，建立企业、检维修作业单位及第三方共同参与的安全管理模式。

企业与第三方专业化服务单位签订"第三方检维修作业安全监督服务协议"，明确监督服务的任务内容、范围、时间及其他相关事宜。第三方安全监督机构根据相关国家法律、法规、规范、标准及"服务协议"要求，开展检维修安全监督管理服务，内容包括开工前对承包商资质、特殊作业人员资质、特种设备证书证件、作业工器具质量检查和施工过程中安全监督管理工作。

第三方安全监督机构成立现场安全监督项目部，任命项目负责人和现场安全监督工程师，明确项目负责人与现场安全监督工程师的职责、目标、任务。项目负责人负责对外沟通、协调，负责制定安全监督工作计划，主持开展检修现场安全监督管理活动。现场安全监督工程师在项目负责人领导下，监督管理所属区域的项目检修及其他安全监督管理工作，发现违章行为按照规范要求及时纠正整改，并根据违章行为和安全隐患的严重程度，有权在检查中出具局部或整个工作停工的指令。

第10章

消防应急

>>>

石油化工储运企业物质及能量集中，危险性较大，发生事故后果严重。为了保障人身和财产安全，企业应树立"以人为本、预防为主、防消结合"的理念，建立健全消防应急管理体系，配足消防应急设施，提升消防应急能力。加强消防应急管理工作，防止重特大火灾事故发生，具有十分重要的作用和现实意义。

10.1 消防设施

企业应根据储存、装卸的物料和操作条件设置相应的消防设施。消防设施主要包括消防泵、消火栓、消防水炮、消防水池、报警系统、防火堤、消防道路等，其作用是及时发现和扑救火灾，冷却相邻设施，限制火灾蔓延，减少人员伤亡和财产损失。

10.1.1 消防泵

消防泵是用作输送水或泡沫溶液等灭火剂的专用泵，按照动力源形式分为电动泵和柴油机泵两种，消防水的主泵应采用电动泵，备用泵应采用柴油机泵；按照用途分为供水泵、稳压泵和泡沫泵三种。

消防泵的性能应满足消防水系统所需流量和压力要求，单台消防泵的最小额定流量不应小于 10L/s，最大额定流量不宜大于 320L/s。同一泵组的消防泵型号应一致，且不应超过 3 台，消防泵应设置备用泵，其性能应与工作泵一致。为保证启动迅速，消防泵应采用自灌式吸水方式，吸水管上应设置明杆闸阀或带自锁装置的蝶阀，当管径大于 $DN300$ 时，应设置电动阀门；出水管上应设置止回阀、明杆闸阀，当管径大于 $DN300$ 时，应设置电动阀门。消防泵应在接到报警后 2min 以内投入运行。稳高压消防水系统的消防泵应能依靠管网压降信号自动启动。

柴油机泵应采用压缩式点火型柴油机,应具备手动和自动启动功能,配置的蓄电池应保证柴油机泵随时自动启泵,柴油机泵应按100%备用能力设置,柴油机的油料储备量应能满足机组连续运转6h的要求。

消防泵应每日盘车1次,严禁在自动状态下盘车,每日应对稳压泵的停泵启泵压力和启泵次数等进行检查,并记录运行情况。每月应手动启动消防泵运转一次,并检查供电电源的情况。每季度应对消防泵的出水流量和压力进行一次试验。

柴油机泵应每日检测启动电池的电量,每周检查储油箱的储油量,每月手动启动柴油机泵运行一次。

10.1.2 消火栓

消火栓分为地上式和地下式两种,罐区消火栓的设置应选用地上式消火栓,沿道路设置,消火栓的间距不宜超过60m,其距路面边宜不小于1m,不宜大于5m,保护半径不应超过120m。

消火栓按照进水口的公称通径可分为100mm和150mm两种,进水口为100mm的消火栓,其出水口应选用100mm的消防接口,水带出水口应选择规格为65mm的消防接口;进水口为150mm的消火栓,其出水口应选用150mm的消防接口,水带出水口应选择规格为80mm的消防接口。消火栓的大口径出水口应面向道路,当设置场所有可能受到车辆冲撞时,应在其周围设置防护设施。

安装地上式室外消火栓时,其放水口应用粒径为20~30mm的卵石做渗水层,铺设半径为500mm,铺设厚度自地面下100mm至沟底,铺设渗水层时,应保护好放水弯头,以免损坏。

消火栓半径1m内不准种植树木,半径5m内不准停放车辆或堆放物品。消火栓每年开春后、入冬前应对消防栓逐一进行出水试验。定期清除阀塞启闭杆端部周围杂物,转动启闭杆,加注润滑油。

10.1.3 消防水炮

消防水炮使用压力范围广、射程远,是远距离扑救火灾的重要消防设施。甲、乙类可燃气体、可燃液体设备群应设置消防水炮,消防水炮应具备直流和水雾喷射方式,设置位置距保护对象不应小于15m,出水流量应为30~50L/s,射程大于或等于65m,工作压力应大于0.8MPa。

消防水炮的球阀应在规定使用压力范围内开启或关闭,以免造成球阀及密封件的损坏变形,每次使用应将炮内水放净,冬季严寒地区更要注意避免将炮冻坏。为保证转动灵活,每季度应对消防水炮的俯仰、水平回转机构加注一次润滑脂。

10.1.4 消防水池(罐)

消防水池(罐)是供消防泵吸水的储水设施,对消防灭火用水起着关键作用。消防水池（罐）的容量应满足火灾延续时间内消防用水总量的要求，水池（罐）的总容量大于 $1000m^3$ 时，应分隔成 2 个，每座消防水池（罐）应设置独立的出水管，并应设置带切断阀的连通管。消防水池（罐）的补水时间不宜超过 48h，其中石油库的消防水池（罐）不应大于 96h。消防水池（罐）的出水管应设置溢流水管和排水设施。

消防水池（罐）应设就地水位显示装置，同时应设液位检测、高低液位报警及自动补水设施，并将信号远传至消防控制中心或值班室。

🏭 10.1.5 消防道路

罐区主要出入口不应少于 2 个，并宜位于不同方位。液化烃罐组、总容积大于或等于 $12×10^4m^3$ 的可燃液体罐组、总容积大于或等于 $12×10^4m^3$ 的两个或两个以上可燃液体罐组应设环形消防车道。可燃液体的储罐区、可燃气体储罐区、装卸区应设环形消防车道，当受地形条件限制时，也可设有回车场的尽头式消防车道。消防车道的路面宽度不应小于 6m，路面内缘转弯半径不宜小于 12m，路面上净空高度不应低于 5m；含有单罐容积大于 $5×10^4m^3$ 的可燃液体罐组，其周边消防车道的路面宽度不应小于 9m，路面内缘转弯半径不宜小于 15m。

液化烃、可燃液体、可燃气体的罐区内，任何储罐的中心距至少 2 条消防车道的距离均不应大于 120m；当不能满足此要求时，任何储罐中心与最近的消防车道之间的距离不应大于 80m，且最近消防车道的路面宽度不应小于 9m。

在液化烃、可燃液体的铁路装卸区应设与铁路线平行的消防车道，如果一侧设消防车道，车道至最远的铁路线的距离不大于 80m；如果两侧设消防车道，车道之间的距离不应大于 200m，超过 200m 时，其间还应增设消防车道。

🏭 10.1.6 防火堤

10.1.6.1 防火堤设置

防火堤是储罐发生泄漏事故时防止液体外流的设施，根据结构形式分为钢筋混凝土防火堤、土筑防火堤、砌体防火堤、夹心式防火堤。防火堤应采用不燃烧材料建造，且必须密实、不泄漏，进出储罐组的各类管线、电缆应从防火堤顶部或从地面以下穿过，当必须穿过防火堤时，应设置套管，并应采用不燃烧材料严密封闭，或采用固定短管且两端采用软管密封连接的形式。防火堤应设置不少于 2 处越堤人行踏步或坡道，并应设置在不同方位上，相邻踏步或坡道之间距离不宜大于 60m，高度大于或等于 1.2m 的踏步或坡道应设防护栏。

防火堤内的有效容积不应小于罐组内一个最大储罐的容积，当外浮顶、内浮顶罐组不能满足此要求时，应设置事故存液池储存剩余部分，但罐组防火堤内的有效容积不应小于罐组内 1 个最大储罐容积的一半。

立式储罐至防火堤内堤脚线的距离不应小于罐壁高度的一半，卧式储罐至防火堤内堤脚线的距离不应小于3m；相邻罐组防火堤的外堤脚线之间应留有宽度不小于7m的消防空地。立式储罐防火堤的高度应为计算高度加0.2m，但不应低于1.0m（以堤内设计地坪标高为准），且不宜高于2.2m（以堤外3m范围内设计地坪标高为准）。

液化烃全压力或半冷冻式储罐组宜设置高度为0.6m的防火堤，防火堤内堤脚线距储罐不应小于3m。液化烃全冷冻式单防罐罐组防火堤内的有效容积不应小于一个最大储罐的容积。液化烃和液氨的全冷冻式双防或全防罐罐组可不设防火堤。

10.1.6.2 隔堤设置

储罐罐组内设置隔堤主要用于减少防火堤内发生少量液体泄漏事故时的影响范围，或用于减少常压条件下通过低温使气态变成液态的储罐组发生少量冷冻液体泄漏事故时的影响范围。隔堤内有效容积不应小于隔堤内1个最大储罐容积的10%。

可燃液体罐组内应按下列要求设置隔堤：单罐容积大于$2 \times 10^4 m^3$时，应每个储罐一隔；单罐容积大于5000m^3且小于或等于$2 \times 10^4 m^3$时，隔堤内的储罐不应超过4个；单罐容积小于等于5000m^3时，隔堤所分隔的储罐容积之和不应大于$2 \times 10^4 m^3$；隔堤所分隔的沸溢性液体储罐不应超过2个。

多品种的液体罐组内应按下列要求设置隔堤：甲$_B$、乙$_A$类液体与其他类可燃液体储罐之间；水溶性与非水溶性可燃液体储罐之间；相互接触能引起化学反应的可燃液体储罐之间；助燃剂、强氧化剂及具有腐蚀性液体储罐与可燃液体储罐之间。

全压力式或半冷冻式储罐组的总容积不应大于$4 \times 10^4 m^3$，隔堤内各储罐容积之和不宜大于8000m^3；全冷冻式储罐组单防罐应每个储罐一隔，隔堤应低于防火堤0.2m；沸点低于45℃甲$_B$类液体压力储罐组隔堤内各储罐容积之和不宜大于8000m^3。

🏭 10.1.7 灭火器

灭火器按移动方式分为手提式和推车式，按所充装的灭火剂分为泡沫、干粉、卤代烷、二氧化碳、酸碱、清水等灭火器。常用的泡沫灭火器适用于扑救油制品、油脂类火灾，碳酸氢钠干粉灭火器适用于易燃、可燃液体、气体及带电设备的初起火灾。

可燃气体、液化烃和可燃液体的地上罐组宜按防火堤内面积每400m^2配置1个手提式干粉灭火器，但每个储罐配置的数量不宜超过3个。可燃气体、液化烃和可燃液体的铁路装卸栈台应沿栈台每12m处上、下各分别设置2个手提式干粉型灭火器。灭火器存放地点温度范围：泡沫灭火器范围为-7～30℃，干粉灭火器为-10～45℃，二氧化碳灭火器为不大于42℃。

使用单位必须加强对灭火器的日常管理和维护，建立维护管理档案，明确维护管理责任人，并且对维护情况进行定期检查。移动式灭火器实行"三定"管理，即定人、定位、定期；器材或器材箱内设置标签，标明部位、负责人、规格型号、出厂、维修、更换时间。

企业应严格落实灭火器报废制度，灭火器从出厂日期算起，达到一定使用年限，必须报废，各种灭火器的使用年限一般为：水基型灭火器（清水灭火器、泡沫灭火器）6年；

干粉灭火器 10 年；洁净气体灭火器 10 年；二氧化碳灭火器 12 年。

10.2 消防报警

设置消防报警系统可及时发现和通报初期火灾，防止火灾蔓延和重大火灾事故的发生。消防报警系统主要包括火灾自动报警系统和火灾电话报警、视频监控系统、应急广播系统等，在系统设置、功能配置、联动控制等方面应有机结合，综合考虑，以增强安全防范和消防监控的效果。

10.2.1 自动报警

火灾自动报警系统是探测火灾早期特征、发出火灾报警信号，为人员疏散、防止火灾蔓延和启动自动灭火设备提供控制与指示的消防系统。储罐区、装卸区等重要设施应设置区域性火灾自动报警系统，2 套及 2 套以上的区域性火灾自动报警系统宜通过网络集成为全厂性火灾自动报警系统。单罐容积大于或等于 $3 \times 10^4 \, m^3$ 的外浮顶罐的密封圈处应设置火灾自动报警系统；单罐容积大于或等于 $1 \times 10^4 \, m^3$ 并小于 $3 \times 10^4 \, m^3$ 的外浮顶罐的密封圈处宜设置火灾自动报警系统。火灾自动报警系统应设置警报装置，当生产区有扩音对讲系统时，可兼作为警报装置；当生产区无扩音对讲系统时，应设置声光警报器。火灾自动报警系统可接收视频监控系统的报警信息。区域性火灾报警控制器应设置在该区域的控制室内，当该区域无控制室时，应设置在 24h 有人值班的场所，其全部信息应通过网络传输到中央控制室。

火灾自动报警系统的 220V AC 主电源应优先选择不间断电源（UPS）供电。直流备用电源应采用火灾报警控制器的专用蓄电池，应保证在主电源事故时持续供电时间不少于 8h。

10.2.2 人工报警

10.2.2.1 报警按钮

储运设施多已采用 DCS 或 PLC 控制，距离控制室越来越远，现场值班人员较少，为发生火灾时能够及时报警，企业应在储罐区和装卸区周围道路边设置手动火灾报警按钮，其间距不宜大于 100m。手动火灾报警按钮应设置在明显和便于操作的部位。当采用壁挂方式安装时，其底边距地高度宜为 1.3~1.5m，且应有明显的标志，控制室、操作室应设置声光报警控制装置。

10.2.2.2 报警电话

储罐区、装卸区和辅助作业区的值班室内，应设火灾报警电话。消防站应设置可受理不少于 2 处同时报警的火灾受警录音电话，且应设置无线通信设备。在生产调度中心、消防泵房、中央控制室等重要场所应设置与消防站直通的专用电话。消防专用电话分机，应固定安装在明显且便于使用的部位，并应有区别于普通电话的标识。

📖 10.2.3 应急广播

消防应急广播系统也称消防广播系统，是火灾逃生疏散和灭火指挥的重要设备，在整个消防控制管理系统中起着至关重要的作用。罐区、装卸区等重要的火灾危险场所应设置消防应急广播系统，消防应急广播系统的联动信号应由消防联动控制器发出。当确认火灾后，应同时向整个区域进行广播，当使用扩音对讲系统作为消防应急广播时，应能切换至消防应急广播状态。

📖 10.2.4 视频监控

罐区、装卸区应设置视频监控报警系统，监视突发的危险因素或初期的火灾报警等情况。视频监控系统摄像头的设置个数和位置，应根据罐区和装卸区现场的实际情况而定，应做到全覆盖，摄像头的安装高度应确保可以有效监控到储罐顶部。

10.3 消防灭火

企业应针对不同物化性质的物料，采用不同的灭火方法和灭火设施进行灭火。科学、合理地设置相应的固定式、半固定式或移动式消防灭火设施，对扑救初期火灾起着十分重要的作用。

📖 10.3.1 灭火方法

根据物质燃烧原理及火灾扑救的实践经验，灭火的基本方法有窒息法、冷却法、隔离法、化学抑制法等。各种方法的应用见表10.1。

表 10.1 灭火方法应用比较表

灭火方法	灭火原理	应用举例
窒息法	阻止空气流入燃烧区，或用惰性气体稀释空气，使燃烧物因得不到足够的氧气而熄灭	采用氮气、二氧化碳、蒸汽等进行灭火的灭火系统
冷却法	将灭火剂直接喷洒在燃烧着的物体上，使可燃物质的温度降到燃点以下以终止燃烧；也可用灭火剂喷洒在火场附近的未燃烧的易燃物上起冷却作用，防止其受辐射热影响而起火	采用水、泡沫等进行降温的灭火系统
隔离法	将燃烧物与附近未燃烧的可燃物隔离或疏散开，使燃烧因缺少可燃物而停止	采用泡沫、蒸汽等进行灭火的灭火系统
化学抑制法	灭火剂与链式反应的中间体自由基反应，从而使燃烧的链式反应中断使燃烧不能持续进行	干粉灭火系统

🏭 10.3.2　消防水灭火系统

室外消防给水系统按消防水压力要求分为高压消防给水系统、临时高压消防给水系统（又称稳高压消防水系统）和低压消防给水系统。

高压消防给水系统指正常供水压力始终保持 1.0MPa 以上，满足水灭火设施所需的工作压力和流量，火灾时无须消防给水泵直接加压的供水系统。

临时高压消防给水系统指平时不能满足水灭火设施所需的工作压力和流量，火灾时能自动启动消防主泵以满足水灭火设施所需的工作压力和流量的供水系统，正常供水压力高于 0.7MPa。目前一些大型的石油化工企业采用设有稳压泵的临时高压消防给水系统，管网的日常压力保持在高压状态，发生火灾出水流量大时，稳压泵自动切换到消防主泵供水。

低压消防给水系统指能满足车载或手抬移动消防给水泵等取水所需的工作压力和流量的供水系统，一般供水压力低于 0.3MPa。

一般石油化工储运罐区采用稳高压消防水系统。

10.3.2.1　稳高压消防水系统

稳高压消防给水系统由三部分组成：一部分是由消防储水池、消火栓、消防水炮及管线组成的供水管网；另一部分是由消防泵组、稳压泵组、出口电动阀构成的电动机泵组；还有一部分是由变频器、软启动器组、触摸屏、控制执行机构、压力变送器等组成的控制系统。系统结构见图 10.1。

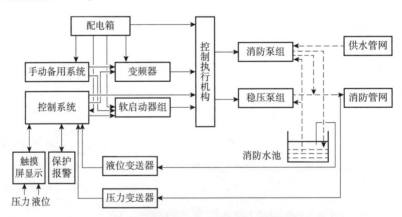

图 10.1　稳高压消防给水系统总体框图

1. 正常操作

正常情况下，开启一台消防稳压泵，负责消防管网的日常供水，并保持压力在 0.7MPa。

火警时，应迅速开启消防主泵进行提压供水，使消防水压力保持在 0.7 ~ 1.2MPa。若在开启消防主泵提压后，5min 内消防管网压力达不到 0.7 ~ 1.2MPa 时，可开启柴油机消防泵辅助提压，确保消防管线压力达到0.7～1.2MPa以上。当消防水池液位不能满足消防供水时，应对消防水池补水。

火警提压时，若消防管网压力过高（大于1.2MPa），应关停一台消防主泵，但必须保持一台运行，若消防管网仍高于1.2MPa，可开启回流阀，调节管线压力达到0.7～1.2MPa，严禁同时关闭两台消防主泵。如遇停电，提压供水应采用柴油机消防泵，若消防管网出口压力过高（大于1.2MPa），应合理调整柴油机的转速，保证管网的出口压力在0.7～1.2MPa之间。

2. 联动操作

（1）将控制模式置于"自动"位置，按下"自动开"按钮，就可以启动一台消防稳压泵，并使消防管网压力保持在0.7MPa，如果该稳压泵启动2min后，管网压力仍然低于0.7MPa，系统会发出声光报警，将自动启动另一台消防稳压泵提压供水，使管网压力达到0.7MPa，随即自动停止一台消防稳压泵。当管网压力降至0.5MPa时，控制系统会再次启动一台消防稳压泵，两台消防稳压泵会每天自动切换一次。

（2）接火警信号后，应迅速按下"火警按钮"，系统将自动依次控制消防主泵开泵提压供水，当消防管网压力达到1.0MPa以上时，自动关停消防稳压泵；若5min内，消防管网压力达不到1.0MPa时，可开启柴油机消防泵辅助提压，待压力稳定在1.0MPa以上时，关停柴油机消防泵。

（3）当火警解除时，控制系统将自动依次关停消防主泵，开启消防稳压泵，使消防管网压力为0.7MPa。

10.3.2.2　消防给水管道

消防给水管道应采用金属管道，应保持充水状态。当消防用水由企业水源直接供给时，企业给水管网的进水管不少于2条，当其中1条发生事故时，另1条应能满足100%的消防用水和70%的生产、生活用水总量的要求。消防用水由消防水池（罐）供给时，企业给水管网的进水管应能满足消防水池（罐）的补充水和100%的生产、生活用水总量的要求。消防给水管道的设计流速不宜大于3.5m/s。

消防给水管道应环状布置，进水管不应少于2条，环状管道应采用阀门分成若干独立管段，每段消火栓的数量不宜超过5个。当某个环段发生事故时，独立的消防给水管道的其余环段应能满足100%的消防用水量的要求；与生产、生活合用的消防给水管道应能满足100%的消防用水和70%的生产、生活用水总量的要求。

10.3.2.3　消防泵房

消防泵房和泡沫泵房可合建，其规模应满足所在被保护区域灭一次最大火灾的需要。消防泵房的位置应保证启泵后5min内，将消防冷却水和泡沫混合液送到任何一个着火点。消防泵房应设双动力源，并在发生火灾断电时仍能正常运行。消防值班室内应设专用受警录音电话，应实行每日24h专人值班制度，每班不应少于2人，消防泵房应至少有一个可以搬运最大设备的门，并采取防水淹没的技术措施。

10.3.3 泡沫灭火系统

泡沫灭火系统按照泡沫液发泡倍数分为高倍数、中倍数、低倍数泡沫灭火系统。高倍数泡沫灭火系统是能产生 200 倍以上泡沫的发泡灭火系统，一般用于扑救密闭空间的火灾，如电缆沟、管沟等建（构）筑物内的火灾；中倍数泡沫灭火系统是能产生 21 ~ 200 倍泡沫的发泡灭火系统，此系统分为两种情况，50 倍以下（30 ~ 40 倍最好）的中倍数泡沫适用于地上储罐的液上灭火，50 倍以上的中倍数泡沫适用于流淌火灾的扑救，如建（构）筑物内的泡沫喷淋；低倍数泡沫灭火系统是能产生 20 倍以下的泡沫的发泡灭火系统，适用于开放性的火灾灭火。储运罐区一般采用低倍数泡沫灭火系统。

10.3.3.1 泡沫系统组成

泡沫灭火系统一般由泡沫液储罐、泡沫液泵、泡沫比例混合器、泡沫产生器、泡沫消火栓、控制阀门及管道等组成（图10.2）。

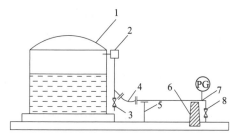

图 10.2　储罐泡沫系统示意图
1—储罐；2—泡沫产生器；3—排锈渣阀；4—金属软管；
5—支架或管墩；6—防火堤；7—压力表接口；8—控制阀

1. 泡沫液

泡沫液按性质不同分为蛋白泡沫液、氟蛋白泡沫液、水成膜泡沫液、抗溶性泡沫液等。泡沫液应储存在 0 ~ 40℃ 的室内，每年抽检 1 次泡沫质量。

原油、成品燃料油、苯等非水溶性甲、乙、丙类液体储罐固定式低倍数泡沫灭火系统应选用 3% 型氟蛋白或水成膜泡沫液；临近生态保护红线、饮用水源地、永久基本农田等环境敏感地区，应选用不含强酸强碱盐的 3% 型氟蛋白泡沫液。

醇、醛、酸、酯、醚、酮等水溶性甲、乙、丙类液体及其他对普通泡沫有破坏作用的甲、乙、丙类液体，应选用抗溶水成膜、抗溶氟蛋白或低黏度抗溶氟蛋白泡沫液。

储罐区储罐的单罐容量均小于或等于 $1 \times 10^4 \mathrm{m}^3$ 时，可选用抗溶水成膜、抗溶氟蛋白或低黏度抗溶氟蛋白泡沫液；当储罐区存在单罐容量大于 $1 \times 10^4 \mathrm{m}^3$ 的储罐时，应按照水溶性液体储罐和非水溶性液体储罐分别选取相应的泡沫液。

当采用海水作为系统水源时，应选择适用于海水的泡沫液。

2. 泡沫液储罐

泡沫液储罐宜采用耐腐蚀材料制作，且与泡沫液直接接触的内壁或衬里不应对泡沫液的性能产生不利影响。

储罐内应留有泡沫液热膨胀空间和泡沫液沉降损失部分所占空间。储罐出液口的设置应保障泡沫液泵进口为正压，且出液口不应高于泡沫液储罐最低液面 0.5m。储罐泡沫液管道吸液口应朝下，并应设置在沉降层之上，当采用蛋白类泡沫液时，吸液口距泡沫液储罐底面不应小于 0.15m。储罐上部应设呼吸阀或用弯管通向大气,还应设出液口、液位计、进料孔、排渣孔、人孔、取样口。

3. 泡沫液泵

泡沫液泵应根据系统的工作压力和流量进行设计,与所选比例混合器的工作压力范围和流量范围相匹配,并应保证在设计流量范围内泡沫液供给压力大于供水压力。

泡沫液中含有的无机盐对碳钢等金属有腐蚀作用,因此,泡沫液泵的结构形式、密封或填充类型应与输送所选的泡沫液相适应,其材质应耐泡沫液腐蚀且不影响泡沫液的性能。

泡沫液泵一般应设置备用泵,其规格型号应与工作泵相同,且工作泵故障时应能自动与手动切换到备用泵。泡沫液泵应能耐受不低于 10min 的空载运转。

4. 泡沫比例混合器

泡沫比例混合器分为平衡式、机械泵入式、囊式压力式和泵直接注入式比例混合器四种。单罐容量不小于 5000m³ 的拱顶罐、外浮顶罐、内浮顶罐,应选择平衡式或机械泵入式比例混合器。

泡沫比例混合器安装时,标注方向应与液流方向一致,不能反向安装,否则泵打不进泡沫液,影响灭火。泡沫比例混合器的泡沫液进口管道上应设单向阀,泡沫液管道上应设冲洗及放空设施,泡沫比例混合器与管道连接处的安装应保证严密,不能有渗漏,否则影响混合比。

当采用囊式压力比例混合器时,泡沫液储罐的单罐容积不应大于 5m³,内囊应由适宜所储存泡沫液的橡胶制成,且应标明使用寿命。

5. 泡沫产生器

泡沫产生器的作用是将泡沫混合液与空气混合形成空气泡沫,输送至燃烧物的表面上,以达到灭火的作用。泡沫产生器分为立式泡沫产生器和横式泡沫产生器两种。

拱顶罐和内浮顶罐发生火灾时多伴有罐顶整体或局部破坏,安装在罐壁顶部的横式泡沫产生器由于受力条件不佳及进口连接脆弱而往往被拉断,为降低这一风险,应选用立式泡沫产生器。

外浮顶罐应选用与泡沫导流罩匹配的立式泡沫发生器,并不得设置密封玻璃,当采用横式泡沫产生器时,其吸气口应为圆形。

泡沫产生器应与泡沫比例混合器配套使用,其空气吸入口及露天的泡沫喷射口,应设置防止异物进入的金属网。为了避免和减轻在储罐发生火灾时罐壁变形对管道的破坏,应在泡沫产生器的进口管道中安装一段相同口径的金属软管。

6. 泡沫管线和泡沫消火栓

低倍数泡沫灭火系统的水、泡沫混合液及泡沫管道应采用钢管,且管道外壁应进行防腐处理。

中倍数、高倍数泡沫灭火系统的干式管道宜采用镀锌钢管;湿式管道宜采用不锈钢管或内部、外部进行防腐处理的钢管。中倍数、高倍数泡沫产生器与其管道过滤器的连接管道应采用奥氏体不锈钢管。

泡沫灭火系统中所用的控制阀门应有明显的启闭标志。当泡沫消防给水泵出口管道口径大于300mm时，不宜采用手动阀门。

在寒冷季节有冰冻的地区，泡沫灭火系统的湿式管道应采取防冻措施，管道上的放空阀应安装在最低处，以保证管道内的液体最大限度排净。对于设置在防爆区内的地上或管沟敷设的干式管道，应采取防静电接地措施。

泡沫混合液管道安装时，立管应用管卡固定在支架上，管卡间距不宜大于3m，当储罐上的泡沫混合液立管与防火堤内地上水平管道用金属软管连接时，应在连接处设置管道支架或管墩。

采用固定式系统的储罐区，邻近消防站的泡沫消防车5min内无法到达现场时，在沿罐区防火堤外侧均匀布置泡沫消火栓，泡沫消火栓的间距不应大于60m，其目的是为了扑灭罐组内的流淌火。当未设置泡沫消火栓时，应配置用于扑救液体流散火灾的辅助泡沫枪，泡沫枪的数量及其泡沫混合液连续供给时间不应小于表10.2的规定，每支辅助泡沫枪的泡沫混合液流量不应小于240L/min。

表10.2 泡沫枪数量和泡沫液混合液连续供给时间表

储罐直径/m	配备泡沫枪数量/支	泡沫液混合液连续供给时间/min
≤10	1	10
10 < D ≤ 20	1	20
20 < D ≤ 30	2	20
30 < D ≤ 40	2	30
> 40	3	30

7. 泡沫站

泡沫消防泵站与甲、乙、丙类液体储罐的距离不得小于30m，当泡沫消防泵站与甲、乙、丙类液体储罐或装置的距离为30~50m时，泡沫消防泵站的门、窗不应朝向保护对象。当泡沫站靠近防火堤设置时，其与各甲、乙、丙类液体储罐的间距应大于20m，且应具备远程控制功能。

泡沫消防泵站应设专人负责，宜采用24h值班，每年春秋两季定期对泡沫输送管线和泡沫产生器进行检查，做好防腐保护，发现问题及时处理，并做好记录，确保设施的完好。

10.3.3.2 低倍数泡沫灭火系统

可能发生可燃液体火灾的罐区宜采用低倍数泡沫灭火系统，但储存温度大于100℃的高温可燃液体不宜设置固定式低倍数泡沫灭火系统。

1. 系统设置

低倍数泡沫灭火系统按照安装形式可分为固定式泡沫灭火系统、半固定式泡沫灭火系统和移动式泡沫灭火系统三种。按照喷射方式可分为液下喷射系统和液上喷射系统。

非水溶性甲、乙、丙类液体拱顶罐，可选用液上喷射系统，条件适宜时也可选用液下喷射系统；水溶性甲、乙、丙类液体和其他对普通泡沫有破坏作用的甲、乙、丙类液体拱顶罐，应选用液上喷射系统。外浮顶和内浮顶罐应选用液上喷射系统。非水溶性液体外浮顶罐，内浮顶罐，直径大于18m的拱顶罐及水溶性甲、乙、丙类液体立式储罐，不得选用泡沫炮作为主要灭火设施，高度大于7m或直径大于9m的拱顶罐，不得选用泡沫枪作为主要灭火设施。

2. 采用固定式泡沫灭火系统的场所

（1）甲、乙类和闪点等于或小于90℃的丙类可燃液体的拱顶罐及浮盘为易熔材料的内浮顶罐，包括单罐容积等于或大于 $1 \times 10^4 m^3$ 的非水溶性可燃液体储罐，以及单罐容积等于或大于 $500m^3$ 的水溶性可燃液体储罐。

（2）甲、乙类和闪点等于或小于90℃的丙类可燃液体的外浮顶罐及浮盘为非易熔材料的内浮顶罐，包括单罐容积等于或大于 $5 \times 10^4 m^3$ 的非水溶性可燃液体储罐，以及单罐容积等于或大于 $1000m^3$ 的水溶性可燃液体储罐。

（3）移动消防设施不能进行有效保护的可燃液体储罐。储罐区固定式系统应具备半固定式系统功能。

3. 采用移动式泡沫灭火系统的场所

（1）罐壁高度小于7m或容积等于或小于 $200m^3$ 的非水溶性可燃液体储罐。

（2）润滑油储罐。

（3）可燃液体地面流淌火灾、油池火灾。

除采用固定式泡沫灭火系统和移动式泡沫灭火系统外的可燃液体储罐宜采用半固定式泡沫灭火系统。当甲、乙、丙类液体罐车装卸栈台设置泡沫炮或泡沫枪系统时，火车装卸栈台的泡沫混合液流量不应小于30L/s；汽车装卸栈台的泡沫混合液流量不应小于8L/s；泡沫混合液连续供给时间不应小于30min。

4. 控制方式

单罐容积等于或大于 $5 \times 10^4 m^3$ 的拱顶罐及浮盘为易熔材料的内浮顶罐应采用远程手动启动的程序控制；单罐容积等于或大于 $5 \times 10^4 m^3$ 并小于 $10 \times 10^4 m^3$ 的外浮顶罐及内浮顶罐宜采用远程手动启动的程序控制；单罐容积等于或大于 $10 \times 10^4 m^3$ 的外浮顶罐及内浮顶罐应采用远程手动启动的程序控制。

采用固定式泡沫灭火系统的储罐区，固定式泡沫灭火系统应具备半固定式系统功能。固定式系统的设计应满足自泡沫消防泵启动至泡沫混合液或泡沫输送到保护对象的时间不大于5min的要求。

5. 泡沫产生器的设置

拱顶罐和内浮顶罐每个泡沫产生器应用独立的混合液管道引至防火堤外，并在防火堤外设置独立的控制阀；外浮顶罐上泡沫混合液管道的设置可每两个泡沫产生器合用一根泡沫混合液立管，3个或3个以上泡沫产生器一组在泡沫混合液立管下端合用一根管道时，宜在每个泡沫混合液立管上设常开阀门，每根泡沫混合液管道应引至防火堤外，并设置独立的控制阀。

半固定式系统的每组泡沫产生器应在防火堤外距地面0.7m处设置带闷盖的管牙接口。

拱顶罐和内浮顶罐泡沫产生器的设置应符合表10.3的规定。

表10.3 泡沫产生器设置数量表

储罐直径/m	泡沫产生器设置数量/个
≤10	1
$10 < D \leqslant 25$	2
$25 < D \leqslant 30$	3
$30 < D \leqslant 35$	4

对于直径大于35m且小于50m的储罐，其横截面积每增加300m²，应至少增加1个泡沫产生器。

外浮顶罐泡沫产生器的型号和数量应按照泡沫混合液供给强度不应小于12.5 L/(min·m²)，连续供给时间不应小于60min的规定计算，单个泡沫产生器的最大保护周长不应大于24m，并应在罐壁顶部设置对应于泡沫产生器的泡沫导流罩。

泡沫混合液的立管下端应设置锈渣清扫口。地上泡沫混合液与罐壁上的泡沫混合液立管之间宜用金属软管连接。泡沫混合液管道上应设置放空阀，且其管道应有2‰的坡度坡向放空阀。

10.4 消防冷却系统

当储罐区某个储罐发生初期火灾时，开启着火罐和相邻储罐的消防冷却水系统阀门，并自动启动消防泵，着火罐立刻被水雾覆盖，冷却罐体从而避免爆炸。相邻的储罐冷却系统同时启动，大量的水雾由上而下起到屏蔽作用，使其与着火罐产生的热空气隔绝，同时冷却罐体，防止该罐因受热、升压而导致爆炸，阻止火灾的蔓延。

10.4.1 消防冷却水系统设置

储罐消防冷却系统应设置冷却喷头，喷头的喷水方向与罐壁的夹角应在30°~60°。当储罐上的环形冷却水管分割成两个或两个以上弧形管段时，各弧形管段间不应连通，并应分别从防火堤外连接水管，且应分别在防火堤外的进水管道上设置能识别启闭状态的控制阀。冷却水立管应用管卡固定在罐壁上，其间距不宜大于3m，立管下端应设锈渣清扫口，锈渣清扫口距罐基础顶面应大于300mm，且集锈渣的管段长度不宜小于300mm，在防火堤外消防冷却水管道的最低处应设置放空阀。当消防冷却水水源为地面水时，宜设置过滤器。

储罐上消防管线与消防主管线连接应采用金属软管连接。

10.4.2　常压储罐区消防冷却系统

罐壁高于17m的储罐、容积等于或大于$1 \times 10^4 m^3$的储罐、容积等于或大于$2000m^3$低压储罐应设置固定式消防冷却水系统。控制阀应设在防火堤外，并距被保护罐壁不宜小于15m。控制阀后及储罐上设置的消防冷却水管道应采用镀锌钢管。可燃液体储罐消防冷却用水的延续时间为：直径大于20m的拱顶罐和直径大于20m的浮盘用易熔材料制作的内浮顶罐应为6h，其他储罐可为4h。

10.4.3　液化烃罐区消防冷却系统

液化烃罐区应设置消防冷却水系统，并应配置移动式干粉等灭火设施。

全压力式、半冷冻式液化烃储罐固定式消防冷却水管道的设置应符合下列规定：储罐容积大于$400m^3$时，供水竖管应采用两条，并对称布置。采用固定水喷雾系统时，罐体管道设置宜分为上半球和下半球两个独立供水系统。消防冷却水系统可采用手动或遥控控制阀，当储罐容积等于或大于$1000m^3$时，应采用遥控控制阀；控制阀应设在防火堤外，距被保护罐壁不宜小于15m；控制阀前应设置带旁通阀的过滤器，控制阀后及储罐上设置的管道，应采用镀锌管。

当储罐采用固定式消防冷却水系统时，对储罐的阀门、液位计、安全阀等宜设水喷雾或水喷淋喷头保护。

10.4.4　装卸区消防冷却系统

可燃气体和甲、乙、丙类液体装卸设施的防护冷却宜采用水喷雾冷却系统。水喷雾冷却系统由水源、供水设备、管道、雨淋报警阀（或电动控制阀、气动控制阀）、过滤器和水雾喷头等组成，向保护对象喷射水雾进行防护冷却的系统。

装卸设施的水喷雾冷却系统的供给强度不应小于$9L/(min \cdot m^2)$，持续供给时间不应小于6h。水雾喷头宜布置在保护对象的顶部周围，并应使水雾直接喷向并完全覆盖保护对象。

10.5　LNG 储罐消防

LNG储罐保护主要采用水喷雾冷却系统、高倍数泡沫灭火系统、干粉灭火系统。地上LNG全防储罐可能发生火灾的位置有平台附近管线阀门、罐顶安全阀以及储罐附近设置的集液池，需采取特定的有效冷却或灭火保护措施。

10.5.1　水喷雾冷却系统

由于全防罐的罐顶泵出口、仪表、阀门、安全阀处可能产生泄漏，故在储罐的各个平台及检修通道处设置固定式水喷雾设施，用于对其进行冷却保护或吹散稀释该处的泄漏物质。LNG 储罐水喷雾冷却强度应不小于 $20L/(min \cdot m^2)$，持续供给时间不应小于 6h。

在 LNG 储罐易泄漏处设置低温探测器，当检测出有 LNG 泄漏并经过人工确认后，遥控开启消防水主管上的雨淋控制阀，水喷雾冷却系统即开启喷水。

🏭 10.5.2　高倍数泡沫灭火系统

LNG 事故收集池应设置高倍数泡沫灭火系统，目的是控制泄漏到 LNG 收集池内液化天然气的挥发，降低 LNG 着火时产生的大量辐射热。应选用耐海水型泡沫液，泡沫混合液的供给强度不小于 $7.2L/(min \cdot m^2)$，混合比为 3%，供给时间不小于 40min，泡沫产生器应选用水力驱动型泡沫产生器，其发泡网应选用不锈钢材料。

每座集液池设置 3 个低温探测器，当有不少于 2 个探测器检测到有 LNG 泄漏时，则自动开启相应集液池设置的高倍数泡沫混合液系统。

🏭 10.5.3　干粉灭火系统

在每个 LNG 储罐罐顶的安全阀释放口处应设置固定式干粉灭火系统，用于扑救安全阀出口处的火灾。系统应具有自动、远程控制和现场紧急手动三种控制方式。每个储罐应设置 2 套干粉灭火系统，一用一备，干粉喷射时间应不少于 60s，单个喷头平均喷射率 1kg/s。

干粉灭火系统可通过火灾报警系统自动启动，也可通过人工紧急手动启动。当干粉系统接收到火灾报警系统发出的启动信号后，自动启动干粉装置，打开氮气瓶的瓶头阀，驱动氮气经过减压后进入干粉罐内，随着罐内压力的升高及氮气的流动，形成粉雾，当达到一定压力后进行释放，灭火剂通过管路和喷头作用到安全阀上方进行灭火。同时，在 LNG 储罐罐底附近和中控室应设手动紧急启动按钮，可以进行人工操作。

10.6　应急预案管理

企业应组成应急预案编制小组，开展风险评估、应急资源调查、救援能力评估，编制应急预案。严格预案评审、签署、公布与备案，及时评估和修订预案，增强预案的针对性、实用性和可操作性。

🏭 10.6.1　预案体系

应急预案体系包括综合应急预案、专项应急预案、现场处置方案。

企业风险种类多、可能发生多种类型事故的，应当组织编制综合应急预案。对于某一种或者多种类型的事故风险，企业可以编制相应的专项应急预案，或将专项应急预案并入综合应急预案；对于危险性较大的场所、装置或设施，企业应当编制现场处置方案。企业应当在编制应急预案的基础上，针对工作场所、岗位的特点，编制简明、实用、有效的应急处置卡。

应急预案附件内容至少包括通信录、应急物资装备清单、规范化格式文本、关键的路线、标识和图纸、有关协议或备忘录等信息。附件信息发生变化时，应当及时更新，确保准确有效。

各类应急预案之间应当相互衔接，并与相关人民政府及其部门、应急救援队伍和涉及的其他单位的应急预案相衔接。

10.6.2 预案编制

10.6.2.1 编制准备

企业应成立应急预案编制工作小组，由企业主要负责人任组长，与应急预案有关的职能部门（如生产、技术、设备、安全、行政等）应参加，还应邀请相关救援队伍以及周边企业、单位的人员，以及有现场处置经验的人员、专家参加。

编制应急预案前，企业应当进行事故风险识别、评估和应急资源调查。应根据不同事故种类及特点，识别存在的危险有害因素，分析事故可能产生的直接后果以及次生、衍生后果，评估各种后果的危害程度和影响范围，提出防范和控制事故风险措施的过程。应急资源调查应全面调查第一时间可以调用的应急资源状况和合作区域内可以请求援助的应急资源状况，并结合事故风险辨识评估结论制定应急措施的过程。

编制的应急预案至少包括危险化学品泄漏、火灾、爆炸、窒息中毒的专项应急预案和现场处置方案，除此之外，还应该编制特种设备、自然灾害、公用系统、特殊天气的事故应急预案。

10.6.2.2 综合应急预案内容

（1）总则。说明应急预案编制的目的和原则。

（2）适用范围。说明应急预案适用的范围。

（3）响应分级。依据事故危害程度、影响范围和生产经营单位控制事态的能力，对事故应急响应进行分级，明确分级响应的基本原则。

（4）应急组织机构及职责。明确应急组织形式及构成单位（部门）的应急处置职责。应急组织机构可设置相应的工作小组，各小组具体构成、职责分工及行动任务应以工作方案的形式作为附件。

（5）应急响应。明确响应启动的程序和方式。根据事故性质、严重程度、影响范围和可控性，结合响应分级明确的条件，可由应急领导小组作出响应启动的决策并宣布，或者依据事故信息是否达到响应启动的条件自动启动。若未达到响应启动条件，应急领导小组可作出预警启动的决策，做好响应准备，实时跟踪事态发展。响应启动后，应注意跟踪事态发展，科学分析处置需求，及时调整响应级别，避免响应不足或过度响应。

（6）预警。预警启动应明确预警信息发布渠道、方式和内容。响应准备明确做出预警启动后应开展的响应准备工作，包括队伍、物资、装备、后勤及通信。预警解除明确预警解除的基本条件、要求及责任人。

（7）响应启动。确定响应级别，明确响应启动后的程序性工作，包括应急会议召开、信息上报、资源协调、信息公开、后勤及财力保障工作。

（8）应急处置。明确事故现场的警戒疏散、人员搜救、医疗救治、现场监测、技术支持、工程抢险及环境保护方面的应急处置措施，并明确人员防护的要求。

（9）应急支援。明确当事态无法控制情况下，向外部（救援）力量请求支援联动程序及要求，以及外部（救援）力量到达后的指挥关系。

（10）响应终止。明确响应终止的基本条件、要求和责任人。

（11）后期处置。明确污染物处理、生产秩序恢复、人员安置方面的内容。

（12）应急保障。明确应急保障的相关部门及人员通信联系方式和方法，以及备用方案和保障责任人。明确相关的应急人力资源，包括专家、专兼职应急救援队伍及协议应急救援队伍。物资装备保障明确本企业的应急物资和装备的类型、数量、性能、存放位置、运输及使用条件、更新及补充时限、管理责任人及其联系方式，并建立台账。根据应急工作需求而确定的其他相关保障措施（如：交通保障、治安保障、技术保障、医疗保障及后勤保障等）。

10.6.2.3 专项应急预案内容

（1）适用范围。说明专项应急预案适用的范围，以及与综合应急预案的关系。

（2）应急组织机构及职责。明确应急组织形式及构成部门的应急处置职责。应急组织机构以及各成员部门或人员的具体职责。应急组织机构可以设置相应的应急工作小组，各小组具体构成、职责分工及行动任务建议以工作方案的形式作为附件。

（3）响应启动。明确响应启动后的程序性工作，包括应急会议召开、信息上报、资源协调、信息公开、后勤及财力保障工作。

（4）处置措施。针对可能发生的事故风险、危害程度和影响范围，明确应急处置指导原则，制定相应的应急处置措施。

（5）应急保障。根据应急工作需求明确保障的内容。

10.6.2.4 现场处置方案内容

现场处置方案应具体、简单、针对性强。要求事故相关人员应知应会，熟练掌握，并通过应急演练，做到迅速反应、正确处置。主要内容如下：

（1）事故风险描述。简述事故风险评估的结果。

（2）应急工作职责。基层单位应急自救组织形式及人员构成情况（首选图表的形式），根据现场工作岗位、组织形式及人员构成，明确各岗位人员的应急工作分工和职责。

（3）应急处置。

应急处置程序：根据可能发生的事故及现场情况，明确事故报警、各项应急措施启动、应急救护人员的引导、事故扩大及同企业应急预案的衔接程序。

现场应急处置措施：针对可能发生的事故从人员救护、工艺操作、事故控制、消防、现场恢复等方面制定明确的应急处置措施。

联络信息：明确报警负责人、报警电话及上级管理部门、相关应急救援单位联络方式和联系人员，事故报告基本要求和内容。

（4）注意事项。包括人员防护和自救互救、装备使用、现场安全等方面的内容。

案例：下面是某企业苯储罐着火现场处置的方案，见表10.4。

表10.4　某企业××苯储罐着火现场处置方案

步骤	处置	负责人
现场发现	1. 发现苯×××（编号）罐顶着火（假定该罐正在收料）	发现第一人
汇报与报警	1. 向车间值班长报告：×××（编号）苯储罐顶着火燃烧，现场没有人员受伤。或启动手动报警按钮报警	操作人员
	2. 向公司应急指挥中心报警：×××厂×××车间罐区×××罐组苯×××罐顶着火燃烧，现场没有人员受伤，报警人：×××，联系电话×××，请求支援	
	3. 向车间领导汇报，车间领导指示启动车间级应急程序	
	4. 向厂生产调度汇报（电话×××）：×××车间罐区×××罐组苯×××罐顶着火燃烧，现场没有人员受伤	调度人员
应急程序启动	1. 安排岗位人员应急救援分工	应急人员
	2. 立即下令停止相关作业，通知其他岗位人员增援。如果是手动报警系统报警，立即通知相关岗位确认。通知消防给水泵房提压供水	班长
	3. 通知泡沫站岗位人员观察水线压力准备实施灭火	班长
	4. 通知做好污水池接受污水处理准备	班长
工艺处置	1. 内操迅速切断×××罐收料自控阀，工艺操作人员关闭×××罐收料线手动阀	操作人员
	2. 储罐着火，切断系统与该罐的所有联系	操作人员
人员疏散	1. 组织现场与抢险无关的人员（含施工人员）撤离	应急人员
消防、泡沫系统保障	1. 监视消防水系统提压供水情况，保证管网压力	消防站操作人员
	2. 检查关闭泡沫线的低点阀门。3. 根据着火罐盛装产品特点，选择泡沫液罐，启动泡沫罐流程	泡沫站操作人员
灭火、冷却	1. 开消防水炮和消防喷淋对着火罐进行冷却，对邻近储罐、设施降温隔离	应急人员
	2. 开启着火罐×××罐泡沫系统进行灭火	泡沫站操作人员
泄漏物料封堵回收	1. 检查并关闭罐组排污管阀门	应急人员
	2. 用回收泵将积聚在低洼处的泄漏物抽至回收桶，污染水进入污水池	应急人员
	3. 污水池将污水集中处理合格排放	污水站操作人员

续表

步骤	处置	负责人
警戒	1. 携可燃气检测仪测试，划定警戒范围	应急人员
接应救援	1. 打开消防通道，接应消防、气防、环境监测等车辆及外部应急增援	应急人员
注意事项	1. 进入罐组及可能中毒区域应佩戴正压式空气呼吸器，其他附近区域佩戴过滤式防毒面具。接触有毒介质的关阀人员、回收人员和处理人员须穿防护服。 2. 人员疏散应根据风向标指示，撤离至上风口的紧急集合点，并清点人数。 3. 施工人员疏散时，应检查关闭现场的用火火源，切断临时用电电源。 4. 报警时，须讲明着火地点、着火介质、严重程度、人员伤亡情况。 5. 所需应急物资：正压式空气呼吸器、防毒口罩、手摇泵、沙袋、铁锹、对讲机、防爆工器具等	

10.6.2.5　应急处置卡

应急处置卡是针对企业重点岗位、重点人员编制的简明、实用、有效的便于携带的应急处置程序和措施。重点岗位指在第一时间、第一现场进行应急处置的岗位。重点人员是指生产调度、班组长、值班经理、带班人员、现场监督等人员。

案例：某企业的岗位应急处置卡见表10.5、表10.6。

表10.5　某涉苯司泵岗位应急处置卡

苯291泵出口线泄漏	操作步骤
 入口线　循环线　出口线　▼关　⋈开　291泵	1. 按下291机泵停止按钮，使泵停止运转。 2. 立即关闭291泵入口管线阀门，切断物料来源。 3. 立即关闭291泵出口及循环线阀门，防止影响下游设施。 4. 向班长报告，电话：×××
苯291泵出口线泄漏着火	**操作步骤**
 入口线　循环线　出口线　▼关　⋈开　291泵	1. 按下291机泵停止按钮，使泵停止运转。 2. 立即关闭291泵入口管线阀门，切断物料来源。 3. 立即关闭291泵出口及循环线阀门，防止影响下游设施。 4. 利用泵房内的消防器材，从上风口对明火进行扑救，严防火势蔓延。 5. 向应急指挥中心报火警，电话：×××。 6. 向班长报告，电话：×××

表 10.6　某涉苯工艺岗位应急处置卡

苯 144 储罐来料线根部阀门泄漏	操作步骤
	1. 立即关闭 144 罐收料线、循环线阀门，通知值班长停止送料，切断物料来源。 2. 立即关闭 108 罐组的排污万向节，防止物料流入雨排。 3. 立即开启 144 罐付料线阀门，将物料倒入 143 或 145 罐中，将 144 罐液位降至最低。 4. 对 144 罐泄漏出的物料进行回收。 5. 向班长报告，电话：×××。
苯 144 储罐罐顶着火	操作步骤
	1. 关闭 144 罐来料线、循环线、付料线阀门，防止引燃其他储罐。 2. 立即开启 144 罐泡沫线阀门，进行灭火。 3. 立即开启 144 罐消防喷淋，对罐壁进行消防冷却。 4. 利用罐组周边的消防水炮对周围储罐进行冷却。 5. 开启罐组排水万向节，将污水排入污水池。 6. 向应急指挥中心报火警，电话：×××。 7. 向班长报告，电话：×××

10.6.3　预案备案

企业应当对编制的应急预案进行评审，形成书面评审纪要。应急预案的评审重点针对基本要素的完整性、组织体系的合理性、应急处置程序和措施的针对性、应急保障措施的可行性、应急预案的衔接性等内容进行评审。

应急预案经评审后，由本企业主要负责人签署，向从业人员公布，并及时发放到有关部门、岗位和相关应急救援队伍。按照要求向县级以上人民政府应急管理部门和其他负有安全生产监督管理职责的部门进行备案，并依法向社会公布。

10.6.4　预案演练

企业应当制定应急预案演练计划，综合预案或专项预案至少每半年组织演练一次，所有专项预案每两年演练一遍，所有现场处置方案每半年演练一遍。生产安全事故应急预案演练情况按照规定报送所在地县级以上人民政府负有安全生产监督管理职责的部门。

企业应当结合实际开展多种形式的演练。按照演练内容分为综合演练和单项演练，按照演练形式分为现场演练和桌面演练，不同类型的演练可相互组合。应急预案演练结束，应对演练的情况进行点评，指出演练中存在的问题和整改的措施，按照演练评价标准对参演人员进行评价，并对演练进行记录。

企业应加强应急预案演练，应急处置中做到：一分钟内应急响应，及时采取能量隔离，切断物料等关键操作动作，确保事态不扩大；三分钟内退守稳态，由现场指挥研判下达指令，岗位员工三分钟内实施退守稳态操作；五分钟内消防气防联动。消防气防救援力量在五分钟内到达现场，与属地配合开展应急救援工作。

🏭 10.6.5 预案修订

10.6.5.1 预案评估

应急预案应每3年进行一次评估。成立以企业主要负责人为组长，相关部门人员参加的应急预案评估组，在全面调查和客观分析本企业应急队伍、装备、物资等应急资源状况基础上，开展应急能力评估，并依据评估结果，完善应急保障措施，提高应急保障能力。

10.6.5.2 预案修订

有下列情形之一的，生产安全事故应急救援预案制定单位应当及时修订相关预案并归档：

（1）依据的法律、法规、规章、标准及上位预案中的有关规定发生重大变化的；

（2）应急指挥机构及其职责发生调整的；

（3）安全生产面临的事故风险发生重大变化的；

（4）重要应急资源发生重大变化的；

（5）在应急演练和事故应急救援中发现需要修订预案的重大问题的；

（6）编制单位认为应当修订的其他情况：应急预案修订涉及组织指挥体系与职责、应急处置程序、主要处置措施、应急响应分级等内容变更的，修订工作应当按照应急预案编制程序进行，并按照应急预案报备程序重新备案。

10.7 应急装备管理

应急救援装备根据使用功能分为预测预警装备、个体保护装备、通信与信息装备、灭火抢险装备、医疗救护装备、交通运输装备、工程救援装备、应急技术装备等八大类。

🏭 10.7.1 装备配备

根据《危险化学品单位应急救援物资配备要求》（GB 30077）的要求，危险化学品生产和储存单位的作业场所应急救援物资配备应符合表10.7的要求，在危险化学品单位作业场所，应急救援物资应存放在应急救援器材专用柜或指定地点。

表 10.7　作业场所救援物资配备标准表

序号	物资装备名称	技术要求或功能要求	配备	备注
1	正压式空气呼吸器	技术性能符合 GB/T 18664 要求	2 套	
2	化学防护服	技术性能符合 AQ/T 6107 要求	2 套	具有有毒腐蚀液体危险化学品的作业场所
3	过滤式防毒面具	技术性能符合 GB/T 18664 要求	1 个/人	根据有毒有害物质考虑，根据当班人数确定
4	气体浓度检测仪	检测气体浓度	2 台	根据作业场所的气体确定
5	手电筒	易燃易爆场所，防爆	1 个/人	根据当班人数确定
6	对讲机	易燃易爆场所，防爆	4 台	根据作业场所选择防护类型
7	急救箱或急救包	物资清单可参考 GBZ 1	1 包	
8	吸附材料	吸附泄漏的化学品	*	以工作介质理化性质确定具体的物资，常用吸附材料为沙土（具有爆炸危险性的除外）
9	洗消设施或清洗剂	洗消进入事故现场的人员	*	在工作地点配备
10	应急处置工具箱	工作箱内配备常用工具或专业处置工具	*	防爆场所应配备无火花工具

注：表中所有"＊"表示由单位根据实际需要进行配置。

10.7.2　装备维护

应急救援装备用于保障人员生命和财产安全，应正确使用。同时，对应急救援装备应经常进行检查，正确维护，保持随时可用的状态。应急救援装备的维护主要包括定期维护和日常维护两种形式。

（1）定期维护。根据说明书的要求，对有明确维护周期的，按照规定的维护周期和项目进行定期维护，如可燃气体监测仪的定期标定、泡沫灭火剂的定期更换、灭火器的定期水压试验等。

（2）日常维护。对于没有明确维护周期的，按照产品书的要求进行经常性的检查，发现异常，及时处理，随时保证应急救援装备完好可用。

10.7.3　典型装备

正压式空气呼吸器是最常用的气防器材，在应急救援中起着关键作用，下面重点介绍其管理要求和操作规程。

10.7.3.1　管理要求

企业应依据工艺特性、作业风险与规范标准要求，配足正压式空气呼吸器。相应岗位的员工必须经过正压式空气呼吸器培训和实际操作考核合格后方可上岗，患有肺病、各类传染病、高血压、心脏病、精神病、孕妇及不适宜佩戴的人员禁止使用。

正压式空气呼吸器气瓶储存压力不得低于额定压力的80%，使用前应进行气密性检查，不合格的严禁使用，使用过程中发生故障或低压报警后应立即撤出作业场所。必须两人或两人以上协同作业，并确定好紧急情况时的联络信号。使用过程中要注意随时观察压力表和报警器发出的报警信号，报警器音响在1m范围内声级为90dB。

正压式空气呼吸器使用后应及时维护保养，并每月至少进行一次全面检查和清洗维护，设置检查记录并与设备同台存放，便于进行状态确认。

10.7.3.2 操作规程

1. 使用前检查

（1）外观检查：呼吸器应保持清洁，各部件搭扣应连接牢固，调整肩带、腰带，面罩外观应无灰尘、无裂痕，头带无损坏。

（2）气瓶压力检查：打开气瓶阀，查看压力表，压力值不应低于24MPa。关闭气瓶阀。

（3）整体气密性检查：观察压力表1min，压力下降幅度不应超过2MPa。测试失败的呼吸器不能使用。

（4）检查报警哨：稍微打开一点旁通阀，放出管路内的空气，并注意观察压力表，当压力表读数降至5MPa±0.5MPa时报警哨应该响起，声音清楚。

（5）面罩的气密性检查：用手掌捂住供给阀接口或将面罩接在没有开启瓶阀的管路上，戴上面罩，深吸气，面屏应移向面部。

（6）呼吸性能检查：打开气瓶阀，戴上面罩，深吸一口气激活供给阀，深呼吸2~3次，呼气和吸气都应舒畅、无不适感觉；吸气时供给阀开启，屏气时供给阀关闭。

2. 操作程序

（1）背戴气瓶：将气瓶阀向下背上呼吸器，通过拉肩带上的自由端，调节气瓶的上下位置和松紧度，直到感觉舒适为止。

（2）扣紧腰带：将腰带卡扣接好，然后将左右两侧的伸缩带向后拉紧，确保扣牢。右手逆时针旋转瓶阀两圈以上打开气瓶，查看压力表。

（3）佩戴面罩：左手拿面罩，右手抓颈带将面罩挂于脖子上，左手抓住面罩的供给阀接口处，右手抓住头带的中间部位，由下颌部开始贴着面部戴上面罩，右手抓住头带的中间部位由额前向头后拉，并按下、中、上的顺序收紧头带。

（4）连接供给阀（供给阀有手动停止功能可以提前连接后关闭供给阀可以省略此步骤）：左手扶面罩供给阀接口，右手握供给阀垂直插入，听到咔嗒声即可。

（5）激活供给阀：深吸气激活供给阀，应感觉呼吸顺畅，屏气时供给阀应停止供气，如果有泄漏应用手来回晃动面罩使之气密，戴上安全帽（右手拿帽顶，左手抓帽檐将盔帽戴上），系上帽带；通过2~3次深呼吸检查供给阀性能，呼气和吸气都应舒畅、无不适感觉。

（6）脱卸呼吸器：使用结束后，先用手捏住下面左右两侧的颈带扣环向前一推，松开颈带，然后再松开头带，将面罩从脸部由下向上摘下，关闭供给阀，关闭气瓶阀。

10.8 应急处置

🏭 10.8.1 泄漏应急处置

危险化学品泄漏容易发生中毒或转化为火灾事故。因此，泄漏处理应及时、得当，避免重大事故的发生。泄漏应急处置先进行泄漏源控制，再进行泄漏物处置。

10.8.1.1 泄漏物处置

物料泄漏时，应及时关闭有关阀门并停止作业。根据现场情况，对泄漏物进行覆盖、收集、稀释、处理，使泄漏物得到妥善处置，防止次生事故的发生。

储罐区发生液体泄漏时，应及时关闭围堰雨水阀，防止物料外流。当泄漏量小时，可用沙子、吸附材料、中和材料等吸收中和，用消防水冲洗剩下的少量物料，冲洗水排入含油污水系统处理。泄漏量大时，应选用合适的泵将泄漏物料抽入容器内或罐车内。

10.8.1.2 典型泄漏物处置

液氯泄漏时，用管道将泄漏的氯气引至碱液池或事故氯吸收装置，同时，利用水源或消防水枪建立水幕墙，喷雾状水或稀碱液，吸收已经挥发到空气中的氯气，也可采用氯气捕消器，防止其扩散。用砂土、氢氧化钙、碳酸钠或碳酸氢钠等对泄漏物进行吸附、中和处理，将吸附、中和后的产物收集到专用容器中。

严禁在泄漏的液氯设备上喷水，否则会产生酸性液体，腐蚀设备，导致更严重的泄漏。

🏭 10.8.2 中毒应急处置

储运企业由于进入受限空间作业较多，中毒事故时有发生，甚者存在盲目施救，发生群死群伤事故。

10.8.2.1 中毒处置

发生中毒窒息事故，施救人员必须穿着防护服，佩戴防护面具，采取全身防护，对有特殊要求的毒害品，应使用专用防护服。考虑到过滤式防毒面具防毒范围的局限性，在施救时，应佩戴正压式空气呼吸器，迅速寻找、抢救受伤或被困人员，并采取清水冲洗、漱洗、隔开、医治等措施。

10.8.2.2　典型中毒处置

硫化氢中毒时，应迅速脱离现场至空气新鲜的空旷处，松开衣领，保持呼吸道通畅。气温低时注意保暖，密切观察呼吸和意识状态；如呼吸困难，应立即输氧；对呼吸、心跳停止人员，应立即进行胸外心脏按压，注意切勿用口对口呼吸的方法，以防交错中毒。

10.8.3　火灾应急处置

发生火灾事故时，应迅速查明燃烧范围、燃烧物质及其周围物质的品名、毒害性，以及主要危险特性、火势蔓延的主要途径，正确选择最适合的灭火剂和灭火方法安全地控制火灾。火势较大时，应先堵截火势蔓延，控制燃烧范围，后逐步扑灭火势。

10.8.3.1　储罐火灾扑救

（1）确认火情。接警后应迅速确认有无被困人员，着火储罐和邻近储罐的位号、类型、规格、介质、液位及储罐的破坏情况等，着火部位，有沸溢喷溅的可能性。

（2）冷却储罐。利用消防水炮、消防栓、水喷淋等消防设施对着火储罐和邻近储罐实施冷却，先着火储罐，后邻近储罐；先低液位储罐，后高液位储罐。

（3）扑救流淌火。根据现场环境、流散的物料量及流淌方向，将地面流淌火控制在一定范围内稳定燃烧，喷射泡沫或泡沫干粉联用，控制火势，适时扑救。

（4）扑救着火储罐。及时启动固定灭火系统，视情况利用半固定泡沫灭火系统。根据火场的具体情况和条件，在着火储罐的上风或侧风方向，对着火储罐进行灭火。

10.8.3.2　罐车火灾扑救

装卸车过程中，罐车口发生火灾，采用防火毯覆盖车口或关闭车盖，隔绝空气，也可向车口喷射干粉，扑灭火焰。同时，应尽可能将着火罐车隔离，对附近罐车及建筑物进行冷却保护，防止火灾扩大。如罐体破裂，形成大面积火灾，先冷却着火罐车和临近罐车。利用泡沫或水喷雾扑灭流散物料的火灾，同时采用泡沫炮或直流水枪扑救罐车火灾。

10.8.3.3　船舶火灾扑救

1. 初期火灾

对于船舶的初期火灾，往往在舱口燃烧，可采用舱口盖、防火被或其他覆盖物将舱口盖严，利用窒息法灭火。舱口或甲板裂口燃烧，可以用直流水枪交叉冲击火焰，先对准火焰根部，使火焰瞬间与物料分离而熄灭。

2. 船舶大面积火灾

船体爆裂物料外流，造成大面积火灾，可以先用船上的固定灭火设备来扑救火灾。若固定灭火设备损坏，可采用移动或泡沫灭火设备进行扑救，同时对甲板应进行不间断的冷却，对邻近建筑物和不能驶离的船舶应进行可靠的防卫，防止火灾蔓延。

甲板上的火灾，一般可采用覆盖物、泡沫、沙土等扑救。重质易沸物料燃烧发生沸溢时，应先冷却船体，当温度下降或喷溢停止后，用干粉或泡沫扑灭火灾。

3. 水面上大面积火灾

水面上的流淌火，应用漂浮物堵截或采用水枪拦截，将物料拦截到靠近岸边的安全地点，阻止火势进一步扩大，然后用干粉或泡沫扑灭火灾。

10.9 应用与探讨

10.9.1 大型储罐全液面火灾灭火技术

随着原油储罐的大型化，一般储罐罐容多在 $10 \times 10^4 m^3$ 以上，目前其固定泡沫灭火系统和消防水系统一般按照现行规范进行设计，只满足密封圈火灾扑救的要求，但没有考虑扑救全液面火灾的需要。

1. 存在问题

全液面火灾情况下，强辐射热及沸喷风险均要求消防灭火距离在120m以上，而现场的消防设施、操作场地和移动消防水炮射程，难以满足此安全距离要求。

大型储罐全液面火灾扑救，应在短时间内将完全覆盖着火液面的大流量泡沫混合液集中投放到罐内，需要保证泡沫混合液连续输送强度。如果泡沫投放能力不足，将会延长完全覆盖着火液面的时间，有可能导致前期投放的泡沫失效，进一步降低灭火效率。

2. 建议措施

对大型储罐全液面火灾，建议使用大流量拖车炮，克服射程小于安全距离、泡沫投放效率低的问题。对于 $10 \times 10^4 m^3$ 的储罐，拖车炮射程应在120m以上，泡沫混合液最低流量需为754L/s。理论上配备2台400L/s的大流量拖车炮即具备扑灭能力。对于 $15 \times 10^4 m^3$ 的储罐，直径98m，上表面积7543m²，泡沫混合液最低流量需为1282L/s，建议配备3台400L/s或2台750L/s大流量拖车炮即具备扑灭全液面火灾的能力。

对现有泡沫混合液及消防水管网、配套的泡沫液储罐、消防水池进行改造，提高输送能力。对消防道路进行改造，拓展火灾救援空间和通道，解决救援车辆多、消防道路及救援空间拥堵问题。

10.9.2 氮封系统在储罐灭火中的应用

氮气能起到储罐灭火的作用，储罐内氮气达到一定浓度时，可抑制罐内的油气混合物发生爆炸。一般情况下，氧气含量低于15%时，燃烧将会减缓并趋于停止，当氧气含量降低到12.5%以下，燃烧会停止。

储罐氮气灭火可采用两种工艺，一种是利用原有的氮封工艺，储罐着火时，将氮气阀门开大，氮气进入储罐的量会增大，对火势起到抑制作用。如果储罐爆炸，罐顶被掀翻，原有氮封系统将无法使用；另一种是增设一条氮气线，在储罐罐壁上方周围对称设置4~6个氮气喷射口，储罐着火时，向罐内注入氮气，降低氧含量，达到窒息灭火的目的（图10.3）。

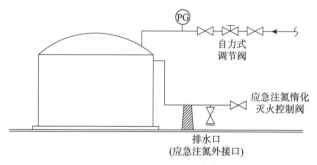

图10.3 氮封系统示意图

10.9.3 新型低倍数泡沫产生器应用

空气泡沫产生器通常安装在储罐罐壁顶端，为储罐灭火时喷射泡沫的消防装置。为防止易燃液体储罐内蒸发的气体在泡沫产生器壳体出口处泄漏，目前泡沫产生器出口端安装有密封玻璃。该玻璃一面刻有易碎裂痕，泡沫混合液压力在 $0.1~0.2MPa$ 时即可冲碎。易碎裂痕一面朝着喷出口方向安装。现有的玻璃片通常通过压盖和压盖上的螺栓固定于空气泡沫产生器的壳体上，但压盖容易受力不均匀，造成密封不严，导致储罐内的气体挥发。目前一些储罐设置了氮封系统，泡沫发生器密封玻璃处也成了泄漏点。

新型低倍数空气泡沫产生器对密封结构进行了改进，将玻璃密封改为锥形导流阀瓣，罐内压力较高时也不会泄漏气体，密封效果好，有效减少了罐内有毒有害和可燃气体的泄漏，减少危险发生。倒流阀瓣可重复使用，避免了玻璃片损坏更换带来的高处作业风险。

第11章 氢气储运技术 >>>

氢能被认为是 21 世纪最重要的新能源之一，氢气在很大程度上被认为是未来经济中潜在的具有成本效益的清洁燃料。氢是宇宙中最丰富的元素，占所有原子的 90% 以上，是已知现有燃料中热值最高的最轻元素。氢气无毒，燃烧产生的唯一产物是水，无污染物排放，是一种清洁能源。氢气的来源广泛、获取方式多样，如可以通过煤炭制氢、天然气制氢、核能制氢等途径获取，也可由水力、风能、潮汐能、太阳能、生物质能和地热能源等新能源进行转化获取，还兼具能源和资源载体的双重身份。氢能作为极具发展潜力的绿色能源，零排放、零污染，必将在国内的大气污染治理、节能减排和能源转型升级方面发挥重要作用。氢气的应用过程主要包括上游制氢、中游储运和下游用氢等部分，见图 11.1。

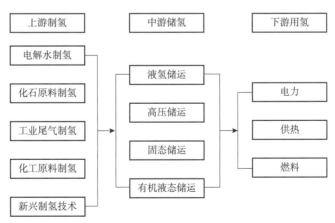

图 11.1　氢能产业链示意图

11.1 氢的基本性质

11.1.1 氢的物化性质

氢元素的相对原子质量为 1.008，位于元素周期表之首。地球上的氢多数以化合态的形式存在，如水、有机化合物、氨、酸等，自然条件形成的游离态的单质氢非常少，大气中氢气的体积分数仅为 0.00005% 左右。氢共有三个同位素，即氕、氘、氚，其中氕和氘为稳定的同位素，丰度分别为 99.984% 和 0.0156%，氚为放射性同位素。

单质氢无色、无臭、无毒、无腐蚀性、无辐射性，在 0℃、101.325kPa 时，密度为 0.0899kg/m³，是已知的最轻的气体。氢难溶于水，0℃ 时的溶解度仅为 2%（体积比），部分物理性质见表 11.1。

表 11.1 氢气的部分物理性质表

物理性质	数值
相对分子质量	2
密度（STP）	0.0899kg/m³
沸点/熔点（1atm）	252.9℃/259.1℃
临界温度	240.2℃
临界压力	12.86bar
导热系数（NTP）	0.0187kJ/kg
黏度（NTP）	89.48×10^{-6}Pa·s

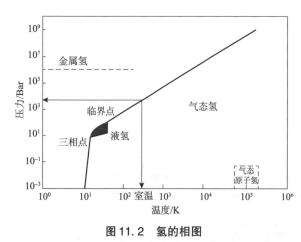

图 11.2 氢的相图

单质氢可以以气、液、固三种状态存在（图 11.2 为氢气相图）。氢气在 101.325kPa 下需冷却到 -252.7℃ 的低温下才能转变成液态，液氢的密度是 70.8kg/m³。冷却至 -259.15℃ 时，液态氢变为雪花状固体。液态氢可以把除氦以外的其他气体冷却转变为固体。将标准状态的氢气转变为液氢消耗的功为 15.2kW·h/kg，约占到了氢气燃烧产生能量的 50%。

氢分子存在两种形式，即正氢和仲氢，其原子核的自旋方向不同。常规氢气是这两种自旋同分异构体的混合物。在沸点以下，氢气几乎是 100% 的仲氢，而当温度在 -73.15℃ 以上时，氢气则为 25% 的仲氢和 75% 的正氢的混合物。正、仲氢的转化伴随着热量的释放，在 -253.15℃ 下，正氢转化为仲氢释放热量的值为 703J/g，从氢气平衡态混合物转化为仲氢则释放 527J/g 的热量。在无催化状态下，此转化过程十分缓慢，可能需要几天的时间来完成。在液氢生产设施中，常用催化剂加速正氢/仲氢转化，最终达到仲氢比例≥95%。

氢的化学性质十分活泼，几乎可与除惰性气体之外的周期表中所有元素发生反应。原子氢与金属或合金以金属键结合，形成金属氢化物，负氢与众多金属以离子键形式结合形成离子化合物，这些氢化物构成储氢材料的重要来源。

氢的质量能量密度可达 142.56MJ/kg，约为汽油的 3 倍，焦炭的 4.5 倍。表 11.2 列出了常见储能系统和材料的储能密度。

表 11.2　常见储能系统与储能密度表

储能系统	质量能量密度/（MJ/kg）	体积能量密度/（MJ/L）
铅酸电池	0.14	0.36
镍氢电池	0.40	1.55
锂离子电池	0.54 ~ 0.9	0.9 ~ 1.9
高压氢（30MPa）	120	2.7
液氢	120	8.71

11.1.2　氢的燃烧和爆炸特性

氢气的燃烧火焰是无色的，可见的火焰一般是由杂质引起的，在低压下氢气火焰可出现淡蓝色或紫色火焰。氢气的点火能较低，很容易点燃。室温下氢在空气中的燃烧极限（体积分数）是 4% ~ 75%，爆炸范围为 18.3% ~ 59%，在此范围内一经引燃立即爆炸，所以在实际使用中必须避免氢气在室内和相对密闭空间内的积聚。表 11.3 列出了氢气、甲烷、丙烷和汽油的燃烧和爆炸特性。综合评估可见，氢和其他人们常使用的化石燃料相比具有同等级的安全性。

表 11.3　氢和其他燃料的燃烧爆炸特性对比表

项目	氢气	甲烷	丙烷	汽油
标准条件下氢气的密度/（kg/m³）	0.084	0.65	2.42	4.4[①]
汽化热/（kJ/kg）	445.6	509.9		
低热值/（kJ/kg）	119.93×10^3	50.02×10^3	46.35×10^3	44.5×10^3
高热值/（kJ/kg）	141.8×10^3	55.3×10^3	50.41×10^3	48×10^3
标准条件下气体的导热率/[mW/（cm·℃）]	1.897	0.33	0.18	0.112
标准条件下在空气中的扩散系数/（cm²/s）	0.61	0.16	0.12	0.05
空气中的可燃极限（体积分数）/%	4.0 ~ 75	5.3 ~ 15	2.1 ~ 9.5	1 ~ 7.6
空气中的爆炸极限（体积分数）/%	18.3 ~ 59	6.3 ~ 13.5		1.1 ~ 3.3
极限氧指数（体积分数）/%	5	12.1		11.6[②]

续表

项目	氢气	甲烷	丙烷	汽油
空气中最易点燃的化学计量比（体积分数）/%	29.53	9.48	4.03	1.76
空气中的最小点火能量/mJ	0.02	0.29	0.26	0.24
自燃温度/℃	584.85	539.85	486.85	226.85~470.85
空气中的火焰温度/℃	2044.85	1874.85	2111.85	2196.85
标准条件下在空气中的最大燃烧速度/(m/s)	3.46	0.45	0.47	1.76
标准条件下在空气中的起爆速度/(m/s)	1.48~2.15	1.4~1.64	1.85	1.4~1.7[③]
质量爆炸能[④]/(gTNT/g)	24	11	10	10
体积爆炸能[④]/(gTNT/g)	2.02	7.03	20.5	44.2

注：①100kPa 与 15.5℃；
②平均值为 C_1~C_4 和更高的烃类的混合物，包括苯；
③基于正戊烷与苯的性质；
④理论爆炸能（标况）。

在氢气泄漏事故序列中，氢与空气混合，达到可爆炸浓度后被点燃发生爆炸事故。氢气扩散速率快且扩散过程极易受浮力影响，此特性将加剧氢气和空气的混合，增加爆炸风险。

氢气－空气爆炸能量如下：对于标准温度和压力下（STP）的氢气与空气混合物，1g氢气爆炸的能量相当于 24gTNT 的能量，$1m^3$ 氢气爆炸的能量相当于 2.02kgTNT 爆炸的能量。对于标准沸点（NBP）的液氢与空气混合物，$1cm^3$ 液氢爆炸的能量相当于 1.71gTNT爆炸的能量。

在实际的氢气泄漏爆炸安全事故中，只有很少情况下能达到理论爆炸当量。实际场景中几乎不可能发生大量氢气泄漏事件，在点火前氢气也很难以反应最充分的比例与空气混合，而且事故发生后会有相关应急措施防止事态进一步发展。因此氢气发生剧烈爆炸的可能性较小。此外，TNT 爆炸产生的脉冲压力波短而高，而氢气爆炸产生的脉冲压力波长而低，两者产生的外部效应也截然不同。

氢与空气混合物点燃可能形成爆燃，也可能先形成爆燃，随后火焰逐渐发展，燃烧逐渐剧烈形成爆轰。爆轰发生的浓度范围要小于爆燃的浓度范围。决定氢气－空气混合物发生爆燃还是爆轰的因素包括：可燃混合物中氢气的浓度、点火源能量、反应空间的限制情况，以及在火焰前缘是否有可能引起湍流结构的存在。

🏭 11.1.3 氢气点火源

氢气火灾和爆炸事故中的点火源主要包括：快速关闭阀门造成的机械火花、未接地颗粒过滤器中的静电放电、电气设备的火花、焊接和切割操作时的火花、催化剂颗粒的静电以及靠近排气烟囱的雷击等。在氢气使用过程中必须消除点火源或者安全隔离点火源。

（1）点燃氢气－空气混合物通常导致爆燃。在封闭的或半封闭的环境中，爆燃可能演变成爆轰。封闭或半封闭环境的几何形状和流动条件（湍流）对爆燃到爆轰的转变有较大影响。

（2）电火花是由具有不同电势的物体之间突然放电引起的，例如断开电路或静电放电。与摩擦火花相比，电火花可以释放更多的能量，故点燃可燃混合物的可能更大。

（3）静电会产生火花从而点燃氢气－空气混合物或氢－氧混合物。静电是由许多生活中的物品引起的，例如梳理、抚摸头发或毛皮、皮带在机器上操作等。流动的氢气或液氢也会产生静电荷。

（4）坚硬的物体相互摩擦而产生摩擦火花，如金属撞击金属、金属撞击石头、石头撞击石头等。摩擦火花是由于接触或碰撞而脱落的燃烧物质颗粒。燃烧物质颗粒最初通过将摩擦和碰撞的机械能转化为内能而加热。手动工具击打所产生的火花的总能量较低，但是机械工具如钻头和气动凿子可以产生能量较高的火花。

（5）硬物相互强力碰撞也会产生冲击火花。冲击火花是通过撞击石英岩（如混凝土中的沙子）而产生的。与摩擦火花一样，受冲击材料中的小颗粒也会被甩出去从而可能点燃附近的混合物。

（6）高温物体和火焰。在 499.85～580.85℃温度下的物体可以在大气压力下点燃氢气－空气混合物或氢－氧混合物。温度较低的物体（约316.85℃）在低于大气压力且长时间接触的情况下也可导致着火，明火则更容易点燃。

11.2　氢气制取

氢元素在地球上主要以化合物的形式存在于水和有机物等物质中，因此工业用氢气需进行人工制取。常用的制氢方式包括化石原料制氢、水电解制氢、生物技术制氢和太阳能制氢等。根据氢气生产来源和生产过程中的 CO_2 排放情况，人们将氢气分别命名为灰氢、蓝氢、绿氢。

灰氢，是通过化石燃料（例如石油、天然气、煤炭等）热化学反应产生的氢气，在生产过程中会排放大量的二氧化碳。灰氢的生产成本较低，制氢技术较为简单，而且所需设备、占用场地都较少，是当前市场上比例最多的氢，但是生产来源较为零散，单个装置的生产规模偏小。

蓝氢，是将天然气通过蒸汽甲烷重整或自热蒸汽重整制成。虽然天然气也属于化石燃料，生产过程中也会产生温室气体，但此过程污染物排放较少，且较容易与碳捕集相结合，可以一定程度上减少碳排放。

绿氢，是通过使用再生能源（例如太阳能、风能、核能等）制造的氢气，通过可再生能源发电进行电解水制氢，在生产绿氢的过程中，完全没有碳排放。绿氢是氢能利用的理想形态，目前主要受到技术及制取成本的限制，尚未实现大规模应用。

电解水制氢是最早的商业制氢技术模式，始于20世纪20年代末，但成本高昂。到了20世纪60年代，随着化石原料制氢技术的发展，通过石油、天然气、煤炭等化石资源的热化学重整成为制氢的主要方式，此技术成本较低，技术成熟，得到了快速的发展，是当今全球氢气的主要来源。我国人工制氢的主要原料为煤炭、石油和天然气，占比达到了近70%，工业副产气体制得的氢气约占30%，电解水制氢占比不到1%。

虽然在短期内制氢的主要方式仍然是化石燃料制氢，但随着碳中和的推进，人们会更加重视清洁的制氢技术，如基于太阳能、风能等可再生能源的电解水制氢。可再生能源的综合利用和储能需求的增加，将大幅提高人们对水制氢技术的需求，规模的扩大和可再生能源电力成本的降低将逐步降低水制氢技术的成本，使其逐渐满足商业化的要求。

11.2.1 化石燃料制氢

11.2.1.1 重整制氢

化石资源重整制氢是利用热化学重整反应从烃类燃料中得到氢气的过程，可分为三种：蒸汽重整（SR）、部分氧化（POX）与自热重整（ATR）。蒸汽重整是目前应用最广的制氢方式，是指在一定的压力和一定的温度及催化剂的作用下，烃类或醇类和水蒸气发生重整反应，产生一氧化碳和氢气，随后，一氧化碳与水蒸气在催化剂的条件下发生"水煤气变换"（WGS）进一步产生氢气，整个反应过程吸热；部分氧化是将蒸汽、氧气和烃类燃料混合加热，发生放热反应，催化剂的使用与否取决于原料的种类；自热重整则是包含了蒸汽重整和部分氧化两个过程，利用部分氧化的放热反应为蒸汽重整的吸热反应提供热量（图11.3）。以上三种制氢方式的对比见表11.4。目前新型催化剂和重整反应器结构设计是重整制氢技术攻关的热点。

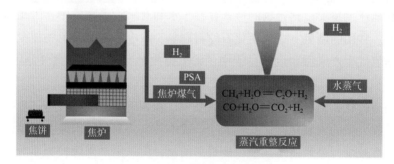

图11.3　蒸汽重整过程示意图

表11.4　三种制氢方式的优缺点对比表

制氢技术	蒸汽重整（SR）	部分氧化（POX）	自热重整（ATR）
优势	技术成熟、不需要氧气、效率高	对脱硫工艺及催化剂需求低、甲烷残留小	反应温度较低、甲烷残留小
缺陷	对原料质量要求高、排放污染严重	反应温度过高、存在氢气提纯问题	商业技术不成熟

11.2.1.2 煤气化制氢

煤气化制氢技术是在一定的温度、压力等条件下，煤基原料（煤或焦炭）和载氧的气化剂（如空气、氧气、水蒸气等的一种或混合物）发生气化反应，生成合成气（即粗煤气），再经过粗煤气净化、一氧化碳变换、氢气提纯等环节，得到一定纯度的氢气。

煤制氢技术的核心是煤气化技术，可按温度、压力、流动形式等分为不同的工艺。按操作温度分为三种，分别为高温（1100～2000℃）、中温（950～1100℃）和低温（900℃左右）。按气化炉的压力可分为常压和加压（1～6MPa），常压气化炉的设备和操作均较简单，但转化率较低；加压气化炉运行压力较高，有利于提高气化反应的反应速率和煤气产量，技术发展迅速。根据物料在气化炉中的流动形式，可以分为固定床、流化床和气流床三种工艺。大型气化炉一般采用气流床的形式，进料方式包括水煤浆进料和干煤粉进料。目前已商业化且应用较多的主要有常压气流床粉煤气化、Koppers－Totzek（K－T气化）；水煤浆加压气化、Taxaco（德士古）和 Destec（现 E－Gas）气化；粉煤加压气化、SCGP（Shell 煤气化工艺）和 Prenflo（加压气流床）气化等。

一氧化碳变换的作用是将煤气化产生的合成气中一氧化碳变换成为氢气和二氧化碳；酸性气体脱除主要用于脱除气体中的二氧化碳；将粗氢气提纯的目的是为了保证氢气的纯度，常用的是变压吸附（PSA）技术（图11.4）。

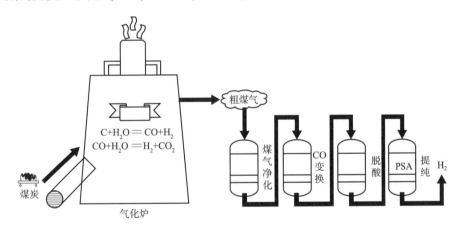

$$C+H_2O = CO+H_2$$
$$CO+H_2O = H_2+CO_2$$

图 11.4　煤气化制氢工艺路线示意图

11.2.1.3　工业副产氢

化工产业副产氢是当前成本最低的制氢方式，主要有焦炉煤气副产氢、氯碱工业副产氢等。焦炉气的主要成分是氢气（55%～60%）、甲烷（23%～27%）、少量的一氧化碳（5%～8%）等，可将其中的氢气提取出来达到制氢的目的，一般采用变压吸附的工艺进行氢气的提取。其基本原理是利用固体吸附剂对气体的吸附具有选择性，以及气体在吸附剂上的吸附量随其分压的降低而减少的特性，实现气体混合物的分离和吸附剂的再生。焦炉气制氢系统运转成熟可靠，自动化程度高，占地面积小，此方式的缺点是只能依靠煤焦企业就近建设，而且焦炉气是煤焦工业的副产品，污染性大，杂质多，需经过脱硫脱硝处理，成本较高。适用于燃料电池的高纯度氢气的另一来源是氯碱工业副产氢，此技术是将符合纯度的精盐水倒入电解槽，在施加外部偏压后进行电化学反应，在阳极室生成氯气和在阴极室生成氢气，利用变压吸附工艺获得高纯氢（99%～99.999%）。两种制氢工艺路线示意图见图11.5。

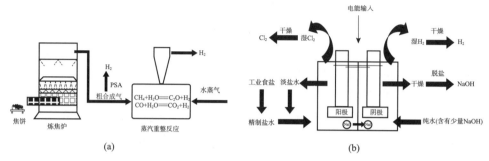

图11.5　焦炉煤气制氢和氯碱工业制氢工艺路线示意图

11.2.2　水制氢

11.2.2.1　电解水制氢

电解水制氢是水被直流电直接电解为氢气和氧气的方法（图11.6），根据电解质的不同可分为碱性电解槽（Alkaline Water Electrolysis，AWE）、质子交换膜电解槽（Proton Exchange Membrane Electrolysis，PEM）和固体氧化物电解槽（Solid Oxide Electrolysis Cell，SOEC）等。AWE采用碱液（主要是氢氧化钾KOH）作为电解质，以石棉为隔膜，分离水产生氢气和氧气，效率通常在70%～80%，此技术发展最早，也最成熟，由于可采用非贵金属催化剂（如Ni、Co、Mn等），故总体成本最低，但是由于碱性电解质电导率低，导致碱性电解池的效率和工作电流密度较低。此外，AWE难以快速启动或变载、无法快速调节制氢的速度，与波动

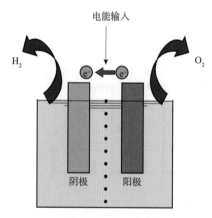

图11.6　电解池工作原理示意图

性较大的可再生能源发电的适配性较差。PEM水电解槽以高分子聚合物PEM为电解质，以纯水为反应物，工作电流密度大，电解效率高，相同功率下的设备体积更小；且PEM的氢气渗透率较低，产生的氢气纯度高（可达99%）。SOEC是一种在高温下工作的全固态结构的能量转换装置，是固体氧化物燃料电池（Solid Oxide Fuel Cell，SOFC）的逆运行，够利用电能和热能将水蒸气电解成氢气，其工作温度较高（通常在700℃以上），电极反应速率较高，常与核能产生的热能相结合，实现核能制氢。

从时间尺度上看，AWE技术在解决近期可再生能源的消纳方面易于快速部署和应用；但从技术角度看，PEM电解水技术的电流密度高、电解槽体积小、运行灵活、利于快速变载，与风电、光伏（发电的波动性和随机性较大）具有良好的匹配性。由于PEM电解技术与可再生能源的适应性较强，目前成为各大电解水制氢企业的研究重点，现在市场化推

广中的主要缺点是其高昂的成本（单位产能的 PEM 纯水电解设备成本是碱水工艺设备成本的 2~3 倍）。但随着 PEM 电解槽的推广应用，其成本有望快速下降。在 PEM 技术在国内没有应用成熟之前，AWE 碱水电解技术依旧是主流。

电解水制氢具有氢纯度高、操作简单、启停快捷等优势，但会消耗大量的电能，同时电解水制氢技术中的电极等材料价格昂贵，这也使得电解水制氢无法大规模推广，目前在制氢领域电解水制氢仅占到了总量的 5%。但若可以与可再生能源相结合，即充分利用弃风弃光等电力进行电解水制氢，进而实现氢气形式的能量分布式储存，则可以大幅降低氢气的制备成本，协助电网调峰，有望成为制氢领域一个发展重点。

11.2.2.2　光催化制氢

光催化制氢是指利用半导体吸收光能将水分解为氢气和氧气。当撞击半导体表面的光子体积小于或等于半导体的能带隙时，将会形成激子（电子和空穴）。在半导体和电解液之间的电场的作用下，电子离开空穴通过外部电路到达阴极，水在空穴处产生氢离子，氢离子通过电解液到达阴极，与电子形成氢气，原理见图 11.7。目前光催化制氢的效率较低，尚处于实验室研究阶段。

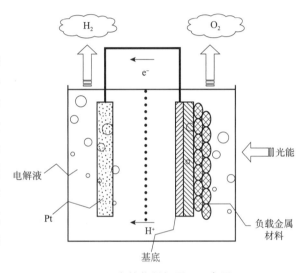

图 11.7　光催化制氢原理示意图

11.2.2.3　高温加热制氢

高温加热制氢是将水加热到非常高的温度，使其发生热化学反应，产生氢气与氧气。这种方式非常简便，但是在常温下只有 100 万亿分之一的水分子会被热量分解，需要极高的温度才能达到较高的效率，在 2200℃ 时，大约有 3% 的水被分解成氢原子和氧原子；在 3000℃ 时，超过一半的水分子被分解。高温耐腐蚀材料的缺乏限制了这种方法的应用。高温加热制氢可与核能、太阳能甚至是工业废热相结合进行高效制氢，即余热利用的高温制氢耦合电解水技术（SOEC），可使制氢效率达到 90% 以上，在提高产氢效率的同时也实现了余热回收。

11.2.3　生物质制氢

生物质制氢是一种将生物质转化为氢气或者富氢气体的方法，主要方式有热解和气化两大类，在这个过程中，除氢气外还会产生甲烷与一氧化碳，这些产物可以通过重整反应进一步制氢。生物质热解是在压力为 0.1~0.5MPa 的无氧环境中，将生物质加热至 377~527℃ 进行分解，产物包括焦油、焦炭、热解气（主要包括氢气、甲烷和一氧化碳等），工艺路线见图 11.8。生物质气化是在空气、氧气或者水蒸气中，将生物质加热至 500~

1400℃，得到类似热解气的混合气体。其工作压力根据生产规模和合成气的成分不同，范围从0.1~3.3MPa。气化的氢产量和速率均高于热解，能量转化效率可达到52%，同时无温室气体排放，是一种高效的可再生能源制氢方法。

生物质热解或气化过程需要消耗大量的能量，气化气或热解气的成分较复杂，难以分离和纯化，且热化学过程中还伴随着大量焦油的产生，难以处理，这些缺点都限制了生物质热化学制氢的广泛应用。

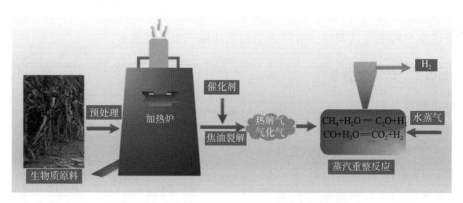

图11.8　生物质热化学制氢工艺路线示意图

11.2.4　氢气的纯化

工业氢气纯度普遍在99.9%，燃料电池对氢气的纯度要求更高，氢气中的微量硫、氯、一氧化碳等杂质都可对电池的寿命和性能产生巨大影响，故氢气纯化是制氢过程中的关键环节，常用的方法有变压吸附法（PSA）、膜分离法、低温吸附法和深冷分离法等。

11.2.4.1　变压吸附法（PSA）

变压吸附法提纯氢气工艺是利用吸附剂对所吸附的原料气在不同吸附压力下具有相应的吸附容量的原理，在特定的吸附压力下对杂质进行吸附，利用吸附剂对氢气的吸附量较小的特性得到高纯氢气，然后在较低的压力下使杂质脱附以再生吸附剂，工艺路线见图11.9。此技术有投资小、运行费用低、产品纯度高、操作简单等优点，已被广泛用于石油、化工等行业。

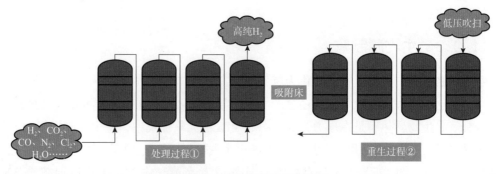

图11.9　PSA工艺路线示意图

11.2.4.2 膜分离法

膜分离法中以选择性透过膜为介质，在压力差、浓度差的作用下让氢气通过，同时阻拦杂质气体的通过，实现氢气提纯的目的。常采用金属 Pd 及其合金膜，提纯氢气的纯度高（可达 99.9999%），氢气回收率高（可达 99%），但由于金属 Pd 的成本昂贵且渗透率不高，仅适用于较小规模且对氢气纯度要求较高的场合。

11.2.4.3 低温吸附法

低温吸附法是将气体冷却到液氮温度以下，利用吸附剂对氢气进行选择性吸附，所制备的氢气纯度高（可达 99.9999%）。可根据杂质种类和含量吸附剂，通常采用活性炭、分子筛、硅胶等。此技术存在投资大、能耗高、吸附剂使用寿命不长等缺点。

11.2.4.4 深冷分离法

深冷分离法又称为低温冷凝法，是利用原料气中氢气与其他气体之间沸点的差异，将除氢以外的其他气体冷凝为液体的分离方法，适用于从氢气浓度较低的原料气中回收氢，产量大，但所产出的氢气纯度较低。

11.3　氢气储存

目前，主要的储氢方式有高压气态、液态、固态金属合金三种，表 11.5 对这三种储氢方式的储氢特点进行了汇总。此外较前沿的研究还有多孔材料储氢、水合物储氢、玻璃微珠储氢等，此类技术在储氢容量和充放氢速率上各有优势，但目前尚处于研究阶段，尚未实现工业化应用。

表 11.5　气态储氢、液态储氢和固态储氢的特点比较表

储存形式	操作压力/MPa	质量密度/%	体积密度/(kg/m³)	操作温度/℃	响应速度
高压气态	35	4.8	23	−30~120	快
	70	5.7	40.8	−30~120	快
液态氢	0.4	5.11	70.8	−253	快
金属氢化物	（MgH_2）0.01~0.1	7.6	132.4	200~400	慢
	（$TiFeH_{1.95}$）1.5	1.86	83.7	20~100	中

11.3.1 高压压缩储氢

高压压缩储氢技术是指压缩氢气以提高其密度、减小体积，并以气态形式储存的技术，具有成本低、能耗低、充放速度快等特点，是目前发展最成熟、最常用的储氢技术。根据应

用场景可分为：车用高压储氢容器、高压氢气输运设备和大容量固定式高压氢气储存设备。

11.3.1.1　车用高压氢气储气瓶

车用高压储氢气瓶主要用于燃料电池汽车或氢内燃机汽车，为适应车载需求，主要朝着轻质、高压的方向发展，先后经历了纯钢制金属瓶（Ⅰ型）、金属内胆纤维环向缠绕瓶（Ⅱ型）、金属内胆纤维全缠绕瓶（Ⅲ型）及塑料内胆纤维全缠绕瓶（Ⅳ型）4 个发展阶段，外形见图 11.10。

Ⅰ型　　Ⅱ型　　Ⅲ型　　Ⅳ型

图 11.10　目前常用的高压氢气储气瓶

钢瓶（Ⅰ型）和早期的金属内胆纤维环向缠绕瓶（Ⅱ型）存在储氢气瓶质量较大和氢脆的问题，很难达到车载要求。目前车载主要使用铝内胆（Ⅲ型）和塑料内胆纤维全缠绕瓶（Ⅳ型）。塑料内胆具有优良的气密性、耐腐蚀性和高韧性的特点。某品牌汽车所搭载的Ⅳ型瓶储氢压力为 70MPa，质量储氢密度约为 5.7%，氢气密度达 42kg/m³，可储存 5kg 氢气。国内的Ⅳ型气瓶研发和生产也处于快速推进阶段。

11.3.1.2　大容积高压储氢罐

固定式高压氢气储存设备主要用于加氢站和制氢站内的储气罐、电厂内储存高压氢气等固定场合，对罐体重量的限制不严，一般都为较大容量的钢制压力容器。早期的高压储氢容器为钢制无缝储罐结构，而后为适应加氢站规模储氢的需要和车载储氢的需要，在大容积、高压力和轻量化的方向有进一步发展。目前，多数氢气加氢站所用的高压储氢容器均为高强钢制无缝压缩氢气储罐，储氢压力为 45MPa，可用于 35MPa 车载储氢容器的快速充装。某大学提出了大容积全多层高压储氢容器结构（图 11.11），已成功应用于部分加氢站（图 11.12）。

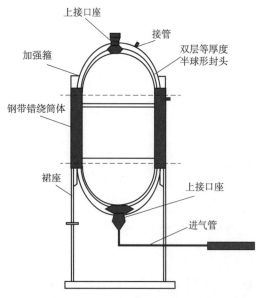

上接口座
接管
加强箍
双层等厚度半球形封头
钢带错绕筒体
裙座
上接口座
进气管

图 11.11　大容积全多层高压储氢容器结构示意图

图 11.12　加氢站储罐

11.3.1.3 高压储氢的充放氢安全管理

1. 吹扫

为防止空气渗入氢气瓶，氢气瓶压力应维持在1MPa以上。在氢气系统或容器充装之前，必须先除去所有污染气体。通常可以通过真空吹扫、正压吹扫或流动气体吹扫的方式来确保完全清除任何污染气体。其中，真空吹扫是净化系统的最优方法，该方式操作步骤较少，且能确保消除空气或氮气。将系统排空到相对较低的压力，之后充入惰性气体再次加压到正压，然后再次排空。

2. 充氢预冷

储氢瓶的快速充氢过程需进行预冷。氢燃料电池车在使用中需要一定的时间内完成足够质量氢气的充装，但是氢气的快速充装会导致显著的温升，主要原因有：压缩效应，即氢气受到压缩，会产生大量的热；氢气快速充装时的节流效应；另外，由于加气枪喷嘴处存在较强的射流，氢气所携带的动能也会转化为热量。快速充装引起的局部温升引发设备和材料损伤，存在潜在的危险，故储氢气瓶快充过程需进行氢气预冷。从能量消耗和减小温升的角度来看，$-50℃$的预冷方案可基本满足快速充装需求，更低的温度则可能导致碳纤维复合材料层的性能劣化。

3. 卸放速率

放氢速率对气瓶的安全性也很重要，过快的放氢速率会对气瓶造成损害。主要体现在如下方面：

（1）氢气会在充气过程中以分子形式渗透到用于密封的O形圈橡胶材料内部，在快速泄压后，氢气分子会在橡胶材料内部缺陷处聚集形成微米级的气泡，最终积累增长形成裂纹，Ⅳ型瓶的塑料内胆在泄压后也有可能在其内部形成气泡，表现为内胆材料出现裂纹或白化现象；

（2）Ⅳ型瓶塑料内胆在卸放过程中可能还会发生变形，并在内胆未能被充分缠绕的位置与缠绕层剥离；

（3）过快的放氢速率必然伴随着容器内部快速的降温，对Ⅳ型瓶塑料内胆而言，当温度过低时，材料的塑性会降低，从而表现出冷脆性，因此工作温度通常不能低于$-40℃$。

4. 充放氢循环实验

储氢容器在使用中，其内部的压力、温度会不断发生变化。因此对于使用碳纤维缠绕的气瓶，需要尤其关注其在交变载荷下的抗疲劳性能。此外，Ⅳ型瓶塑料内胆的氢渗现象也需重点关注。氢循环充放试验是检验车载储氢瓶的抗疲劳、瓶口泄漏及内胆材料（Ⅳ型瓶）氢渗能力的重要手段。目前国际上关于氢循环试验的标准主要是由联合国世界车辆法规协调制定的 GTR No. 13（Global Technical Regulation on Hydrogen and Fuel Cell Vehicles）和由国际标准化组织制定的 ISO 19881（Gaseous Hydrogen - Land Vehicle Fuel Containers），国内标准则是由国家标准化管理委员会制定的《车用压缩氢气铝内胆碳纤维全缠绕气瓶》，这些标准规定了充放氢循环过程、次数、环境温度压力条件以及验收标准。

5. 储氢容器的失效模式

储氢容器的失效模式主要包括泄漏、断裂和塑性垮塌3种。泄漏通常发生在连接处，高压储氢容器的O形密封圈为非金属材料，较容易发生氢气渗入，并产生气泡或裂纹，进而导致泄漏。断裂可源于疲劳、脆性断裂或局部过度应变，储氢容器的高压环境可加速裂纹的生长。塑性垮塌是最严重的失效模式，但因物理超压发生塑性垮塌的可能性不大，若由于置换不当等原因引起垮塌，则有引起爆炸的危险。

11.3.2 液态储氢

11.3.2.1 低温液态储氢

1. 液氢储存特点

氢气在常压的液化温度为 – 252.87℃，密度接近 $71kg/m^3$，75L 液态储氢罐中可以储存 5kg 液氢，其储运效率远高于气态氢。然而，维持低温、高压条件对储氢罐材质、配套绝热方案与冷却设备有严格要求，因而技术复杂、储氢成本较高，图 11.13 为低温液态储氢罐的结构图。

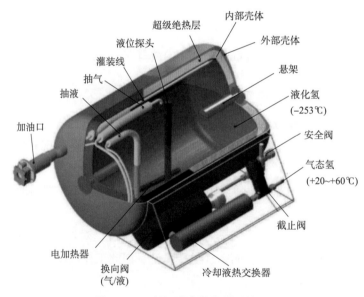

图 11.13　低温液态储氢罐结构图

在液氢储存过程中，由于储罐的绝热性能较好，进入储罐内部的热量较少，不能完全加热罐内的液氢，只能使在近壁面区域的流体温度升高，在浮升力的作用下沿壁面向上运动，而内部核心流体的温度基本不变，从而在气液界面处形成温度梯度，即温度分层现象，见图 11.14。温度分层现象不仅会导致储罐内液氢的上层形成一定厚度的热液层，影响液氢品质，形成急剧的气相压力上升，即由于热分层现象而产生的自增压行为，而且可能发生液氢爆沸，恶化储罐的使用性能，使储罐爆破。可通过旋转低温液态储氢罐，在储氢罐内添加挡板等方式来减小温度分层现象的影响。

为了安全起见，必须在液氢储罐内液氢表面上方留出足够的蒸气空间。设备的设计容量通常包括比液位计上的额定容量高10%的容积余量。例如，一个完整的 $50m^3$ 的杜瓦瓶内装有 $50m^3$ 的液氢，以及 $5m^3$ 的蒸气空间。保留容积余量是为了避免容器发生静压破裂。液体不易压缩，而剩余容量中的蒸汽易于压缩，可以对压力升高起到较好的缓冲作用。而且容积余量提供了一个沸腾表面，泄压时排出的是氢蒸汽而不是液氢，有助于防止超压保护装置的冻结和其导致的故障。由于温度的变化会影响液氢的密度，因此可用的余量会随之发生变化。另外，在没有足够容积余

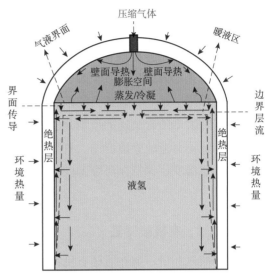

图 11.14 低温液态储氢罐内热分层现象示意图

量的情况下，有可能在排气操作期间或在运输过程中通过晃动使液体进入排气管道，这会妨碍系统的运行并产生危险。

尽管目前已经有了部分研究和商业应用，但是低温液化储氢技术仍有很多问题亟待解决。例如，为了提高保温效率，保温层和保温设备的绝热性能问题；如何减少储氢过程中由于液氢气化所造成的损失；氢气液化消耗的能量约是所储氢能燃烧热值的40%，需要降低液化过程能耗；充注和热分层现象也需进一步的系统研究。

2. 液氢罐操作安全管理

接受液氢加注的液氢罐需电气接地，需检查其是否存在泄漏和机械缺陷，并检查压力和真空度，且应对接口进行清洁和吹扫。液氢输送过程中若设备表面存在冷凝水或霜冻，表明可能存在泄漏。但卡口连接处的轻微霜冻是很普遍且可预料的现象，不能作为泄漏的指示。

装载低温氢时，水或任何其他可冷凝蒸汽可能在系统内部冷凝。在大型系统中，即使污染物浓度仅为百万分之几也会产生相当多的凝结物，从而会阻碍工质流动或影响系统功能。因此在低温系统加注之前，应清除系统中的所有空气、水和可冷凝蒸汽。吹扫前需要进行实验和样品分析以确定吹扫的程度或所需的抽真空周期数。

当向环境温度下的液氢罐填充液氢时，应将液氢罐的排气孔连接到排风管，及时排出液氢罐中的氢蒸气。充注时液氢流量不能过大，以保证通风系统能够有效排出溢出的氢气，并限制由于冷却而产生的应力。典型的液氢充注流量为 $0.23\sim0.46kg/s$。流入储罐的最大液体流量必须小于储罐排气系统的排放能力。过大的充装流量还可能导致压力过大，从而导致安全阀开启或安全盘破裂。在任何常规操作中，储罐压力均不得超过储罐设计工作压力。通常使用液氮对用于接收液氢的常温储罐或系统进行预冷。冷却过程会蒸发大量

的冷却液,因此在使用此方法之前,必须确定容器的强度足以承受增加的氮气负荷。

在冷却过程中,低温系统可能会存在较大的周向和径向温度梯度,从而引起稳态运行期间不存在的应力。由于换热系数不同,液体冷却管道的速度比同类气体快,因此当管道内发生两相流动时,会出现不均匀冷却的现象。当液体沿管道或弯管的底部或外半径流动,而气体沿顶部或内半径流动时,会发生分层的两相流。在分层的两相流中会出现最大的周向温度梯度,从而导致最大的附加应力,这种情况会在大型低温系统中引起显著的管道弯曲。研究发现随着流速的增加分层流动现象减少,因此在冷却过程中,最小流速不能过小,应保证不会造成管道弯曲。若冷却太快,较厚的部件(如厚壁法兰)的内壁被快速冷却,但外壁温度还保持在环境温度附近,从而导致较大的径向温度梯度,也会带来较大的应力。

11.3.2.2 有机液储氢

有机液储氢利用不饱和液体有机物的催化加氢和脱氢反应来实现氢气的储放,加氢反应实现氢的储存(化学储存),脱氢反应实现氢的释放。

有机液体储氢技术工作原理可分为三个过程。

(1)加氢:氢气通过催化反应被加到液态储氢载体,形成可在常温常压条件下稳定储存的有机液体储氢化合物,此部分可在专门的加氢工厂完成。

(2)运输:加氢后的储氢有机液体通过普通的槽罐车运输到补给码头后,采取类似汽柴油加注的泵送形式,简单、快速地加注到车上的有机液体存储罐中。

(3)脱氢:储氢有机液体的脱氢过程在脱氢(供氢)装置中进行。储氢有机液体通过计量泵输送至脱氢反应装置,在一定温度条件下发生催化脱氢反应,反应产物经气液分离后,氢气输送至燃料电池电堆,脱氢后的液态载体热量交换后进行回收,循环利用。

储氢有机液可以采用烯烃、炔烃、芳烃等不饱和有机液体,常用的主要有苯、甲苯、甲基环己烷以及萘等,有关性能参数比较见表11.6。N-乙基咔唑分子是首个被发现能够在200℃以下可完全实现脱氢的新型有机液体储氢分子,体积储氢密度和质量储氢密度分别是55g/L和5.8wt%,是目前研究最多的储氢分子。稠杂环有机液体储氢材料稳定性好、无味无毒,由于该类有机材料具有非常低的蒸汽压,在常规条件下检测不到气相,所以其实用性与安全性都很高。

表11.6 几种有机液储氢材料性能

储氢系统	密度/(g/L)	理论储氢量/%	储氢剂用量/(kg/1kg H_2)
苯	56.00	7.19	12.9
甲苯	47.40	6.16	15.2
萘	65.30	7.29	12.7
甲基环己烷	12.4	1.76	55.7

有机液体氢化物储氢技术具有储氢量大,便于利用现有储油和运输设备,储存、运

输、维护、保养安全方便，可多次循环使用等优点，有潜力大幅降低未来氢能规模利用的成本。

目前有机液储氢发展的技术瓶颈问题之一是有机液体的脱氢过程。现有技术的实际释氢效率偏低，所需温度较高，无法满足快速放氢需求。另一方面，脱氢催化剂多为贵金属催化剂（如 $Pt - Sn/\gamma - Al_2O_3$），成本较高，且在较高的反应温度下容易发生积碳，催化剂寿命较短，这些缺点在随车供氢时温度、进料量波动较大的场合尤为明显。为提高脱氢过程的可行性，需在低温工况下进一步提高脱氢催化剂的反应效率，并提高其稳定性和寿命。

11.3.2.3 液氨储氢

氨的分子式是 NH_3，其中氢的质量含量是 17.6%，常温常压下呈气态，室温下压力升高至 8~9 个大气压，或在常压下冷却到 -33.4℃ 即可被液化。液氨能量密度高，氨的运输、分布、储存和使用的基础设施比较完备，是良好的氢载体，可以作为氢气存储的介质。

液氨储氢过程包括氢气与氮气反应合成氨的氢储存过程和氨分解为氮气和氢气的制氢过程。工业上，氨主要通过哈勃－博施（Haber－Bosch）工艺在 450~500℃、20MPa 的高温高压条件下合成，该生产工艺中，反应物为来自煤、石油或天然气中的氢气和从空气中提取的氮气。由氨分解制氢的途径主要有热分解或催化裂解法、光解法、等离子体法和电化学法，其中热分解或催化裂解氨是最常用且研究最多的一种方式。液氨在常压、400℃条件下即可催化分解得到 H_2，常用的催化剂主要有贵金属催化剂（Ru 等）、一般金属催化剂（Fe 等）、合金催化剂、氧化物催化剂、碳化物和氮化物催化剂等。

氨作为储氢介质在使用过程中需要注意以下事项：

（1）氨的密度比空气轻，大气条件下可以很快扩散，这大大降低了泄漏时发生爆炸与火灾的风险；

（2）常温时氨气的相对毒性比汽油和甲醇高三个数量级左右，浓度超过 300ppm 时即会危害人体健康，因此，氨的密封储存至关重要，但是由于氨具有强烈的刺激性气味，一旦发生泄漏很容易被发现，可以及时采取措施；

（3）氨的腐蚀性较强，且对燃料电池的毒化作用较明显，在制氢的过程中需严格控制氢气中痕量氨的存在。

🏭 11.3.3 固体氢化物储氢

固态储氢是利用氢气与储氢合金之间发生物理或者化学变化从而转化为固溶体或者氢化物的形式来进行氢气储存。在储氢过程中，氢气在储氢合金表面分解为 H 原子，然后与合金发生反应生成金属氢化物，进而将氢存储于金属中。用氢时，对金属氢化物进行加热或降低压力即可放出氢（图 11.15）。固态储氢具有体积密度大和存储安全等优势，适用于对体积要求较严格的场景。

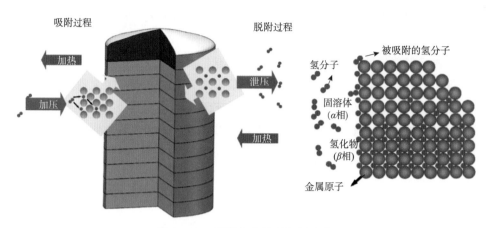

图 11.15 固体氢化物储氢原理图

目前常用的金属储氢材料大致可分为稀土镧镍系、钛系、锆系、钒基固溶体、镁系等。表 11.7 列出了一些稀土系合金的储氢能力,从中可以看出有些金属氢化物的储氢密度与液氢相同甚至超过液氢。

表 11.7 稀土系储氢金属

合金种类	典型结构	典型代表	质量储氢密度/(wt%)	体积储氢密度/(kg/m³)
稀土类	AB_5	$LaNi_5$	1.40	87.0
钛系	AB_2、AB	TiFe	1.80	100.4
锆系	AB_2	$ZrMn_2$	1.80	60.0
镁系	A_2B	Mg_2Ni	3.60	98.8
钒系	BCC 固溶剂	TiV 固溶剂	3.80	—

(1)稀土系储氢合金(AB_5)。典型代表是 $LaNi_5$,易活化,平台压力适中且稳定,吸氢/放氢平衡压差小,动力学性能优良,抗中毒性能较好,适合在室温下操作,也可用于氢气提纯,纯度可超过 99.999%,达到燃料电池的氢气纯度需求。

(2)钛系储氢合金。TiFe 合金是钛系储氢合金的代表,理论质量储氢密度为 1.86wt%,室温下平衡氢压为 0.3MPa,具有 CsCl 型结构。该合金放氢温度低、价格适中,但是不易活化,易受杂质气体的影响,滞后现象严重。目前该体系合金研究的重点主要是通过元素合金化、表面处理等手段来提高其储氢性能。

(3)锆系储氢合金。以 $ZrMn_2$ 为代表,该合金吸放氢量大,在碱性电解中形成的致密氧化膜能够有效地阻止电极的进一步氧化,而且易于活化,热效应小,循环寿命长,但存在初期活化困难、没有明显的放电平台的问题。锆系储氢合金的性能可以通过添加或掺杂少量的 Mn、Fe、Co、Ni 等过渡金属元素进行改进。

(4)镁系储氢合金。镁具有吸氢量大、重量轻、价格低等优点,但放氢温度高且吸放氢速度慢。通过合金化可改善镁氢化物的热力学和动力学特性,镁基储氢合金以 Mg_2Ni 为代表,但其吸放氢速度较慢、氢化物稳定导致释氢温度过高、表面容易形成一层致密的氧化膜等缺点，使其实际应用受到限制。

（5）钒基固溶体型储氢合金。钒及钒基固溶体合金（V–Ti 及 V–Ti–Cr 等）吸氢时可生成金属氢化物 MH（M 为储氢合金）及 MH$_2$两种氢化物，V 基固溶体合金的储氢量高达 3.8wt%。

合金储氢材料在使用中应注意如下方面特点：

（1）储氢合金材料使用前需进行活化处理，材料表面的氧化层及吸附的水和气体杂质均会影响氢化反应，通常采用加热减压脱气或高压加氢处理的方式进行活化；

（2）寿命和中毒，当储氢合金材料接触的气体中含有杂质时，杂质会和合金材料发生反应，造成其储氢能量下降，进而导致材料中毒，降低储氢材料的寿命；

（3）粉末化现象，主要是在吸储和释放氢的过程中，合金材料反复膨胀和收缩，从而导致颗粒碎裂进而粉化的现象，同时储氢合金材料在吸放氢过程中的膨胀收缩也会引起储氢容器的变形，进而降低罐体安全性，需针对粉化和变形现象进行合金储氢罐结构和操作的优化；

（4）储氢过程中的热管理，在反复吸储和释放氢的过程中，伴随着大量的热量的释放和吸收，需对换热过程进行优化设计，且在合金材料粉化后，形成的微粉层会使导热性进一步恶化，加剧了换热环节的难度。

虽然各种氢化物（包括金属、复合金属和化学氢化物）的理论氢气储量可以到达商业应用的要求，但是实际的材料储氢能力远远没有达到理论值。在降低储氢材料的成本、提高储氢容积、提高充放氢的反应速率等方面仍需要进一步研究。

11.3.4 高压复合储氢

高压气态储氢的质量储氢密度高，但体积储氢密度无法满足要求；固态储氢的体积储氢密度高，但质量储氢密度相对较低。高压复合储氢罐将高压气态储氢和固态合金储氢的优点相结合，即在高压状态下进行合金储氢，发挥质量密度和体积密度的优势。高压复合储氢罐的工作原理为：在高压复合储氢罐内，一方面储氢材料自身可存储氢气，从而实现了固态储氢；另一方面罐内合金材料粉体的空隙也参与储氢，在高压下实现一部分气态储氢。图 11.16 对比了高压复合储氢与其他储氢方式的体积储氢密度和质量储氢密度，高压复合储氢罐在体积储氢密度和质量储氢密度上均占有一定优势。

典型的高压复合储氢罐结构见图

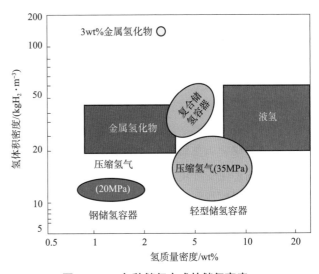

图 11.16 各种储氢方式的储氢密度

11.17，填充材料为 Ti – Cr – Mn 合金，充氢压力为 35MPa，储氢量可达 7.3kg/180L。相较于低压复合储氢罐与 70MPa 高压储氢罐，高压复合储氢罐的体积储氢密度大，且充氢速度快，低温下工作性能好，放氢压力可控，但质量密度仍然较低。

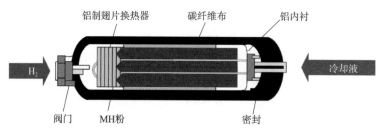

图 11.17　高压复合储氢罐的结构示意图

11.3.5　临氢材料

储氢系统由结构部件、真空夹套、阀体和阀座、电气和隔热材料、垫片、密封件、润滑剂和粘合剂组成，涉及多种不同的材料。选择适合储氢系统的材料需要考虑以下因素：与操作环境的兼容性、选定材料的可用性、耐腐蚀、材料失效的后果、毒性、氢脆化、暴露在氢火灾高温下的可能性、冷脆化、热收缩、低温下发生的性能变化。

11.3.5.1　氢脆

氢会导致金属的力学性能显著恶化，这种效应称为氢脆。当金属和非金属材料的机械性能因氢脆而下降时，密封系统可能会失效，并发生逸出和泄漏等危险。氢脆根据来源可分为内部氢脆和环境氢脆。

（1）内部氢脆，是指零件内部的氢向应力集中的部位扩散聚集并聚合成氢分子，从而产生巨大的压力，造成材料性能劣化甚至断裂的现象。常见于材料冶炼、浇注、电镀、焊接等过程中。材料中少量的氢即可能导致某些金属过早失效，且裂纹从材料内部开始出现。

（2）环境氢脆，也叫外部氢脆或高压氢脆，是指氢气环境（通常为高压情况）中的氢通过物理吸附、氢分子解离、化学吸附等方式进入金属后，在应力以及氢的联合作用下，扩散与溶解在金属中，局部氢浓度达到饱和后引起金属宏观上延展性降低和塑性损减或产生滞后断裂的现象，裂缝从材料表面开始，常见于储氢罐、煤转化装置、加氢反应塔等装置中。低于室温的暴露温度通常会阻止氢反应脆化，在 −73.15 ~ 26.85℃ 的温度范围内，环境氢脆和内部氢脆的发生概率会升高。

氢脆的产生受环境的温度、压力，氢气的纯度、浓度和暴露时间，以及材料的应力状态、物理和机械性能、微观结构、表面条件和裂纹前段的性质等因素影响。为降低氢脆的影响，氢系统的所有零部件必须采用与氢相容的材料。一般来说，不锈钢比普通钢更耐氢脆；如果空气干燥，纯铝和许多铝合金要比不锈钢更耐用。不可用铸铁作为储氢设备的材料。大部分气态氢气设备采用中强度钢，大部分液态氢气设备采用不锈钢，所用钢材应增加厚度、表面光洁度并采用适当的焊接工艺，且尽量减少焊接。如果金属或合金暴露在氢环境和循环应力下，其抗疲劳能力会降低。在缺乏数据的情况下，金属零部件的抗疲劳性设计需要大幅提高（可提高到五倍）。

防止氢脆的主要措施包括采用表面清除和镀膜（氧化物涂层）、消除应力集中、氧化处理、保持适当的晶粒尺寸和添加合金，清除加工产生的裂纹层可以减少表面开裂和延展性损失，在金属表面上天然形成的氧化物则可以减弱氢的吸附，进而缓解氢脆，综合考虑金属的氢脆特性和延展性，一般建议使用铜和金。

11.3.5.2　储氢容器的材料选取

涉氢材料应合理选择，并应采用良好的质量控制流程。设计的性能应基于模拟使用工况或在最坏情况下进行的测试，测试包括在一定压力和温度范围内材料的拉伸、断裂韧性、裂纹扩展、疲劳、弯曲和应力破裂。此外，因为液态氢系统要承受循环载荷，所以应该只使用经过适当疲劳寿命评估的材料。氢系统的材料应在应力、压力、温度和暴露条件的相互作用下进行评估后选择。表 11.8 列出了一些储氢装置用材料的兼容性，表 11.9 列出了典型应用场合的推荐材料。

表 11.8　氢气装置材料兼容性

材料	气态氢	液态氢	备注
适用金属材料：铝及其合金、铜及其合金（如黄铜、青铜和铜镍合金）、钛及其合金	适用	适用	
不适用金属材料：灰铸铁、球墨铸铁或铸铁	不适用	不适用	不允许用于氢设备
含镍 >7% 的奥氏体不锈钢（如：304、304L、308、316、321、347）	适用	适用	在低温下，当应力超过屈服点时，有些会发生马氏体转变
碳素结构钢、低许用钢	适用	不适用	太脆，不适合低温使用
镍及其合金（如铬镍铁合金和蒙乃尔合金）	不适用	适用	易受氢脆影响
镍钢（如：2.25%、3.5%、5% 和 9% 镍）	不适用	不适用	液氢温度下的延性损失
有机材料：氯丁二烯橡胶（氯丁橡胶）、碳氟橡胶（氟橡胶）、聚酯薄膜、腈类（丁腈橡胶）、聚酰胺（尼龙）、聚氯三氟乙烯（氟橡胶）、聚四氟乙烯	适用	不适用	太脆，不适合低温使用

表 11.9　典型应用的材料推荐

应用	典型的材料	
	液态或浆氢	气态氢
阀门	锻造，机加工和铸造阀体（304 或 316 不锈钢，或黄铜），配置加长阀盖，内部配置其他材料	适当的工业产品
配件	不锈钢卡口式真空夹套	适当的工业产品
O 形环	不锈钢，凯夫拉，或特氟龙	适当的工业产品
垫片	锯齿形法兰之间的软铝、铅或退火铜；氟化橡胶；聚四氟乙烯；玻璃填充聚四氟乙烯	适当的工业产品

续表

应用	典型的材料	
	液态或浆氢	气态氢
挠性软管	旋绕真空夹套316或321不锈钢	不锈钢编织与特氟隆衬里
防爆膜装配	304、304L、316、316L不锈钢	304、304L、316、316L不锈钢
管道系统	304、304L、316、316L不锈钢	300系列不锈钢（优先选用316）、碳钢
杜瓦瓶	304、304L、316、316L不锈钢	—

具有面心立方结构的金属材料一般适用于储氢，如奥氏体不锈钢、铝合金、铜和铜合金等。其中，镍虽然属于面心立方材料，但由于容易产生氢脆，通常不使用。温度是影响金属材料的延性及抗拉强度的重要因素。不稳定的奥氏体不锈钢在低温下，当应力超过屈服应力时，可以恢复为马氏体组织，使钢的延展性降低。普通碳素钢可用于气态氢气存储，但在液氢温度下因失去延展性而变脆。铁、低合金钢、铬、钼、铌、锌和大多数体心立方晶体结构金属在低温时表现出大量的延展性损失，不适用于低温条件。灰铸铁、球墨铸铁或铸铁不能应用于氢系统。

焊缝在所有氢环境中都容易发生氢脆。焊缝热影响区经常产生硬点、残余应力和容易脆化的组织。可能需要焊后退火来恢复良好的微观结构。用301型不锈钢和铬镍铁合金718进行的试验表明：液态氢气或固态氢气存储系统的焊缝中出现的裂纹生长明显大于基底金属。347型不锈钢在焊接过程中对开裂非常敏感，在没有采取适当的焊接预防措施之前不应该使用。

11.4 氢气运输

氢气运输是氢能系统中关键环节之一，按照运输时气体所处的状态不同，分为气氢输送（包括高压储氢容器拖车和长距离输氢管道）、液氢输送（低温绝热液氢槽罐）和固氢输送（固态合金），目前大规模使用的是气氢输送和液氢输送，一般是采用车船作为运输工具。根据氢的输送距离、用氢要求及用户的分布情况不同，气氢可以用管道网络或通过高压容器装在车、船等运输工具上进行输送。管道输送一般适用于用量大的场合，目前处于起步阶段，而拖车运输则适合于量小、用户比较分散的场合，是目前最主要的运氢方式。

11.4.1 气氢输送

气态氢气的输送根据距离的长短和已有设施布局，一般采用管式拖车运输和管道输送两种方式。

11.4.1.1 管式拖车运输

管式拖车（图11.18）运输是目前氢气运输的主要方式，制氢装置产生的氢气净化提纯后，经氢压缩机压缩至20MPa，由装气柱充装入集装管束运输车。经运输车运至目的地后，通过高压卸车胶管把集装管束运输车和卸气柜相连接、卸气柱和调压站相连接，20MPa的氢气由调压站减压至0.6MPa通入氢气管使用。管式拖车用旋压成型的大型高压气瓶盛装氢气。管式拖车一般长10.0～11.4m、高2.5m、宽2.0～2.3m。管式拖车盛装的氢气压力在16～21MPa之间，质量在280kg左右。我国常用的高压管式拖车一般装8根高压储气管。其中高压储气管直径0.6m、长11m，工作压力为20MPa、工作

图11.18 管式拖车图

温度为40～60℃。目前储氢罐参数较高的是TITAN V XL40型25MPa高压氢气管束车，装氢量为890kg，且还存在上升空间。

氢气集装管束运输车在使用中需注意如下的安全问题：

（1）卸气的压力降低会引发氢气降温，或在冬季运输中温度较低，可能存在氢气中微量水结冰，易造成调压站切断阀密封胶圈的损坏，故需对卸气站至调压站之间的管线进行保温、加热来解决这一问题；

（2）氢气压缩机在压缩过程中会将微量机油带入氢气中，易造成调压站切断阀密封胶圈的损坏，故在氢气装车的流程中应加高效除油器以解决带油的问题；

（3）氢的车船运输必须考虑动载荷对储氢设备本身的影响，设备需配置减振措施以提高安全性；

（4）由于氢气无色无味且扩散快，除了对储氢设备要进行安全状态监控外，还应在驾驶室、车船体外部增加气体探测器等。

11.4.1.2 管道输送

1. 专用输氢管网

管道输送广泛用于石油化工或钢铁冶金等制氢/用氢企业厂区内，或短距离、用量较大、用户集中、使用连续而稳定的地区。在长距离运输方面，管道输送也适用于氢气运输，且已经有80多年的历史，在欧洲和美国都已有大量的输氢管网布局。

氢气的体积能量密度较低，仅为天然气的1/3。但由于氢气管道运输中的体积流量可以高于天然气，总体的管道输送能量约为天然气的80%。典型的1.2192m的管道可输送17000MW的氢气（LHV），而0.9144m的管道可输送9000MW的氢气。在氢气管网的实际设计和运行中，需考虑压缩机的功率设计和管网数量之间的优化，提高操作压力可以提高

氢气的输送量，但同时也增加了压缩成本，两者需进行优化匹配。

氢气的储存和输运所需的技术条件与天然气大致相同，基于现有的输送天然气和煤气管道进行改造后可用于输送氢气。但由于氢气的体积密度较低，要输送相同能量，需加粗管道或提高压力，同时还需要采取措施预防氢脆所带来的腐蚀问题，这就使得氢气管道的造价高很多，约为天然气管道造价的两倍多。同时，氢气运输管道所需的泵站压缩机功率更大。由于气体在管道中输送能量的大小取决于输送气体的体积和流速，而氢气在管道中的流速大约是天然气的 2.8 倍，但是同体积氢气的能量密度仅为天然气的 1/3，因此用同一管道输送相同能量的氢气和天然气，用于压送氢气的泵站压缩机功率要比压送天然气的压缩机功率大 2.2 倍，导致氢气的输送成本比天然气输送成本高。

2. 天然气管道掺氢

虽然纯氢管道输送可以实现氢气的大规模、长距离输送，但新建纯氢管道的一次性投资大、成本高。当前氢气储运基础设施尚不完善，但天然气管网已初具规模，将氢气掺入天然气管道中输送是氢气大规模、长距离、安全高效输送的一种潜在的可行方式。天然气管道掺氢是在现有天然气管道体系中掺入一定浓度的氢气，形成天然气–氢气混合气体来进行运输。与车载输送和船载输送方式相比，天然气管网掺氢可充分利用我国现有的在役天然气管道和城市输配气管网，较容易实现氢气大规模、长距离输送，而且管道或管网的改造成本较低。混合氢气的天然气可以直接作为燃料使用，氢气的存在降低了燃烧的碳排放；天然气中的氢气也可通过氢气分离技术进行提纯，然后用于燃料电池（图 11.19）。混氢天然气输氢技术可将氢气的多种源头和用户端连接起来，成为迈向"氢经济"的重要过渡性技术。

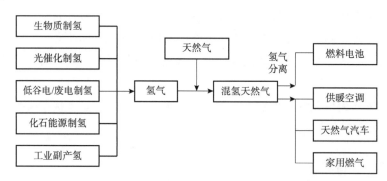

图 11.19　天然气管道掺氢的应用技术路线示意图

虽然天然气管输技术已经成熟，但是掺入氢气后会带来新的技术、安全问题，尤其是合适的掺氢比的确定和不同掺氢比条件下天然气输送系统的安全性，而这些安全问题多数是由氢脆带来的。管道的最大操作压力和氢气的体积分数有关，氢气含量越高，管道操作压力越小。氢体积分数较低时，已有的天然气管网系统就可以较好地达到掺氢需求，而若采用的氢气体积分数较高时，则需更换部分设施并对管道进行优化，会在一定程度上增加管网改造成本。天然气管道中氢气的体积分数小于 10% 时，管道操作压力应小于 7.7MPa；当氢气的体积分数大于 10% 时，管道操作压力应小于 5.38MPa。部分国家采用的天然气管道掺氢的最大承受体积分数为 20% 。

由于氢气分子较小、扩散速度快，掺氢管道中的另一技术问题是氢气渗漏。氢气渗漏容易发生在管道的法兰、密封螺纹、阀门等处。在管道材料的选取中，碳钢在渗透率方面优于塑料（如 PVC）。含 10% 氢气的甲烷混合气体在聚乙烯材质的 PE80 天然气管道中，氢的渗透系数是纯甲烷渗透系数的 4~5 倍。所以即使总体的渗漏速率较缓慢，长期渗漏积累的气体损失也不可忽视。

📦 11.4.2 液氢输送

液态氢气最大的优点是能量密度高，适合于远距离运输。但是由于液氢与环境之间存在很大的传热温差，很容易导致液氢汽化，即使储存液氢的容器采用真空绝热措施，仍然难以使液氢长时间储存。当氢气产量达到 450kg/h、储存时间为 1d、运输距离超过 160km 时，采用液氢的方式运输成本最低。当运输距离达到 1600km，液氢运输的成本为金属氢化物运输成本的 1/5，为压缩氢气运输成本的 1/8。

液氢可使用拖车（360~4300kg）或火车（2300~9100kg）运输，蒸发速度为每天 0.3%~0.6%。目前，欧洲使用低温容器或拖车运输的液氢体积为 $41m^3$ 或 $53m^3$，温度为 $-253.15℃$。未来的液氢输送方式还可能包括管道运输，管道的绝热性能是此技术一大挑战。

📦 11.4.3 固氢输送

固态氢的运输主要是指固体合金储氢材料通过物理、化学吸附或形成氢化物储存氢气，然后运输装有储氢材料的容器。固氢运输的体积储氢密度高，容器温度和压力条件温和，无需高压容器和热绝缘容器；系统安全性好，没有爆炸危险；可重复使用，实现多次（大于 1000 次）可逆吸放氢。主要缺点是储氢材料质量储氢密度不高（低于 3%），运输效率太低（低于 1%），且放氢过程需要加热和吸收大量热量。

固态氢的运输装置储氢能力较大，但由于储氢合金价格高，且放氢速度慢，需要加热，更重要的是储氢合金本身很重，长距离运输的经济性较差，所以用固态氢运输的情形并不多见。已有的固态氢运输有多管式大气热交换型固氢装置，使用 672kg 钛基储氢合金，可储氢 $134m^3$，材料储氢密度为 1.78wt%，氢压为 3.3~3.5MPa。也有采用 7 根直径 0.114m 的管式内部隔离、外部冷热型固氢装置，使用 10t 钛基储氢合金，可储氢 $2000m^3$，材料储氢密度为 1.78wt%，氢压为 5MPa。

11.5 氢气检测

📦 11.5.1 氢气泄漏检测

氢气无色无味，通常无法通过感官察觉，需通过监测设备探测可能发生的泄漏、溢出或积聚。对于可能产生氢气积聚的受限区域，需要在检测到空气中氢气浓度达到1%的体积浓度时进行报警。对于经许可才可进入的密闭空间，要求在空气中氢气浓度达到0.4%的体积浓度时报警。

氢气检测传感器的类型可分为催化、电化学、半导体氧化物、热导率、质谱仪、声学、光学、电热塞等。

11.5.2　氢火焰探测系统

由于氢气火焰在日光条件下不可见，因此需要特殊的成像系统来确定火焰的大小和位置，以评估其危险性并制定应对措施。火灾探测系统应该能够在至少4.6m的距离外，检测到经由1.6mm直径的孔泄漏，流量为5.0L/min的氢气射流燃烧产生的200mm高的火焰。火焰探测传感器应避免受到来自太阳、闪电、焊接、光源和背景耀斑等因素的影响。

氢气火焰的检测方法主要有热法、光学、成像法和扫帚法等，最实用的是热式火灾探测器，分为温升率探测器和过热探测器，性能十分可靠。

11.6　氢气的典型应用

氢能是一种清洁的能源，可以用作航空航天工业中的燃料；可以作为内燃机的燃料而用于民用汽车、火车、轮船等，排放的尾气主要是水蒸气，污染小、噪声低；也可以用于家庭供暖、制冷和热水器等；此外，氢气最重要的用途之一是燃料电池。燃料电池是一种高效、清洁的发电装置，将储存在燃料和氧化剂中的化学能直接转化为电能。其能量转换过程不受卡诺循环的限制，避免了能量中转损失，能量转化率可高达90%，是内燃机实际效率的2~3倍，且唯一的产物是水（当采用氢燃料时），对环境无污染。以质子交换膜燃料电池为例，氢燃料电池基本工作原理见图11.20，内部结构主要包括电解质、电化学反应催化剂、扩散层和双极板，反应过程中氢气被输送到燃料电池的阳极板（负极），在催化剂的作用下，氢原子中的一个电子被分离出来，失去电子的氢离子（质子）穿过质子交换膜，到达燃料电池阴极板（正极），与氧原子和氢离子结合为

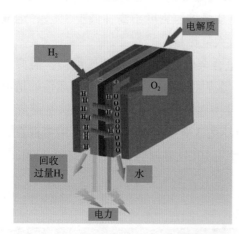

图11.20　氢燃料电池的工作原理示意图

水。当燃料电池含有燃料重整器的时候，所能够利用的燃料种类可拓展至天然气、甲醇、煤气等。

按电解质种类不同，燃料电池主要分为五类：质子交换膜燃料电池（PEMFC），采用固态有机的全氟磺酸膜为电解质；固体氧化物燃料电池（SOFC），采用固态氧化锆陶瓷以

及少量的氧化钇材料作为电解质；熔融碳酸盐燃料电池（MCFC），使用碱金属（Li、Na、K）碳酸盐作为电解质；磷酸型燃料电池（PAFC），使用高浓度的磷酸作为电解质（浓度可达100%）；碱性燃料电池（AFC），使用浸泡有碱液的基材作为电解质。不同燃料电池的特点见表11.10。相较于其他燃料电池，PEMFC具有工作温度低、响应时间快、无腐蚀性等优点，更适用于燃料电池汽车等快速响应场合。目前使用的氢燃料电池一般指质子交换膜燃料电池。

表 11.10 五类燃料电池特性表

类型	PAFC	MCFC	SOFC	AFC	PEMFC
电解质	H_3PO_4	碱类碳酸盐	Y_2O_3，CaO，导电陶瓷	KOH，NaOH	全氟磺酸膜
阳极	Pt/C	Ni/Al	Ni/ArO_2	Pt/Ni	Pt/C
阴极	Pt/C	Li/NiO	$Sr/LiMnO_2$	Pt/Ag	Pt/C
催化剂	铂	镍	钙钛矿（陶瓷）	铂	铂
燃料	重整气，氢气	煤气，天然气	氢气，天然气，煤气	纯氢	氢气，甲醇，重整气
氧化剂	空气	空气	空气	纯氧	纯氧，空气
工作温度/℃	150~200	600~700	800~1000	20~500	30~80
响应时间	几分钟	>10min	>10min	几分钟	<5s
系统效率/%	37~55	>50	50~65	60~90	43~60
腐蚀性	强	强	弱	强	无
电效率/%	37~42	50左右	50~65	60~90	43~58

11.6.1 燃料电池车辆

AFC和PEMFC以氢气为燃料，工作温度60~90℃，启停方便，都具备用于交通车辆的条件。但AFC的液体苛性碱电解液维护管理难度大，功率密度低，满足不了车辆使用的苛刻要求；而PEMFC采用固体聚合物电解质，克服了AFC的缺陷，是国内外车用燃料电池开发和示范应用的首选。

燃料电池汽车（FCV）主要由燃料电池、储氢罐（常采用高压储罐）、蓄电池、DC/DC转换器、驱动电机和整车控制器等部分组成，广泛采用"燃料电池/动力电池+电机"的电驱动结构，燃料电池和动力电池分别作为主/辅电源给电机提供电能，动力电池还用于蓄电池充电。在车辆行驶之初，蓄电池处于电量饱满状态，其能量输出可以满足车辆要求，燃料电池动力系统不需要工作。电池电量低于一定值时（通常设置为60%），燃料电池动力系统起动；当车辆负荷较大时，燃料电池经过DC/DC转换器与蓄电池同时为驱动系统提供电能；当车辆负荷较小时，燃料电池为驱动系统提供能量的同时给蓄电池组进行充电。

氢质子膜燃料电池系统的新能源汽车具有较为突出的优势,包括续驶里程长、氢加注时间短、排放清洁、能效高等。国内的燃料电池汽车多为物流车和公交大巴,配置的燃料电池系统额定功率主要为32kW、40kW、40.5kW和60kW,还有较大的提升空间。

11.6.2 燃料电池发电

燃料电池的规模较灵活,且效率高、噪声低、体积小、排放低,非常适合用于分布式发电,可以建立靠近用户的千瓦至兆瓦级的分布式发电系统。目前的主要应用领域为微型分布式热电联供系统(CHP)、大型分布式电站或热电联供系统。较适用的燃料电池类型为质子交换膜燃料电池(PEMFC)和固体氧化物燃料电池(SOFC),已经成功应用于家用分布式热电联供系统和中小型分布式电站领域。

11.6.3 燃料电池电源

后备电源是指当原有的供电系统出现故障等而不能供电时,在极短时间内接替原有的供电系统,维持设备正常运转,实现不间断供电的电能。后备电源在一些重要的城市服务和工业生产场合应用广泛,如通信基站、医院、工厂、煤矿和计算机系统等,都需要使用后备电源来保障供电的持续稳定及系统的安全。燃料电池的能量密度高、运行可靠、无污染、寿命长,尤其是质子交换膜燃料电池的工作温度合适,启动速度较快,可满足后备电源的快速响应需求,是后备电源系统的理想选择,可成为传统铅酸电池或锂离子电池的替代技术。

11.6.4 燃料电池电动船舶

传统船舶发动机使用化石燃料提取物作为燃料,发动机工作时排放尾气已成为沿海地区尤其是港口的主要污染源。为减少运输船舶尾气排放量,世界各航运大国都将绿色船舶动力和能源技术作为航运业现阶段的主要发展方向。其中,燃料电池技术具有环保、高效、能量密度高、稳定性好、噪声低以及不受环境因素影响等优点,有望成为未来船舶的主要动力来源。

11.7 加氢站

11.7.1 分类

加氢站是给氢燃料电池汽车提供氢气的基本设施,是氢能大规模应用和发展的关键环节。加氢站按提供的能源类型可以分为单一的加氢站和油氢混合加氢站。单站建设需要重新选址,投入成本高。油氢混合站可以在原有或新的加油站与加气站管网的基础上建设,站内可以同时加油加气并满足氢燃料电池车的氢气加注,不造成空间的浪费。

11.7.2 技术路线

加氢站供氢方式主要有三种：长管拖车供氢、管道输送供氢、站内制氢。站内制氢因为制氢加氢站站内工艺复杂、运行维护不易、建站成本较高等问题，暂时在国内尚未使用。

11.7.2.1 外供氢加氢站

根据加氢站内氢气存储相态的不同，可分为高压气氢加氢站和液氢加氢站。液氢加氢站主要设备包括液氢储罐、液氢泵、汽化器、蓄压瓶组、加注站等。由于液氢不能直接加注，需要在汽化器中蒸发为气态，并注入蓄压瓶组。液氢加氢站占地面积小，氢气储存量大，适用于大规模加氢，我国的液氢加氢站也在规划中。

高压氢气加氢站是目前国内加氢站的主流，其工艺流程见图11.21，外供氢气经由压缩系统存储于高压储氢罐，最后通过加注系统进行燃料电池汽车加注。加氢站的主要核心设备有压缩机、储氢系统和加氢机，此外还包括管道、控制系统、氮气吹扫装置、放散系统以及安全监控装置等设备。放散系统主要用于系统故障时排出系统内部残余氢气和氢气泄压时用氮气吹扫置换使储罐内的氢气彻底排出。

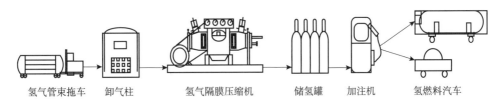

氢气管束拖车　　卸气柱　　氢气隔膜压缩机　　储氢罐　　加注机　　氢燃料汽车

高压储氢加氢站工艺流程图

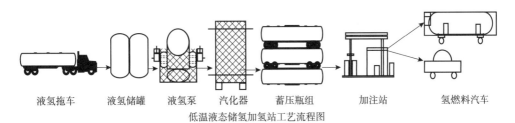

液氢拖车　　液氢储罐　　液氢泵　汽化器　　蓄压瓶组　　加注站　　氢燃料汽车

低温液态储氢加氢站工艺流程图

图11.21　外供氢加氢站工艺流程示意图

11.7.2.2 内制氢加氢站

内制氢加氢站与外供氢的区别在于加氢站内本身具有制氢设备，采用的主要制氢方式有天然气重整制氢、电解水制氢、氨或甲醇分解制氢等，制得的氢气直接用于燃料电池汽车加注，内制氢加氢站工艺流程见图11.22。由于水、甲醇、氨、天然气（通过天然气管道）的运输技术较成熟、成本较低，此系统中氢气的运输成本与运输风险大大降低。

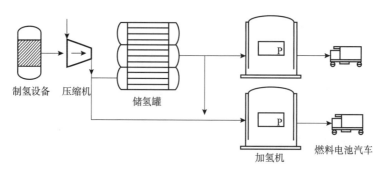

图 11.22　内制氢加氢站工艺流程示意图

11.7.3　设备管理

11.7.3.1　储存设备

储氢设施主要为储氢罐和储氢瓶组，储氢系统应设置安全泄压装置、氢气放空管及切断阀和取样口、压力测量仪表、压力传感器、泄漏报警装置、氮气吹扫置换接口、防撞措施等，储气瓶组应卧式存放，距离建筑物或构筑物不小于1.5m。

11.7.3.2　压缩系统

加氢站的氢气压缩工艺系统应根据进站氢气输送方式确定，加氢站根据氢气储存或加注参数选用氢气压缩机和一定容量的储氢容器。压缩机是加氢站的核心设备，其性能直接影响到加氢站运行的可靠性和经济性。常用的氢压缩机主要有隔膜式压缩机、液驱式压缩机和离子液压缩机等。

11.7.3.3　加注系统

加氢机是燃料电池汽车加注氢燃料的核心设备，加氢站的加注系统由单台或多台加氢机构成，其主要参数是加注压力。加氢机通常包括高压氢气管路及安全附件、质量流量计、加氢枪、控制系统等。加氢机额定工作压力为35MPa或70MPa，为确保加氢过程保持在限制温度范围内及车辆压缩氢储存系统的工艺限制范围内，加氢机外部环境温度范围为−40~50℃，充装氢气流量不应大于5kg/min，车载储氢瓶的工作温度限制为最高85℃。

车辆的氢气加注依靠加氢站加注系统与车载储氢罐的压力差来实现。氢气加注需考虑安全性、快速性（快速加注过程的高效化），以及经济性（降低加注成本），一般采用分级加注策略和温度控制的预冷技术。分级加注策略是指将加氢站的储氢罐分为不同的压力等级（一般分为低、中、高三个挡位），进行加氢机的有序作业，从低到高为客户提供氢气加注，加注时车辆的储氢罐和加注系统的压力平衡后，就自动切换到下一个高压存储罐继续进行加注。

11.7.4 加氢站发展前景

随着碳中和与环境问题的日趋紧迫，全世界都给予了氢工业前所未有的黄金机会，全球加氢站数量规模将持续保持增长，我国在加氢站布局方面也处于加速阶段，据香橙会氢能数据库统计，截至 2021 年上半年，已累计建成加氢站 146 座，其中有 136 座已投入运营，待运营的有 10 座，投用比例超过 93%。

根据《中国氢能源及燃料电池产业白皮书》资料显示，氢能将成为中国能源体系的重要组成部分，在 2030 年碳达峰情景下，氢气的年需求量将达到 3715 万 t，在 2060 年碳中和情景下，氢气的年需求量将增至 1.3 亿 t 左右，在终端能源消费中占比约为 20%。预计到 2035 年，中国加氢站达到 1500 座，到 2050 年全国加氢站达到 10000 座以上。

根据《节能与新能源汽车技术路线图 2.0》相关规划显示，到 2025 年，我国加氢站的建设目标为至少 1000 座，氢燃料成本下降至 40 元/kg；到 2035 年加氢站的建设目标为至少 5000 座，氢燃料成本下降至 25 元/kg。

综合《中国氢能源及燃料电池产业白皮书》和《节能与新能源汽车技术路线图 2.0》，从我国加氢站建设的规划情况来看，未来加氢站行业的发展空间巨大。

第12章

二氧化碳应用技术

>>>

全球气候变暖的主要原因之一是产生温室效应的温室气体不断增加。温室气体有二氧化碳（CO_2）、甲烷（CH_4）、氧化亚氮（N_2O）、氢氟碳化物（HFCs）、全氟化碳（PFCs）和六氟化硫（SF_6）等，其中，二氧化碳是人类活动中排放量最大的温室气体。已有数据表明，从1800—2020年，大气中的二氧化碳浓度已由$280mL/m^3$上升至$410mL/m^3$。若不采取控制措施，在21世纪末，二氧化碳浓度有可能升至$950mL/m^3$。2020年，我国提出2030年实现碳达峰、2060年实现碳中和的战略目标，从达峰到净零排放间隔只有30年，与欧洲多国70年的时间间隔相比较，挑战和难度更大。目前，二氧化碳减排的方法主要有三类：提高能源的利用效率，增大可再生能源占比以及开展二氧化碳捕集、利用与封存。其中，二氧化碳捕集、利用与封存技术（Carbon Dioxide Capture，Utilization and Storage，简称CCUS）是最具发展潜力的二氧化碳减排技术。

CCUS技术是指将二氧化碳从工业排放源中分离后直接加以利用或封存，以实现二氧化碳减排的工业过程，即对工业生产过程中排放的二氧化碳进行捕集、提纯，投入到其他生产过程中进行循环再利用或直接封存。CCUS技术主要包含捕集、运输、利用与封存四个环节，捕集是将生产过程中生成的二氧化碳进行分离富集，是能耗和成本最高的环节；运输是CCUS技术的中间环节，可采用管道运输和各种交通工具运输；利用与封存是指将捕获下来的二氧化碳进行再利用，如强化采油、合成化工产品等，或者安全储存在地下的贫化油气田、海洋等地点进行上千年封存。

CCUS技术有助于大规模的温室气体减排和化石能源清洁高效利用，是唯一能够实现减少钢铁、水泥、化肥等主要工业领域和新建燃煤发电厂碳排放的清洁技术，是目前世界上能够减少化石燃料发电和工业过程中二氧化碳排放的关键技术，也是中国实现碳中和、保障能源安全、构建生态文明和实现可持续发展的重要手段。

12.1　二氧化碳物化性质

二氧化碳是一种碳氧化合物，化学式为 CO_2，相对分子质量为 44.0095，常温常压下是一种无色无味气体。二氧化碳是空气的组分之一，占大气总体积的 0.03% ~ 0.04%，也是一种常见的温室气体。

二氧化碳的熔点为 -56.6℃，沸点为 -78.5℃，临界温度为 31.0℃，临界压力为 7.3815MPa。标准状况下，二氧化碳的密度为 1.964g/L。二氧化碳的化学性质不活泼，热稳定性高，通常不能燃烧，也不支持燃烧。二氧化碳属于酸性氧化物，具有酸性氧化物的通性，可溶于水，其水溶液略有酸味，因与水反应生成的是碳酸，所以是碳酸的酸酐。

12.2　二氧化碳捕集

捕集技术可以将化石燃料燃烧等生产过程中生成气体中的二氧化碳进行分离富集，减少温室气体的排放，从而阻止或者显著减缓温室效应的加剧，以减轻对地球气候的不利影响。根据国际能源署 IEA 报告，2020 年全球能源及相关工业过程的碳排放总量约为 339 亿 t，全球 CCUS 实现碳封存的规模约为 0.4 亿 t，约占碳排放总量的 0.1%。目前，国际上部分处于运行阶段的百万吨量级以上的 CCUS 示范平台见表 12.1。中国典型的碳捕集示范项目见表 12.2。

表 12.1　国际运行中的百万吨量级的 CCUS 示范项目

国家	项目名称	碳捕集规模/ (万 t/a)	投运时间/ a	行业	去向
美国	Terrell Natural Gas Processing Plant	40 ~ 50	1972	天然气处理	驱油
	Enid Fertilizer	70	1982	化肥生产	驱油
	Shute Creek Gas Processing Plant	700	1986	天然气处理	驱油
	Century Plant	840	2010	天然气处理	驱油
	Air Products Steam Methane Reformer	100	2013	制氢	驱油
	Coffeyville Gasification Plant	100	2013	化肥生产	驱油
	Lost Cabin Gas Plant	90	2013	天然气处理	驱油
	Petra Nova	140	2017	发电	驱油
	Illinois Industrial	100	2017	乙醇生产	地质封存
加拿大	Great Plains Synfuel Plant	300	2000	合成气	驱油
	Boundary Dam	100	2014	发电	驱油
	Quest	100	2015	制氢	地质封存
	Alberta Carbon Trunk Line Project	120 ~ 140	2020	化肥生产	液化二氧化碳

续表

国家	项目名称	碳捕集规模/（万 t/a）	投运时间/a	行业	去向
英国	North England H21	300	2020	天然气制氢	地质封存
	Liverpool Manchester Hydrogen Cluster	150~950	2020	天然气制氢	地质封存
挪威	Sleipner CO₂ Storage	100	1996	天然气处理	地质封存
	Snohvit CO₂ Storage	70	2008	天然气处理	地质封存
巴西	Petrobras Santos	100	2013	天然气处理	驱油
沙特	Uthmaniyah	80	2015	天然气处理	驱油
阿联酋	Abu Dhabi	80	2016	钢铁生产	驱油

表 12.2 中国典型的 CCUS 示范项目

地点	项目名称	碳捕集规模/（万 t/a）	投运时间/a	路线	行业/去向
石洞口	华能上海石洞口碳捕集项目	12	2009	燃烧后	食品行业
东营	中石化胜利油田碳捕集项目	40	2010	燃烧后	驱油
合川	中电投重庆双槐碳捕集项目	1	2010	燃烧后	工业利用
鄂尔多斯	神华鄂尔多斯碳捕集项目	10	2011	燃烧前	咸水层
营城	国电恒泰营城碳捕集项目	10	2015	富氧燃烧	工业利用
滨海新区	华能天津绿色煤电碳捕集项目	6~10	2016	燃烧前	驱油，咸水层
汕尾	华润海丰碳捕集测试项目	2	2019	燃烧后	食品行业/地质封存
陕西	华能碳捕集项目	15	2020	燃烧后	咸水层

我国二氧化碳捕集主要集中在煤化工行业，其次为煤电行业。用于煤化工厂等高浓度排放源的二氧化碳捕集技术通常是工业分离技术，如基于物理溶剂吸附过程的低温甲醇洗技术等。应用于煤基电厂等低浓度二氧化碳排放源的传统捕集技术路线主要有三种：燃烧前捕集、燃烧中捕集以及燃烧后捕集，见图 12.1。

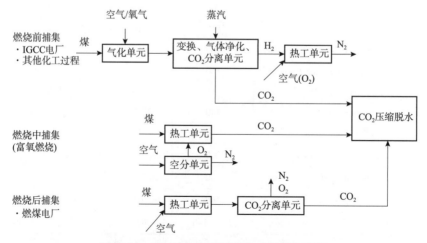

图 12.1 传统二氧化碳捕集技术路线示意图

12.2.1 燃烧前捕集

燃烧前捕集技术是指将二氧化碳在燃料燃烧之前进行分离。在燃料燃烧前，只有将燃料中的各种成分转化为容易分离的物质，才能够去除燃料中的碳元素。以煤炭燃料为例，燃烧前主要利用煤气化和重整技术，将煤炭与水蒸气或者氧气在高温高压下部分发生氧化反应，首先生成主要成分为一氧化碳和氢气的合成气（也称脱碳）。然后合成气经过颗粒去除纯化、冷却以后进入催化转化器中，其中的一氧化碳与水蒸气发生变换反应生成二氧化碳，即催化重整生成以二氧化碳和氢气为主的水煤气，其中二氧化碳的摩尔分数为15%~60%。最后，经过吸收法、吸附法等技术将二氧化碳和氢气分离，得到富集的二氧化碳和几乎纯净的氢气。

相对于传统的燃料直接燃烧，将煤炭在燃烧前进行气化和重整，转化为可以分离的氢气和二氧化碳，后者具有步骤复杂、能耗和成本较高的不利之处。但是燃烧前捕集二氧化碳，在变换反应器中可以产生高浓度二氧化碳，在烘干条件下约占总体积的15%~60%，并且整个生产过程中的高压条件，也有利于二氧化碳的分离和富集。燃烧前捕集的代表技术是以煤气化为核心的整体煤气化联合循环（Integrated Gasification Combined Cycle，简称IGCC）技术。燃烧前捕集的优势是工艺拟处理烟气流量小，二氧化碳分压高，分离难度低，分离能耗和成本下降。制约IGCC技术发展的主要因素在于其工艺系统比较复杂，建造和维护成本显著高于传统的火力发电技术，系统稳定性相对较低，对燃气轮机要求高。

12.2.2 燃烧中捕集

燃烧中捕集技术是指通过改变或者调整燃烧过程中与煤发生反应的气体组分，从而实现二氧化碳富集。典型技术是富氧燃烧技术，首先将空气中的氮气分离，燃料在燃烧过程中，进入燃烧系统的是纯氧气，燃烧后产生的烟气中二氧化碳体积浓度可达85%以上，最高可达95%，不需要进一步提纯便可实现液化输送，便于后续的封存。在燃烧过程中，富氧燃烧的燃烧温度更高，只产生微量的氮氧化物。富氧燃烧捕集的核心是制氧，常采用低温分离和膜分离技术。

富氧燃烧技术的优点是燃烧产物气量小，二氧化碳浓度非常高，处理简单，能降低锅炉热损失，优化锅炉结构设计，降低氮氧化物和硫化物等酸性气体的排放量。缺点是空分制氧设备能耗过高，导致电厂自用电比重过大，此外，高浓度二氧化碳气氛下锅炉结渣、设备腐蚀以及空气漏风等问题仍有待解决。综合考虑制氧成本和燃烧器结构这两方面问题，该过程目前主要限制于实验室和中试研究。

12.2.3 燃烧后捕集

燃烧后捕集过程发生在燃料燃烧后，燃烧后捕集技术是指将二氧化碳从燃烧生成的烟气中与其他组分分离，进行二氧化碳富集。二氧化碳的捕集过程需要保持混合气体的相对洁净度，因而一般捕集的过程在除尘脱硫脱硝以后，在特定的经济条件下是可行的。火电厂的二氧化碳燃烧后捕集系统位于现有电厂污染物脱除装置下游，不改变电厂结构和能源利用方式，已有工业化应用。

燃烧后捕集技术优点是在原有系统后增设二氧化碳的捕集装置，对原有系统变动较少；其缺点是由燃煤烟气气体流量大、二氧化碳的分压低、出口温度高、烟气组分复杂等特点造成的捕集过程能耗偏高，系统庞大，设备的投资和运行成本较高。目前，可供选择的燃烧后捕集技术主要包括吸收法、吸附法、低温分离法和膜分离法等。

12.2.3.1 吸收法

吸收法是燃烧后捕集工艺路线中应用最为广泛的技术。根据吸收原理，吸收法分为化学吸收和物理吸收。化学吸收法是利用吸收剂对混合气体中的二氧化碳进行化学反应，形成一种联结性较弱的中间化合物，再对其加热使二氧化碳解析，从而使吸收剂再生同时使二氧化碳分离的方法。在化学吸收过程中，在低压和低温（40~60℃）下，使用单乙醇胺（MEA）、二乙醇胺（DEA）、三乙醇胺（TEA）、甲基二乙醇胺（MDEA）、二异丙醇胺（ADIP）、氨水、二甘醇胺等溶液捕获二氧化碳。二氧化碳与溶液化学反应后，形成松散结合的中间化合物。胺用作反应溶液的缓冲剂、金属离子的螯合剂和二氧化碳的活化剂。物理吸收法是利用物理溶解的方法对二氧化碳进行分离。在物理吸收过程中，二氧化碳在高压和低温下被捕获，加热以回收二氧化碳并再生溶剂。这一过程适用于含35%~40%二氧化碳的烟气，常用的吸收剂有甲醇、碳酸丙烯酯、聚乙二醇二甲醚等。

目前，全球已投产大型碳捕集项目基本均采用化学吸收法，而其他技术处于发展阶段。化学吸收法是指利用吸收剂的化学反应，选择性从混合气的多气相组分中分离出易溶于吸收液成分的方法。化学吸收法适用于从低浓度烟气中捕获二氧化碳，实质是利用碱性吸收剂溶液与烟气中的二氧化碳接触并发生化学反应，将烟气中的二氧化碳吸收，而后吸收剂经加热，逆向分解释放出二氧化碳，从而达到将二氧化碳从烟气中分离并富集的目的。

典型的化学吸收法脱除烟气中二氧化碳的工艺流程由 P. R. Bottoms 于 1930 年首次提出，见图 12.2。该技术系统设备费用相对较低，脱除效率高（一般在85%以上），运行稳定，技术成熟，已在化肥行业、食品行业和水泥行业等得到了广泛的应用。目前，发电行业也大多采用化学吸收法进行脱碳。其中，胺吸收法和碳酸盐循环法（钙循环）是最具大规模工业化前景的二氧化碳化学吸收捕集技术。

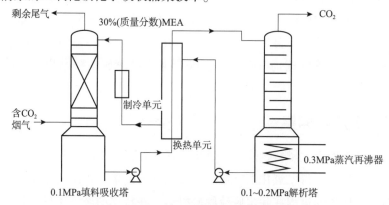

图 12.2　典型的化学吸收法工艺流程示意图

1. 胺吸收法

胺吸收法是目前较为成熟的燃烧后二氧化碳捕集法。以单乙醇胺（MEA）为例，二氧化碳可与其反应得到相应的水溶性盐，对其加热又可将二氧化碳释放，由此实现二氧化碳的捕集与富集。

典型的胺吸收二氧化碳流程见图12.3，燃烧尾气经除尘、分离硫及氮氧化物后，在吸收单元内与MEA在40～60℃进行反应，富含二氧化碳的MEA经换热器加热后进入溶出单元，在100～140℃释放出二氧化碳，热MEA通过换热器回流至吸收单元，实现MEA的循环利用。目前该技术已在北美、北欧等地区实现了小规模工业化。

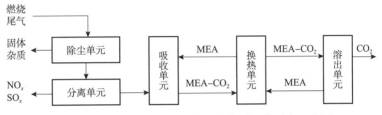

图12.3 以MEA为吸收剂的二氧化碳吸收过程示意图

2. 碳酸盐循环法

碳酸盐循环法是燃烧后二氧化碳捕集的另一种较大规模应用的方法，因其利用地壳中储量丰富的石灰石（$CaCO_3$）与生石灰（CaO）间的可逆反应，也被称为钙循环技术，流程见图12.4。

该技术利用生石灰与二氧化碳

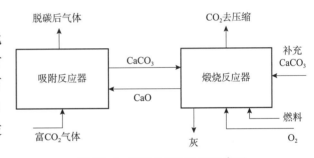

图12.4 碳酸盐循环流程示意图

生成石灰石的反应去除燃烧尾气中的二氧化碳，通过两个互联的反应器实现。二氧化碳首先在吸附反应器中于600～700℃下被生石灰捕集，生成石灰石输送到煅烧反应器中，于900～950℃下煅烧，可得到高纯（大于95%）二氧化碳气体，反应生成的生石灰则输送回吸附反应器中，如此循环往复。利用生石灰作为固体吸收剂分离烟气中的二氧化碳，可以在较高温度下对二氧化碳进行分离，且能联合脱除其他污染物，如二氧化硫。由于生石灰在高温下易烧结，该过程的二氧化碳捕集效率会不断下降，因此需要不断补充新鲜的石灰石物料，烧结后的生石灰可通过水化、再造粒和延长碳化时间等技术进行再生，可直接用作建筑材料。

12.2.3.2 吸附法

吸附法主要依靠物质之间的范德华力，对二氧化碳进行选择性的吸附，然后通过降低压力或增加温度等方法，将吸附的二氧化碳释放，实现碳捕集。吸附法的优势是吸附剂再生能耗较化学吸收剂的低。在吸附过程中，二氧化碳通过与固体吸附剂表面相互作用而发生碳捕获。吸附剂可以有选择性地从烟道气中吸收二氧化碳，然后通过降低压力或升高温度等方法，释放二氧化碳，使吸附剂再生，如此循环往复。根据回收二氧化碳和再生吸附材料的方法不同，吸附法可分为变压吸附（PSA）、变温吸附（TSA）、电变压吸附（ESA）。在变压吸附中，利用压力高低变化完成吸附和再生。在变温吸附中，使用不同温度条件完成吸附和再生。在电变压吸附中，通过使低压电流通过吸附材料来完成再生。例如，一种新型的沸石/活性炭杂化蜂窝体能够进行电变压吸附，并结合真空变压吸附来捕获二氧化碳。在温和的操作压力（10kPa）下，在30s的短通电时间内，组合工艺回收了烟气中72%的二氧化碳，回收气中二氧化碳纯度为33%。

最常用的是变压吸附技术，变压吸附法是在较高的压力下利用吸附塔内装填的固体吸附剂选择性地吸附变换气中的二氧化碳，从吸附塔顶获得脱除二氧化碳后的氢气，利用真空泵对吸附塔抽空，降低吸附塔压力，使吸附在吸附剂上的二氧化碳脱离，获得高浓度的二氧化碳气体，从而实现对二氧化碳的捕集。为了提高变压吸附装置捕集二氧化碳的能力和捕集二氧化碳的纯度，通常采用多塔吸附和多次均压工艺。

12.2.3.3 低温法

低温法是根据气体组分不同的液化温度，将气体的温度降低到其露点以下，使其液化，然后通过精馏的方法将各种组分进行分离。二氧化碳在常温常压下以气态形式存在，其临界压力为7.4MPa，临界温度为31℃。因此，只要将其压力增加到7.4MPa，温度低于31℃，可使二氧化碳变为液态，从而得到有效的分离。

低温二氧化碳捕集技术基于冷凝和冷却原理。在这种技术中，二氧化碳在较低的温度下冷却，使其变成固体，并与其他气体分离。固体二氧化碳被进一步加压、融化并作为液体运输。该方法的主要优点是不需要任何化学吸收剂，并且可以在较低的压力下进行。在这个过程中，二氧化碳被直接转化为液体，使得通过管道运输变得容易。低温法的能耗与混合气体中的二氧化碳浓度有关，当二氧化碳浓度高于90%时，与其他分离方法相比，低温法能耗较低。当混合气体中的二氧化碳浓度降低时，能耗增加显著且捕集率明显降低，因而低温法通常只适用于二氧化碳浓度较高的碳捕集，例如富氧燃烧后的尾气处理。

12.2.3.4 膜分离法

膜分离法是借助膜对各种气体分子相对渗透率的不同进行碳捕集，其工艺流程见图12.5。因为它可以连续运行，膜分离法是低碳排放工厂的首选。膜分离法中，气体分离的主要驱动力是进料侧和渗透侧之间的二氧化碳分压力差，当含二氧化碳的烟气通过膜组件时，二氧化碳的渗透速率较快，它会被膜有选择性地吸收并扩散到低压侧，而渗透速率相对较慢的其他气体将滞留在高压侧，实现脱除二氧化碳。

图12.5 膜分离法工艺流程示意图

在膜分离法碳分离实施过程中，通常由吸收膜和分离膜共同完成，两种膜对二氧化碳气体分离机理不同。吸收膜主要是利用化学吸收液对二氧化碳气体进行选择吸收，而分离膜起到了将二氧化碳与化学吸收液分隔开的作用，使得在吸收膜的两侧形成浓度差，为吸收膜吸收二氧化碳做准备，见图12.6。

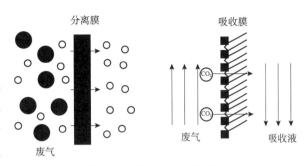

图12.6　膜分离过程示意图

　　膜分离过程的核心是膜材料。常用的膜材料通常有三种类型：聚合物膜、陶瓷膜、杂化膜。聚合物膜有聚砜、聚酰亚胺、聚丙烯、尼龙、聚四氟乙烯、聚乙烯等，通常在较低的温度下工作，具有良好的机械性能，并且可以更容易地大面积制造，应用最为广泛。陶瓷膜主要由无机材料如二氧化硅、氧化石墨烯或氧化铝等组成，具有更高的化学和热稳定性，但其表面更亲水导致润湿问题。此外，很难制造具有大表面积的陶瓷膜。典型的杂化膜为聚电解质膜，聚电解质是具有高离子含量的聚合物，高离子含量使得聚电解质膜具有优异的选择渗透性能。另外，在聚乙烯胺上交联 UIO – 66 – NH$_2$ 纳米粒子制备的混合基质膜（MMM）、用离子液体磺酰亚胺官能化的聚氯乙烯珠制备的杂化复合膜、加入纳米纤维素的聚乙烯醇复合膜等杂化膜，目前处于理论和实验研究阶段。

　　膜分离技术具有工艺简单、设备投资小、能耗低、操作简单等优点，因此在烟道气的二氧化碳捕集方面具有一定的实践应用价值，也逐渐受到关注。但是，膜分离法分离出的二氧化碳浓度相对较低，并且对工作环境要求较高，不耐高温高压、较强的酸碱性，限制了膜法的发展。

12.3　二氧化碳运输

　　二氧化碳运输是 CCUS 的中间环节，根据二氧化碳运输时的状态，分为气态、固态和液态运输。可选的运输方式有管道运输、罐车运输和船舶运输。目前运用较多的是管道运输，可以借鉴天然气管网运输相关技术和经验，较为成熟。

12.3.1　管道运输

　　二氧化碳管道运输是指通过构建管道通路，将捕集的二氧化碳在管道中进行运输，是陆地上进行大规模运输的最为经济的运输方式。其中，气态二氧化碳管道输送适合于短距离、低输量，管道途径人口密集区域的场合。气态二氧化碳在接近大气压力条件下输送时体积庞大，所需管径较大，可通过压缩机进行压缩。当运距变长、大流量管道运输时，通常需要将二氧化碳压缩为液体或超临界流体并运输至特定的储存地点。通过泵站加压使二氧化碳流体压力满足管道系统输送最低运行压力要求，避免因压力不足产生气化后导致的管道破裂。一般来讲，由于管道所处地势高低变化、管道沿程阻力和局部阻力损失等因素的影响，管道沿线的压力时刻在发生变化，要求管道具有一定的承压能力。此外，也对管道的密闭性、防腐蚀性等方面有技术指标要求。通常，二氧化碳运输管道的尽头通常距离封存二氧化碳的地点较近，由专门人员对二氧化碳进行封存工作。二氧化碳管道运输适宜于大流量和远距离运输情景，尽管管道运输的造价较高，在 CCUS 中的应用仍然较为广泛。由已有 CCUS 项目的运营经验可以得出，当输送量大于 100 万 t/a 时，超临界/密相二氧化碳管道输送是最佳的方式，管道输送作为 CCUS 的一种中间环节，也是实现大规模封存、利用需要解决的关键问题。

🏭 12.3.2　罐车和船舶运输

罐车运输和船舶运输是指将捕集的二氧化碳通过罐车或船舶运输到使用地点或封存地点，通常封存地点在海洋中。罐车运输和船舶运输的运力有限，无法大规模运输二氧化碳，适用于量小和距离中等的情形。

由于二氧化碳液化后的体积仅为气体的 1/500，在罐车运输和船舶运输时，通常以液体形式进行。液体二氧化碳的储存容器有常温高压气瓶和低温低压储罐，容器参数见表 12.3。

表 12.3　液态二氧化碳储存容器

参数	常温高压气瓶		低温低压储罐		
	气瓶 A	气瓶 B	储罐 A	储罐 B	储罐 C
压力/MPa	7.85	5.88	1.96	1.96	1.96
温度/℃	50	20	-18	-18	-18
充装量/kg	25	30	160	9000	10000
容器重量/kg	75	50	140	1100	5000

中国第一辆用于二氧化碳运输的低温罐车，是用某种汽车底盘改装而成，由二氧化碳储罐、汽车底盘、仪表箱、增压器和输液软管等部分组成。罐车满载总重量为 14000kg，充满率为 95%。罐体容积为 5m³，内胆用 16MnDR 制成，隔热材料为聚氨酯发泡，最外层为保护壳体。罐体的工作温度 -25℃，工作压力 2.45MPa。安全阀可以自动起跳放空减压，起跳压力为 2.50~2.56MPa，防爆膜爆破压力为 2.74MPa。

目前，二氧化碳船舶运输用小型半冷藏型船只，容量约为 850~1400t，压力为 1.4~1.7MPa，温度为 -30~-25℃。现有小型船舶无法满足 CCUS 大规模应用的需要，必须开发大容量的二氧化碳运输船舶。全球大规模的二氧化碳船舶运输仍处于开发试验阶段，二氧化碳运输船舶目前的最大设计容量可达 $3 \times 10^4 m^3$。随着二氧化碳船舶设计容量的增加，运输成本将随之下降，大容量船舶在未来二氧化碳运输中的经济优势将逐渐显现。

12.4 二氧化碳应用

二氧化碳资源化应用的方式主要有物理应用、化工应用和生物应用。

12.4.1 物理应用

二氧化碳物理应用主要用于饮料、啤酒等食品行业。二氧化碳是公认的安全可靠的自然制冷剂，主要用于超市陈列冷柜、空调、热泵等方面；液态二氧化碳可以直接喷淋到食品上，能够使食品快速冻结，并且食品的细胞不会被破坏，可以保持原本的新鲜程度，其最大的优势就是利用二氧化碳冻结食品的质量好于传统的冻结方式；另一种利用方式是制备干冰。干冰是十分理想的制冷剂，其冷却能力约为水冷却的 2 倍，最大的特点是升华时不会留下痕迹，没有毒性，不会造成二次污染，能够广泛用于各类食品的保鲜、保存、运输。

12.4.2 化工应用

二氧化碳的化工应用是指通过化学反应，将二氧化碳作为反应物，将其与其他物质转化为目标产物，主要包括一些大宗基础化学品以及有机燃料等，从而实现资源化利用。目前，二氧化碳较大规模化学利用的商业化技术主要包括二氧化碳与氨气合成尿素、二氧化碳与氯化钠生产纯碱、二氧化碳与环氧烷烃合成碳酸酯以及二氧化碳合成水杨酸技术。其中，二氧化碳与氨气合成尿素技术，预计到 2030 年，我国尿素产量将达到 1 亿 t，利用二氧化碳约 7000 万 t。

12.4.3 生物应用

二氧化碳的生物利用是指二氧化碳通过植物光合作用等进行生物质合成的过程，以实现二氧化碳的资源利用。在自然界中，二氧化碳通过光合作用转化为碳水化合物，是自然碳循环的一部分。利用植物和自养微生物（比如微藻）对二氧化碳进行生物固定是一种安全且经济的方法。特别是自养微生物具有体积小、光合速率高、环境适应性强、繁殖快、加工效率高、易于与其他技术融合等优势。

微藻获得的碳源主要来自溶解在水中的无机碳。在微藻的光合作用过程中，二氧化碳首先被核酮糖二磷酸羧化酶 – 加氧酶（Rubisco）固定，然后通过卡尔文 – 本森循环（C_3 循环）利用光能转化为有机化合物。由于鲁比斯科羧化酶反应受到高 O_2 浓度的抑制，光合生物已经开发出特殊的机制来适应气体成分的变化。根据文献，1kg 藻类生物量可以固定约 1.83kg 二氧化碳。

二氧化碳的生物利用还包括温室气肥利用，即将捕集并提纯后的二氧化碳气体注入温室中，通过提高二氧化碳浓度来增强温室内果蔬产品的光合作用，进而提高农作物的产量。具体来说，生物质利用以生物转化为主要特征，通过植物的光合作用等，将二氧化碳用于生物质的合成，从而实现二氧化碳的资源化利用。

12.5 二氧化碳封存

捕集后的二氧化碳，只有少数可以资源化利用或在自然界储存，大部分还是通过封存来进行保存。地质封存是 CCUS 中最后的环节，也是永久储存二氧化碳最有效的方法。二氧化碳地质封存是指将二氧化碳注入地层或深水层中，利用地下矿物或地质条件生产或强化有利用价值的产品。地质封存技术以工程技术手段储存二氧化碳，保障与大气长期隔绝的可靠性。目前，二氧化碳地质封存主要划分为陆上咸水层封存、海底咸水层封存、枯竭油气田封存等方式。如果将捕集的二氧化碳注入具有合适地质条件的地下储层，可以安全地储存超过 1 万年。国际能源署 IEA 预测，2050 年全球 76 亿 t 规模的 CCUS 应用中，碳捕集总量的 95% 将会实施地质封存，仅有 5% 用于生产合成燃料等其他用途。

二氧化碳也可以注入枯竭的油藏、不可开采的煤层和页岩地层，分别用于提高石油、煤层气和采页岩气的采收率。

12.5.1 提高石油采收率

不能通过一次和二次开采提取的原油，可以通过二氧化碳驱油技术提取原油。利用高压将超临界/密相二氧化碳注入油藏，利用其与石油的物理化学作用，使二氧化碳驱动原油流向生产井，提高石油的采收率，并可对二氧化碳进行封存。自 20 世纪 70 年代以来，二氧化碳最常用于混相驱替，这是因为其降低了油的黏度，并且成本比液化石油气低。运行中的二氧化碳驱油项目主要在美国和加拿大，中国和澳大利亚等其他地区的项目数量正在增长。全世界超过 90% 的油藏可能适合使用二氧化碳驱油技术。进一步扩大二氧化碳驱油技术应考虑四个重要因素，包括监测地下、通风排放、加强场地容量的风险管理以及提高废弃场地的利用率。

12.5.2 提高煤层气采收率

二氧化碳驱替煤层气技术是指将二氧化碳或者含二氧化碳的混合气体注入深层极难开采的煤层中，不仅提高了煤层气的采收率，而且实现二氧化碳长期封存。二氧化碳驱替煤层气技术比煤层气的单纯抽采方法有更高的煤层气产量，可以起到强化煤层气生产的作用。

12.5.3 提高页岩气采收率

页岩气开采的核心技术之一是水力压裂技术，而二氧化碳增强页岩气开采技术是指利用二氧化碳代替水来压裂页岩，并利用页岩对二氧化碳的吸附能力比甲烷强的特点，将附在页岩上的甲烷置换出来，从而提高页岩气采收率并实现对二氧化碳的封存。这一技术不仅可以利用二氧化碳进行强化采气，得到清洁能源，还可以将大量二氧化碳注入储层，实现二氧化碳的永久封存并能够从中获取碳收益，降低页岩气开采成本。

12.6 发展前景

工业消耗了全球 1/3 的能源，却产生了全球 1/3 的温室气体。在实现近零排放目标和实现全球温控 1.5℃ 路线图的进程中，CCUS 技术将起到至关重要的作用。未来中国 CCUS 技术的发展，挑战和机遇并存，应注重政府引导、市场主导、企业参与、示范先行等环节。商业化是中国发展 CCUS 技术的重要支撑模式，可选的商业经营模式有独家一体化模式、联合经营模式、运输商模式、CCUS 运营商模式等。

下一代碳捕集技术将会在材料的创新、工艺或设备的改进上取得突破，这些新进展将使得投资运营成本降低的同时提高捕集效率。未来几十年，对于应对全球气候变暖，碳利用将起到重要作用。纵观国内外成熟的工程项目，地下封存、驱油和食品级利用是当前较主流的方向。其中，驱油技术可以通过二氧化碳把煤化工或天然气化工产生的碳源和油田联系起来，有较好的收益和应用前景。而未来，与氢能利用相结合的 CCUS 项目将会越来越多。

第13章

典型事故

>>>

安全事故会给企业带来巨大的经济损失和社会负面影响，给员工及其家庭带来巨大的伤害甚至是灾难。习近平总书记强调：生命重于泰山，务必把安全生产摆到重要位置，树牢安全发展理念，绝不能只重发展不顾安全，更不能将其视作无关痛痒的事，搞形式主义、官僚主义。应针对安全事故主要特点和突出问题，层层压实责任，狠抓整改落实，强化风险防控，从根本上消除事故隐患，有效遏制重特大事故发生。

13.1　储运事故分析

近些年，相关部门每年均会公布年度内全国生产安全事故典型案例，根据中国安全生产网不完全统计，石油化工储运企业在储存环节发生事故数量是运输环节的 1.4 倍，尤其是罐区火灾事故占比最高，危害及影响巨大，因此，本节重点对储罐的火灾事故进行原因分析，提出应对管控措施。

13.1.1　储罐火灾概况

某机构对近几年来发生的石油化工储罐事故进行了统计，并就发生事故的储罐类型、储存介质、事故原因等内容进行了分析，研究发现，从事故储罐的类型来看，发生事故最多的储罐类型为拱顶罐，达 30%；其次为外浮顶罐，为 23%；再次为内浮顶罐和球罐，均为 14%（图 13.1）。

在发生火灾的原因中，雷电引起储罐事故的占 24%，违规操作引起的事故占 23%，变更管理、静电、设备失效引起的事故各占 11%（图 13.2）。

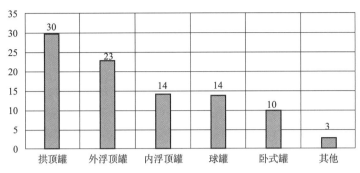

图 13.1　按储罐类型统计

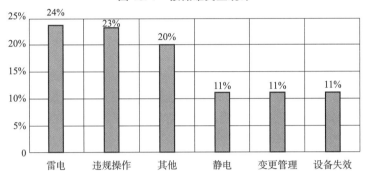

图 13.2　按事故原因统计

以上国内储罐火灾统计表明，按储罐类型：拱顶罐火灾事故占比最多，占30%；按原因：雷电引起的事故占比最多，占24%。如此高比例的事故表明：应该高度重视储罐火灾事故，提高储罐的本质安全水平，增加防雷防静电等措施，强化人员安全意识，严格变更管理，严格执行安全规章制度。

13.1.2　事故原因分析

13.1.2.1　作业过程中安全意识不强

违章作业引起的储罐事故，突出表现为在日常管理过程中，潜意识弱化了"违章"的恶劣影响，尤其是对于基础工作不到位的情况，体现在操作环节上主要是操作人员未按照操作规程进行操作，造成流程错开。如，1997年6月27日某企业火灾爆炸事故就是在卸车过程中未对卸车流程进行确认，错开流程，造成储罐溢流，引起火灾。检维修作业过程中，未落实检修方案，违章动火作业引发事故。如，2015年7月16日某企业较大着火爆炸事故，直接原因就是倒罐过程中违规采取注水倒罐置换方式，且在切水过程中无人现场值守，致使液化石油气从排水口泄出，引起着火爆炸。

13.1.2.2　防雷击措施落实不到位

由雷击引起的储罐火灾事故比例较高，统计发现发生雷击事故的储罐液位多处于70%以上的高液位，外浮顶大部分处于暴露位置，直击雷引起的事故可能性较大。如，2010年3月5日某企业石油储备库雷击着火事故，原因就是雷击造成外浮顶罐环形密封圈起火；

2011 年 11 月 22 日某企业储罐雷击着火事故，也是在雷击后，储罐外浮顶的一次密封钢板与罐壁之间放电引发着火。

13.1.2.3 变更管理不规范

储罐工艺变更、设备变更未履行变更程序，未对变更的风险进行识别，是造成储罐事故发生的原因之一。如，2010 年 7 月 16 日某企业输油管道爆炸火灾事故，对卸油过程中加入脱硫剂的工艺变更，未对加注作业进行风险识别，没有制定安全作业规程，导致爆炸事故，引燃附近储罐。2014 年 1 月 1 日某企业较大中毒事故，就是由于在实施防冻防凝工作时，拆开了中间原料罐区抽净线上的 6 处法兰，并未采取上锁、挂牌的措施，如此重大的工艺变更未进行风险识别，导致高含硫的石脑油进入抽净线，从法兰处泄漏，致使 4 名作业人员中毒死亡。

13.1.2.4 培训的针对性、实效性不强

目前，对员工经常性的教育培训工作中，普遍存在应付性培训，形式主义多，有针对性的培训少，专门针对强化应急处置能力的培训少，影响培训的质量和效果，尤其是在事故初期处置培训方面缺乏实效性，2016 年 4 月 22 日某企业火灾事故，主要原因就是罐区现场着火初期，由于前期应急知识培训不到位，现场作业人员应急处置能力不强，未在第一时间关闭周边储罐的根部手动阀，未在第一时间通知中控室关闭紧急切断阀，也未在第一时间切断物料来源，导致事故扩大。

📑 13.1.3 建议管控措施

13.1.3.1 统一规范管理标准

推进制度体系标准化，制定规范的专业管理标准，构建统一的管理模式。针对本单位生产实际，完善安全生产、目标任务、现场管理、交接班管理、巡回检查、岗位培训等方面的基本标准。企业应针对常规作业和非常规作业，制定标准作业程序，按照规定的步骤进行作业，确保操作安全。加强动火、受限空间、高处作业等特殊作业的风险管控，开展作业前的风险分析，制定切实可行的作业方案，对作业人员进行技术交底，严格执行作业许可，保证作业安全。

13.1.3.2 提高储罐本质安全

企业应按照《立式圆筒形钢制焊接油罐设计规范》（GB 50341）、《液化烃球形储罐安全设计规范》（SH 3136）、《石油化工储运系统罐区设计规范》（SH/T 3007）等储罐标准规范进行设计，对储罐设置氮气密封、泡沫喷淋、安全阀、紧急泄放阀、阻火呼吸阀、高低液位报警器、防雷防静电等安全设施，实现本质安全。

13.1.3.3 严格储运变更管理

企业应高度重视变更管理，严格执行工艺、设备等变更管理程序，规范履行变更申请、变更风险评估、变更审批、变更实施与投用、变更验收与关闭等一系列变更管理程

序，严格管控变更风险。应坚持评估和批准的原则，严禁未经风险评估批准变更，严禁未经批准实施变更；坚持降低风险的原则，严格执行安全风险管理相关规定，变更后不得带来不可接受的风险；坚持尽量减少变更的原则，能不变更的不变更，尽量减少不必要的变更。

13.1.3.4　规范日常运行管理

按照储罐操作规程控制工艺指标，禁止超温、超储运行，禁止自动脱水器无人值守。严格执行巡回检查制度，按巡检路线和标准检查储罐，防止跑料、混料、冒罐和突沸等事故。收发物料时，应密切注意罐体有无鼓包或抽瘪等异常现象。雷雨天气严禁收付、装卸等作业。

严格执行储罐维护保养的相关要求，加强储罐的日常维护检查，发现问题及时处理。加强静密封点巡查，消除漏点，降低泄漏率。加强储罐防雷、防静电设施的管理，在雷雨季节前应当组织实施防雷、防静电设施的全面检查，使其达到规定要求。

13.1.3.5　加强应急能力培训

加强对员工的安全教育培训，提高员工的安全意识、安全技能和制度执行力，结合员工业务素质实际情况，注重实效，有针对性开展多层次、多形式全员应急培训。加强应急管理，定期组织演练，增强员工安全应急意识，提高事故初期应急处置能力。

13.2　典型事故案例

13.2.1　罐区事故

13.2.1.1　2018 年 5 月 12 日某企业较大闪爆事故

1. 事故简要

2018 年 5 月 12 日，某企业罐区，苯罐进行检修作业。13 时 15 分，承包商 8 名作业人员开展浮箱拆除工作，作业至 15 时 25 分，现场突然发生闪爆。

2. 事故后果

事故造成苯罐内的 6 人死亡。

3. 直接原因

内浮顶罐的浮盘铝合金浮箱组件有内漏积液（苯），在拆除浮箱过程中，浮箱内的苯外泄在储罐底板上且未被及时清理。由于苯易挥发且储罐内封闭环境无有效通风，易燃的苯蒸气与空气混合形成爆炸环境，局部浓度达到爆炸极限。罐内作业人员拆除浮箱过程中，使用的非防爆工具及作业过程可能产生的点火能量，遇混合气体发生爆燃，燃烧产生的高温又将其他铝合金浮箱熔融，使浮箱内积存的苯外泄造成短时间持续燃烧。

13.2.1.2　2015 年 7 月 16 日某企业较大着火爆炸事故

1. 事故简要

2015 年 7 月 16 日，某企业液化烃球罐区球罐利用注水进行倒罐作业时，收料罐罐底脱水线的排水消防水带发生液化石油气泄漏，消防水带在地面上浮起，呈"甩龙"状剧烈舞动。7时39分，发生爆燃。9时16分，收料罐和相邻的一球罐底部区域发生爆炸，导致周边2台球罐倒塌，2台球罐着火，多罐及罐区上下管线、管廊支架等设备设施不同程度损坏。

2. 事故后果

事故造成2名消防队员受轻伤，直接经济损失2812万元。

3. 直接原因

该企业在进行倒罐作业过程中，违规采取注水倒罐置换的方法，且在切水过程中无人现场值守，致使液化石油气在水排完后从排水口泄出，泄漏过程中产生的静电放电或消防水带剧烈舞动金属接口及捆绑铁丝与设备或管道撞击产生的火花引起爆燃。违规倒罐、无人监守是导致本次事故发生的直接原因。

13.2.1.3 2018年11月28日某企业重大爆燃事故

1. 事故简要

2018年11月28日，某企业聚氯乙烯车间氯乙烯气柜倾斜产生泄漏，操作人员操作不当，造成气柜泄漏加剧，零时41分引发着火爆炸。

2. 事故后果

事故造成24人死亡、21人受伤，38辆大货车和12辆小型车损毁，直接经济损失4148.86万元。

3. 直接原因

该企业违反《气柜维护检修规程》（SHS 01036）及该企业低压湿式气柜维护检修规程，长期未按规定检修氯乙烯气柜，操作人员没有及时发现气柜卡顿，仍然按照常规操作方式调大压缩机回流，进入气柜的气量加大，加之调大过快，氯乙烯冲破环形水封泄漏，向厂区外扩散，遇火源发生爆燃。

13.2.1.4 2016年4月22日某企业较大火灾事故

1. 事故简要

2016年4月21日，某企业在动火作业许可证签署过程中，多人违规不到现场且提前签名。4月22日，在施工过程中，施工人员违规操作，于9时13分左右引燃地沟内可燃物，烧裂相邻管道，造成可燃液体外泄，交换站过火引发上方管廊起火燃烧。10时40分，交换站再次发生爆管，大量汽油向东西两侧道路迅速流淌，瞬间形成全路面的流淌火。12时30分，交换站上方的管廊坍塌，火势加剧。

2. 事故后果

事故造成1名消防员死亡，直接经济损失2532.14万元。

3. 直接原因

某企业组织承包商在2号交换站管道进行动火作业前，在未清理作业现场地沟内油品，未进行可燃气体分析，未对动火点下方的地沟采取覆盖、铺沙等措施进行隔离的情况下，违章动火作业，切割时产生火花引燃地沟内的可燃物，是此次事故发生的直接原因。

🏭 13.2.2　装卸事故

13.2.2.1　2017 年 6 月 5 日某企业罐车泄漏重大爆炸着火事故

1. 事故简要

2017 年 6 月 5 日，某企业驾驶员在车辆卸车过程中液相连接管口突然脱开，大量液化气喷出并急剧气化扩散，现场作业人员未能有效处置，致使液化气泄漏长达 2min10s，与空气形成爆炸性混合气体，遇到点火源发生爆炸，造成事故车及其他车辆罐体相继爆炸，罐体残骸、飞火等飞溅物接连导致周边区域设备设施先后起火燃烧。

2. 事故后果

事故造成 10 人死亡、9 人受伤，直接经济损失 4468 万元。

3. 直接原因

肇事罐车驾驶员长途奔波、连续作业，在午夜进行液化气卸车作业时，没有严格执行卸车规程，出现严重操作失误，致使快接接口与罐车液相卸料管未能可靠连接，在开启罐车液相球阀瞬间发生脱离，造成罐体内液化气大量泄漏。现场人员未能有效处置，泄漏后的液化气急剧气化，迅速扩散，与空气形成爆炸性混合气体达到爆炸极限，遇点火源发生爆炸燃烧。液化气泄漏区域的持续燃烧，先后导致泄漏车辆罐体、装卸区内停放的其他运输车辆罐体发生爆炸。爆炸使车体、罐体分解，罐体残骸等飞溅物击中周边设施、物料管廊、液化气球罐、异辛烷储罐等，致使 2 个液化气球罐发生泄漏燃烧，2 个异辛烷储罐发生燃烧爆炸。

13.2.2.2　2020 年 7 月 15 日某企业停车场危险货物道路运输车一般泄漏火灾事故

1. 事故简要

2020 年 7 月 15 日，滕某驾驶装载汽油的危险货物道路运输车辆驶入某企业停车场。在运输途中及停车场停车时，罐体顶部呼吸阀与罐体间阀门处于关闭状态。15 时 21 分，滕某爬上该车辆罐顶，打开罐顶 2 个呼吸阀下面的阀门放气，使用长棍撬开该车前部、罐体顶部的紧急泄放装置，罐内油气瞬间喷出，喷出的油气快速蔓延扩散，在周边空气中形成可燃爆气体，紧急泄放装置关闭 17s 后，距离该车较近的危险货物道路运输车辆驶离时启动车辆引发爆燃。

2. 事故后果

事故造成停车场内危险货物道路运输车驾驶人、押运人员 8 人受伤，直接经济损失约 792 万元。

3. 直接原因

滕某驾驶的危险货物道路运输车罐体顶部呼吸阀与罐体间阀门关闭，加之长途运输、天气高温等原因致使车辆罐体内压力升高；驾驶人滕某强行打开罐体顶部紧急泄放装置导致油气喷出；危险货物道路运输车驾驶人于某发现该运输车罐体油气泄漏后，欲驾驶车辆驶离，启动车辆时引发爆燃。

13.2.2.3　2020 年 8 月 29 日某企业液氯泄漏事故

1. 事故简要

2020 年 8 月 29 日 14 时驾驶员张某、押运员张某驾驶危化品运输车辆空车出发前往某企业进行液氯装运。16 时 48 分充装开始，17 时 28 分液氯充装万向节破裂发生氯气泄漏，大量液氯从充装万向节断裂处向外泄漏，并向充装区周围扩散。

2. 事故后果

事故造成 19 人住院治疗，事故直接经济损失 48 万元。

3. 直接原因

该企业在万向节（鹤管）存在局部严重减薄情况下进行液氯充装作业，由于充装液氯压力超过万向节减薄部位的承载能力，导致减薄部位发生塑性断裂，造成液氯瞬间泄漏，引起人员中毒。

13.2.3　管道事故

13.2.3.1　2020 年 11 月 2 日某企业较大着火事故

1. 事故简要

2020 年 11 月 2 日 11 时 45 分，某企业在实施二期工程项目施工时发生着火事故。

2. 事故后果

事故造成 7 人死亡、2 人重伤，直接经济损失 2029.30 万元。

3. 直接原因

在实施二期工程项目贫富液同时装车工程 TK – 02 储罐二层平台低压泵出口总管动火作业切割过程中，隔离阀门 0301 – XV – 2001 开启，低压外输汇管中的 LNG 从切割开的管口中喷出，LNG 雾化气团与空气的混合气体遇可能的点火能量产生燃烧。经分析，着火源是受低温 LNG 喷射冲击后绝缘保护层脆化、脱落的线缆可能产生的点火能量。

13.2.3.2　2013 年 11 月 22 日某企业输油管道泄漏爆炸特别重大事故

1. 事故简要

11 月 22 日 2 时 12 分，某企业输油处调度中心通过数据采集与监视控制系统发现输油管道压力从 4.56MPa 降至 4.52MPa，经确认后，判断管道泄漏。2 时 25 分输油管道紧急停泵停输，安排进行抢修。10 时 25 分，现场作业时发生爆炸，排水暗渠和海上泄漏原油燃烧。

2. 事故后果

事故造成 62 人死亡、136 人受伤。爆炸造成周边多处建筑物不同程度损坏，多台车辆及设备损毁，供水、供电、供暖、供气多条管线受损。泄漏原油进入附近海域造成局部污染。

3. 直接原因

输油管道与排水暗渠交汇处管道腐蚀减薄、管道破裂、原油泄漏，流入排水暗渠及反冲到路面。原油泄漏后，现场处置人员采用液压破碎锤在暗渠盖板上打孔破碎，产生撞击火花，引发暗渠内油气爆炸。

13.2.3.3 2010年7月16日某企业输油管道爆炸火灾事故

1. 事故简要

2010年7月15日15时45分，油轮向某企业原油库卸油，承包商人员在管道加注"脱硫化氢剂"作业，7月16日18时02分靠近加注点东侧管道低点处发生爆炸，导致罐区阀组损坏、大量原油泄漏并引发大火。

2. 事故后果

事故造成1名作业人员轻伤、1名失踪；在灭火过程中，1名消防战士牺牲、1名受重伤，直接经济损失为22330.19万元。

3. 直接原因

承包商违规在原油库输油管道上进行加注含有强氧化剂过氧化氢"脱硫化氢剂"作业，并在油轮停止卸油的情况下继续加注，造成"脱硫化氢剂"在输油管道内局部富集，发生强氧化反应，导致输油管道发生爆炸，引发火灾和原油泄漏。

13.2.3.4 2010年7月28日某企业地下丙烯管道爆燃事故

1. 事故简要

2010年7月28日，某企业为了回收地下废弃管道的钢材，使用小型挖掘机械进行作业时挖穿了已停用的丙烯管道，造成大量液化丙烯泄漏，遇到附近餐馆明火引起大面积爆燃。

2. 事故后果

事故造成22人死亡，120人住院治疗，其中14人重伤，爆燃点周边部分建（构）筑物受损，直接经济损失4784万元。

3. 直接原因

由于个体拆除施工队擅自组织开挖地下管道，现场盲目指挥并野蛮操作挖掘机挖穿地下管道，导致丙烯大量泄漏，迅速扩散后遇点火源引发爆燃，造成重大安全生产事故。

13.2.3.5 2016年8月11日某企业蒸汽管道爆炸事故

1. 事故简要

2016年8月10日凌晨0点左右，某企业2号锅炉高压主蒸汽管道保温层开始漏汽，8月11日13点左右，泄漏更加明显且伴随高频啸叫声。截至14时49分事故发生，该企业无任何负责人发出停炉指令，2号锅炉一直处于运行状态。2号锅炉高压主蒸汽管道上的事故喷嘴上的焊缝裂爆，导致高压主蒸汽管道断开，2号锅炉的高温高压蒸汽从靠近锅炉侧的断口喷出，3号锅炉的高温高压蒸汽经蒸汽母管从靠近汽机侧的断口喷出，高压主蒸汽管道断口形成10余米的错位，造成除氧间、煤仓间8.0～15.5m层区域的墙体、楼板部分破损，集中控制室隔断的玻璃和边框软化、熔化、坍塌，高温高压蒸汽（温度530℃，9.5MPa）瞬间冲击集中控制室，造成重大人员伤亡、设备损毁。

2. 事故后果

事故造成22人死亡，直接经济损失2313万元。

3. 直接原因

安装在2号锅炉高压主蒸汽管道上的事故喷嘴是质量严重不合格的劣质产品，其焊缝缺陷在高温高压作用下扩展，局部裂开出现蒸汽泄漏，形成事故隐患。相关人员未及时采取停炉措施消除隐患，焊缝裂开面积扩大，剩余焊缝无法承受工作压力造成管道断裂爆开，大量高温高压蒸汽骤然冲向仅用普通玻璃进行隔断的集中控制室以及其他区域，造成重大人员伤亡。

🏭 13.2.4 交通运输事故

13.2.4.1 2020年6月13日某企业液化石油气槽罐车重大爆炸事故

1. 事故简要

2020年6月13日16时41分，一充装25.36t液化石油气的汽车罐车在驶入高速公路出口匝道，半挂车后部向右倾斜，车体完全向右侧翻，碰擦匝道外侧旋转式防撞护栏并向前滑行，罐体与匝道跨线桥混凝土护栏端头发生碰撞，罐体破裂、解体，牵引车和半挂车分离，其中罐体残片及半挂车呈不同方向飞出，罐体中的液化石油气迅速泄出、汽化、扩散并蔓延。16时42分，扩散至高速公路跨线立交桥下的石油气首先发生爆燃，火势向西蔓延，16时43分发生大面积剧烈爆炸。

2. 事故后果

事故造成20人死亡、175人入院治疗（其中24人重伤），直接经济损失9477.815万元。

3. 直接原因

司机驾驶车辆从限速60km/h路段行驶至限速30km/h的弯道路段时，未及时采取减速措施导致车辆发生侧翻，罐体前封头与跨线桥混凝土护栏端头猛烈撞击，形成破口，在冲击力和罐内压力的作用下快速撕裂、解体，罐体内液化石油气迅速泄出、汽化、扩散，遇过往机动车产生的火花爆燃，最后发生蒸汽云爆炸。

13.2.4.2 2017年5月23日某企业重大危险化学品运输车辆燃爆事故

1. 事故简要

2017年5月23日6时23分，某企业运输车辆行驶至高速公路隧道时发生初始燃烧爆炸，之后燃烧爆炸强热引发氯酸钠和爆炸混合物爆炸，爆炸产生的冲击波、高温及火焰导致车辆破损、人员伤亡、煤炭燃烧及爆炸破片飞溅，后续油箱、刹车气罐、灭火器及轮胎等又相继发生连锁爆炸，挥发出白色的氯酸钠粉尘细微颗粒漂浮至隧道外。

2. 事故后果

事故造成15人死亡、3人重度烧伤，波及高速桥下43户民房受损，16名村民轻微受伤，直接经济损失4200多万元。

3. 直接原因

事故车辆装载吨袋包装超规格大体积量氯酸钠在运输过程中，由于货物与货物及货物与车辆底板、箱板及残留的石油焦粉末（含硫）等杂质之间相互摩擦产生热量并不断聚集，后一桥左侧车轮橡胶轮胎自燃，引燃了捆绑绳、篷布和密封布，厢体温度升高，当能量聚集达到氯酸钠燃爆点时，发生了氯酸钠初始爆炸并引发了后续爆炸和燃烧。

13.2.4.3 2017年8月7日某企业危险化学品运输车辆较大燃爆事故

1. 事故简要

2017年8月7日13时46分，某企业危险化学品运输车辆在道路运输过程中发生一起自行爆炸事故，波及周边车辆和行人。

2. 事故后果

事故造成5人死亡、11人受伤，直接经济损失约1100万元。

3. 直接原因

该企业危险化学品运输罐车在运输甲基叔丁基醚后，未经蒸煮或清洗置换，又违规运输与甲基叔丁基醚禁忌的过氧化二叔丁基，在运输过程中，由于气温高达34℃左右，加之车辆长途运输过程中存在颠簸、物料震荡、与罐壁摩擦等因素，过氧化二叔丁基与罐内残留的甲基叔丁基醚充分混合发生分解放热反应，或过氧化二叔丁基在上述条件下自身急剧分解发生放热反应，致使罐体内气相空间压力逐渐增大，最终发生爆炸。

13.2.5 港口码头事故

13.2.5.1 2015年8月12日某企业危险品仓库特别重大火灾爆炸事故

1. 事故简要

2015年8月12日22时51分46秒，某企业危险品仓库运抵区最先发生火灾，23时34分06秒发生第一次爆炸，23时34分37秒发生第二次更剧烈的爆炸。事故现场形成6处大火点及数十个小火点，8月14日16时40分，现场明火被扑灭。

2. 事故后果

事故造成165人死亡，8人失踪，798人受伤住院治疗；304幢建筑物、12428辆商品汽车、7533个集装箱受损。直接经济损失68.66亿元。

3. 直接原因

某企业危险品仓库运抵区南侧集装箱内的硝化棉由于湿润剂散失出现局部干燥，在高温（天气）等因素的作用下加速分解放热，积热自燃，引起相邻集装箱内的硝化棉和其他危险化学品长时间大面积燃烧，导致堆放于运抵区的硝酸铵等危险化学品发生爆炸。

13.2.5.2 2013年10月12日某企业油船较大爆燃事故

1. 事故简要

某企业油船于2013年10月11日停靠某港口。因输油管阀门渗漏，违规安排修理。次日8时15分左右修理过程中，油船发生爆炸并燃烧。

2. 事故后果

事故造成8人死亡，直接经济损失1000余万元。

3. 直接原因

维修过程中，使用钢锯、气割等方式拆卸阀门，产生的火花引爆油舱内爆炸性混合气体，导致右舷第4、第2货油舱相继爆炸起火。

第14章 储运标准规范

>>>

为了提升产品和服务质量，促进科学技术进步，保障人身健康和生命财产安全，维护国家安全、生态环境安全，提高经济社会发展水平，国家大力推行标准化工作。标准化可以规范生产活动，规范市场行为，有利于实现科学管理和提高管理效率。标准包括国家标准、行业标准、地方标准、团体标准和企业标准。国家标准分为强制性标准、推荐性标准，行业标准、地方标准是推荐性标准。强制性标准项目名称统称为技术规范，为全文强制，必须执行；国家鼓励采用推荐性标准。强制性标准守底线、推荐性标准保基本、行业标准补遗漏、团体标准搞创新、企业标准强质量。

根据产业发展和市场需求，可制定高于强制性标准要求的推荐性标准，国家鼓励制定高于国家标准和行业标准的地方标准，对同一事项做规定的，行业标准要严于国家标准，地方标准要严于行业标准和国家标准；鼓励社会团体、企业制定高于推荐性标准相关技术要求的团体标准、企业标准。团体标准由本团体成员约定采用或者按照本团体的规定供社会自愿采用；推荐性国家标准、行业标准、地方标准、团体标准、企业标准的技术要求不得低于强制性国家标准的相关技术要求。

石油化工储运行业涉及的相关标准规范或地方性法规较多，本节对储运行业的罐区、机泵、装卸车、管道、环保设施等标准规范进行了识别，主要适用条款见附录。

14.1 主要标准规范名录

14.1.1 国家标准

1. 安全标准

（1）GB 50016—2014（2018 年版）《建筑设计防火规范》

（2）GB 50160—2008（2018年版）《石油化工企业设计防火标准》

（3）GB 50074—2014《石油库设计规范》

（4）GB 50737—2011《石油储备库设计规范》

（5）GB/T 50493—2019《石油化工可燃气体和有毒气体检测报警设计标准》

（6）GB 50058—2014《爆炸危险环境电力装置设计规范》

（7）GB 50351—2014《储罐区防火堤设计规范》

（8）GB 50984—2014《石油化工工厂布置设计规范》

（9）GB 50650—2011《石油化工装置防雷设计规范》

（10）GB/T 51359—2019《石油化工厂际管道工程技术标准》

（11）GB 50542—2009《石油化工厂区管线综合技术规范》

（12）GB 50759—2012《油品装载系统油气回收设施设计规范》

（13）GB/T 51246—2017《石油化工液体物料铁路装卸车设施设计规范》

（14）GB 50193—93（2010年版）《二氧化碳灭火系统设计规范》

（15）GB/T 23938—2021《高纯二氧化碳》

（16）GB/T 6052—2011《工业液体二氧化碳》

（17）GB 15599—2009《石油与石油设施雷电安全规范》

（18）GB 50974—2014《消防给水及消火栓系统技术规范》

（19）GB 50219—2014《水喷雾灭火系统技术规范》

（20）GB 12158—2006《防止静电事故通用导则》

（21）GB 13348—2009《液体石油产品静电安全规程》

（22）GB 50151—2021《泡沫灭火系统技术标准》

（23）GB 50116—2013《火灾自动报警系统设计规范》

（24）GB 50473—2008《钢制储罐地基基础设计规范》

（25）GB/T 50393—2017《钢质石油储罐防腐蚀工程技术标准》

（26）GB 50341—2014《立式圆筒形钢制焊接油罐设计规范》

（27）GB 50128—2014《立式圆筒形钢制焊接储罐施工规范》

（28）GB 6245—2006《消防泵》

（29）GB 17681—1999《易燃易爆罐区安全监控预警系统验收技术要求》

（30）GB 7231—2003《工业管道的基本识别色、识别符号和安全标识》

（31）GB 50235—2010《工业金属管道工程施工规范》

（32）GB/T 51007—2014《石油化工用机泵工程设计规范》

（33）GB/T 40060—2021《液氢贮存和运输技术要求》

（34）GB 4962—2008《氢气使用安全技术规程》

（35）GB 50177—2005《氢气站设计规范》

（36）GB/T 34542.1—2017《氢气储存输送系统 第1部分：通用要求》

（37）GB 50516—2010（2021年版）《加氢站技术规范》

（38）GB 51156—2015《液化天然气接收站工程设计规范》

（39）GB/T 20368—2021《液化天然气（LNG）生产、储存和装运》

（40）GB/T 22724—2008《液化天然气设备与安装 陆上装置设计》

（41）GB/T 24963—2019《液化天然气设备与安装 船岸界面》

（42）GB/T 35579—2017《油气回收装置通用技术条件》

（43）GB 5908—2005《石油储罐阻火器》

（44）GB/T 13347—2010《石油气体管道阻火器》

（45）GB 50156—2021《汽车加油加气加氢站技术标准》

（46）GB 4053.1—2009《固定式钢梯及平台安全要求　第1部分：钢直梯》

（47）GB 4053.2—2009《固定式钢梯及平台安全要求　第2部分：钢斜梯》

（48）GB 4053.3—2009《固定式钢梯及平台安全要求　第3部分：工业防护栏杆及钢平台》

（49）GB 3836.1—2021《爆炸性环境 第1部分：设备　通用要求》

2. 环保标准

（1）GB 16297—1996《大气污染物综合排放标准》

（2）GB 31570—2015《石油炼制工业污染物排放标准》

（3）GB 31571—2015《石油化学工业污染物排放标准》

（4）GB 31572—2015《合成树脂工业污染物排放标准》

（5）GB 37822—2019《挥发性有机物无组织排放控制标准》

（6）GB 16171—2012《炼焦化学工业污染物排放标准》

（7）GB 20950—2020《储油库大气污染物排放标准》

（8）GB 20951—2020《油品运输大气污染物排放标准》

（9）GB 20952—2020《加油站大气污染物排放标准》

（10）GB 21902—2008《合成革与人造革工业污染物排放标准》

（11）GB 14554—1993《恶臭污染物排放标准》

🏭 14.1.2　行业标准

（1）SH/T 3007—2014《石油化工储运系统罐区设计规范》

（2）SH/T 3097—2017《石油化工静电接地设计规范》

（3）SH/T 3205—2019《石油化工紧急冲淋系统设计规范》

（4）SH 3136—2003《液化烃球形储罐安全设计规范》

（5）SH/T 3062—2017《石油化工球罐基础设计规范》

（6）SH/T 3014—2012《石油化工储运系统泵区设计规范》

（7）SH/T 3413—2019《石油化工石油气管道阻火器选用、检验及验收标准》

（8）SH/T 3005—2016《石油化工自动化仪表选型设计规范》

（9）SH/T 3081—2019《石油化工仪表接地设计规范》

（10）SH/T 3082—2019《石油化工仪表供电设计规范》

（11）SH/T 3164—2012《石油化工仪表系统防雷设计规范》

（12）SY/T 6928—2018《液化天然气接收站运行规程》

（13）SY/T 6711—2014《液化天然气接收站技术规范》

（14）AQ 3035—2010《危险化学品重大危险源安全监控通用技术规范》

（15）AQ 3036—2010《危险化学品重大危险源 罐区现场安全监控装备设置规范》

（16）AQ 3018—2008《危险化学品储罐区作业安全通则》

（17）AQ 3009—2007《危险场所电气防爆安全规范》

（18）AQ 3053—2015《立式圆筒形钢制焊接储罐安全技术规程》

（19）AQ/T 3001—2021《加油（气）站油（气）储存罐体阻隔防爆技术要求》

（20）JTS 165—2013《海港总体设计规范》

（21）JTS 158—2019《油气化工码头设计防火规范》

14.2 应用与探讨

（1）在实际应用过程中，部分工程技术已有成熟的应用及生产成果，并取得较佳的效果，但相关成熟技术和实践经验未能找到对应的标准规范。针对此类情况，建议相关机构将已经成熟应用的技术充实到标准规范，进一步推动石油化工储运技术持续发展。

①GB 50341—2014《立式圆筒形钢制焊接油罐设计规范》第 9.7.1 条规定：无密闭要求的内浮顶油罐应设置环向通气孔。而在实际应用中，政府早在新版规范颁布前，已开始要求企业对传统的内浮顶罐的环向通气孔进行封堵，为达到储罐 VOCs 治理目标，需要对传统的内浮顶罐环向通气孔进行封堵，对储罐呼吸气进行有效的收集、治理，确保储罐的密闭效果。目前，封堵通气孔、增加呼吸阀的内浮顶罐的相关设计还没有相应的依据。

②随着内浮盘技术的改进，市场上陆续推出了浮舱式内浮盘、蜂窝式内浮盘等新式浮盘，且此类新式全接液式浮盘逐步成为市场的主流，除 GB 50341—2014《立式圆筒形钢制焊接油罐设计规范》及 SH/T 3194—2017《石油化工储罐用装配式内浮顶工程技术规范》对浮筒式内浮盘有相关要求外，还没有其他规范对此类新式浮盘做出要求。

（2）随着当前科技飞速发展，石油化工储运行业设备、技术、工艺持续进步，大部分标准规范能够及时跟进科技的进步，在保障企业安全生产的同时也避免了造成投资浪费，但目前还存在个别标准规范条款在修订时未能充分考虑到科技进步和技术发展。

①GB/T 50493—2019《石油化工可燃气体和有毒气体检测报警设计标准》第 4.3.1 条规定：液化烃、甲$_B$、乙$_A$类液体等产生可燃气体的液体储罐的防火堤内，应设置探测器。可燃气体探测器距其所覆盖范围内的任一释放源的水平距离不宜大于 10m，有毒气体探测器距其所覆盖范围内的任一释放源的水平距离不宜大于 4m。GB 50493—2009《石油化工可燃气体和有毒气体检测报警设计规范》第 4.3.1 条规定：液化烃、甲$_B$、乙$_A$类液体等产生可燃气体的液体储罐的防火堤内，应设检（探）测器，并符合下列规定，当检（探）测点位于释放源的最小频率风向的上风侧时，可燃气体检（探）测点与释放源的距离不宜大于 15m，有毒气体检（探）测点与释放源的距离不宜大于 2m。

通过两版标准规范的对比，可以看出新规范对有毒气体探测器的安装距离进行了合理化调整，但可燃气体探测器在科技进步的情况下，其精度、灵敏度大幅提升，规范对保护半径的修订未体现出电气仪表技术进步的成效。

②GB 50160—2008（2018 年版）《石油化工企业设计防火标准》第 8.12.4 条规定：甲、乙类装置区周围和罐组四周道路边应设置手动火灾报警按钮。GB 50160—2008（2018 年版）《石油化工企业设计防火标准》第 8.12.3.6 条规定：重要的火灾危险场所应设置消防应急广播。当使用扩音对讲系统作为消防应急广播时，应能切换至消防应急广播状态。

目前，市场通用的扩音对讲系统既有手动火灾报警按钮将报警信息传到控制室的功能，也有消防应急广播将报警信息进行应急广播的功能。同时，当前企业普遍为现场作业人员配备无线对讲设备，能够实现与控制室实时便捷的联系，与现场手动报警按钮报警相比有较大的优势，且能够有效回避手动报警按钮故障率高、误报警的问题，是替代手动火灾报警按钮的较佳方式。如果企业安装了具备两种功能的扩音对讲系统，并配备了无线对讲设备，能够满足标准规定的应急要求，是否不用再安装手动火灾报警按钮和消防应急广播。

（3）个别标准规范条款对于一些要求不够明确，如标准规范规定了技术要求上限，没有明确技术要求下限，企业实施过程中没有明确的依据。

①GB 50160—2008（2018 年版）《石油化工企业设计防火标准》第 6.4.1 条第 4 款规定：在距装车台边缘 10m 以外的可燃液体（润滑油除外）输入管道上应设置便于操作的紧急切断阀。一是这里的紧急切断阀型式没有具体规定，是手动阀、就地控制的自控阀还是带远程控制功能的自控阀，标准条款及条文说明中都没有规定。在安全检查时，不同的专家对紧急切断阀有不同的理解，有的要求有阀门即可，有的要求必须是带远程控制功能的自控阀，这就给企业执行条款带来很大的难度。二是"在距装车台边缘 10m 以外"，具体距离上限是多少，标准中没有给出明确数值，安装在 30m 处、50m 处是否合理。三是当上游装车泵距装车台不远时，假设距离 50m，且泵出口已有切断阀门，在距装车台边缘 10m 以外还需要安装切断阀吗，标准中没有明确要求。对于此类情况，若企业根据自身经验安装了紧急切断阀，能否满足相关要求也存在不确定性。以紧急切断阀的问题为例，企业要辨别装车台与紧急切断阀的距离，两者要留出足够的安全距离，又不能离装车栈台太远，假设装车栈台发生事故时，不管是手动阀还是带远程控制功能的自控阀，要求能够及时切断管线的物料，及时阻止事故的进一步扩大为标准。

②GB 50160—2008（2018 年版）《石油化工企业设计防火标准》第 8.8.2 条规定：灭火蒸汽管应从主管上方引出，蒸汽压力不宜大于 1MPa。此条只规定了消防蒸汽压力上限，下限是多少没有给出明确的数值。对于消防蒸汽压力下限的问题，建议由正规设计单位设计，以快速充满受保护空间为原则，选择合适的管径及合理的蒸汽压力，以免影响灭火效果。

（4）规范适用的企业范围不一致的，不同标准规范对于同类型事项有不同的要求，不同的人员对不同标准规范之间的要求存在理解上的模糊和不明确。

GB 50160—2008（2018 年版）《石油化工企业设计防火标准》第 2.0.29 条规定低压储罐的术语为：设计压力大于 6.9kPa 且小于 0.1MPa（罐顶表压）的储罐。GB 50074—2014《石油库设计规范》第 2.0.17 条规定低压储罐的术语为：设计压力大于 6.0kPa 且小于 0.1MPa（罐顶表压）的储罐。通过对比，可以看出两个标准规范对低压储罐的压力范围规定明显不一致，虽然 GB 50074—2014《石油库设计规范》明确说明不适用于石油化工企业，但是储罐的制作、安装均应执行 GB 50341—2014《立式圆筒形钢制焊接油罐设计规范》相关要求，两类企业的低压储罐有极大可能采用同类材质制作，同样的尺寸大小，并存储同类型的介质。

（5）在企业实际建设运营中，某些标准规范中的条款不能清楚、准确地进行实际应用，企业对于条款中未做清晰明了要求的内容，实操过程中存在不确定。

①GB 50160—2008（2018年版）《石油化工企业设计防火标准》第8.6.1条规定：甲、乙类可燃气体、可燃液体设备的高大构架和设备群应设置水炮保护。在条款及条文说明中对消防水炮的具体设置原则没有细化的明确要求，储罐或装卸设施算不算高大构架和设备群，消防水炮按什么密度进行设置，标准中没有给出明确的要求，比较模糊，导致企业在消防水炮设置时具体参数选择比较困难。

②AQ 3036—2010《危险化学品重大危险源 罐区现场安全监控装备设置规范》第8.1条规定：罐区应设置风力、风向和环境温度等参数的监测仪器，并与罐区安全监控系统联网。如何实现与罐区安全监控系统联网，联网的方式、标准、技术路线没有相应的指导意见。AQ 3036—2010《危险化学品重大危险源 罐区现场安全监控装备设置规范》第10.1.3条规定：摄像视频监控报警系统应可实现与危险参数监控报警的联动。危险参数与视频监控联动。哪些参数属于危险参数，通过什么样的技术方式来实现危险参数与视频监控联动，规范中并没有说明，通过咨询不同的管理机构，均不能给出确切的指导意见。

（6）老装置、老厂区不适应新标准规范的问题。新的标准规范一般对适用范围都有明确的规定，如GB 50160—2008（2018年版）《石油化工企业设计防火标准》中明确规定：本标准适用于石油化工企业新建、扩建或改建工程的防火设计要求。而相关人员检查时，常常拿着新的标准规范，去查已经建成几十年的企业，导致企业在现有状态下没有新标准要求的调整空间。

①GB 50351—2014《储罐区防火堤设计规范》第3.2.1.7条规定：储存Ⅰ级和Ⅱ级毒性液体的储罐不应与其他易燃和可燃液体储罐布置在同一防火堤内。相关人员检查时，针对某企业在20世纪七八十年代建成的苯储罐区一定要符合以上两个规范的要求，而苯储罐建设时的规范并没有这方面的规定，一直以来也未进行过改建、扩建，且总图没有调整空间，只能整个罐区拆除后异地重建，显然没有充分考虑"本标准适用于石油化工企业新建、扩建或改建工程的防火设计要求"的规定。

②GB/T 50493—2019《石油化工可燃气体和有毒气体检测报警设计标准》第3.2.1.7条规定：本标准使用于石油化工新建、扩建工程中可燃气体和有毒气体检测报警系统的设计。其适用范围未包括改建工程，但在相关检查时，也按照同样的标准对老工程、改建工程进行检查。

③在标准规范中对含"应、宜、可"条款的应用，都有明确的说明。如GB/T 50493—2019《石油化工可燃气体和有毒气体检测报警设计标准》标准用词说明。表示很严格，非这样做不可的用词：正面词采用"必须"，反面词采用"严禁"；表示严格，在正常情况下均应这样做的用词：正面词采用"应"，反面词采用"不应"或"不得"；表示允许稍有选择，在条件许可时首先应这样做的用词：正面词采用"宜"，反面词采用"不宜"；表示有选择，在一定条件下可以这样做的用词，采用"可"。虽然有这样明确的说明，但在相关检查时，部分专家还是将"应""宜"作为必须符合项进行检查，导致企业在执行条款时比较被动。

参考文献

[1] 王子宗，等．石油化工设计手册 修订版 第四卷，工艺和系统设计 [M]．北京：化学工业出版社，2015：859 - 860.

[2] 钱大琳．危险货物道路运输 [M]．北京：人民交通出版社股份有限公司，2020：58，158 - 176.

[3] 王凯全．危险化学品运输与储存 [M]．北京：化学工业出版社，2017：66 - 67，172—204.

[4] 孙文红．铁路危险货物运输安全技术与管理 [M]．北京：中国铁道出版社，2012：60 - 94

[5] 交通运输部职业资格中心．注册安全工程师职业资格考试用书道路运输安全 [M]．北京：北京交通大学出版社，2019：127 - 185.

[6] 王延吉．有机化工原料．第四版．北京：化学工业出版社，2004：386 - 387.

[7] 陈家庆，朱玲．油气回收与排放控制技术．北京：中国石化出版社，2010：68 - 110.

[8] 中国消防协会．消防安全技术实务 [M]．北京：中国人事出版社，2018：182 - 195，290 - 296.

[9] 中国消防协会．消防安全技术综合能力 [M]．北京：中国人事出版社，2018：142 - 146，218 - 242.

[10] 李娜．大型外浮顶罐火灾应急技术 [M]．北京：石油工业出版社，2019：85 - 86.

[11] 中石油江苏液化天然气有限公司．液化天然气接收站运行技术手册 [M]．北京：中国石化出版社，2019：132 - 137.

[12] 梁枫．大型储罐火灾扑救方法与技术探析 [J]．科技资讯，2020（1）：234 - 235.

[13] 陈洪亮，王丽晶，严攸高．用于扑救大型储罐全面积火灾的关键灭火装备配备方案研究 [J]．中国消防协会科学技术年会论文集，2017：103 - 106.

[14] GB 30871—2022，危险化学品企业特殊作业安全规范．2022：2 - 13.

[15] 赵志强，张贺，焦畅，等．全球 CCUS 技术和应用现状分析 [J]．现代化工，2021（4）：5 - 10.

[16] 徐冬，刘建国，王立敏，等．CCUS 中 CO_2 运输环节的技术及经济性分析 [J]．国际石油经济，2021（4）：8 - 16.

[17] 王明坛，谢圣林，许子通．二氧化碳捕集技术的现状与最新进展 [J]．当代化工，2016（5）：1002 - 1005.

[18] 朱敏．先进储氢材料导论 [M]．北京：科技出版社，2015：6.

[19] 吴朝玲．氢气的存储于输运 [M]．北京：化学工业出版社，2021：6；207 - 215.

[20] 蔡颖．储氢技术与材料 [M]．北京：化学工业出版社，2015：95 - 105.

[21] 中国氢能联盟．中国氢能源及燃料电池产业白皮书 [R]．北京：中国氢能联盟，2021：1 - 64.

[22] Shashi Kant Bhatia, Ravi Kant Bhatia, Jong - Min Jeon etc. Carbon dioxide capture and bioenergy production using biological system [J]. Renewable and Sustainable Energy Reviews, 2019, 110：143 - 158.

[23] W. Peschka, et al. Liquid Hydrogen, Fuel of the Future [M]. New York：Springer - Verlag Wien, 1992：197.

[24] NASA, Hydrogen Propellant [M]. NASA Technical Memorandum, 1992, 104438：6 - 35.

[25] NASA, Safety Standard for Hydrogen and Hydrogen Systems. 2005, NSS 1740. 16.

附录 石油化工储运管理主要适用标准规范条款

1. 总图

项目		标准条款	标准名称
1. 区域规划		公路和地区架空电力线路严禁穿越生产区	《石油化工企业设计防火标准》GB 50160—2008（2018年版）第4.1.6条
		地区输油（输气）管道不应穿越厂区	《石油化工企业设计防火标准》GB 50160—2008（2018年版）第4.1.8条
		石油库的储罐区、水运装卸码头与架空通信线路（或通信发射塔）、架空电力线路的安全按距离，不应小于1.5倍杆（塔）高；石油库的铁路线路和汽车装卸区、其他易燃可燃液体装卸设施与架空通信线路（或通信发射塔）、架空电力线路的安全按距离，不应小于1.0倍杆（塔）高；以上各设施与电压不小于35kV的架空电力线路的安全距离不应小于30m	《石油库设计规范》GB 50074—2014 第4.0.11条
		非石油库用的库外埋地电缆与石油库围墙的距离不应小于3m	《石油库设计规范》GB 50074—2014 第4.0.13条
2. 防火间距		罐组内相邻可燃液体地上储罐的防火间距不应小于表6.2.8的规定	《石油化工企业设计防火标准》GB 50160—2008（2018年版）第6.2.8条
		两排立式储罐的间距应符合表6.2.8的规定，且不应小于5m；两排直径小于5m的立式储罐及卧式储罐的间距不应小于3m	《石油化工企业设计防火标准》GB 50160—2008（2018年版）第6.2.10条
		相邻储罐区储罐之间的防火距离，应符合下列规定： 1 地上储罐区与覆土立式油罐相邻储罐区之间的防火距离不应小于60m； 2 储存Ⅰ、Ⅱ级毒性液体的储罐与其他储罐区相邻储罐之间的防火距离，不应小于50m； 大罐直径的1.5倍，且不应小于50m； 3 其他易燃、可燃液体储罐区相邻储罐之间的防火距离，不应小于相邻储罐中较大罐直径的1.0倍，且不应小于30m	《石油库设计规范》GB 50074—2014 第5.1.7条

续表

项目	标准条款	标准名称
	液化烃罐组或可燃液体罐组不宜紧靠排洪沟布置	《石油化工企业设计防火标准》GB 50160—2008（2018年版）第4.2.4条
3. 罐组布置	储存Ⅰ、Ⅱ级毒性液体的储罐应单独设置储罐区。储罐计算总容量大于600000m³的石油库，应设置两个或多个储罐区，每个储罐区的储罐计算总容量不应大于600000m³。特级石油库中，原油储罐与非原油储罐应分别集中设在不同的储罐区内	《石油库设计规范》GB 50074—2014第5.1.6条
	相邻储罐区储罐之间的防火距离，应符合下列规定：储存Ⅰ、Ⅱ级毒性液体的储罐与其他储罐区相邻储罐之间的防火距离，不应小于相邻储罐中较大罐直径的1.5倍，且不应小于50m	《石油库设计规范》GB 50074—2014第5.1.7（2）条
	同一防火堤内的地上油罐布置应符合下列规定：储存Ⅰ级和Ⅱ级毒性液体储罐不应与其他易燃和可燃液体储罐布置在同一防火堤内	《储罐区防火堤设计规范》GB 50351—2014第3.2.1（7）条
	地上储罐应按下列规定成组布置： 1 甲_B、乙和丙_A类液体储罐可布置在同一罐组内；丙_B类液体储罐宜独立设置罐组； 2 沸溢性液体储罐不应与非沸溢性液体储罐同组布置； 3 立式储罐不宜与卧式储罐布置在同一个储罐组内； 4 储存Ⅰ、Ⅱ级毒性液体的储罐不应与其他易燃和可燃液体储罐布置在同一个罐组内	《石油库设计规范》GB 50074—2014第6.1.10条
4. 围墙	石油库的围墙应设置，应符合下列规定： 1 石油库四周应设高度不低于2.5m的实体围墙； 4 行政管理区与储罐、易燃和可燃液体泵房、易燃和可燃液体装卸区之间应设围墙，企业附属石油库与本企业毗邻一侧的围墙高度可不低于1.8m； 0.5m高度以下范围内应为实体墙，当采用非实体围墙时，围墙下部 5 围墙不得采用可燃材料建造，围墙实体部分的下部不应留有孔洞（集中排水口除外）	《石油库设计规范》GB 50074—2014第5.3.3条

续表

项目	标准条款	标准名称
5. 出入口	工厂主要出入口不应少于两个，并宜位于不同方位	《石油化工企业设计防火标准》GB 50160—2008（2018年版）第4.3.1条
	石油库通向公路的库外道路和车辆出入口的设计，应符合下列规定： 1 石油库应设与公路连接的库外道路，其路面宽度不应小于相应级别石油库储罐区的消防车道； 2 石油库通向库外道路的车辆出入口不应少于2处，且宜位于不同的方位，受地域、地形等条件限制时，五级石油库和四、覆土石油库可只设1处车辆出入口； 3 储罐区的车辆出入口不应少于2处，且位于不同的方位，受地域、地形等条件限制时，储罐区出入口宜直接通向库外外道路；也可通向行政管理区或公路装卸区，也可通向行政管理区或公路装卸区； 4 行政管理区、公路装卸区应设直接通往库外外道路的车辆出入口	《石油库设计规范》GB 50074—2014 第5.2.11条
6. 厂内道路	液化烃、可燃液体、可燃气体的罐区内，任何储罐的中心距至少两条消防车道的距离均不应大于120m；当不能满足此要求时，任何储罐中心与最近的消防车道的距离不应小于80m，且最近消防车道的路面宽度不应小于9m	《石油化工企业设计防火标准》GB 50160—2008（2018年版）第4.3.5条
	在液化烃、可燃液体的铁路装卸区应设与铁路线平行的消防车道，并符合下列规定： 1 若一侧设消防车道，车道至最远的铁路线的距离不应大于80m； 2 若两侧设消防车道，车道之间的距离不应大于200m，超过200m时，其间应增设消防车道	《石油化工企业设计防火标准》GB 50160—2008（2018年版）第4.3.6条

2. 罐区

项目	标准条款	标准名称
1. 储存沸点大于或等于45℃的甲B、乙A类液体储罐选型	储存沸点大于或等于45℃时饱和蒸气压不大于88kPa的甲B、乙A类液体，应选用浮顶储罐或内浮顶储罐。其他甲B、乙A类液体化工品有特殊储存需要时，可以选用固定顶储罐、低压储罐和容量小于或等于100m³的卧式储罐，但应采取下列措施之一： 设置内浮顶； 设置氮气或其他惰性气体密封保护系统，密闭收集处理储罐内排出的气体； 设置氮气或其他惰性气体密封保护系统，控制储存温度使低于液体闪点5℃及以下	《石油化工储运系统罐区设计规范》SH/T 3007—2014 第4.2.5条

项目	标准条款	标准名称
1. 储存沸点大于或等于45℃的甲B、乙A类液体储罐选型	储存甲B、乙A类液体应选用金属舱体的浮顶或内浮顶罐，对于有特殊要求的物料或储罐容积小于或等于200m³的储罐，在采取相应安全措施后可选用其他形式的储罐。浮盘应根据可燃液体物性和材质强度进行选用，并应符合下列规定： 1 当单罐容积小于或等于5000m³的内浮顶罐采用易熔材料制作的浮盘时，应设置氮气保护等安全措施； 2 单罐容积大于5000m³的内浮顶罐应采用钢制单盘或双盘式浮顶； 3 单罐容积大于或等于50000m³的浮顶储罐应采用钢制双盘式浮顶	《石油化工企业设计防火标准》GB 50160—2008（2018年版）第6.2.2条
	储存温度超过120℃的重油固定顶罐应设置氮气保护，多套区单罐容积大于或等于50000m³的浮顶储罐应采取减少一、二次密封之间空间的措施	《石油化工企业设计防火标准》GB 50160—2008（2018年版）第6.2.4A条
	储罐应成组布置，并应符合下列规定： 1 在同一罐组内，宜布置火灾危险类别相同或相近的储罐；火灾危险类别不同的储罐也可同组布置； 2 沸溢性液体与非沸溢性液体储罐不应同组布置； 3 可燃液体的压力储罐可与全压力储罐同组布置； 4 可燃液体的低压储罐可与常压储罐同组布置； 5 轻、重污油储罐宜同组独立布置	《石油化工企业设计防火标准》GB 50160—2008（2018年版）第6.2.5条
	罐组的总容积应符合下列规定： 1 浮顶罐组的总容积不应大于600000m³； 2 内浮顶罐组的总容积：采用钢制单盘或双盘双盘内浮顶不应大于360000m³，采用易熔材料制作的内浮顶及其与采用钢制单盘或双盘内浮顶的混合罐组的总容积不应大于240000m³； 3 固定顶罐组的总容积不应大于120000m³； 4 固定顶罐和浮顶、内浮顶罐的混合罐组的总容积不应大于120000m³； 5 固定顶罐和浮顶、内浮顶罐的混合罐组中浮顶、内浮顶罐的容积可折半计算	《石油化工企业设计防火标准》GB 50160—2008（2018年版）第6.2.6条

续表

项目	标准条款	标准名称
1. 储存沸点大于或等于45℃的甲B、乙A类液体储罐选型	罐组内储罐的个数应符合下列规定： 1 当各含有单罐容积大于50000m³的储罐时，储罐的个数不应多于4个； 2 当含有单罐容积大于10000m³或等于50000m³的储罐时，储罐的个数不应多于16个；12个； 3 当各含有单罐容积大于或等于1000m³且小于10000m³的储罐时，储罐的个数不应多于16个； 4 单罐容积小于1000m³储罐的个数不受限制	《石油化工企业设计防火标准》GB 50160—2008（2018年版）第6.2.7条
	罐组内相邻可燃液体地上储罐的防火间距不应小于表6.2.8的规定	《石油化工企业设计防火标准》GB 50160—2008（2018年版）第6.2.8条
	设有防火堤的罐组内应按下列要求设置隔堤： 1 单罐容积大于20000m³时，应每个储罐一隔； 2 单罐容积大于5000m³且小于等于20000m³时，隔堤内的储罐不应超过4个，对于甲B、乙A类可燃液体储罐，储罐之间还应设置高度不低于300mm的围堰； 3 单罐容积小于或等于5000m³时，隔堤内所分隔的储罐容积之和不应大于20000m³； 4 隔堤所分隔的沸溢性液体储罐不应超过2个	《石油化工企业设计防火标准》GB 50160—2008（2018年版）第6.2.15条
	常压固定顶罐的罐顶应采用弱顶结构或采取其他泄压措施	《石油化工企业设计防火标准》GB 50160—2008（2018年版）第6.2.20条
	液化烃储罐成组布置时应符合下列规定： 1 液化烃罐组内的储罐不应超过2排； 2 每组全压力式或半冷冻式储罐的个数不应多于12个； 3 全冷冻式储罐的个数不宜多于2个； 4 全冷冻式储罐宜单独成组布置； 5 储罐不能适应罐组内任一储罐泄漏所产生的最低温度时，不应布置在同一罐组内	《石油化工企业设计防火标准》GB 50160—2008（2018年版）第6.3.2条

项目	标准条款	标准名称
1. 储存沸点大于或等于45℃的甲B、乙A类液体储罐选型	防火堤及隔堤的设置应符合下列规定： 1 液化烃全压力式或半冷冻式储罐组宜设置高度为0.6m的防火堤，防火堤内堤脚线距储罐不应小于3m，堤内应采用现浇混凝土地面，并应坡向外侧，防火堤内的隔堤不宜高于0.3m； 2 全压力式或半冷冻式储罐组的总容积不应大于40000m³，隔堤内各储罐容积之和不宜大于8000m³； 3 全冷冻式储罐组的总容积不应大于200000m³，单防罐应每1个罐一隔，隔堤应低于防火堤0.2m； 4 沸点低于45℃甲B类液体压力储罐组的总容积不宜大于60000m³；隔堤内各储罐容积之和不宜大于8000m³； 5 沸点低于45℃的甲B类液体的压力储罐与液化烃储罐同组布置时，防火堤应设隔堤，当其独立成组时，防火堤及隔堤储罐不应小于3m，防火堤及隔堤的设置应同液化烃储罐的要求第6.2.17条的要求； 6 全压力式、半冷冻式液氨储罐的防火堤和隔堤的设置应同液化烃储罐的要求	《石油化工企业设计防火标准》GB 50160—2008 (2018年版) 第6.3.5条
	液化烃和液氨的全压力式或全冷冻式双防罐或全防罐组可不设防火堤	《石油化工企业设计防火标准》GB 50160—2008 (2018年版) 第6.3.7条
	全冷冻式液氨单防储罐应设防火堤，堤内有效容积不应小于1个最大储罐容积的60%	《石油化工企业设计防火标准》GB 50160—2008 (2018年版) 第6.3.8条
	储存甲B、乙A类原油和成品油，应采用外浮顶罐、内浮顶罐和卧式储罐。当采用固定顶罐和卧式储罐，储存乙A类油品时，储存甲B、乙A类油品卧式储罐的单罐容量不应大于100m³，储存乙A类液体的单罐容量不应大于200m³	《石油库设计规范》GB 50074—2014 第6.1.4条
2. 储存乙B和丙类液体的储罐选型	储存乙B和丙类液体可选用浮顶储罐、内浮顶罐、固定顶储罐和卧式储罐	《石油化工储运系统罐区设计规范》SH/T 3007—2014 第4.2.6条

续表

项目	标准条款	标准名称
3. 液化烃球罐制造与安装	开口接管与球壳板、开口接管与法兰的组焊以及支柱与赤道板的组焊，均应在制造厂进行。经检测合格后，应在制造厂进行焊后炉内热处理	《液化烃球形储罐安全设计规范》SH 3136—2003 第4.6.8条
	液化烃球形储罐应根据工艺的要求，采用技术先进、性能可靠的计量、数据采集、监控、报警系统进行监控、控制及管理等工作。所选仪表应适用于液化烃球形储罐的设计压力及设计温度，并保证在储存介质有腐蚀性时，与介质接触到的仪表或仪表元件必须安装在罐存介质有腐蚀性时，宜有置在罐顶或平台附近	《液化烃球形储罐安全设计规范》SH 3136—2003 第5条
	液化烃球形储罐本体应设置就地和远传温度计，并应保证在最低液位时能测量液相的温度而且便于观测和维护	《液化烃球形储罐安全设计规范》SH 3136—2003 第5.1条
	液化烃球形储罐本体上部应设置就地和远传压力表，并单独设压力高限报警。压力表与球形储罐之间不得连接其他用途的任何配件或接管。液化烃球形储罐上的压力表的安装位置，应保证在最高液位时能测量气相的压力，并便于观测和维护	《液化烃球形储罐安全设计规范》SH 3136—2003 第5.2条
4. 液化烃球罐的仪表	液化烃球形储罐应设高液位报警器和高高液位连锁。必要时应加设低液位报警	《液化烃球形储罐安全设计规范》SH 3136—2003 第5.3.2条
	对于间歇操作下槽车装卸的液化石油气球形储罐，应设置高高液位自动联锁紧急切断进料装置。对于单组分液化烃或炼化生产装置连续操作的球形储罐，其连锁要求应根据其上下游工艺生产流程的要求确定	《液化烃球形储罐安全设计规范》SH 3136—2003 第5.3.3条
	液化石油气球形储罐液相进出口的阀门主体材质宜为碳素钢，并具有与罐体材质一样的耐低温及抗 H₂S 腐蚀的性能。阀门上的阀门切断阀宜选用闸阀和球阀时，当选用闸阀或截止阀，其阀门应带有阀腔卸压机构。阀门的设计压力不应小于 2.5MPa	《液化烃球形储罐安全设计规范》SH 3136—2003 第6条
5. 液化烃球罐的阀门	液化石油气球形储罐进相出口应设紧急切断阀，其位置宜靠近球形储罐	《液化烃球形储罐安全设计规范》SH 3136—2003 第6.1条
	液化烃球形储罐应设置全启式安全阀。安全阀的规格应按《压力容器安全技术监察规程》的有关规定确定；安全阀的开启压力（定压）不得大于球形储罐的设计压力	《液化烃球形储罐安全设计规范》SH 3136—2003 第6.2.1条

项目	标准条款	标准名称
5. 液化烃储罐的阀门	安全阀出口管应接至火炬柜系统，当条件限制时，可就地排入大气，但排放管口应高出相邻最高平台或建筑物顶3m以上；当排放量较大时，应引至安全地点排放。对排放管应考虑适当的支撑，并设置防雨帽和排液口	《液化烃球形储罐安全设计规范》SH 3136—2003 第6.2.3条
	液化烃球形储罐的采样，不应引入化验室	《液化烃球形储罐安全设计规范》SH 3136—2003 第7.1条
	液化烃球形储罐的进料管，应从罐体下部接入；若必须从上部接入，应伸延至距罐底200mm处	《液化烃球形储罐安全设计规范》SH 3136—2003 第7.2条
	接在液化烃球形储罐上的管道应考虑支撑的措施，考虑到大型球形储罐可能存在地基的不均匀沉降，所以与其相接的管道应有一定的挠性	《液化烃球形储罐安全设计规范》SH 3136—2003 第7.3条
	丙烯、丙烷、混合C4、抽余C4及液化石油气的球形储罐应设注水设施。注水管道宜采用半固定连接方式	《液化烃球形储罐安全设计规范》SH 3136—2003 第7.4条
6. 与液化烃球形储罐连接的管道及其组成件	盘梯的设计应符合下列规定： 1　盘梯的净宽度不应小于650mm； 2　盘梯的升角宜为45°，且最大升角不宜超过50°，同一罐区内盘梯升角宜相同； 3　踏步的宽度不应小于200mm； 4　相邻两踏步的水平距离的最大同距应小于600mm，且不大于660mm；整个盘梯踏步之间的高度应保持一致； 5　踏步应用格栅板或钢滑板； 6　盘梯外侧必须设置栏杆，当盘梯内侧与罐壁的距离大于150mm时，内侧也必须设置栏杆； 7　盘梯栏杆上部扶手应与平台栏杆扶手对中连接； 8　沿栏杆扶手轴线测量，栏杆立柱的最大间距应为2400mm； 9　盘梯应能承受5kN集中活载荷，栏杆上部应能承受任意方向1kN的集中载荷； 10　盘梯应全部支承在罐壁上，盘梯侧板的下端与罐基础上表面应留有适当距离	《立式圆筒形钢制焊接油罐设计规范》GB 50341—2014 第10.10.1条
7. 储罐盘梯	当顶部平台距地面的高度超过10m时，应设置中间休息平台	《立式圆筒形钢制焊接油罐设计规范》GB 50341—2014 第10.10.2条

续表

项目	标准条款	标准名称
7. 储罐盘梯	平台及栏杆的设计应符合下列规定： 1 平台和走道的净宽度不应小于 650mm； 2 铺板应采用格栅板或钢板。当采用钢板时，应开设排水孔； 3 铺板应采用防滑板。当平台、走道距地面高度小于 20m 时，铺板上表面至栏杆顶端的高度不应小于 1050mm；当平台、走道距地面高度不小于 20m 时，铺板上表面至栏杆顶端的高度不应小于 1200mm； 4 挡脚板的宽度不应小于 75mm； 5 铺板与挡脚板之间的最大间隙为 6mm； 6 栏杆护腰同距不应大于 500mm； 7 栏杆立柱间距不应大于 2400mm	《立式圆筒形钢制焊接油罐设计规范》GB 50341—2014 第 10.3 条
	储罐顶上经常走人的地方，应防滑踏步和护栏；测量孔处应设置测量平台	《石油库设计规范》GB 50074—2014 第 6.4.2 条
	当到固定顶上操作时，必须在固定顶上设置栏杆，通道上应设置防滑条或踏步板	《立式圆筒形钢制焊接油罐设计规范》GB 50341—2014 第 10.10.4 条
	从罐顶盘梯平台至呼吸阀、通气管和透光孔的通道应设置踏步	《石油化工储运系统罐区设计规范》SH/T 3007—2014 第 5.2.5 条
8. 储罐平台及护栏	储罐的梯子和平台应满足如下要求： 储罐顶周的罐顶沿圆周应设置整圈防护栏及平台，通往操作区域的走道宜设置防滑踏步，踏步至少一侧宜设置栏杆和扶手，罐顶中心操作区域应设置护栏和防滑踏步	《立式圆筒形钢制焊接储罐安全技术规程》AQ 3053—2015 第 6.14（b）条
	可燃气体、液化烃和可燃液体的管道不得穿过与其无关的建筑物	《石油化工企业设计防火标准》GB 50160—2008（2018年版）第 7.2.2 条
	防火堤的相邻踏步、坡道、爬梯之间的距离不宜大于 60m，高度大于或等于 1.2m 的踏步或斜道应设置护栏	《储罐区防火堤设计规范》GB 50351—2014 第 3.1.8 条
9. 防火堤内的护栏及平台	当平台、通道及作业场所基准面高度小于 2m 时，防护栏杆高度应不低于 900mm	《固定式钢梯及平台安全要求 第 3 部分：工业防护栏杆及钢平台》（GB 4053.3—2009）第 5.2.1 条

续表

项目	标准条款	标准名称
9. 防火堤内的护栏及平台	在距基准面高度大于等于 2m 小于 20m 的平台、通道及作业场所的防护栏杆高度不应低于 1050mm	《固定式钢梯及平台安全要求 第 3 部分：工业防护栏杆及钢平台》（GB 4053.3—2009）第 5.2.2 条
	在距基准面高度不小于 20m 的平台、通道及作业场所的防护栏杆高度应不低于 1200mm	《固定式钢梯及平台安全要求 第 3 部分：工业防护栏杆及钢平台》（GB 4053.3—2009）第 5.2.3 条
	防护栏杆各构件的布置应确保中间栏杆（横杆）与上下构件间形成的空隙间距不大于 500mm。构件设置方式应阻止攀爬	《固定式钢梯及平台安全要求 第 3 部分：工业防护栏杆及钢平台》（GB 4053.3—2009）第 5.1.2 条
	防护栏杆端部应设置立柱或确保立柱或其他固定结构牢固连接，立柱间距应不大于 1000mm	《固定式钢梯及平台安全要求 第 3 部分：工业防护栏杆及钢平台》（GB 4053.3—2009）第 5.5.1 条
	立柱不应在踢脚板上安装，除非踢脚板为承载的构件	《固定式钢梯及平台安全要求 第 3 部分：工业防护栏杆及钢平台》（GB 4053.3—2009）第 5.5.2 条
	踢脚板顶部在平台地面之上高度应不小于 100mm，其底部距地面应不大于 10mm	《固定式钢梯及平台安全要求 第 3 部分：工业防护栏杆及钢平台》（GB 4053.3—2009）第 5.6.1 条
	通行平台的无障碍宽度应不小于 750mm，单人偶尔通行的平台宽度可适当减少，但应不小于 450mm	《固定式钢梯及平台安全要求 第 3 部分：工业防护栏杆及钢平台》（GB 4053.3—2009）第 6.1.2 条
	在同一梯段内，踏步高与踏步宽的组合应保持一致。踏步宽与 2 倍踏步高的和数值在 550～700mm 之间	《固定式钢梯及平台安全要求 第 2 部分：钢斜梯》（GB 4053.2—2009）第 4.2.2 条

续表

项目	标准条款	标准名称
10. 踏板	踏板的前后深度应不小于80mm，相邻两踏板的前后方向重叠应不小于10mm，不大于35mm	《固定式钢梯及平台安全要求 第2部分：钢斜梯》（GB 4053.2—2009）第5.3.1条
	在同一梯段所有踏板间距应相同。踏板间距宜为225~255mm	《固定式钢梯及平台安全要求 第2部分：钢斜梯》（GB 4053.2—2009）第5.3.2条
	顶部踏板的上表面应与平台平面一致，踏板与平台间应无空隙	《固定式钢梯及平台安全要求 第2部分：钢斜梯》（GB 4053.2—2009）第5.3.3条
	踏板应采用防滑材料或至少有不小于25mm宽的防滑突缘，应采用厚度不小于4mm的花纹钢板，或采用25mm×4mm肩钢和小角钢组焊成的格栅板或其他格板等效的结构经防滑处理的普通钢板	《固定式钢梯及平台安全要求 第2部分：钢斜梯》（GB 4053.2—2009）第5.3.4条
11. 踏步或坡道	每一储罐组的防火堤、防火墙应设置不少于2处越堤人行踏步或坡道，隔堤、隔墙应设置人行踏步或坡道	《储罐区防火堤设计规范》GB 50351—2014 第3.1.7条
12. 气体密封保护系统	储存Ⅰ、Ⅱ级毒性的甲$_B$、乙$_A$类液体储罐不应大于10000m³，且应设置氮气或其他惰性气体密封保护系统	《石油化工储运系统罐区设计规范》SH/T 3007—2014 第4.2.10条
	可燃液体储罐的操作压力应按下述原则确定：采用氮气密封保护的储罐，其操作压力宜为0.2~0.5kPa。其他设置有呼吸阀的储罐，其操作压力宜为1~1.5kPa	《石油化工储运系统罐区设计规范》SH/T 3007—2014 第3.5b)条
13. 氮封系统 压力设置	低压储罐及需要氮气等惰性气体密封的储罐，应在罐顶设置压力变送器测量压力，设置压力表就地测量压力	《石油化工罐区自动化系统设计规范》SH/T 3184—2017 第4.2.1.10条
	压力变送器和压力表不得共用同一取源接口	《石油化工罐区自动化系统设计规范》SH/T 3184—2017 第4.2.1.11条

续表

项目	标准条款	标准名称
13. 氮封系统压力设置	固定顶罐和内浮顶罐等需要氮气等惰性气体密封时，应设置氮封阀或压力分程控制	《石油化工罐区自动化系统设计规范》SH/T 3184—2017 第 4.2.1.12 条
	氮封阀氮气入口管道应设置压力表	《石油化工罐区自动化系统设计规范》SH/T 3184—2017 第 4.2.1.13 条
	对固定顶罐、内浮顶罐等存储易挥发类液体的常压、低压储罐，氮气密封系统应设置氮封阀	《石油化工罐区自动化系统设计规范》SH/T 3184—2017 第 5.4.5.1 条
	氮封阀宜型式应为减压阀后压力控制型	《石油化工罐区自动化系统设计规范》SH/T 3184—2017 第 5.4.5.2 条
	氮封阀应安装在尽量靠近罐顶入口的氮气管线上，外取压管线的取源点设在罐顶，以便检测罐内的实压力	《石油化工罐区自动化系统设计规范》SH/T 3184—2017 第 5.4.5.3 条
14. 氮封阀设置	氮封压力设定点应为储罐正常操作压力，压力设定值可调范围应选择设定点处于范围的中段，并应能覆盖最大操作压力	《石油化工罐区自动化系统设计规范》SH/T 3184—2017 第 5.4.5.4 条
	采用氮气或其他惰性气体密封保护系统的储罐应设事故泄压设备，并应符合下列规定： a) 事故泄压设备的开启压力应高于呼吸阀的排气压力并应小于或等于储罐的设计正压力； b) 事故泄压设备应满足其他惰性气体密封或呼吸系统或管道通气需要； c) 事故泄压设备可直接通向大气； d) 事故泄压设备宜选用直径不小于 DN500 的紧急放空人孔盖或呼吸人孔	《石油化工储运系统罐区设计规范》SH/T 3007—2014 第 5.1.5 条
15. 泄压设备设置	固定顶储罐若罐壁与罐顶连接处不满足 GB50341 的弱顶连接条件，且所设置的呼吸阀不能满足紧急状态下的通气要求时，还应设置紧急通气装置	《立式圆筒形钢制焊接储罐安全技术规程》AQ 3053—2015 第 12.2.1f) 条

续表

项目	标准条款	标准名称
15. 泄压设备设置	下列情况的储罐，应相应地设置限制超压的安全附件：采用氮气密封或有密封超压限制要求的固定顶储罐，应设置满足储罐系统在出现故障时保障储罐安全稳定顶的设计压力，其开启压力应高于通气管的排气压力并小于储罐的设计正压力，吸气压力应低于通气管的进气压力并高于储罐的设计负压力。达到防止储罐顶部正压力超过设计压力 10% 以上，并且罐中局部真空不超过设计负压不超过最大局部真空度。若可能由于火灾或其他外部热源作用将使储罐产生额外危险时，还应设置若干辅助的压力泄放装置，以防止正压力超过设计压力的 20% 以上	《立式圆筒形钢制焊接储罐安全技术规程》AQ 3053—2015 第 12.2.1c) 条
16. 防火堤	防火堤、防护墙应采用不燃烧材料建造，且必须密实、闭合、不泄漏	《储罐区防火堤设计规范》GB 50351—2014 第 3.1.2 条
	进出储罐组的各类管线、电缆应从防火堤、防护墙穿过时，应设置套管并应采用不燃烧材料严密封闭，或采用固定短管且两端采用软管密封连接的形式	《储罐区防火堤设计规范》GB 50351—2014 第 3.1.4 条
	油罐组防火堤内的有效容积不应小于油罐组内一个最大油罐的公称容量	《储罐区防火堤设计规范》GB 50351—2014 第 3.2.5 条
	防火堤及隔堤内的有效容积应符合下列规定：防火堤内的有效容积不应小于 1 个最大储罐的容积，当浮顶、内浮顶罐组不能满足此要求时，应设置事故储液池储存剩余部分，但储罐组防火堤内的有效容积内 1 个最大储罐容积的一半	《石油化工企业设计防火标准》GB 50160—2008（2018 年版）第 6.2.12（1）条
	储存酸、碱等腐蚀性介质的储罐组，防火堤堤身内侧应做防腐蚀处理。全冷冻式储罐组的防火堤，应采取冷冻的措施	《储罐区防火堤设计规范》GB 50351—2014 第 4.2.2 条
	立式储罐至防火堤内堤脚线的距离不应小于储罐高度的一半，卧式储罐至防火堤内堤脚线的距离不应小于 3m	《石油化工企业设计防火标准》GB 50160—2008（2018 年版）第 6.2.13 条

续表

项目	标准条款	标准名称
16. 防火堤	防火堤、防护墙、隔堤及屋墙的伸缩缝应根据建筑材料、气候特点和地质条件变化情况进行设置，并应符合下列规定：伸缩缝不应设在交叉处或转角处	《储罐区防火堤设计规范》GB 50351—2014 第4.2.4（2）条
	伸缩缝应采用非燃烧的柔性材料填充或采取其他可靠的构造措施	《储罐区防火堤设计规范》GB 50351—2014 第4.2.4（4）条
	储存Ⅰ级和Ⅱ级毒性液体的储罐不应与其他易燃和可燃液体储罐布置在同一防火堤内	《储罐区防火堤设计规范》GB 50351—2014 第3.2.1（7）条
17. 隔堤	多品种的液体罐组内应按下列要求设置隔堤： 1 甲$_B$、乙$_A$类液体与其他类可燃液体储罐之间； 2 水溶性与非水溶性可燃液体储罐之间； 3 相互接触能引起化学反应的可燃液体储罐之间； 4 助燃剂、强氧化剂及具有腐蚀性液体储罐与可燃液体储罐之间	《石油化工企业设计防火标准》GB 50160—2008（2018年版）第6.2.16条
	立式储罐罐组内应按下列规定设置隔堤： 1 多品种的罐组内下列储罐之间应设置隔堤： 1）甲$_B$、乙$_A$类液体储罐与其他类可燃液体储罐之间； 2）水溶性与非水溶性可燃液体储罐之间； 3）相互接触能引起化学反应的可燃液体储罐之间； 4）助燃剂、强氧化剂及具有腐蚀性液体储罐与可燃液体储罐之间。 2 非沸溢性甲$_B$、乙、丙$_A$类储罐组隔堤内的储罐数量，不超过表6.5.8的规定。（表6.5.8；单罐公称容量 $V<5000m^3$，一个隔堤内6座储罐；$5000m^3 \leq V<20000m^3$，一个隔堤内4座储罐；$20000m^3 \leq V<50000m^3$，一个隔堤内2座储罐；$V \geq 50000m^3$，一个隔堤内1座储罐。）	《石油库设计规范》GB 50074—2014 第6.5.8条
	隔堤应是采用不燃烧材料建造的实体墙，隔堤高度宜为0.5~0.8m	《石油库设计规范》GB 50074—2014 第6.5.85条

续表

项目	标准条款	标准名称
17. 隔堤	油罐组内隔堤的布置应符合下列规定： 立式油罐组内隔堤高度宜为0.5~0.8m，卧式油罐组内隔堤高度宜为0.3m	《储罐区防火堤设计规范》GB 50351—2014 第3.2.12.7条
	隔堤内有效容积不应小于隔堤内1个最大储罐容积的10%	《石油化工企业设计防火标准》GB 50160—2008（2018年版）第6.2.12.2条
18. 地面	防火堤、防护墙内的地面设计应符合下列规定： 1　防火堤和防护墙内应采用现浇混凝土地面，并宜设置不小于0.5%的坡度坡向排水沟和排水口； 2　储存酸、碱等腐蚀性介质的储罐组内的地面应做防腐蚀处理	《储罐区防火堤设计规范》GB 50351—2014 第3.3.5条
	防火堤内的地面设计应符合下列规定： 1　防火堤内地面应坡向排水沟和排水出口，坡度宜为0.5%； 2　防火堤内地面宜铺设碎石或种植草皮，植草高度不超过150mm的常绿草皮； 3　防火堤内地面应设置巡检道； 4　当油罐泄漏物有可能污染地下水或附近环境时，堤内地面应采取防渗漏措施	《储罐区防火堤设计规范》GB 50351—2014 第3.2.8条
	防火堤、防护墙内场地应设置集水设施，并应设置可控制开闭的排水设施	《储罐区防火堤设计规范》GB 50351—2014 第3.3.6条
19. 排水	防火堤内排水设施的设置应符合下列规定： 防火堤内应设置集水设施，连接集水设施的雨水排放管道应从防火堤内设计地面以下通出堤外，并应采取安全可靠的截油排水措施	《储罐区防火堤设计规范》GB 50351—2014 第3.2.9.1条
	储罐区防火堤内的含油污水管道引出防火堤时，应在堤外采取防止泄漏的易燃和可燃液体流出罐区的切断措施	《石油库设计规范》GB 50074—2014 第13.2.2条
	罐组内的生产污水管道应有独立的排出口，且应在防火堤外设置水封；在防火堤与水封之间的管道上应设置易开关的隔断阀	《石油化工企业设计防火标准》GB 50160—2008（2018年版）第7.3.6条
	防火堤、防护墙内场地宜设置排水明沟	《储罐区防火堤设计规范》GB 50351—2014 第3.1.5条

续表

项目	标准条款	标准名称
	防火堤、防护墙内场地设置排水明沟时应符合下列要求： 1 沿无培土的防火堤内侧修建排水沟时，沟壁的外侧与防火堤内侧堤脚线的距离不应小于 0.5m； 2 沿土堤或培土的防火堤内侧修建排水沟时，沟壁的外侧与防火堤内侧堤脚线或培土堤脚线的距离不应小于 0.8m； 3 沿防护墙修建排水沟时，沟壁的外侧与防护墙内堤脚的距离不应小于 0.5m； 4 排水沟应采用防渗措施； 5 排水明沟宜设置格栅盖板，格栅盖板的材质应具有防火、防腐性能	《储罐区防火堤设计规范》 GB 50351—2014 第 3.1.6 条
	储存 I 级和 II 级毒性液体的储罐，其凝液或残液应密闭排入专用收集系统	《石油化工储运系统罐区设计规范》 SH/T 3007—2014 第 5.1.13 条
	含油污水管道应在储罐组防火堤处、其他建（构）筑物的排水管出口处、支管与干管连接处、干管每隔 300m 处设置水封井	《石油库设计规范》 GB 50074—2014 第 13.2.3 条
19. 排水	石油库通向库外的排水管道和明沟，应在石油库围墙里侧设置水封井和截断装置。水封井与围墙之间的排水通道应采用暗沟或暗管	《石油库设计规范》 GB 50074—2014 第 13.2.4 条
	水封井的水封高度不应小于 0.25m。水封井应设沉泥段，沉泥段自最低的管底算起，其深度不应小于 0.25m	《石油库设计规范》 GB 50074—2014 第 13.2.5 条
	雨水暗管或雨水支线进入雨水主管或主沟处，应设水封井	《石油库设计规范》 GB 50074—2014 第 13.4.4 条
	库区内应设置漏油及事故污水收集系统。收集系统可由罐组防火堤、罐组周围围堤式消防车道与防火堤之间的低洼地带，雨水收集系统，漏油及事故污水收集池组成	《石油库设计规范》 GB 50074—2014 第 13.4.1 条
	一、二、三、四级石油库漏油及事故污水收集池容量，分别不应小于 1000m³、750m³、500m³、300m³；五级石油库可不设漏油及事故污水收集池。漏油及事故污水收集池宜布置在库区地势较低处，漏油及事故污水取采用隔油措施	《石油库设计规范》 GB 50074—2014 第 13.4.2 条

续表

项目	标准条款	标准名称
19. 排水	隔油池的保护高度不应小于400mm。隔油池应设难燃烧材料的盖板	《石油化工企业设计防火标准》GB 50160—2008（2018年版）第5.4.1条
	隔油池的进出水管道应设水封。距隔油池池壁5m以内的水封井，检查井的井盖与盖座接缝处应密封，且井盖不得有孔洞	《石油化工企业设计防火标准》GB 50160—2008（2018年版）第5.4.2条

3. 机泵

项目	标准条款	标准名称
1. 泵房	输送液化烃、乙、重质油品、液态职业性接触毒物（Ⅰ、Ⅱ级）（参见附录A中A.2）和酸碱腐蚀性液体物料（参见附录A表A.3）的泵宜分别设置泵区	《石油化工储运系统泵区设计规范》SH/T 3014—2012 第4.3.2条
	液化烃泵与操作温度低于自燃点可燃液体泵应分别布置在不同房间内，各房间之间的隔墙应为防火墙	《石油化工储运系统泵区设计规范》SH/T 3014—2012 第4.3.3条
	储罐区易燃和可燃液体泵站的布置，应符合下列规定： 1 甲、乙、丙A类液体泵应布置在地上立式储罐的防火堤外； 2 丙B类液体泵、抽底油泵、卧式储罐输送泵和储罐油品检测用泵，可与储罐露天布置在同一火堤内； 3 当易燃和可燃液体泵站采用棚式或露天式时，其与储罐的间距可不受限制，与其他建（构）筑物或装置设施的间距，应以泵外缘按本规范表5.1.3中易燃和可燃液体泵房与其他建（构）筑物、设施的间距确定	《石油库设计规范》GB 50074—2014 第5.1.14条
	液化烃泵，操作温度等于或高于自燃点的可燃液体泵，操作温度低于自燃点的可燃液体泵应分别布置在不同房间内，各房间之间的隔墙应为防火墙	《石油化工企业设计防火标准》GB 50160—2008（2018年版）第5.3.1条

续表

项目	标准条款	标准名称
	可燃气体压缩机的布置及其厂房的设计应符合下列规定： 1 可燃气体压缩机宜露天或半露天布置； 2 单机驱动功率等于或大于150kW的甲类气体压缩机厂房不宜与其他甲、乙和丙类房间共用一座建筑物； 3 压缩机的上方不得布置甲、乙和丙类工艺设备，但自用的高位润滑油箱不受此限； 4 比空气轻的可燃气体压缩机半敞开式或敞开式厂房的顶部应采取通风措施； 5 除检修重载区外，可燃承重区宜采用透空钢格板；该透空钢格板的面积可不计入所在防火分区的建筑面积内； 6 比空气重的可燃气体压缩机厂房的地面不宜设地坑或地沟；厂房内应有防止可燃气体积聚的措施	《石油化工企业设计防火标准》GB 50160—2008（2018年版）第5.3.1条
	液化烃泵、可燃液体泵宜露天或半露天布置。液化烃、操作温度等于或高于自燃点的可燃液体的泵上方，不宜布置甲、乙、丙类工艺设备；若在其上方布置甲、乙、丙类工艺设备，应用不燃烧材料的封闭式楼板隔离保护。 若操作温度等于或高于自燃点的可燃液体泵上方，布置操作温度低于自燃点的甲、乙、丙类可燃液体设备时，封闭式楼板应为不燃烧材料的无泄漏楼板。 液化烃、操作温度等于或高于自燃点的泵不宜布置在管架下方	《石油化工企业设计防火标准》GB 50160—2008（2018年版）第5.3.2条
1.泵房	液化烃泵、可燃液体泵不宜布置在管桥下方。若杂泵区上方布置管桥时，应用不燃烧材料的隔板隔离保护	《石油化工储运系统泵区设计规范》SH/T 3014—2012第4.3.7条
	泵房或泵棚的宽度，单排泵布置时不宜小于6m，双排泵布置时不宜小于9m	《石油化工储运系统泵区设计规范》SH/T 3014—2012第4.2.2条
	泵房或泵棚的净空应满足安装、检修和操作的要求，且不应低于3.5m	《石油化工储运系统泵区设计规范》SH/T 3014—2012第4.2.3条
	液化烃泵区、甲类泵房应采用不发生火花的地面	《石油化工储运系统泵区设计规范》SH/T 3014—2012第4.3.4条
	腐蚀性介质泵区的地面、泵基础等可能接触到腐蚀性介质的部位应采取防腐措施。室内地面应坡向排水点，且大门处应设置门槛	《石油化工储运系统泵区设计规范》SH/T 3014—2012第4.2.6条

续表

项目	标准条款	标准名称
	乙_B、丙类可燃液体的泵区内，可在泵基础的泵端及两端边设排污地沟，排污地沟低点处应设置地漏引至含油污水系统	《石油化工储运系统泵区设计规范》SH/T 3014—2012 第4.3.6条
	甲、乙_A类液体泵的地面宜不宜设地坑或地沟，泵区内应有防止可燃气体积聚的措施	《石油化工储运系统泵区设计规范》SH/T 3014—2012 第4.3.5条
	泵区宜地上布置。泵区地上布置时，其地面宜高出周围地坪200mm以上。除液化烃、液氨外的露天泵站周围应设围堰，围堰高度宜为150~200mm	《石油化工储运系统泵区设计规范》SH/T 3014—2012 第4.3.1条
	甲、乙、丙类泵房内应根据需要采暖和强制机械通风设施	《石油化工储运系统泵区设计规范》SH/T 3014—2012 第8.2.1条
	泵房的门应向外开启。输送甲、乙、丙类液体（参见附录A表A.1）泵房的安全疏散门，不应少于两个，其中一个应满足最大机泵进出的需要。但建筑面积小于100m²的泵房可只设一个门	《石油化工储运系统泵区设计规范》SH/T 3014—2012 第4.2.4条
	操作温度等于或高于自燃点的可燃液体泵房的门窗与操作温度低于自燃点的甲_B、乙_A类液体或液化烃泵房的距离不应小于4.5m	《石油化工企业设计防火标准》GB 50160—2008（2018年版）第7.3.19条
1. 泵房	泵区内设置固定式、半固定式蒸汽灭火时应符合下列要求： a) 灭火蒸汽管固定式、半固定式蒸汽应从主管上方引出，蒸汽压力不宜大于1.0MPa； b) 在靠近泵端一侧的墙壁上，距地面150~200mm处，设固定式筛孔管；并沿另一侧墙壁适当位置设置DN20半固定式接头； c) 固定式蒸汽灭火管道的直径应根据所需的蒸汽量计算，但不宜小于DN50。其管道尽端部开孔直径为4~6mm的孔2~3个。在管道尽端部宜用封头封死； d) 固定式蒸汽灭火管道应在沿管道的轴线上，对着泵的水平方向及水平线以下钻孔2~3排，两排孔之间的孔眼应错开均匀布置；两排孔之间的夹角宜为30°，孔中心距不大于100mm，孔眼面积的总和应和等于管子管截面积2~3倍； e) 蒸汽灭火管道的控制阀门应设在泵房外明显、安全且便于操作的地方； f) 泵房内采用半固定式蒸汽灭火系统，应设不少于2根蒸汽管道（DN20），并引至泵房两端适当位置，管端设半固定式蒸汽快速接头； g) 甲、乙、丙类液体泵棚或露天泵区，宜每隔20m设半固定灭火蒸汽（DN20）快速接头	《石油化工储运系统泵区设计规范》SH/T 3014—2012 第5.3.2条

续表

项目	标准条款	标准名称
1. 泵房	易燃和有毒液体泵房、灌桶间及其他有易燃和有毒液体设备的房间，应设置机械通风系统和事故排风装置。机械通风换气次数宜为5~6次/h，事故排风换气次数不应小于12次/h	《石油库设计规范》GB 50074—2014 第16.2.1条
	应对机泵进行外观检查，并应符合下列规定： 1 承压铸件表面不得有夹砂、气孔、裂纹、结疤、热裂或其他类似的铸造缺陷； 2 焊缝不得有裂纹、咬边或其他有害缺陷； 3 机械加工面的粗糙度应符合要求； 4 机壳的内、外侧都应清理干净； 5 机械试运转过程中不得有漏油现象，当出现漏油时，应即时排除	《石油化工用机泵工程设计规范》GB/T 51007—2014 第11.2.4条
2. 机泵	泵材料除应符合本规范第3.4.1条的规定外，还应符合下列规定： 1 输送有毒、易燃和爆炸性危险液体的承压件不得采用铸铁材料。用于输送有毒、易燃和爆炸性危险液体的离心泵，包括无密封离心泵，其轴承座不得采用铸铁材料； 2 除另有规定外，泵壳的腐蚀裕量应大于或等于3.0mm。 3 屏蔽泵屏蔽套应选用耐腐蚀性好、强度高的非导磁材料，定子屏蔽套宜选用哈氏合金，最小厚度应为0.4mm，腐蚀裕量应为0.15mm，最小厚度应为0.4mm。对于介质温度小于120℃的中、轻载荷磁力驱动泵的隔离套宜选用高电阻率的材料，宜选用哈氏合金、钛合金，最小厚度应为1mm，腐蚀裕量应为0.4mm，隔离套也可采用塑料或陶瓷等非金属材料驱动泵，隔离套也可采用塑料或陶瓷等非金属材料	《石油化工用机泵工程设计规范》GB/T 51007—2014 第3.4.2条
	输送可燃、有毒等危险性介质时，泵的材质宜选用铸钢；输送酸、碱等腐蚀性介质时，泵的材质应选用铸铁；输送洁净要求高的介质时，泵的材质宜选用不锈钢	《石油化工储运系统泵区设计规范》SH/T 3014—2012 第5.6.2条
	易燃和可燃液体输送泵的设置，应符合下列规定： 1 输送有特殊要求的液体，应设专用泵和备用泵； 2 连续输送同一种液体的泵不多于3台时，宜设1台备用泵，当同时操作的泵不多于3台时，备用泵不宜多于2台； 3 经常操作但不连续运转的泵不宜单独设置备用泵，可与输送性质相近液体的泵互为备用或共设一备用泵； 4 不经常操作的泵，不宜设备用油泵	《石油库设计规范》GB 50074—2014 第7.0.7条

续表

项目	标准条款	标准名称
2. 机泵	备用泵的设置应符合下列要求： a) 在运转中不允许因故中断操作的泵，应设备用泵； b) 输送职业性接触毒物（Ⅰ、Ⅱ级）和酸、碱等腐蚀性介质的泵，可设备用泵； c) 经常操作但非长期连续运转的泵，不宜一泵专设备用泵，但可与输送介质性质相近且性能能符合要求的泵互为共用，当输送同一油品的操作泵超过2台时，不宜设备用泵； d) 不经常操作或因故中断但不会对生产造成较大影响的泵，可不设备用泵； e) 输送同一种介质的备用泵宜为一台	《石油化工储运系统泵区设计规范》SH/T 3014—2012 第5.3.2条
	液化烃、操作温度等于或高于自燃点的可燃液体的泵上方，不宜布置甲、乙、丙类工艺设备；若在其上方布置甲、乙、丙类工艺设备，应用不燃烧材料的隔板隔离保护	《石油化工企业设计防火标准》GB 50160—2008（2018年版）第5.3.2条
	泵房内的电机防护等级不应低于IP44，泵棚和露天的电机防护等级不应低于IP54	《石油化工储运系统泵区设计规范》SH/T 3014—2012 第6.1.3条
	底座至少应有4个起吊点并配置吊耳，在起吊安装有全部设备的底座时，应保证证底座及安装在底座上的设备不会产生永久变形或损坏	《石油化工用机泵工程设计规范》GB/T 51007—2014 第10.5.8条
	底座应至少对称设置2个接地耳	《石油化工用机泵工程设计规范》GB/T 51007—2014 第10.5.10条
	机泵设备与底座之间应采用螺栓连接。螺栓应能承受机泵在起动和运转时的管口反作用力，其规格应大于或等于M12	《石油化工用机泵工程设计规范》GB/T 51007—2014 第10.5.4条
	设备支腿和底座之间的间隙应采用不锈钢调隙垫片进行调整，调隙垫片的厚度应为3～13mm。所有垫片应跨装在固定螺栓和垂直调整螺钉上，并应超出设备外边缘至少5mm	《石油化工用机泵工程设计规范》GB/T 51007—2014 第10.5.6条
	底座的外周边应采用靠近地脚螺栓处设置等间距的水平调整螺钉，其数量应大于或等于6个	《石油化工用机泵工程设计规范》GB/T 51007—2014 第10.5.7条
	机泵材料应符合下列规定：垫片、密封圈不得采用含石棉的材料	《石油化工用机泵工程设计规范》GB/T 51007—2014 第3.4.18条

续表

项目	标准条款	标准名称
2. 机泵	机泵的联轴器、传动轮等外置的转动部件应设置全封闭的可拆式安全防护罩。危险场合使用的机泵，其防护罩应由不产生火花的材料制成	《石油化工用机泵工程设计规范》GB/T 51007—2014 第 10.3.3 条
	不宜采用皮带传动；当采用皮带传动时，皮带应进行防静电处理	《石油化工用机泵工程设计规范》GB/T 51007—2014 第 10.3.2 条
	相邻泵机组（或泵基础）的净距，不宜小于 0.8m	《石油化工储运系统泵区设计规范》SH/T 3014—2012 第 7.1.4 条
	泵机组（或泵基础）与泵房侧墙（或泵棚侧柱）的净距不宜小于 1.5m	《石油化工储运系统泵区设计规范》SH/T 3014—2012 第 7.1.5 条
	泵机组单排布置时，泵房或泵棚内的主要通道应设在动力端，宽度不宜小于 2m	《石油化工储运系统泵区设计规范》SH/T 3014—2012 第 7.1.6 条
	泵机组双排布置时，两排泵机组（或泵基础）的净距不宜小于 2m	《石油化工储运系统泵区设计规范》SH/T 3014—2012 第 7.1.7 条
	泵的进、出口管距地面净空不应小于 200mm，并应满足过滤器能方便清洗和拆装，架空管道不应小于 2.2m	《石油化工储运系统泵区设计规范》SH/T 3014—2012 第 7.3.2 条
	泵进出口管道上相邻两个阀门最突出部分的净距不宜小于 100mm	《石油化工储运系统泵区设计规范》SH/T 3014—2012 第 7.3.13 条
3. 机泵的管道及附件	当管道布置在泵机组上方时，管道应不影响机泵检修时起重设备的吊装。输送腐蚀性介质的管道不应布置在电动机的上方	《石油化工储运系统泵区设计规范》SH/T 3014—2012 第 7.3.15 条
	离心泵水平进口管需要变径时，应采用异径偏心接头。异径偏心接头应靠近泵入口安装，当泵的进口管道内的液体从下向上或水平进泵时，应采用顶平安装；当泵的进口管道内的液体从上向下进泵时，应采用底平安装	《石油库设计规范》GB 50074—2014 第 7.0.9 条
	泵的进、出口管道应设置支架。必要时应进行应力分析。作用在泵接口处的力和力矩，不得超过泵接口的允许受力和力矩	《石油化工储运系统泵区设计规范》SH/T 3014—2012 第 7.3.17 条

续表

项目	标准条款	标准名称
3. 机泵的管道及附件	机泵的冷却水管道应符合下列要求： a) 在寒冷地区，当压力回水时，进出口总管宜设连通管，最低点应设排液阀； b) 泵的供水支管上可设阀门和视镜，回水管道上可设阀门（附式）回水管可引至泵基础的边沟内； c) 冷却水管道应靠近泵底座或泵基础侧面布置； d) 经轴承、填料压盖后的冷却水应排至含油污水管网	《石油化工储运系统泵区设计规范》SH/T 3014—2012 第7.3.18 条
	冷却水管路系统总管的进出口管道和每一支管的进出口管均应设截止阀，且每一支管的出口管道上应设流量视镜	《石油化工用机泵工程设计规范》GB/T 51007—2014 第10.7.3 条
	冷却水压力（表）应不小于0.3MPa	《石油化工储运系统泵区设计规范》SH/T 3014—2012 第8.3.2 条
	在泵进出口阀之间应设高点排气系统。排气阀宜靠近主管设置，管道可引至气回收系统或含油污水系统。当输送职业接触毒物（I、II级）、液化烃和液氨等介质时，排气阀出口处应接至密闭放空系统	《石油化工储运系统泵区设计规范》SH/T 3014—2012 第7.3.9 条
	当选用容积泵作为离心泵灌注泵和吸油罐车底油的泵时，该泵的排出口应就近接至相应的管道放空设施	《石油库设计规范》GB 50074—2014 第7.0.16 条
	泵进、出口管宜根据介质及操作要求按下列规定设置扫线接头： a) 输送不易凝介质的泵宜设半固定式扫线接头，其位置应在泵进口管道切断阀上游，出口管道靠近切断阀下游； b) 输送易凝介质或用固定式吹扫频繁的泵宜设固定式扫线接头，在允许线蒸汽通过泵的条件下，其位置应在泵进口管道切断阀下游，出口管道靠近切断阀上游，否则其位置泵进口管道切断阀上游、出口管道靠近切断阀下游； c) 输送职业接触毒物（I、II级）介质和液化烃应在泵进口管道切断阀上游； d) 固定式吹扫切断阀和检查阀应采用8字盲板	《石油化工储运系统泵区设计规范》SH/T 3014—2012 第7.3.12 条
	泵出口不保温、保温伴热或保冷的液体管道应有泄压措施	《石油化工储运系统泵区设计规范》SH/T 3014—2012 第7.3.11 条

续表

项目	标准条款	标准名称
	泵区内输送不易凝介质管道的高点排气和低点放空宜密闭回收，密闭回收系统可采用自流至污油罐内	《石油化工储运系统泵区设计规范》SH/T 3014—2012 第9.9条
	泵区内输送易凝介质管道的高点排气和低点放空可排到含油污水系统	《石油化工储运系统泵区设计规范》SH/T 3014—2012 第9.10条
3. 机系的管道及附件	泵出口管道宜设止回阀，止回阀安装在靠近切断阀的上游	《石油化工储运系统泵区设计规范》SH/T 3014—2012 第7.3.8条
	泵出口应设压力表，泵进口宜设温度计。输送加热介质泵入口宜设温度计。压力表应位于泵出口和止回阀之间的直管段上，并朝向操作侧。温度计和压力表应采用加强管嘴和主管道连接	《石油化工储运系统泵区设计规范》SH/T 3014—2012 第8.1.1条
	易燃和可燃液体输送泵出口管道应设压力测量仪表，压力测量仪表应能就地显示，一级石油库尚应将压力测量信号远传至能控制室	《石油库设计规范》GB 50074—2014 第15.1.8条
	泵的进口管道上应设过滤器。磁力泵进口管道应设磁性复合过滤器。过滤器的选用应符合现行行业标准《石油化工泵用过滤器选用、检验及验收》SH/T 3411 的规定。过滤器应安装在泵进口管道的阀门与泵出口法兰之间的管段上	《石油库设计规范》GB 50074—2014 第7.0.11条
4. 过滤器	泵的过滤器的设置应符合下列要求： a）泵进口管道应设过滤器； b）磁力泵进口管道应设磁性复合过滤器； c）输送易凝介质泵管道应设固定式过滤器； d）过滤器应符合 SH/T 3411 的规定，过滤器安装在入口阀门与泵嘴子之间，便于安装拆卸	《石油化工储运系统泵区设计规范》SH/T 3014—2012 第7.3.7条

4. 管道

项目	标准条款	标准名称
1. 厂内管线综合	全厂性工艺及热力管道地上敷设；沿地面或低支架敷设的管道不应环绕工艺装置或罐组布置，并不应妨碍消防车的通行	《石油化工企业设计防火标准》GB 50160—2008（2018年版）第7.1.1条

续表

项目	标准条款	标准名称
1. 厂内管线综合	管道及其桁架跨越厂内铁路线时，轨顶上的净空高度不应小于5.5m；跨越厂内道路的净空高度不应小于5m。在跨越铁路或道路的可燃气体、液化烃和可燃液体管道上不应设置阀门及易发生泄漏的管道附件	《石油化工企业设计防火标准》GB 50160—2008（2018年版）第7.1.2条
	可燃气体、液化烃、可燃液体的管道穿越铁路或道路时应敷设在管涵或套管内，并采取防止可燃气体窜入和积聚在管涵或套管内的措施	《石油化工企业设计防火标准》GB 50160—2008（2018年版）第7.1.3条
	永久性的地上、地下管道不得穿越或跨越与其无关的工艺装置、系统单元或储罐组；在跨越储罐区泵房间可燃气体、液化烃和可燃液体的管道上不应设置阀门及易发生泄漏的管道附件	《石油化工企业设计防火标准》GB 50160—2008（2018年版）第7.1.4条
	距散发比空气重的可燃气体设备30m以内的管沟应采取防止可燃气体窜入和积聚的措施	《石油化工企业设计防火标准》GB 50160—2008（2018年版）第7.1.5条
	各种工艺管道及含可燃液体的污水管道不应沿道路敷设在路面下或路肩上下	《石油化工企业设计防火标准》GB 50160—2008（2018年版）第7.1.6条
2. 工艺及公用工程物料管线	可燃气体、液化烃和可燃液体的金属管道需要采用法兰连接外，均应采用焊接连接。公称直径等于或小于25mm的可燃气体、液化烃和可燃液体管道和阀门采用锥管螺纹连接时，除能产生缝隙的介质外，应在螺纹处采用密封焊	《石油化工企业设计防火标准》GB 50160—2008（2018年版）第7.2.1条
	可燃气体、液化烃和可燃液体的管道不得穿过与其无关的建筑物	《石油化工企业设计防火标准》GB 50160—2008（2018年版）第7.2.2条
	可燃气体、液化烃和可燃液体的采样管道不应引入化验室	《石油化工企业设计防火标准》GB 50160—2008（2018年版）第7.2.3条
	可燃气体、液化烃和可燃液体的管道应沿地敷设。必须用管沟敷设时，应采取防止可燃气体、液化烃和可燃液体在管沟内积聚的措施，并在进、出装置及厂房处密封隔断；管沟内的污水应经水封井排入生产污水管道	《石油化工企业设计防火标准》GB 50160—2008（2018年版）第7.2.4条
	工艺和公用工程管道共架多层敷设时宜将介质操作温度等于或高于250℃或液化烃及腐蚀性介质管布置在下层；液化烃管道布置在上层，液化烃必须布置在下层的介质操作温度等于或高于250℃的管道可布置在液化烃管道相邻外侧，但不应与液化烃管道相邻	《石油化工企业设计防火标准》GB 50160—2008（2018年版）第7.2.5条

续表

项目	标准条款	标准名称
	氧气管道与可燃气体、液化烃和可燃液体的管道共架敷设时应布置在一侧，且平行布置时净距不应小于500mm，交叉布置时净距不应小于250mm。氧气管道与可燃气体、液化烃和可燃液体管道之间宜用公用工程管道隔开	《石油化工企业设计防火标准》GB 50160—2008（2018年版）第7.2.6条
	公用工程管道与可燃气体、液化烃和可燃液体的管道或设备连接时应符合下列规定： 1 连续使用的公用工程管道上应设止回阀，并在其根部近设切断阀； 2 在间歇使用的公用工程管道上应设止回阀和一道切断阀或两道切断阀同设检查阀，并在两道切断阀间设盲板或断开； 3 仅在设备停用时使用的公用工程管道应设盲板或断开	《石油化工企业设计防火标准》GB 50160—2008（2018年版）第7.2.7条
	连续操作的可燃气体管道的低点应设两道液体排液阀，排出的液体应排放至密闭系统；仅在开停工时使用的排液阀，可设一道阀门并加盲板、管帽或法兰盖	《石油化工企业设计防火标准》GB 50160—2008（2018年版）第7.2.8条
2. 工艺及公用工程物料管线	甲、乙A类设备和管道应有惰性气体置换设施	《石油化工企业设计防火标准》GB 50160—2008（2018年版）第7.2.9条
	可燃气体压缩机的吸入管道应有防止产生负压的措施	《石油化工企业设计防火标准》GB 50160—2008（2018年版）第7.2.10条
	离心式可燃气体压缩机和可燃液体泵应在其出口管道上安装止回阀	《石油化工企业设计防火标准》GB 50160—2008（2018年版）第7.2.11条
	加热炉燃料气调节阀前的管道压力等于或小于0.4MPa（表），且无低压自动保护仪表时，应在每个燃料气调节阀与加热炉之间设置阻火器	《石油化工企业设计防火标准》GB 50160—2008（2018年版）第7.2.12条
	加热炉燃料气管道上的分液罐的凝液不应敞开排放	《石油化工企业设计防火标准》GB 50160—2008（2018年版）第7.2.13条
	当可燃液体容器内可能存在空气时，其入口管应从容器下部接入；若必须从上部接入，宜延伸至距容器底200mm处	《石油化工企业设计防火标准》GB 50160—2008（2018年版）第7.2.14条

续表

项目	标准条款	标准名称
2. 工艺及公用工程物料管线	液化烃及操作温度等于或高于自燃点的可燃液体设备根部设置切断阀，当设备容积超过 40m³ 且与泵的入口管道应在靠近设备根部设置切断阀，该切断阀应为带手动功能的遥控阀，遥控阀就地操作按钮距泵的间距不应小于 15m	《石油化工企业设计防火标准》GB 50160—2008（2018 年版）第 7.2.15 条
	进、出装置的可燃气体，液化烃和可燃液体的管道，在装置的边界处应设隔断阀和 8 字盲板，在隔断阀上应设平台。长度等于或大于 8m 的平台应在两个方向设梯子	《石油化工企业设计防火标准》GB 50160—2008（2018 年版）第 7.2.16 条
	输送可燃气体、液化烃和可燃液体的管道在进出石油化工企业时，应在围墙内设紧急切断阀。紧急切断阀应具有自动和手动切断功能	《石油化工企业设计防火标准》GB 50160—2008（2018 年版）第 7.2.17 条
	液化烃、液氨、液氯管道不得采用软管连接，可燃液体管道不得采用非金属软管连接	《石油化工企业设计防火标准》GB 50160—2008（2018 年版）第 7.2.18 条
	含可燃液体的污水及被严重污染的雨水应排入生产污水管道，但可燃气体管道的凝结液不得直接排入生产污水管道： 1　与排水点管道中的污水混合后，温度超过 40℃ 的水； 2　混合时产生化学反应能引起火灾或爆炸的污水	《石油化工企业设计防火标准》GB 50160—2008（2018 年版）第 7.3.1 条
3. 含可燃液体的生产污水管线	生产污水排放应采用暗管或覆土厚度不小于 200mm 的暗沟。设施内部若采用明沟排水时，应分段设置，每段长度不宜超过 30m，相邻两段之间的距离不宜小于 2m	《石油化工企业设计防火标准》GB 50160—2008（2018 年版）第 7.3.2 条
	生产污水管道的下列部位应设水封，水封高度不得小于 250mm： 1　工艺装置内的塔、加热炉、泵、冷换设备等区域的排水出口； 2　工艺装置、罐组或其他设施及地区的排水出口； 3　全厂性的支干管与干管交汇处的支干管上； 4　全厂性支干管、干管的管段长度超过 300m 时，应用水封井隔开	《石油化工企业设计防火标准》GB 50160—2008（2018 年版）第 7.3.3 条
	重力流循环回水管道在工艺装置总出口处应设水封	《石油化工企业设计防火标准》GB 50160—2008（2018 年版）第 7.3.4 条

续表

项目	标准条款	标准名称
3. 含可燃液体的的生产污水管线	当建筑物用防火墙分隔成多个防火分区时，每个防火分区的生产污水管道应有独立的排出口并设水封	《石油化工企业设计防火标准》GB 50160—2008（2018 年版）第 7.3.5 条
	罐组内的生产污水管道应有独立的排出口，且应在防火堤外设置水封，在防火堤与水封之间的管道上应设置易开关的隔断阀	《石油化工企业设计防火标准》GB 50160—2008（2018 年版）第 7.3.6 条
	甲、乙类工艺装置内生产污水管道的支干管、干管的最高处检查井宜设排气管。排气管的设置应符合下列规定： 1 管径不宜小于 100mm； 2 排气管的出口应高出地面 2.5m 以上，并应高出距排气管 3m 范围内的操作平台、空气冷却器 2.5m 以上； 3 距明火、散发火花地点 15m 半径范围内不应设排气管	《石油化工企业设计防火标准》GB 50160—2008（2018 年版）第 7.3.7 条
	甲、乙类工艺装置内，生产污水管道的检查井井盖与盖座接缝处应密封，且井盖不得有孔洞	《石油化工企业设计防火标准》GB 50160—2008（2018 年版）第 7.3.8 条
	工艺装置内生产污水系统的隔油池应符合本标准第 5.4.1、5.4.2 条的规定	《石油化工企业设计防火标准》GB 50160—2008（2018 年版）第 7.3.9 条
	接纳消防废水的排水系统应按最大消防水量校核排水系统能力，并应设有防止受污染的消防水排出厂外的措施	《石油化工企业设计防火标准》GB 50160—2008（2018 年版）第 7.3.10 条
4. 厂际管道敷设	厂际管道不宜采用管墩或管沟敷设。当采用管沟敷设时，管沟内应充砂填实	《石油化工企业设计防火标准》GB 50160—2008（2018 年版）第 7.4.1 条
	毒性为极度、高度危害的介质管道不应埋地敷设；氢气管道不宜埋地敷设	《石油化工企业设计防火标准》GB 50160—2008（2018 年版）第 7.4.2 条
	架空敷设的厂际管道经过人员集中的区域时，应设防止人员侵入的防护栏	《石油化工企业设计防火标准》GB 50160—2008（2018 年版）第 7.4.4 条

续表

项目	标准条款	标准名称
4. 厂际管道敷设	沿厂外公路架空敷设的和跨越厂外公路的管道的管廊柱子，距厂外公路路边的距离小于10m时，宜设防撞设施	《石油化工企业设计防火标准》GB 50160—2008（2018年版）第7.4.5条
	厂际管道穿越工程的设计应符合现行国家标准《油气管道穿越工程设计规范》GB 50423 的有关规定；厂际管道跨越工程应符合现行国家标准《油气输送管道跨越工程设计标准》GB 50459 的有关规定	《石油化工企业设计防火标准》GB 50160—2008（2018年版）第7.4.6条
	当厂际管道长度大于5km时，其上、下游企业围墙或用地边界线内的管道上均应设置紧急切断阀，流量和压力监测设施	《石油化工企业设计防火标准》GB 50160—2008（2018年版）第7.4.7条
	厂际管道除需要采用法兰连接外，均应采用焊接连接；管道补偿应采用自然补偿	《石油化工企业设计防火标准》GB 50160—2008（2018年版）第7.4.8条
	厂际管道在其分支管道靠近主管道根部宜设切断阀；除特殊要求外，厂际管道其他位置不应置切断阀	《石油化工企业设计防火标准》GB 50160—2008（2018年版）第7.4.9条
	架空敷设的厂际管道不宜设置永久性排凝或排气措施	《石油化工企业设计防火标准》GB 50160—2008（2018年版）第7.4.10条
5. 管道泄压	两端阀门关闭且因外界影响可能造成介质压力升高的液化烃、甲B、乙A类液体管道应采取泄压安全措施	《石油化工企业设计防火标准》GB 50160—2008（2018年版）第5.5.6条
6. 公用工程管道与设备连接规定	公用工程管道与可燃气体、液化烃和可燃液体的管道或设备连接时应符合下列规定： 1 连续使用的公用工程管道上应设止回阀，并在其根部设切断阀； 2 间歇使用的公用工程管道上应设止回阀和一道切断阀或设两道切断阀，并在两切断阀间设检查阀； 3 仅在设备停用时使用的公用工程管道应盲板或断开	《石油化工企业设计防火标准》GB 50160—2008（2018年版）第7.2.7条

5. 装卸设施

项目	标准条款	标准名称
	可燃液体的铁路装卸栈桥设施应符合下列规定： 1 装卸栈台两端和沿栈台每隔60m左右应设梯子； 2 甲B、乙、丙A类液体严禁采用沟槽卸车系统； 3 顶部敞口装车用甲B、乙、丙A类的液体应采用液下装车鹤管； 4 在距装车栈台边缘10m以外的可燃液体（润滑油除外）输入管道上应设便于操作的紧急切断阀； 5 丙B类装卸栈台宜单独设置； 6 零位罐至罐车装卸线不应小于6m； 7 甲B、乙、丙A类液体装卸鹤管集中布置的泵的防火间距不应小于4.5m； 集中布置的泵与油气回收设备的防火间距不应小于4.5m； 8 同一铁路装卸线一侧两个装卸栈台相邻鹤位之间的距离不应小于24m	《石油化工企业设计防火标准》GB 50160—2008（2018年版）第6.4.1条
1. 布置要求	可燃液体的汽车装卸站应符合下列规定： 1 装卸站的进、出口宜分开设置，当进、出口合用时，站内应设回车场； 2 装卸车场应采用现浇混凝土地面； 3 装卸车鹤位与缓冲罐之间的距离不应小于5m，高架罐之间的距离不应小于0.6m； 4 甲B、乙A类液体装卸鹤位与集中布置的泵的防火间距不应小于4.5m； 集中布置的泵与油气回收储罐的防火间距不应小于10m以外的装卸车鹤位上应设便于操作的紧急切断阀； 5 站内无缓冲罐时，在距装卸车鹤位10m以外的装卸鹤位及甲B、乙A类液体装卸鹤位及采用液下装车鹤管； 6 甲B、乙、丙A类的装卸车应采用液下装车鹤管； 7 甲B、乙、丙A类液体与其他类液体装卸车栈台相邻鹤位之间距离不应小于8m，双侧装卸液体装卸车栈台相邻鹤位之间距离不应小于4m，同一或两个装卸鹤位之间或同一或相邻鹤台相邻鹤管之间的距离应满足鹤管正常操作和检修的要求	《石油化工企业设计防火标准》GB 50160—2008（2018年版）第6.4.2条

续表

项目	标准条款	标准名称
1. 布置要求	液化烃铁路和汽车的装卸设施应符合下列规定： 1 液化烃严禁就地排放； 2 低温液化烃装卸鹤位应单独设置； 3 铁路装卸栈台宜单独设置，当不同时作业时，可与可燃液体铁路装卸同台设置； 4 同一铁路装卸线一侧的两个装卸栈台和沿栈台每隔60m左右应设梯子； 5 铁路装卸栈台两端和沿栈台每隔60m左右应设梯子； 6 汽车装卸车鹤位之间的距离不应小于4m，双侧装卸车栈台和相邻鹤位之间或同一鹤位相邻鹤管之间的距离应满足鹤管正常操作和检修的要求，液化烃汽车装卸栈台与可燃液体汽车装卸栈台相邻鹤位之间的距离不应小于8m； 7 在距装卸车鹤位10m以外的装卸管道上应设便于操作的紧急切断阀； 8 汽车装卸车场应采用现浇混凝土地面； 9 装卸车鹤位与集中布置的泵的距离不应小于10m	《石油化工企业设计防火标准》GB 50160—2008（2018年版）第6.4.3条
2. 工艺、设备、设施	可燃液体码头、液化烃码头应符合下列规定： 1 液化烃泊位宜单独设置，当不同时作业时，可与其他可燃液体共用一个泊位； 2 可燃液体和液化烃的码头与其他码头、构筑物的安全距离应按有关规定执行； 3 在距泊位20m以外或岸边处的装卸船管道上应设便于操作的紧急切断阀； 4 液化烃的装卸应采用装卸臂或金属软管，并应采取安全放空措施	《石油化工企业设计防火标准》GB 50160—2008（2018年版）第6.4.4条
	汽车装卸设施、液化烃灌装站及各类物品仓库等机动车辆频繁进出的设施应布置在厂区边缘或布置出入口的厂区外，并宜设围墙独立成区	《石油化工企业设计防火标准》GB 50160—2008（2018年版）第4.2.7条
	具有专用的移动式压力容器充装前后安全检查场地，安全检查场地应当设置在充装站内，并且有必要的维修、安全设施和应急设备	《特种设备生产和充装单位许可规则》TSG 07—2019 第C3.3.1（2）条
	设置安全出口，周围设置安全标志，安全标志符合GB 2894—2008《安全标志及其使用导则》的有关规定	《特种设备生产和充装单位许可规则》TSG 07—2019 第C3.3.1（5）条
	可燃液体码头、液化烃码头应采用装卸臂或金属软管，液化烃的装卸应采用装卸臂或金属软管，并应采取安全放空措施	《石油化工企业设计防火标准》GB 50160—2008（2018年版）第6.4.4（5）条

续表

项目	标准条款	标准名称
2. 工艺、设备、设施	装卸作业过程的工作质量和安全应当符合以下要求： 装卸用管与移动式压力容器的连接应符合充装工艺规程的要求，连接必须安全可靠	《移动式压力容器安全技术监察规程》TSG R0005—2011 第6.4.2（6）条
	装卸用管应当符合以下要求： 有防止装卸用管脱落的安全保护措施	《移动式压力容器安全技术监察规程》TSG R0005—2011 第6.3（2）条
	装卸区应设置视频监控报警系统，监视突发的危险因素或初期的火灾报警情况	《危险化学品重大危险源罐区现场安全监控装备设置规范》（AQ 3036—2010）第10.1.1条
	摄像头的设置个数和位置，应根据罐区现场的实际情况而定，既要覆盖全面，也要重点考虑危险性较大的区域	《危险化学品重大危险源罐区现场安全监控装备设置规范》（AQ 3036—2010）第10.1.2条
3. 装卸区自控系统	石油化工企业的生产区、公用及辅助生产设施、全厂性重要设施和区域的火灾危险场所应设置火灾自动报警系统和火灾电话报警	《石油化工企业设计防火标准》GB 50160—2008（2018年版）第8.12.1条
	火灾自动报警系统的设计应符合下列规定： 重要的火灾危险场所应设置消防应急广播。当使用扩音对讲系统作为消防应急广播时，应能切换至消防应急广播状态	《石油化工企业设计防火标准》GB 50160—2008（2018年版）第8.12.3（6）条
	液化烃、甲、乙类可燃液体介质的装卸区站台内，应设火灾报警电话或手动报警按钮	《液体装卸臂工程技术要求》HG/T2608—2012 第7.4.3条
	压力表的检定和维护应当符合国家计量部门的有关规定，压力表安装前应当进行检定，在刻度盘上应当划出指示工作压力的红线，注明下次校验日期。压力表检验后应当加铅封	《固定式压力容器安全技术监察规程》TSG21—2016 第9.2.1.2条
4. 公用工程	公用工程管道与可燃气体、液化烃和可燃液体的管道或设备连接时应符合下列规定： 1 连续使用的公用工程管道上应设止回阀，并在其根部设切断阀； 2 间歇使用的公用工程管道上应设止回阀和一道切断阀或设两道切断阀，并在两切断阀间设检查阀； 3 仅在设备停用时使用的公用工程管道应设盲板或设盲板切断开	《石油化工企业设计防火标准》GB 50160—2008（2018年版）第7.2.7条

续表

项目	标准条款	标准名称
5. 防雷、防静电	电气设备的金属外壳、金属构架、金属配线管及其配件、电缆保护管、电缆的金属护套等非带电的裸露金属部分均应接地	《危险场所电气防爆安全规范》AQ 3009—2007 第6.1.1.4.1条
	可燃液体、液化烃的装卸栈台和码头的管道、设备、建筑物、构筑物的金属构件和铁路钢轨等（作阴极保护者除外），均应做电气连接并并接地	《石油化工企业设计防火标准》GB 50160—2008（2018年版）第9.3.4条
	露天装卸作业的，可不装设避雷针（带）。在棚内进行装卸作业的，棚应装设避雷针（带）、避雷针（带）的保护范围应为爆炸危险区域1区	《石油与石油设施雷电安全规范》GB 15599—2009 第4.4.1条
	泵房的门外，油罐的上罐扶梯入口与采样口处，装卸作业区内操作平台的扶梯入口及悬梯口处，装置采样口处、码头入口处等作业场所应设人体静电消除装置	《液体石油产品静电安全规范》GB 13348—2009 第3.7.3条
	汽车罐车、铁路罐车和装卸栈台应设静电专用接地线	《石油化工企业设计防火标准》GB 50160—2008（2018年版）第9.3.5条
	爆炸性环境电气线路的安装应符合下列规定：电气线路宜在爆炸危险性较小的环境或远离释放源的地方敷设	《爆炸危险环境电力装置设计规范》GB 50058—2014 第5.4.3 1条
	在爆炸性气体环境内钢管配线的电气线路应做好隔离密封	《爆炸危险环境电力装置设计规范》GB 50058—2014 第5.4.3 5条
6. 装卸区防火防爆	电气设备多余的电缆引入口应用适合于相关防爆型式的堵塞元件进行封堵。除本质安全设备外，堵塞元件应使用专用工具才能拆卸	《危险场所电气防爆安全规范》AQ 3009—2007 第6.1.2.1.7条
	充装场地具有良好的通风条件或者设有足够能力的换气通风装置，以避免形成危险的爆炸性混合物或者缺氧或者富氧等环境，根据充装气体的危险特性，还需要增加如充装场地环境温度控制等安全措施	《特种设备生产和充装单位许可规则》TSG 07—2019 第C3.3.3（4）条
7. 装卸区消防	工艺装置、辅助生产设施及建筑物的消防用水量计算应符合下列规定：可燃液体、液化烃的装卸栈台应设置消防给水系统，消防用水量不应小于60L/s；空分站等分站的消防用水量宜为90~120L/s，火灾延续供水时间不宜小于3h	《石油化工企业设计防火标准》GB 50160—2008（2018年版）第8.4.4条

续表

项目	标准条款	标准名称
8. 灌装站要求	液化石油气的灌装站应符合下列规定： 1 液化石油气的灌瓶间和储瓶库宜为敞开式或半敞开式建筑物，半敞开式建筑物下部应采取防止油气积聚的措施； 2 液化石油气的残液应密闭回收，严禁就地排放； 3 灌装站应设不燃烧材料隔离墙，如采用实体围墙，其下部应设通风口； 4 灌瓶间和储瓶库的室内地面应采用不发生火花地面，室内地面应高于室外地坪，其高差不应小于0.6m； 5 液化石油气缓冲罐与灌瓶间的距离不应小于10m； 6 灌装站内应设宽度不小于4m的环形消防车道，车道内缘转弯半径不宜小于6m	《石油化工企业设计防火标准》GB 50160—2008（2018年版）第6.5.1条
	氢气灌瓶间的顶部应采取通风措施	《石油化工企业设计防火标准》GB 50160—2008（2018年版）第6.5.2条
	液氢和液氯等的灌装间宜为敞开式或半敞开式建筑物	《石油化工企业设计防火标准》GB 50160—2008（2018年版）第6.5.3条
	实瓶（桶）库与灌装间可设在同一建筑物内，但宜用实体墙隔开，并各设出入口	《石油化工企业设计防火标准》GB 50160—2008（2018年版）第6.5.4条
	液化石油气、液氨或液氯等的实瓶不应露天堆放	《石油化工企业设计防火标准》GB 50160—2008（2018年版）第6.5.5条

6. 环保设施

项目	标准条款	标准名称
1. 装置设计原则	油气回收装置的设计应遵循运行安全、可靠、节能、维护方便的原则	《油气回收装置通用技术条件》GB/T 35579—2017 第5.1条
2. 设备设施防爆要求	所有的承压罐、管道应符合国家有关特种设备生产许可证许可要求；电机、压缩机（制冷机）、电气及控制设备应具有防爆性能，防爆等级不低于 Exd II BT4	《油气回收装置通用技术条件》GB/T 35579—2017 第5.4条

续表

项目	标准条款	标准名称
3. 油气回收装置设计处理浓度	油气回收装置油气设计浓度宜取气温最高月份的最高实测油气浓度	《油气回收装置通用技术条件》GB/T 35579—2017 第 7.1.1.1 条
4. 油气回收装置设计处理能力	油气回收装置处理能力设计应综合考虑使用场所，气温最高月份平均温度，油气初始排放浓度等条件，并参考同类地区，同类规模的储（罐区）、加油设备油气回收装置的设计参数	《油气回收装置通用技术条件》GB/T 35579—2017 第 7.1.2.1 条
	处理能力设计应留裕量，按最大处理能力的 1.1~1.2 倍设计	《油气回收装置通用技术条件》GB/T 35579—2017 第 7.1.2.2 条
5. 油气回收装置性能要求	油气回收装置在设计油气浓度下的油气回收率不小于 95%	《油气回收装置通用技术条件》GB/T 35579—2017 第 8.1.1 条
	宜采用填料式吸收塔	《油气回收装置通用技术条件》GB/T 35579—2017 第 8.2.1.1 条
6. 吸收塔	填料宜为低压降规整填料，压降不高于 1000Pa	《油气回收装置通用技术条件》GB/T 35579—2017 第 8.2.1.2 条
	填料层上、下段均应设置压力和温度仪表，塔底液体段应设置液位检测仪表就地指示及远传控制室，并有液位控制联锁措施	《油气回收装置通用技术条件》GB/T 35579—2017 第 8.2.1.3 条
7. 吸收罐	宜装备 2 个以上	《油气回收装置通用技术条件》GB/T 35579—2017 第 8.2.2.1 条
8. 床层工作温度	床层的正常工作温度应低于 65℃，且温度升高不大于 10℃	《油气回收装置通用技术条件》GB/T 35579—2017 第 8.2.2.5 条
9. 吸附剂	操作温度下，吸附剂对丁烷的有效吸附容量应不小于 100g/kg，解吸余留量应不大于 15g/kg；对汽油油气的有效吸附容量应不小于 150g/kg，解吸余留量应不大于 15g/kg；吸附剂为活性炭时，其比表面积应不低于 1000m²/g，表观密度应不低于 400kg/m³；吸附剂含水量应不高于 5%	《油气回收装置通用技术条件》GB/T 35579—2017 第 8.2.2.10 条

续表

项目	标准条款	标准名称
10. 膜分离器	应方便安装和更换膜或膜组件。高分子膜组件的装填密度宜高于 6000m²/m³，无机膜组件的装填密度宜高于 400m²/m³	《油气回收装置通用技术条件》GB/T 35579—2017 第 8.2.3.2 条
	膜组件分离器应设置与设计压力相匹配的安全阀或其他高压防护措施	《油气回收装置通用技术条件》GB/T 35579—2017 第 8.2.3.4 条
11. 换热器	换热器的进出口应设置压力和温度仪表	《油气回收装置通用技术条件》GB/T 35579—2017 第 8.2.4.2 条
12. 制冷设备	系统中的管线、阀件应能承受不小于 1.25 倍的最高工作压力	《油气回收装置通用技术条件》GB/T 35579—2017 第 8.2.5.2 条
	应配有能够自动释放过高压力的安全阀	《油气回收装置通用技术条件》GB/T 35579—2017 第 8.2.5.4 条
13. 检测系统	具有自身故障诊断、报警记忆功能。自动检测系统执行部件状态（机泵、电动阀）并诊断、发现故障立即报警或保护停机，系统记录报警或保护停机信息，并在组态界面上显示报警或保护停机信息	《油气回收装置通用技术条件》GB/T 35579—2017 第 8.5.1 条
	具有联锁功能。温度、压力、高低液位软硬报警、联锁停车、自动调节液位	《油气回收装置通用技术条件》GB/T 35579—2017 第 8.5.3 条
14. 控制系统	装置具有超温、超速等紧急停车保护操作及机泵手动启停操作。阀门应采用电动控制，电动阀开关时间小于 15s	《油气回收装置通用技术条件》GB/T 35579—2017 第 8.6.4 条
15. 电气安全	所有电气设备金属外壳、金属结构、输气管道都应可靠接地，并应有牢固的接地端子和明显的接地标志	《油气回收装置通用技术条件》GB/T 35579—2017 第 8.9.3 条
	油气回收装置配套的防爆电气设备应取得防爆合格证	《油气回收装置通用技术条件》GB/T 35579—2017 第 8.11.1 条
16. 防爆	电气设备符合爆炸危险区域的防爆要求，防爆等级不低于 Exd II BT4	《油气回收装置通用技术条件》GB/T 35579—2017 第 8.11.4 条

项目		标准条款	标准名称
7. 阻火设施		化学油品的闪点≤43℃的储罐（和槽车），其直接放空管道（含带有呼吸阀的放空管道）上设置阻火器	《阻火器的设置》HG/T 20570.19—95 第3.0.1.2条
		储罐（和槽车）内物料的最高工作温度大于或等于该物料的闪点时，其直接放空管道（含带有呼吸阀的放空管道）上设置阻火器。最高工作温度要考虑到环境温度变化、日光照射、加热管等因素	《阻火器的设置》HG/T 20570.19—95 第3.0.1.3条
		下列储罐通向大气的通气管或通气呼吸阀上应安装阻火器：a) 储存甲B、乙、丙A类液体的固定顶储罐和地上卧式储罐；c) 采用氮气或其他惰性气体密封保护系统的储罐；d) 内浮顶储罐顶中央通气管	《石油化工储运系统罐区设计规范》SH/T 3007—2014 第5.1.9条
		内浮顶罐的罐顶中央通气孔应加装阻火器	《立式圆筒形钢制焊接储罐安全技术规程》AQ 3053—2015 第8.1.7条
	1. 阻火器设置	下列储罐应设置阻火器：采用气体密封的储罐上经常与大气相通的管道应设置阻火器	《立式圆筒形钢制焊接储罐安全技术规程》AQ 3053—2015 第12.2.4条
		甲B、乙类液体的固定顶罐应设置阻火器和呼吸阀；对于采用氮气或其他气体气封的甲B、乙类液体的储罐还应设置事故泄压设备	《石油化工企业设计防火标准》GB 50160—2008（2018年版）第6.2.19条
		当有爆炸性混合物存在的可能且无其他防止火焰传播的设施时，下列管道系统和容器应设置阻火器：a) 与燃烧器连接的可燃气体输送管道；b) 具有爆炸性气体的储罐或容器气相空间之间的开放式通气管；c) 甲B、乙类液体储罐之间气相连通管的分支管道、总管及分支管道；d) 装卸设施的油气排放（或回收）总管及分支管道	《石油化工石油气管道阻火器选用、检验及验收标准》（SH/T 3413—2019）第5.0.1条
		排放至火炬的可燃性气体管道，当无法设置水封或无法确保防止回火的吹扫气体连续供给时，管道在接入火炬前应设置阻火器	《石油化工石油气管道阻火器选用、检验及验收标准》（SH/T 3413—2019）第5.0.2条

续表

项目	标准条款	标准名称
1. 阻火器设置	可燃性气体管道、油罐、容器等上面用于检修时惰化置换的排空管，以及正常操作期间保持关闭的泄压或排放管等可不（补程词）设置阻火器	《石油化工石油气管道阻火器选用、检验及验收标准》（SH/T 3413—2019）第5.0.3条
	用于船舶油气回收的装卸臂、软管与码头收集管道之间应设置阻爆型阻火器	《油气工码头设计防火规范》JTS 158—2019 第5.2.1.8条
2. 基本规定	阻火器适用介质的工作压力范围0.08~0.16MPa，介质温度工作范围-20~150℃	《石油化工石油气管道阻火器选用、检验及验收标准》（SH/T 3413—2019）第4.0.3条
	阻火器的压降应不大于500Pa	《油气回收装置通用技术条件》GB/T 35579—2017 第8.4.3.2条
3. 阻火器选用	阻火器的阻火元件结构型式宜选用波纹板式、平行板式或多孔板式	《石油化工石油气管道阻火器选用、检验及验收标准》（SH/T 3413—2019）第6.2.2条
	阻火器的安全阻火速度应大于安装位置可能达到的火焰传播速度	《石油化工石油气管道阻火器选用、检验及验收标准》（SH/T 3413—2019）第6.2.3条
	爆炸性混合物连续排放时间大于或等于30min时，应选用耐烧型阻火器	《石油化工石油气管道阻火器选用、检验及验收标准》（SH/T 3413—2019）第6.2.7条
	安装在管道端部的阻火器宜选用爆燃阻火器	《石油化工石油气管道阻火器选用、检验及验收标准》（SH/T 3413—2019）第6.2.8条

续表

项目	标准条款	标准名称
3. 阻火器选用	安装在管道中的稳定爆燃型阻火器，其法兰面至潜在着火源的距离要求应由制造商提供；当安装距离不能满足要求时应选用非稳定爆燃型阻火器	《石油化工石油气管道阻火器选用、检验及验收标准》（SH/T 3413—2019）第 6.2.11 条
	储罐顶部的油气集合管系统、装卸设施的油气排放（或回收）系统的总管及分支管道应选用稳定爆燃型阻火器，阻火器宜靠近罐、容器或设备安装	《石油化工石油气管道阻火器选用、检验及验收标准》（SH/T 3413—2019）第 6.2.12 条
	在寒冷地区使用的阻火器或常温下气相易凝结介质设施中（如苯、对二甲苯等），应选用部分或整体伴热套的壳体，也可采用其他伴热方式，阻火器被加热可能达到的最高温度不应大于 150℃	《石油化工石油气管道阻火器选用、检验及验收标准》（SH/T 3413—2019）第 6.2.13 条
	下列管道上使用阻火器应具有双向阻火功能： a）甲B、乙类液体储罐之间气相连通管道的分支管道； b）装卸设施的油气排放或回收管道的分支管道	《石油化工石油气管道阻火器选用、检验及验收标准》（SH/T 3413—2019）第 6.2.19 条
4. 检验	安装于管道中的阻火器应进行水压试验。试验压力取 10 倍介质最高工作压力和 1.5 倍管道设计压力两者中的较大值，稳压 10min 无任何变形或渗漏；压力降至管道的设计压力保持 30min，无泄漏、无变形为合格。安装于管道端部的阻火器可不进行水压试验	《石油化工石油气管道阻火器选用、检验及验收标准》（SH/T 3413—2019）第 7.1.1 条
	安装在管道中的阻火器组装后，应使用空气进行气密性试验。试验压力为管道设计压力，当达到试验压力时，稳压 10min 后，用涂刷中性发泡剂的方法检查整个阻火器，无泄漏为合格	《石油化工石油气管道阻火器选用、检验及验收标准》（SH/T 3413—2019）第 7.1.2 条
	当阻火器的设计、制造及材料有变更时，均应按现行国家标准 GB/T 13347《石油气体管道阻火器》的有关规定进行型式试验检验，其数量不应少于 2 台	《石油化工石油气管道阻火器选用、检验及验收标准》（SH/T 3413—2019）第 7.1.3 条

续表

项目	标准条款	标准名称
5. 阻火器外观检查	阻火器各构成部件应无明显加工缺陷或机械损伤，外表面须进行防腐处理，防腐涂层应完整、均匀。标牌应牢固地设置在阻火器的明显部位。在阻火器的明显部位应永久性标出介质流动方向	《石油储罐阻火器》GB 5908—2005 第6.1条
	阻火器应按产品技术文件或铭牌上箭头指示方向安装	《石油化工金属管道工程施工质量验收规范》GB 50517—2010 第8.6.5条
6. 阻火器防冻	当建罐地区历年最冷月份的平均温度的平均值低于或等于0℃时，呼吸阀及阻火器应有防冻功能或采取防冻措施。在环境温度下物料有结晶可能时，呼吸阀及阻火器应采取防结晶措施	《石油化工储运系统罐区设计规范》SH/T 3007—2014 第5.1.10条
7. 阻火器等电位连接	金属储罐的阻火器、呼吸阀、量油孔、人孔、切水管、透光孔等金属附件应等电位连接	《石油与石油设施雷电安全规范》GB 15599—2009 第4.1.4条
8. 可燃气体放空管路	可燃气体放空管路应安装阻火器或装设避雷针，当安装避雷针时保护范围应高于管口2m，避雷针距管口的水平距离不应小于3m	《石油与石油设施雷电安全规范》GB 15599—2009 第4.7.3条

8. 加油（气）站

项目	标准条款	标准名称
1. 站内平面布置	车辆入口和出口应分开设置	《汽车加油加气加氢站技术标准》GB 50156—2021 第5.0.1条
	站区内停车位和道路应符合下列规定： 1 站内车道或单车道双车位宽度应按车辆类型确定，CNG加气母站内单车道双车位或单车道宽度不应小于9m，其他类型加油加气站内双车道或单车道或单车位宽度不应小于4.5m，双车道或双车位宽度不应小于9m，双车道双车位站内的行驶车道或双车位站的停车位的车道或单车位宽度不应小于6m； 2 站内的道路转弯半径应按行驶车型确定，且不宜小于9m； 3 站内停车位应为平坡，道路坡度不应大于8%，且宜坡向站外； 4 作业区内的停车场和道路路面不应采用沥青路面	《汽车加油加气加氢站技术标准》GB 50156—2021 第5.0.2条

续表

项目	标准条款	标准名称
1. 站内平面布置	加油加气加氢站作业区内，不得有"明火地点"或"散发火花地点"	《汽车加油加气加氢站技术标准》GB 50156—2021 第5.0.5条
	汽车加油加气加氢站内的爆炸危险区域，不应超出站区围墙和可用地界限	《汽车加油加气加氢站技术标准》GB 50156—2021 第5.0.11条
2. 油罐	除撬装式加油装置所配置的防火防爆油罐外，加油站的汽油罐和柴油罐应埋地设置，严禁设在室内或地下室内	《汽车加油加气加氢站技术标准》GB 50156—2021 第6.1.1条
	汽车加油站的储油罐应采用卧式油罐	《汽车加油加气加氢站技术标准》GB 50156—2021 第6.1.2条
	埋地油罐需要采用双层油罐时，可采用双层钢制油罐、双层玻璃纤维增强塑料油罐、内钢外玻璃纤维增强塑料油罐。既有加油站的埋地单层钢制油罐改造为双层油罐时，可采用玻璃纤维增强塑料等满足强度和防渗要求的材料进行衬里改造	《汽车加油加气加氢站技术标准》GB 50156—2021 第6.1.3条
	油罐应采用钢制人孔盖	《汽车加油加气加氢站技术标准》GB 50156—2021 第6.1.11条
	油罐卸油应采取防满溢措施。油料达到油罐容量的95%时，应能自动停止油料继续进罐	《汽车加油加气加氢站技术标准》GB 50156—2021 第6.1.15条
	设有油气回收系统的加油站，站内油罐应设带有高液位报警功能的液位监测系统。单层油罐的液位监测系统尚应具备渗漏检测功能，其渗漏检测分辨率不宜大于0.8L/h	《汽车加油加气加氢站技术标准》GB 50156—2021 第6.1.16条
3. 加油机	加油机不得设置在室内	《汽车加油加气加氢站技术标准》GB 50156—2021 第6.2.1条
	加油枪应采用自封式加油枪，汽油加油枪的流量不应大于50L/min	《汽车加油加气加氢站技术标准》GB 50156—2021 第6.2.2条

续表

项目	标准条款	标准名称
3. 加油机	加油软管上宜设安全拉断阀	《汽车加油加气加氢站技术标准》GB 50156—2021 第6.2.3条
	以正压（潜油泵）供油的加油机，底部的供油管道上应设剪切阀，当加油机被撞或起火时，剪切阀应能自动关闭	《汽车加油加气加氢站技术标准》GB 50156—2021 第6.2.4条
	采用一机多油品的加油机时，加油机上的放油枪应有各油品的文字标识，加油枪应有颜色标识	《汽车加油加气加氢站技术标准》GB 50156—2021 第6.2.5条
	汽油和柴油罐车卸油必须采用密闭卸油方式。汽油罐车应具有卸油油气回收系统	《汽车加油加气加氢站技术标准》GB 50156—2021 第6.3.1条
4. 工艺管道系统	加油站卸油油气回收系统的设计应符合下列规定： 1 汽油罐车向站内油罐卸油宜采用平衡式密闭油气回收系统； 2 各汽油罐可共用一根卸油油气回收主管，回收主管的公称直径不宜小于100mm； 3 卸油油气回收管道的接口宜采用自闭式自闭式快速接头和盖帽，采用非自闭式快速接头时，应在靠近快速接头的连接管道上装设阀门和盖帽	《汽车加油加气加氢站技术标准》GB 50156—2021 第6.3.4条
	加油站宜采用油罐装设潜油泵的一泵供多机（枪）的加油工艺。采用自吸式加油机时，每台加油机应按加油品种单独设置进油管和罐内底阀	《汽车加油加气加氢站技术标准》GB 50156—2021 第6.3.5条
	汽油罐与柴油罐的通气管应分开设置。通气管口高出地面的高度不应小于4m。沿建（构）筑物的墙（柱）向上敷设的通气管，管口高出建筑物的顶面2m及以上。通气管口应设置阻火器	《汽车加油加气加氢站技术标准》GB 50156—2021 第6.3.9条
	加油站内的工艺管道除必须露出地面的以外，均应埋地敷设。当采用管沟敷设时，管沟必须用中性沙子或阻土填满、填实	《汽车加油加气加氢站技术标准》GB 50156—2021 第6.3.14条
5. LPG 储罐	加气站内液化石油气储罐的设计，应符合下列规定： 1 储罐设计应符合《固定式压力容器安全技术监察规程》(TSG 21)、国家现行标准《压力容器》(GB/T 150.1～GB/T 150.4)、《卧式容器》(NB/T 47042)的有关规定； 2 储罐的设计压力不应小于1.78MPa； 3 储罐的出液管端口接管高度应选择的充装泵吸入要求确定，进液道道和液相回流管道直接入储罐内的气相空间	《汽车加油加气加氢站技术标准》GB 50156—2021 第7.1.1条

续表

项目	标准条款	标准名称
	储罐根部关闭阀门的设置应符合下列规定： 1 储罐的进液管、液相回流管和气相平衡管上应设置止回阀； 2 出液管和卸车用的气相平衡管上宜设过流阀	《汽车加油加气加氢站技术标准》GB 50156—2021 第7.1.2条
5. LPG 储罐	储罐的管路系统和附属设备的设置应符合下列规定： 1 储罐应设置全启封闭式弹簧安全阀，安全阀在储罐操作平台2m及以上、且应高出地面5m及以上，地下储罐的放空管口应高出地面5.0m及以上，放空管口应垂直向上，底部应设排污管； 2 管路系统的设计压力不应小于2.5MPa； 3 在储罐外的排污管上应设两道切断阀，阀间宜设排污箱，在寒冷和严寒地区，从储罐底部引出的排污管的根部管道应加装伴热或保温装置； 4 对储罐内未设置出液管道和排污管的储罐，应在储罐的第一道法兰处配备堵漏装置； 5 储罐应设置检修用的放空管，其公称直径不应小于40mm，并宜与安全阀接管共用一个开孔； 6 过流阀的关闭流量宜为最大工作流量的1.6~1.8倍	《汽车加油加气加氢站技术标准》GB 50156—2021 第7.1.3条
6. LNG 储罐	LNG储罐的仪表装置应符合下列规定： 1 LNG储罐应设置液位计和高液位报警器、高液位报警器与液管紧急切断阀连锁； 2 LNG储罐最高液位以上部位应设置压力表； 3 在内罐与外罐之间应设置检测环形空间形变的仪器或检测接口； 4 液位计、压力计应能就地指示，并应将检测信号传送至集中控制室集中显示	《汽车加油加气加氢站技术标准》GB 50156—2021 第9.1.8条
7. CNG 加气工艺及设施	天然气进站管道宜采取调压或限压措施。天然气进站设置调压器时，调压器应设置在天然气进站管道上的紧急切断阀之后	《汽车加油加气加氢站技术标准》GB 50156—2021 第8.1.1条
	天然气进站管道上应设计量装置，计量准确度不应低于1.0级。体积流量计量的基准状态，压力应为101.325kPa，温度应为20℃	《汽车加油加气加氢站技术标准》GB 50156—2021 第8.1.2条

续表

项目	标准条款	标准名称
7. CNG加气工艺及设施	CNG加（卸）气设备设置应符合下列规定： 1 加（卸）气设施不得设置在室内； 2 加（卸）气设备额定工作压力不应大于35MPa； 3 加气机流量不应大于0.25m³/min（工作状态）； 4 加（卸）气柱流量不应大于0.5m³/min（工作状态）； 5 加气（卸）枪软管上应设安全拉断阀，加气机安全拉断阀的分离力宜为400~600N，加（卸）气柱安全拉断阀的分离力宜为600~900N，软管的长度不应大于6m； 6 向车用储气瓶加注CNG时，应控制车用储气瓶内的气体温度不超过65℃； 7 额定工作压力不同的加气机，其加气枪的加注口应采用不同的结构形式	《汽车加油加气加氢站技术标准》GB 50156—2021 第8.1.22条
	采用液压增压设备增压工艺的CNG加气子站，液压设备不应使用甲类或乙类可燃液体，液压设备的操作温度应低于可燃液体的闪点至少5℃	《汽车加油加气加氢站技术标准》GB 50156—2021 第8.2.2条
	天然气进站管道上应设置紧急切断阀。可手动操作的紧急切断阀的位置应便于发生事故时能及时切断气源	《汽车加油加气加氢站技术标准》GB 50156—2021 第8.3.1条
8. 罐体阻隔防爆性能要求	燃爆增压试验中，试验容器内燃爆增压值应不大于0.14MPa	《加油（气）站油（气）储存罐体阻隔防爆技术要求》（AQ/T 3001—2021）第4.4.1条
	静爆试验中，试验容器内储存介质不发生二次爆炸	《加油（气）站油（气）储存罐体阻隔防爆技术要求》（AQ/T 3001—2021）第4.4.2条
	烤燃试验中，试验容器内储存介质不发生二次爆炸	《加油（气）站油（气）储存罐体阻隔防爆技术要求》（AQ/T 3001—2021）第4.4.3条

续表

项目	标准条款	标准名称
8. 罐体阻隔防爆性能要求	破甲战斗部穿透试验中，采用阻隔防爆技术的试验容器油气爆炸高温区持续时间较未采用隔爆技术的试验容器降低幅度不低于80%	《加油（气）站油（气）储存罐体阻隔防爆技术要求》（AQ/T 3001—2021）第4.4.4条
9. 储罐清洗	罐体内的特殊作业应符合 GB 30871 的规定，阻隔防爆材料安装前，应对罐体进行清洗。 a）检查并确定储罐渗漏试验用试剂； b）应选择毒性较低、非易燃易爆的清洗剂进行清洗作业； c）罐体清洗完成后，应对罐体内作业的安全性进行分析，内容及合格标准如下： 1）罐体内氧含量应为18%～21%，在富氧环境下应不大于23.5%； 2）罐体内有毒气体（物质）浓度应符合 GBZ 2.1 的规定； 3）当罐体内被测的可燃气体或可燃气体的爆炸下限大于等于4%时，其被测浓度应小于0.5%（体积分数）； 4）当罐体内被测的气体或可燃气体的爆炸下限小于4%时，其被测浓度应不大于0.2%（体积分数）	《加油（气）站油（气）储存罐体阻隔防爆技术要求》（AQ/T 3001—2021）第4.5条
10. 消防安全管理一般规定	加油加气站应按照消防法律、法规的要求，制定并遵守各项消防安全制度和保障消防安全的操作规程，确定消防安全重点部位，落实岗位职责和安全禁令，严格站区内动火、用电管理，做好设备维护保养及检测，建立完善消防档案，做好基础信息管理建设	《汽车加油加气站消防安全管理》XF/T 3004—2020 第4.1条
	加油加气站应设置安全管理岗位，配备人员和装备，结合加油加气站火灾特点做好经常性消防演练	《汽车加油加气站消防安全管理》XF/T 3004—2020 第4.2条
11. 安全操作规程	站内应制定以下安全作业规程： a）加油、加气作业安全操作规程； b）卸油、卸气作业安全操作规程； c）各种设备的计量、使用、维护、检修作业安全操作规程	《汽车加油加气站消防安全管理》XF/T 3004—2020 第6.2.1条
	各项安全操作规程应予公布，并根据实际情况随时修订	《汽车加油加气站消防安全管理》XF/T 3004—2020 第6.2.2条

续表

项目	标准条款	标准名称
12. 站房、设备管理一般规定	加油加气站内的站房及其他附属建筑物的耐火等级不应低于二级，加油加气站罩棚顶棚的承重构件为钢结构时，其耐火极限可为为 0.25h	《汽车加油加气站消防安全管理》XF/T 3004—2020 第 7.1.1 条
	加油加气站内消防设施、器材的设置应符合 GB 50156 的有关规定	《汽车加油加气站消防安全管理》XF/T 3004—2020 第 7.1.2 条
	站内不应设置住宿、餐饮和娱乐场所（设施）	《汽车加油加气站消防安全管理》XF/T 3004—2020 第 7.1.3 条
	站内不应设置建筑面积大于 50m² 的商店。商店内不应经营易燃易爆危险品	《汽车加油加气站消防安全管理》XF/T 3004—2020 第 7.1.4 条
	站内各种设备的安装、验收、检修记录等资料应齐全	《汽车加油加气站消防安全管理》XF/T 3004—2020 第 7.1.5 条
13. 加油站设备设施管理	定期检查加油机、油罐、输油管线、液位仪、潜油泵、油气回收等设备设施及附件，确保设备设施无渗漏，保持正常功能且性能良好	《汽车加油加气站消防安全管理》XF/T 3004—2020 第 7.2.1 条
	定期检查加气机、压缩气机、储气井、压缩天然气、液化石油气、压缩天然气管线等设备设施及附件，确保安全装置定期检测，各连接部件密封良好，无泄漏	《汽车加油加气站消防安全管理》XF/T 3004—2020 第 7.2.2 条
	对消防设施、器材应加强日常管理和维护，建立消防设施、器材的巡查、检测、维修保养等管理档案，记录配置类型、数量、设置位置、检查维修等情况（人员），更换药剂的时间等有关情况，严禁损坏、挪用或遗弃拆除、停用	《汽车加油加气站消防安全管理》XF/T 3004—2020 第 7.3.1 条
14. 消防设施、器材管理	消火栓、灭火器、灭火毯、消防沙箱或沙池等消防设施、器材应设置消防安全标志	《汽车加油加气站消防安全管理》XF/T 3004—2020 第 7.3.2 条
	灭火器、灭火毯应放置于醒目且便于取用位置。灭火器应保持标识清晰，各种部件不应有严重损伤、变形、锈蚀等缺陷，存放地点及环境应符合要求，并定期进行检查、维保	《汽车加油加气站消防安全管理》XF/T 3004—2020 第 7.3.3 条
	消防沙箱或沙池内应保持沙量充足，不应存放杂物，沙子应保持干燥不结块，不含树叶、石子等杂质，附近应配置沙铲、沙箱、推车等灭火和应急处置辅助器材	《汽车加油加气站消防安全管理》XF/T 3004—2020 第 7.3.4 条

续表

项目	标准条款	标准名称
15. 明火控制	加油加气站内应落实以下严格控制明火的措施： a) 加油加气站内严禁吸烟； b) 严禁对未熄灭火车辆加注油品； c) 火灾、爆炸危险区域内严禁使用火种、非防爆移动通信工具及器材； d) 摩托车加油前，驾驶人员应熄火并离开于驾驶座位；加油后，应用人力将摩托车推离加油机 4.5 m 以外，方可启动驶离	《汽车加油加气站消防安全管理》XF/T 3004—2020 第 9.2.1 条
16. 防雷、防静电	应委托有资质的检测机构对防雷、防静电设备和接地装置每年进行两次检测	《汽车加油加气站消防安全管理》XF/T 3004—2020 第 9.5.2 条
	严禁直接使用加油枪向绝缘性容器内加注油品	《汽车加油加气站消防安全管理》XF/T 3004—2020 第 9.5.3 条
17. 防泄漏	橇装式加油装置四周应设防护围堰或漏油收集池，防护围堰或漏油收集池的有效容量不应小于储罐总容量 50%。防护围堰或漏油收集池采用不燃烧实体材料建造，且不应渗漏	《汽车加油加气站消防安全管理》XF/T 3004—2020 第 9.6.2 条
18. 火灾隐患整改	加油加气站对存在的火灾隐患或违反消防安全规定的行为，应当及时予以消除。对不能当场改正的火灾隐患，加油加气站消防安全责任人应当组织有关人员制定整改方案，确定整改措施、期限以及负责整改的部门、人员，并落实整改资金	《汽车加油加气站消防安全管理》XF/T 3004—2020 第 11.1 条

9. 氢气储运

项目	标准条款	标准名称
1. 氢气罐之间的防火间距	氢气罐或罐区之间的防火间距，应符合 GB50177—2005 规定，具体如下： a) 湿式氢气罐（柜）之间的防火间距，不应小于相邻较大罐的半径； b) 卧式氢气罐之间的防火间距，不应小于相邻较大罐直径的 2/3，立式罐之间、球形罐之间的防火间距不应小于相邻较大罐的直径； c) 卧式、立式、球形罐与湿式罐（柜）之间的防火间距不应小于相邻较大罐的直径； d) 一组卧式、立式或球形罐的总容积不应超过 30000m³，罐组间的防火间距中，卧式氢气罐不应小于相邻较大罐的直径，并不应小于 10m；小于相邻较大罐高度的一半，立式、球形罐之间的防火间距不应小于相邻较大罐的直径，并不应小于 10m	《氢气使用安全技术规程》GB 4962—2008 第 4.1.2 条

续表

项目	标准条款	标准名称
2. 供氢站、氢气罐的布置	供氢站、氢气罐应为独立的建（构）筑物；宜布置在工厂常年最小频率风向的下风侧，并远离有明火或散发火花的地点；不得布置在人员密集地段和交通要道邻近处；宜设置不燃烧体的实体围墙	《氢气使用安全技术规程》GB 4962—2008 第4.1.3条
3. 氢气瓶的布置	因生产需要在室内（现场）使用氢气瓶，其数量不得超过5瓶，室内（现场）的通风条件符合4.1.5要求，且布置符合下要求： a) 氢气瓶与盛有易燃易爆、可燃物质及氧化性气体的容器和气瓶的间距不应小于8m； b) 与明火或普通电气设备的间距不应小于10m； c) 与空调装置、空气压缩机和通风设备（非防爆）等吸风口的间距不应小于20m； d) 与其他可燃性气体储存地点的间距不应小于20m	《氢气使用安全技术规程》GB 4962—2008 第6.3.5条
4. 氢气管道的敷设方式	氢气管道宜采用架空敷设，其支架应为非燃烧体。架空敷设时，氢气管道不应与电缆、导电线路、高温管线敷设在同一支架上。氢气管道与氧气管道、其他可燃气体、可燃液体的管道共架敷设时，氢气管道应位于上述管道之间宜用公用工程管道隔开，或保持不小于250mm的净距。分层敷设时，氢气管道应位于上方	《氢气使用安全技术规程》GB 4962—2008 第4.4.6条
5. 氢气管道的施工及验收	根据GB 50177—2005及SY/T 0019，氢气管道的施工及验收符合下列规定： a) 接触氢气的表面彻底去除毛刺、焊渣、铁锈和污垢等； b) 碳钢管的焊接宜采用氩弧焊作底焊，不锈钢应采用氩弧焊； c) 氢气管道、阀门，管件等在安装过程中及安装后采用严格措施防止焊道、铁锈及可燃物等进入或遗留在管内； d) 氢气管道的试验介质和试验压力符合GB 50177—2005表12.0.14的规定； e) 氢气管道强度试验合格后，使用不含油的空气或惰性气体，以不小于20m/s的流速进行吹扫，直至出口无铁锈、无尘土及其他污垢为合格； f) 长距离埋地输送管道设计、安装时宜做电化学保护措施，吹扫前宜做通球处理，电化学保护宜每年检测一次并存存档案	《氢气使用安全技术规程》GB 4962—2008 第4.4.13条

10. 二氧化碳储运

项目	标准条款	标准名称
1. 包装、标志、储存与运输	液体二氧化碳气瓶的充装、标志、运输、贮存和使用应符合《气瓶安全技术监察规程》和《固定式压力容器安全技术监察规程》的规定	《工业液体二氧化碳》GB/T 6052—2011 第5.1条
	充装液体二氧化碳的气瓶应符合 GB 5099 的规定。气瓶公称工作压力不应低于 15.0MPa	《工业液体二氧化碳》GB/T 6052—2011 第5.3条
	二氧化碳气瓶充装应符合 GB 14193 的规定。二氧化碳的充装量应不低于气瓶最大充装量的 90%。液体二氧化碳的实际充装量以称量计。衡器的最大称量应为充装量的 1.5～3 倍	《工业液体二氧化碳》GB/T 6052—2011 第5.4条
	用户将空瓶返回生产厂时，余压不应低于 0.2MPa	《工业液体二氧化碳》GB/T 6052—2011 第5.5条
2. 二氧化碳的最大充装量	气瓶装高纯二氧化碳的最大充装量按下式计算： $$m = Fr \times V$$ 式中 m——二氧化碳的最大充装量，单位为千克（kg）； Fr——二氧化碳充装系数，单位为千克每升（kg/L），公称工作压力为 20.0MPa 时，$Fr = 0.74$kg/L；公称工作压力为15.0MPa 时，$Fr = 0.60$kg/L； V——气瓶水容积，单位为升（L）	《高纯二氧化碳》GB/T 23938—2021 第8.3.3条
3. 泄漏处理	C.6.1 迅速撤离泄漏区污染区人员至上风处，进行隔离，并严格限制出入； C.6.2 尽可能切断泄漏源，合理通风，加速扩散。如有可能，将泄漏二氧化碳用排风机送至空旷地方； C.6.3 建议应急处理人员戴自给正压式呼吸器，穿保暖防护服，佩戴防冻手套； C.6.4 禁止接触泄漏物，避免引起冻伤； C.6.5 漏气容器要妥善处理，修复、检验后再用	《高纯二氧化碳》GB/T 23938—2021 第C.6条
4. 二氧化碳灭火系统的应用	二氧化碳灭火系统可用于扑救下列气体火灾： 1.0.4.1 灭火前可切断气源的气体火灾； 1.0.4.2 液体火灾或石蜡、沥青等可熔化的固体火灾； 1.0.4.3 固体表面火灾及棉毛、织物、纸张等部分固体深位火灾； 1.0.4.4 电气火灾	《二氧化碳灭火系统设计规范》GB 50193—93（2010 年版）第 1.0.4 条

项目	标准条款	标准名称
4. 二氧化碳灭火系统的应用	二氧化碳灭火系统不得用于扑救下列火灾： 1.0.5.1 硝化纤维、火药等含氧化剂的化学制品火灾； 1.0.5.2 钾、钠、镁、钛、锆等活泼金属火灾； 1.0.5.3 氢化钾、氢化钠等金属氢化物火灾	《二氧化碳灭火系统设计规范》GB 50193—93（2010年版）第1.0.5条
5. 全淹没灭火系统	全淹没二氧化碳的喷放时间不应大于1min。当扑救固体深位火灾时，喷放时间不应大于7min，并应在前2min内使二氧化碳的浓度达到30%	《二氧化碳灭火系统设计规范》GB 50193—93（2010年版）第3.2.8条
	当防护区的环境温度超过100℃时，二氧化碳的设计用量应在本规范第3.2.3条计算值的基础上每超过5℃增加2%	《二氧化碳灭火系统设计规范》GB 50193—93（2010年版）第3.2.4条
	当防护区的环境温度低于-20℃时，二氧化碳的设计用量应在本规范第3.2.3条计算值的基础上每降低1℃增加2%	《二氧化碳灭火系统设计规范》GB 50193—93（2010年版）第3.2.5条
	二氧化碳设计浓度不应小于灭火浓度的1.7倍，并不得低于34%。可燃物的二氧化碳设计浓度可按本规范附录A的规定采用	《二氧化碳灭火系统设计规范》GB 50193—93（2010年版）第3.2.1条
	当防护区内存有两种及两种以上可燃物时，防护区的二氧化碳设计浓度应采用可燃物中最大的二氧化碳设计浓度	《二氧化碳灭火系统设计规范》GB 50193—93（2010年版）第3.2.2条
6. 局部应用灭火系统	局部应用灭火系统的设计可采用面积法或体积法。当保护对象的着火部位是较平直的表面时，宜采用面积法；当着火对象为不规则物体时，应采用体积法	《二氧化碳灭火系统设计规范》GB 50193—93（2010年版）第3.3.1条
	局部应用灭火系统的二氧化碳喷射时间不应小于0.5min。对于燃点温度低于沸点温度的液体和可熔化固体的火灾，二氧化碳的喷射时间不应小于1.5min	《二氧化碳灭火系统设计规范》GB 50193—93（2010年版）第3.3.2条
7. 管网计算	二氧化碳灭火系统按灭火剂储存方式可分为高压系统和低压系统。管网起点计算压力（绝对压力）高压系统应取5.17MPa，低压系统应取2.07MPa	《二氧化碳灭火系统设计规范》GB 50193—93（2010年版）第4.0.1条
	喷头入口压力（绝对压力）计算值：高压系统不应小于1.4MPa；低压系统不应小于1.0MPa	《二氧化碳灭火系统设计规范》GB 50193—93（2010年版）第4.0.7条

续表

项目	标准条款	标准名称
	高压系统的储存装置应由储存器、容器阀、单向阀、灭火剂泄漏检测装置和集流管等组成，并应符合下列规定： 5.1.1.1 储存容器的工作压力不应小于15MPa，储存容器或容器阀上应设泄压装置，其泄压动作压力应为19MPa±0.95MPa； 5.1.1.2 储存容器中二氧化碳的充装系数应按国家现行《气瓶安全监察规程》执行； 5.1.1.3 储存装置的环境温度应为0~49℃	《二氧化碳灭火系统设计规范》GB 50193—93（2010年版）第5.1.1条
8. 储存装置	低压系统的储存装置应由储存容器、容器阀、安全泄压装置、压力表、压力报警装置和制冷装置等组成，并应符合下列规定： 5.1.1A.1 储存容器的设计压力不应小于2.5MPa，并应采取良好的绝热措施。储存容器上至少应设置两套安全泄压装置，其泄压动作压力应为2.38MPa±0.12MPa； 5.1.1A.2 储存装置的高压报警压力设定值应为2.2MPa，低压报警压力设定值应为1.8MPa； 5.1.1A.3 储存装置中二氧化碳装量系数应按国家现行《固定式压力容器安全技术监察规程》执行； 5.1.1A.4 容器阀应能在喷出要求的二氧化碳量后自动关闭； 5.1.1A.5 储存装置应远离热源，其位置便于再充装，其环境温度宜为-23~49℃	《二氧化碳灭火系统设计规范》GB 50193—93（2010年版）第5.1.1A条
	储存装置应具有灭火剂泄漏检测功能，当储存容器中充装的二氧化碳损失量达到其初始充装量的10%时，应能发出声光报警信号并及时补充	《二氧化碳灭火系统设计规范》GB 50193—93（2010年版）第5.1.4条
	储存装置宜设在专用的储存容器间内。局部应用灭火系统的储存装置可设在固定的安全围栏内。专用的储存容器间的设置应符合下列规定： 不具备自然通风条件的储存容器间，应设置机械排风装置，排风口距储存容器间地面高度不宜大于0.5m，排出口应直接通向室外，正常排风量宜按换气次数不小于4次/h确定，事故排风量应按换气次数不小于8次/h确定	《二氧化碳灭火系统设计规范》GB 50193—93（2010年版）第5.1.7条

续表

项目	标准条款	标准名称
9. 管道及其附件	管道可采用螺纹连接、法兰连接或焊接。公称直径等于或小于80mm的管道，宜采用螺纹连接；公称直径大于80mm的管道，宜采用法兰连接	《二氧化碳灭火系统设计规范》GB 50193—93（2010年版）第5.3.2条
	二氧化碳灭火剂输送管网不应采用四通管件分流	《二氧化碳灭火系统设计规范》GB 50193—93（2010年版）第5.3.2A条
	管网中阀门之间的封闭管段应设置泄压装置，其泄压动作压力：高压系统应为15MPa±0.75MPa，低压系统应为2.38MPa±0.12MPa	《二氧化碳灭火系统设计规范》GB 50193—93（2010年版）第5.3.3条
10. 控制与操作	二氧化碳灭火系统应设有自动控制、手动控制和机械应急操作三种启动方式；用于经常有人的保护场所时可不设自动控制	《二氧化碳灭火系统设计规范》GB 50193—93（2010年版）第6.0.1条
	当采用火灾探测器时，灭火系统的自动控制应在接收到两个独立的火灾信号后才能启动。根据人员疏散要求，宜延迟启动，但延迟时间不应大于30s	《二氧化碳灭火系统设计规范》GB 50193—93（2010年版）第6.0.2条
	对于采用全淹没灭火系统保护的防护区，应在其入口处设置手动、自动转换控制装置；有人工作时，应置于手动控制状态	《二氧化碳灭火系统设计规范》GB 50193—93（2010年版）6.0.3A条
	设有火灾自动报警系统的场所，二氧化碳灭火系统的动作信号及相关警报信号、工作状态和控制状态均应能在火灾报警控制器上显示	《二氧化碳灭火系统设计规范》GB 50193—93（2010年版）第6.0.5A条
11. 安全要求	防护区内应设火灾声报警器，必要时，可增设光报警器。防护区的入口处应设置火灾声、光报警器。报警时间不宜小于灭火过程所需的时间，并应能手动切除警报信号	《二氧化碳灭火系统设计规范》GB 50193—93（2010年版）第7.0.1条
	设置灭火系统的防护区的入口处明显位置应配备专用的空气呼吸器或氧气呼吸器	《二氧化碳灭火系统设计规范》GB 50193—93（2010年版）第7.0.7条

11. LNG 储运

项目	标准条款	标准名称
1. 站场平面布置原则	5.2.1 装置和设备的布置应符合站场的操作和检修维道要求; 5.2.2 装置和设备的布置宜考虑主导风向和点火源; 5.2.3 装置和设备的布置应符合人员的紧急疏逃生要求	《液化天然气(LNG)生产、储存和装运》GB/T 20368—2012 第5.2条
2. 装卸设备间距	5.6.1 用于管道输送LNG的码头或停泊位置,应使任何正在装卸或载的船舶距任何跨越通航水道的桥梁不应小于30m; 5.6.2 装卸汇管与跨越航道的桥之间的距离,不应小于61m; 5.6.3 除与装卸操作有直接关联的设备外,LNG和易燃制冷剂的装卸设施设备站场的点火源、工艺区、储罐、控制室、办公室、车间和其他有人设施或重要站场区域的距离,不应小于15m; 5.6.4 拦蓄区的相对位置应保证区域内产生的火灾热通量不会对LNG运输船造成严重结构性损坏	《液化天然气(LNG)生产、储存和装运》GB/T 20368—2021 第5.6条
3. 储罐的安全阀和真空安全阀	储罐的安全阀和真空安全阀应使用手动开式切断阀与储罐隔离,并应符合以下规定: a) 切断阀应锁定或铅封在全开位置; b) 当任意一个阀门隔离时,其余阀门的能力仍能满足泄放要求; c) 如只需要一个泄放装置,应安装全开三通阀将泄放阀及其备件连接到储罐,或安装两个独立的、带有阀门的泄放阀; d) 不应同时关闭一个以上的切断阀; e) 储罐的安全阀排放或放空管应垂直向上并能防止水、冰、雪或其他异物聚集	《液化天然气(LNG)生产、储存和装运》GB/T 20368—2021 第7.4.4条
4. 压力泄放装置	压力泄放装置的性能应符合以下规定: a) 确定压力泄放装置的泄压能力时宜考虑火灾、操作失常(如控制装置失灵)、设备故障和误操作引起的其他因素,充装时泄换的蒸发气,大气压降低和翻滚等因素; b) 压力泄放装置应能泄放最大单一工况产生的排放量,或任何合理和可能的组合工况产生的排放量; c) 压力泄放装置的最小泄压能力(单位为千克每小时kg/h)应合在24h内泄放不低于满罐容量3%的规定	《液化天然气(LNG)生产、储存和装运》GB/T 20368—2021 第7.4.5条

续表

项目	标准条款	标准名称
5. 接收站道路设计	道路布置在符合接收站总平面布置的前提下，尚应符合下列规定： 1 应满足生产、交通运输、消防、安全、施工、安装及检修期间大件设备的运输与吊装的要求； 2 道路网的布置应与接收站总平面布置应按功能分区和街区划分街区功能平行或纵垂直布置，并与场地竖向设计和主要管线带的走向相协调，且宜与主要建筑物、构筑物轴线平行或垂直布置； 3 主、次干道布置应和人、货流向应合理； 4 道路布置宜环行，当出现尽头式布置时，其终端应设置回车场，回车场面积应根据所通行的车辆最小转弯半径和路面宽度确定； 5 站内道路与站外道路的衔接应应短捷、通畅	《液化天然气接收站工程设计规范》 GB 51156—2015 第 4.3.1 条

12. 职业卫生

项目	标准条款	标准名称
1. 卫生用室分级	应根据车间的卫生特征设置浴室、更/存衣室、盥洗室、其卫生特征分级见表9	《工业企业设计卫生标准》 GBZ 1—2010 第 7.2.1 条
2. 浴室	车间卫生特征 1 级、2 级车间应设浴室；3 级的车间宜在车间附近或厂区设置集中浴室；4 级的车间可在厂区或居住区设置集中浴室。浴室可由更衣间、洗浴间和管理间组成	《工业企业设计卫生标准》 GBZ 1—2010 第 7.2.2.1 条
3. 更衣室	车间卫生特征 2 级的更/存衣室、便服室、工作服室可按照同室分柜存放的原则设计。以避免工作服污染便服 车间卫生特征 3 级的更/存衣室、便服室、工作服室可按照同室分层存放的原则设计。更衣室与休息室可合并设置	《工业企业设计卫生标准》 GBZ 1—2010 第 7.2.3.2 条 《工业企业设计卫生标准》 GBZ 1—2010 第 7.2.3.3 条
4. 防尘、防毒	在放散有爆炸危险的可燃气体、粉尘或气胶等物质的工作场所，应设置防爆通风系统或事故排风系统	《工业企业设计卫生标准》 GBZ 1—2010 第 6.1.5.3 条

续表

项目	标准条款	标准名称
5. 防暑	当作业地点日最高气温≥35℃时，应采取局部降温和综合防暑措施，并应减少高温作业时间	《工业企业设计卫生标准》GBZ 1—2010 第6.2.1.15条
	应根据情况配备防毒器具，设置防毒器具存放柜。防毒器具在专用存放柜内铅封存放，设置明显标识，并定期维护与检查，确保应急使用需要	《工业企业设计卫生标准》GBZ 1—2010 第8.2.3条
	有可能发生化学性灼伤及经皮肤粘膜吸收引起急性中毒的工作地点或车间，应根据可能产生或存在的职业性有害因素及其危害特点，在工作地点就近设置现场应急处理设施。急救设施应包括：不断水的冲淋、洗眼设施，气体防护柜，个人防护用品，急救包或急救箱以及急救药品，转运病人的担架和装置，急救处理的设施以及应急救援通信设备等	《工业企业设计卫生标准》GBZ 1—2010 第8.3条
6. 应急救援	应急救援设施应有清晰的标识，并按照相关规定定期保养维护以确保其正常运行	《工业企业设计卫生标准》GBZ 1—2010 第8.3.1条
	急救箱应当设置在便于劳动者取用的地点，配备内容可根据实际需要参照附录A表A.4确定，并由专人负责定期检查和更新	《工业企业设计卫生标准》GBZ 1—2010 第8.3.3条
	对于生产或使用有毒物质的、且有可能发生急性职业病危害的工业企业的卫生设计应制定应对突发职业中毒的应急救援预案	《工业企业设计卫生标准》GBZ 1—2010 第8.5条
7. 机构及人员	职业卫生管理组织机构和职业卫生管理人员设置或配备原则可参考表A.1	《工业企业设计卫生标准》GBZ 1—2010 第A.6条
8. 紧急冲淋	生产过程中可能接触到对人员的眼睛、皮肤及其他部位造成严重伤害的有害物质的设备及其场所应设置紧急冲淋系统	《石油化工紧急冲淋系统设计规范》SH/T 3205—2019 第4.1条
	紧急冲淋器和洗眼器的设置位置满足应在事故状态下使用人员在10s内到达，且距相关场所设备不超过15m。危急源与紧急冲淋器和洗眼器之间的通道上不应有障碍物，当有围堰等障碍物时，则高度不得超过0.15m	《石油化工紧急冲淋系统设计规范》SH/T 3205—2019 第4.9条

13. 电气专业

项目	标准条款	标准名称
1. 电力装置设计要求	在生产、加工、处理、转运或贮存过程中出现或可能出现下列爆炸性气体混合物环境之一时，应进行爆炸性气体环境的电力装置设计： 1 在大气条件下，可燃气体与空气混合形成爆炸性气体混合物； 2 闪点低于或等于环境温度的可燃液体的蒸气或薄雾与空气混合形成爆炸性气体混合物； 3 在物料操作温度高于可燃液体闪点的情况下，可燃液体有可能泄漏时，可燃液体的蒸气或薄雾与空气混合形成爆炸性气体混合物	《爆炸危险环境电力装置设计规范》GB 50058—2014 第3.1.1 条
2. 爆炸性气体环境分区	爆炸性气体环境应根据爆炸性气体混合物出现的频繁程度和持续时间分为 0 区、1 区、2 区，分区应符合下列规定： 1 0 区应为连续出现或长期出现爆炸性气体混合物的环境； 2 1 区应为在正常运行时可能出现爆炸性气体混合物的环境； 3 2 区应为在正常运行时不太可能出现爆炸性气体混合物的环境，或即使出现也仅是短时存在的爆炸性气体混合物的环境	《爆炸危险环境电力装置设计规范》GB 50058—2014 第3.2.1 条
3. 危险区域划分与电气设备保护级别	危险区域划分与电气设备保护级别的关系应符合下列规定： 1 爆炸性环境内电气设备保护级别的选择应符合表 5.2.2−1 的规定； 2 电气设备保护级别（EPL）与电气设备防爆结构的关系应符合表 5.2.2−2 的规定	《爆炸危险环境电力装置设计规范》GB 50058—2014 第5.2.2 条
4. 电气设备的安装	除本质安全电路外，爆炸性环境的电气线路和设备应装设过载、短路和接地保护，不可能产生过载的电气设备可不装设过载保护。爆炸性环境中电动机按照国家现行有关标准的要求装设必要的保护之外，均应装设断相保护。如果电气设备的自动断电可能引起比引起燃烧危险造成的危险更大时，应采用报警装置代替自动断电装置	《爆炸危险环境电力装置设计规范》GB 50058—2014 第5.3.3 条
	紧急情况下，在危险场所外合适的地点或位置应采取一种或多种措施对危险场所设备断电。连续运行的设备不应包括在紧急断电回路中，而应安装在单独的回路上，防止附加危险产生	《爆炸危险环境电力装置设计规范》GB 50058—2014 第5.3.4 条

续表

项目	标准条款	标准名称
5. 电气线路的设计	爆炸性环境电缆和导线的选择应符合下列规定： 1 在爆炸性环境内，低压电力、照明线路采用的绝缘导线和电缆的额定电压应高于或等于工作电压，且 U_0/U 不应低于工作电压，中性线线路的额定电压应与相线电压相等，并应在同一护套或保护管内敷设； 2 在爆炸危险区内，除在配电盘、接线箱或采用金属导管配线系统内，无护套的电线不应作为供配电线路； 3 在1区内应采用铜芯电缆，除本质安全电路外，在2区内直采用铜芯电缆，当采用铝芯电缆时，其截面不得小于16mm²，且与电气设备的连接应用铜—铝过渡接头，敷设在爆炸性粉尘环境20区、21区以及在22区内有剧烈振动区域的回路，均应采用铜芯绝缘导线或电缆； 4 除本质安全系统的电路外，爆炸性环境电缆配线的技术要求应符合表5.4.1-1的规定	《爆炸危险环境电力装置设计规范》GB 50058—2014 第5.4.1条
6. 接地设计	爆炸性气体环境中应设置等电位联结，所有裸露的装置外部可导电部件应接人等电位系统。本质安全型设备的金属外壳可不与等电位系统连接。制造厂有特殊要求的除外。具有阴极保护设计的接地系统除外	《爆炸危险环境电力装置设计规范》GB 50058—2014 第5.5.2条
	储罐内各金属构件（搅拌器、升降器、仪表管道、金属浮体等），应与罐体等电位连接并接地	《石油化工静电接地设计规范》SH/T 3097—2017 第5.2.1条
	储罐顶顶平台上取样口（量油口）两侧1.5m之外各设一组消除人体静电设施，设施应与罐体做电气连接并接地，取样绳索、检尺等工具应与设施连接	《石油化工静电接地设计规范》SH/T 3097—2017 第5.2.2条
7. 储罐防静电	接地点应设两处以上，沿油罐外围均匀布置，其间距不应大于30m	《液体石油产品静电安全规程》GB 13348—2009 第4.1.1条
	工艺装置内露天布置的塔、容器等，当顶板的厚度等于或大于4mm时，可不设避雷针、线保护，但必须设计防雷接地	《石油化工企业设计防火标准》GB 50160—2008（2018年版）第9.2.2条

续表

项目	标准条款	标准名称
	可燃液体储罐的管道在进出生产装置处、爆炸危险场所的边界处应采取静电接地措施	《立式圆形钢制焊接储罐安全技术规程》AQ 3053—2015 第 8.2.1 条
	可燃气体、液化烃、可燃液体、可燃固体的管道在下列部位应设静电接地设施： 1 进出装置或设施处； 2 爆炸危险场所的边界； 3 管道泵及泵入口永久过滤器、缓冲器等	《石油化工企业设计防火标准》GB 50160—2008（2018 年版）第 9.3.3 条
	管道在进出装置区（含生产车间厂房）处、分支处应进行接地	《石油化工静电接地设计规范》SH/T 3097—2017 第 5.3.1 条
	长距离管道应在始端、末端、分支处以及每隔 100m 接地一次	《石油化工静电接地设计规范》SH/T 3097—2017 第 5.3.2 条
8. 管道防静电	平行管道净距小于 100mm 时，应每隔 20m 加跨接线。当管道交叉且净距小于 100mm 时，应加跨接线	《石油化工静电接地设计规范》SH/T 3097—2017 第 5.3.3 条
	管路系统的所有金属件，包括护套的金属包覆层应接地。管路两端和每隔 200～300m 处，应有一处接地。当平行管路相距 10cm 以内时，每隔 20m 应加连接。当管路交叉且间距小于 10cm 时，应相连接地	《液体石油产品电安全规程》GB 13348—2009 第 4.7.1 条
	对金属管路中间的非导体管路段，除需做屏蔽保护外，两端的金属管应分别与接地干线相接。非导体管段上的金属件应跨接、接地	《液体石油产品静电安全规程》GB 13348—2009 第 4.7.2 条
	金属配管中间的非导体管段，除需做特殊防静电处理外，两端的金属管应分别与接地干线相连，或用截面不小于 6mm² 的铜芯软绞线跨接后接地	《石油化工静电接地设计规范》SH/T 3097—2017 第 5.3.7 条

续表

项目	标准条款	标准名称
8. 管道防静电	当工艺管道与伴热管之间有隔离块时（防止局部过热利接触腐蚀），加热伴管除应利用金属丝捆扎连接外，尚应使伴管进汽口及回水口与工艺管道等电位连接	《石油化工静电接地设计规范》SH/T 3097—2017 第5.3.5条
	风管及保温层的保护罩当采用薄金属板制作时，应咬口并利用机械固定的螺栓等电位连接	《石油化工静电接地设计规范》SH/T 3097—2017 第5.3.6条
	泵房的门外、油罐的上罐扶梯入口与采样口处、装卸作业区内操作平台的扶梯入口及悬梯入口、装置采样口处、码头上罐入口处等作业所应设人体静电消除装置	《液体石油产品静电安全规程》GB 13348—2009 第7.3条
	可燃液体储罐的相关作业区，应设置消除人体静电的装置： a) 储罐的上罐扶梯入口处； b) 罐顶平台或浮顶上取样口的两侧1.5m之外应各设一组消除人体静电设施，取样绳索、检尺等工具应与设施连接，该设施应与罐体作电气连接并接地	《立式圆筒形钢制焊接储罐安全技术规程》AQ 3053—2015 第8.2.4条
	电气连接导线的横载面积不小于10mm²	《立式圆筒形钢制焊接储罐安全技术规程》AQ 3053—2015 第8.2.5条
9. 静电消除器的设置	在扶梯进口处，应设置消除人体静电设施，或者在已经接地的金属栏杆上留出1m长的裸露金属面	《石油化工静电接地设计规范》SH/T 3097—2017 第5.2.5条
	在爆炸危险区域应选择防爆型消除人体静电设施	《石油化工静电接地设计规范》SH/T 3097—2017 第5.2.7条
	当不能以改善工艺条件等方法来减少静电积聚时，应采用液体静电消除器	《液体石油产品静电安全规程》GB 13348—2009 第3.3.1条
	各种静电消除器的接地端，应按要求进行接地	《石油化工静电接地设计规范》SH/T 3097—2017 第4.1.3条
	静电消除器应装设在尽量靠近管道出口处	《液体石油产品静电安全规程》GB 13348—2009 第3.3.2条

续表

项目	标准条款	标准名称
	在生产加工、储运过程中，设备、管道、操作工具及人体等，有可能产生积聚静电而造成静电危害时，应采取静电接地措施： a) 生产、加工、储存易燃易爆气体和液体的设备及气柜、储罐等； b) 输送易燃易爆液体和气体的管道及各种阀门； c) 装卸易燃易爆液体和气体的罐（槽）车、油罐、装卸栈桥、铁轨、鹤管、以及设备、管线等	《石油化工静电接地设计规范》SH/T 3097—2017 第4.1.1条
	在进行静电接地时，应包括下列部位的接地： a) 装在设备内部而通常不能从外部进行检查的导体； b) 安装在绝缘物体上的金属部件； c) 与绝缘物体同时使用的导体； d) 被涂料或其他绝缘的导体； e) 容易腐蚀而造成接触不良的导体； f) 在液面上悬浮的导体	《石油化工静电接地设计规范》SH/T 3097—2017 第4.1.2条
10. 静电接地的基本规定	应在设备、管道的一定位置上，设置专用的接地连接端子，作为静电接地的连接点	《石油化工静电接地设计规范》SH/T 3097—2017 第4.4.1条
	专用金属接地板的设置应符合下列要求： a) 金属接地板可焊于设备、管道的金属外壳或支座上； b) 金属接地板的材质，应与设备、管道的金属外壳材质相近； c) 用于管道静电接地引下线的金属接地板的截面不宜小于 50mm×10mm，管道跨接用的金属接地层，该板的截面不宜小于 50mm×6mm，最小有效长度宜为 60mm，如管道有保温层，该板应伸出保温层外 60mm； d) 设备接地用的金属接地板的截面不宜小于 50mm×10mm，最小有效长度对小型设备宜为 60mm，大型设备宜为 110mm，如设备有保温层，该板应伸出保温层外 60mm 或 110mm； e) 接地用螺栓规格不应小于 M10； f) 当选用钢筋混凝土基础作静电接地体时，应选择适当部位预埋 200mm×200mm×6mm 钢板，钢板上再焊专用的金属接地板，预埋钢筋的锚筋应与基础主钢筋相接	《石油化工静电接地设计规范》SH/T 3097—2017 第4.4.4条
	静电接地支线和连接线，应采用有足够机械强度、耐腐蚀和不易断线的多股金属线或金属体，规格可按表4.5.1确定	《石油化工静电接地设计规范》SH/T 3097—2017 第4.5.1条

续表

项目	标准条款	标准名称
10. 静电接地的基本规定	接地端子与接地支线连接，应采用下列方式： a) 固定设备宜采用螺栓连接； b) 有振动、位移的物体，应采用挠性线连接； c) 移动式设备及工具，应采用电瓶夹头、鳄式夹钳、专用连接头或磁力连接器等； d) 不应采用接地线与接地体相缠绕的方法	《石油化工静电接地设计规范》SH/T 3097—2017 第4.8.1条
	静电接地体的连接应符合下列要求： a) 当采用搭接焊连接时，其搭接长度应是扁钢宽度的2倍或圆钢直径的6倍，焊接处应进行防腐处理； b) 当用螺栓连接时，其金属接触面应去主锈，除油污，并加防松螺帽或防松垫片； c) 当采用电池夹头、鳄式夹钳等器具连接时，有关连接部位应去锈、除油污	《石油化工静电接地设计规范》SH/T 3097—2017 第4.8.2条
11. 吹扫和清洗作业	采用蒸汽进行吹扫和清洗时，受蒸汽喷击的管线、导电物体应与油罐或设备进行接地连接	《液体石油产品静电安全规程》GB 13348—2009 第4.9.1条
	不应使用压缩空气对汽油、煤油、苯、轻柴油等产品的管线进行清扫	《液体石油产品静电安全规程》GB 13348—2009 第4.9.2条
	固定设备与接地线或连接线宜采用螺栓连接，连接端子可设置在设备的侧面，设备联合金属支座的侧面或端部位置，接地端子与接地线的材料选择应符合本规范第4.4.4条与第4.5、4.7节中有关条款	《石油化工静电接地设计规范》SH/T 3097—2017 第5.1.8条
	直径大于2.5m或容积大于等于50m³的设备，其接地点不应少于2处，接地点应沿设备外周均匀布置，其间距不应大于30m	《石油化工静电接地设计规范》SH/T 3097—2017 第5.1.2条
12. 固定设备防静电	皮带传动的机组及其皮带应采用防静电接地刷、防护罩，均应接地	《石油化工静电接地设计规范》SH/T 3097—2017 第5.1.5条
	在振动和频繁移动的器件上使用的接地导体不应采用单股线及金属链	《石油化工静电接地设计规范》SH/T 3097—2017 第4.5.2条
	有振动性能的固定设备，其振动部件采用截面不小于6mm²的铜芯软绞线接地，严禁使用单股线。有软连接的几个设备之间应采用铜芯软绞线跨接	《石油化工静电接地设计规范》SH/T 3097—2017 第5.1.3条

续表

项目	标准条款	标准名称
13. 预防静电措施	在人体带电易产生静电危害的场所，应采取下列措施： a) 工作台面应敷设导电橡胶板，凳子的支腿是非金属材料或有塑料（橡胶）套脚时，则台面及座面应有接地措施； b) 应敷设导静电地面，导静电地面的体积电阻率应为 $1.0\times10^5 \sim 1.0\times10^8\ \Omega\cdot m$，其导电性能应长期稳定，不易发生，尚应定期洒水和清除绝缘污物等； c) 当气体爆炸危险场所的等级属于 0 区和 1 区，且可燃物的最小点燃能量在 0.25mJ 以下时，工作人员需穿防静电服、防静电鞋，当环境相对湿度保持在 50% 以上时，可穿棉工作服； d) 静电危险场所的工作人员（包括鞋、衣物）应具有防静电或导电功能，各部分穿着物应存在电气连续性； e) 在气体爆炸危险场所的等级属于 0 区和 1 区工作时，应佩戴防静电手套	《石油化工静电接地设计规范》SH/T 3097—2017 第 5.10 条
	不应在爆炸危险场所穿脱衣服、帽子或类似物	《液体石油产品静电安全规程》GB 13348—2009 第 3.7.2 条
	轻质油品的进出口管口应接近油罐底部	《液体石油产品静电安全规程》GB 13348—2009 第 4.1.3 条
	对于电导率低于 50pS/m 的油品，在注入口未浸没前，初始流速不应大于 1m/s，当注入口浸没 200mm 后，可逐步提高流速，但最大流速不应大于 7m/s。如采用其他有效防静电措施（如防静电添加剂、静电消除器等），可不受上述限制	《液体石油产品静电安全规程》GB 13348—2009 第 4.1.4 条
	油罐内不应存在任何未接地的浮动物	《液体石油产品静电安全规程》GB 13348—2009 第 4.1.5 条
	用管路输送油品，应避免混入空气、水、灰尘等物质	《液体石油产品静电安全规程》GB 13348—2009 第 4.7.4 条
	装油完成应静置 10min 后再进行采样、测温、检尺等作业。若油罐容积大于 5000m³ 时，应静置 30min 后作业	《液体石油产品静电安全规程》GB 13348—2009 第 4.1.6 条

续表

项目	标准条款	标准名称
13. 预防静电措施	进入爆炸危险场所的电缆金属外皮或其屏蔽层，应在控制室一端接地，且只允许一端接地	《危险化学品重大危险源罐区现场安全监控装备设置规范》（AQ 3036—2010）第 11.4.3 条
	安全接地的接地体应设置在非爆炸危险场所，接地干线与接地体的连接点应有两处以上，安全接地电阻应小于 4Ω	《危险化学品重大危险源罐区现场安全监控装备设置规范》（AQ 3036—2010）第 11.4.2 条
	当金属法兰采用金属螺栓或卡子紧固时，一般可不必另装电连接线，但应保证至少有两个螺栓或卡子间具有良好的导电接触面	《石油化工静电接地设计规范》SH/T 3097—2017 第 5.3.4 条
	在爆炸危险区域内的管道，应采取下列防雷措施：工艺管道的金属法兰连接处应跨接。当每少于 5 根螺栓连接时，在非腐蚀环境下可不跨接	《石油库设计规范》GB 50074—2014 第 14.2.12 (1) 条
	设计有静电接地要求的管道，当每对法兰或其他接头间电阻值超过 0.03Ω 时，应设导线跨接	《工业金属管道工程施工及验收规范》GB 50235—2010 第 7.13.1 条
14. 静电接地的其他情况	在下列情况下，可不采取专用的静电接地措施（计算机、电子仪器等除外）： a) 当金属导体已与防雷、电气（保护、防杂散电流、电磁屏蔽等）的接地系统有电气连接时； b) 当埋入地下的金属构造物、金属配管、构筑物的钢筋等金属导体间有紧密的机械连接，并在任何情况下金属接触面间有足够的静电导电通性时	《石油化工静电接地设计规范》SH/T 3097—2017 第 4.1.4 条
	油品生产和贮运设施、管道及操作工具等应采取静电接地措施。当它们与防雷、电气保护接地系统共用时，不再采用单独静电接地措施	《液体石油产品静电安全规程》GB 13348—2009 第 3.1.1 条
	当金属管段已作阴极保护时，不应静电接地	《石油化工静电接地设计规范》SH/T 3097—2017 第 4.1.5 条

项目		标准条款	标准名称
14. 仪表专业			
	1. 液位计	（计量级常压和低压储罐）容积大于100m³的储罐应在罐顶设置液位连续测量仪表；容积不小于1×10⁵ m³的储罐宜设置2套，液位连续测量表应配罐旁指示仪表显示液位，应在控制系统中设置高、低液位报警	《石油化工罐区自动化系统设计规范》SH/T 3184—2017 第4.2.1.1条
		雷达液位计、伺服液位计、磁致伸缩液位计应配置罐旁指示仪表，作为液位测量现场监视仪表	《石油化工罐区自动化系统设计规范》SH/T 3184—2017 第5.3.5.1条
		液体储罐必须配置液位检测仪表，同一储罐两种不同类别的液位检测仪表。储存易燃易爆介质的储罐，应配备高、低液位报警回路，必要时还应配有液位与相关工艺参数之间的联锁系统	《易燃易爆罐区安全监控预警系统验收技术要求》（GB 17681—1999）第5.5条
	2. 高低液位检测	储罐应设置液位监测器，应具备高低液位报警功能	《危险化学品重大危险源 罐区现场安全监控装备设置规范》（AQ 3036—2010）第6.3.1条
		可燃液体储罐，应按规范的要求和操作需要设置液位计和高低液位报警装置、高高液位报警装置，并将报警及液位显示信息传至控制室。频繁操作的储罐宜设自动联锁紧急切断装置	《立式圆筒形钢制焊接储罐安全技术规程》（AQ 3053—2015）第12.2.2条
		液位报警低位和高位至少各设置一级，报警阈值分别为高位限和低位限	《危险化学品重大危险源 罐区现场安全监控装备设置规范》（AQ 3036—2010）第4.3.2条
		可燃液体的储罐应设液位计和高液位报警器，必要时可设自动联锁切断进料设施；并宜设自动脱水器	《石油化工企业设计防火标准》GB 50160—2008（2018年版）第6.2.23条

项目	标准条款	标准名称
	容量大于 100m³ 的储罐应设液位测量远传仪表，并应符合下列规定： 1 液位连续测量信号应采用模拟方式接入自动控制系统； 2 应在自动控制系统中设高、低液位报警； 3 储罐高液位报警的设定高度应符合现行行业标准《石油化工储运系统罐区设计规范》(SH/T 3007) 的有关规定； 4 储罐低液位报警的设定高度应满足泵不发生气蚀的要求，外浮顶罐和内浮顶罐的低液位报警设定高度（距罐底板）宜高于浮顶落底高度 0.2m 及以上	《石油库设计规范》 GB 50074—2014 第 15.1.1 条
	容量大于 100m³ 的储罐应设液位连续测量远传仪表	《石油化工储运系统罐区设计规范》 SH/T 3007—2014 第 5.4.1 条
	应在自动控制系统中设置高、低液位报警并应符合下列规定： a）储罐高液位报警的设定储存高液位，不应高于储罐的设计储存高液位； b）储罐低液位报警的设定储存低液位，不应低于储罐的设计储存低液位	《石油化工储运系统罐区设计规范》 SH/T 3007—2014 第 5.4.2 条
	储罐的设计储存液位应符合下列规定： a）应满足低液位从泵开始 10～15min 内泵不会发生气蚀的要求； b）浮顶储罐或内浮顶罐的设计储存低液位宜高出储顶落底高度 0.2m； c）不应低于罐内加热器的最高点	《石油化工储运系统罐区设计规范》 SH/T 3007—2014 第 4.1.9 条
2. 高低液位检测	下列储罐应设高高液位报警及联锁，高高液位报警应能同时联锁关闭储罐进口管道控制阀：储存 I、II 级毒性液体的储罐	《石油库设计规范》 GB 50074—2014 第 15.1.2（3）条
	储存 I 级毒性液体和 II 级毒性液体的储罐、容量大于或等于 3000m³ 的甲 B 和乙 A 类可燃液体储罐、容量大于或等于 10000m³ 的其他液体储罐应设高高液位报警及联锁，高高液位报警应联锁关闭储罐进口管道控制阀	《石油化工储运系统罐区设计规范》 SH/T 3007—2014 第 5.4.3 条
	装置原料储罐宜设低低液位报警，低低液位报警宜联锁停泵	《石油化工储运系统罐区设计规范》 SH/T 3007—2014 第 5.4.4 条

续表

项目	标准条款	标准名称
2. 高低液位检测	容量大于或等于50000m³的外浮顶罐和内浮顶罐应设液位低低报警。低低液位报警设定高度（距罐底板）不应低于浮顶落底高度，低低液位报警应能同时联锁停泵	《石油库设计规范》GB 50074—2014 第15.1.3条
	用于储罐高高、低低液位报警信号的液位测量仪表应采用单独的液位连续测量仪表或液位开关，并应在自动控制系统中设置报警及联锁	《石油库设计规范》GB 50074—2014 第15.1.4条
	储罐高高、低低液位报警信号的液位测量仪表或液位开关，报警信号应传送至自动控制系统	《石油化工储运系统罐区设计规范》SH/T 3007—2014 第5.4.5条
3. 液位、温度、压力	应将储罐的液位、温度、压力测量信号传送至控制室集中显示	《石油化工储运系统罐区设计规范》SH/T 3007—2014 第5.4.11条
	储罐应设温度测量仪表。浮顶罐和内浮顶罐上的温度计，宜安装在罐底以上700~1000mm处。固定顶罐上的温度计，宜安装在罐底以上700~1500mm处。罐内有加热器时宜取上限，无加热器时，宜取下限	《石油化工储运系统罐区设计规范》SH/T 3007—2014 第5.4.6条
	需要控制壁温的储罐，应装设温度计或其他测温仪表。温度计和测温仪表应定期校验。设有蒸汽加热器的大型储罐，应采取防止液体超温的措施	《立式圆形钢制焊接储罐安全技术规程》AQ 3053—2015 第12.2.3条
	罐顶仪表应安装在罐顶平台附近，罐壁仪表应安装在扶梯所及之处，所有仪表应便于观察和维护	《石油化工罐区自动化系统设计规范》SH/T 3184—2017 第4.2.1.14条
	储罐上安装的仪表应采用法兰连接，法兰密封面形式应与设备法兰相匹配	《石油化工罐区自动化系统设计规范》SH/T 3184—2017 第5.6.1条
	介质含水并分层的储罐应设置油水界位测量仪表，可采用单独的测量仪表，也可采用与热电阻温度计集成的形式，信号直接接入储罐液位连续测量仪表计算实际液位	《石油化工罐区自动化系统设计规范》SH/T 3184—2017 第4.2.1.7条
4. 仪表供电	采用220V AC电源供电的雷达液位计、伺服液位计，应为一级负荷	《石油化工罐区自动化系统设计规范》SH/T 3184—2017 第5.8.2.4条
	现场分析仪表、质量流量计等采用220V AC电源供电的仪表，应为一级负荷	《石油化工罐区自动化系统设计规范》SH/T 3184—2017 第5.8.2.5条

续表

项目	标准条款	标准名称
4. 仪表供电	根据用电负荷在生产过程中的重要性及对供电电源的可靠性、连续性要求，生产装置的用电负荷应分为以下几种： a) 一级负荷：电源突然中断后，将打乱关键性的连续生产工艺过程，造成重大经济损失，供电恢复后需要很长时间才能恢复生产的生产装置以及为其服务的公用工程用电负荷； b) 一级负荷中特别重要的负荷：电源突然中断后，为确保安全停车，避免引起爆炸、火灾、中毒、人身伤亡和关键设备损坏，或事故一旦发生能及时处理，防止事故扩大，保护关键设备、抢救及撤离工作人员等，而不允许中断供电的一级用电负荷； c) 二级负荷：电源突然中断后，将造成较大经济损失，需要长时间才能恢复正常生产的生产装置以及为其服务的公用工程的一级用电负荷； d) 三级负荷：所有不属于一级、二级用电负荷的其他用电负荷	《石油化工仪表供电设计规范》SH/T 3082—2019 第4.2条
	仪表及控制系统供电属于一级负荷中特别重要的负荷，应采用UPS供电	《石油化工仪表供电设计规范》SH/T 3082—2019 第4.2.1条
	仪表辅助设施供电属于三级负荷，宜采用GPS供电	《石油化工仪表供电设计规范》SH/T 3082—2019 第4.2.2条
	仪表交流总配电柜和分配电柜均应配备入总断路器和输出分断路器，双面仪表配电柜的每一面应分别配备入总断路器和输出分断路器。每台交流用仪表设备应设置独立的电源断路器	《石油化工仪表供电设计规范》SH/T 3082—2019 第7.2.5条
	仪表交流分配电柜应至少预留20%的备用回路	《石油化工仪表供电设计规范》SH/T 3082—2019 第7.2.6条
5. 仪表配线	石油库内的信号电缆宜埋地敷设，并宜采用屏蔽电缆。当采用铠装电缆时，电缆的首末端装金属铠装电缆应接地。当电缆采用穿钢管敷设时，钢管在进入建筑物处应接地	《石油库设计规范》GB 50074—2014 第14.2.6条
	罐区局部不便于在地下敷设电缆的区域，应采用镀锌钢管保护管或带盖板的全封闭具有防腐措施的金属电缆槽，不应采用非金属材料的保护管或电缆槽	《石油化工罐区自动化系统设计规范》SH/T 3184—2017 第5.7.2条
	装于地上钢储罐上的仪表及控制系统的配线电缆应采用屏蔽电缆，保护管、保护管两端应与罐体做电气连接	《石油库设计规范》GB 50074—2014 第14.2.5条

续表

项目	标准条款	标准名称
	储罐上安装的信号远传仪表，其金属外壳应与储罐体做电气连接	《石油库设计规范》GB 50074—2014 第14.2.7条
	自动控制系统的室外仪表电缆敷设，应符合下列规定： 1 在生产区敷设的仪表电缆宜采用电缆沟、电缆保护管、直埋等地下敷设方式。采用电缆沟时，电缆沟应充沙填实； 2 生产区局部地段确需在地面敷设的电缆，应采用镀锌钢保护管或带盖板的全封闭金属电缆槽等方式敷设； 3 非生产区的仪表电缆可采用带盖板的全封闭金属电缆槽在地面以上敷设	《石油库设计规范》GB 50074—2014 第15.1.13条
5. 仪表配线	应按爆炸危险场所的类别、等级和防爆电气设备的额定电压、电流等级选用橡胶/塑料护套电缆或本质安全电缆。信号传输线线路应采用铜芯或铜芯绝缘导线。绝缘芯线，还应根据使用环境选用具有耐热性能、耐低温性能、阻燃绝缘性能和耐腐蚀性能的电缆	《易燃易爆罐区安全监控预警系统验收技术要求》（GB 17681—1999）第7.2.1条
	电缆配线中的电缆、钢管、端子板应有蓝色的标志。两个以上本质安全电路共用接线端子板时，线端部应标明回路号以便识别	《易燃易爆罐区安全监控预警系统验收技术要求》（GB 17681—1999）第7.2.3条
	仪表的安装位置与罐的进出口接合管和罐内附件的水平距离不应少于1000mm	《石油化工储运系统罐区设计规范》SH/T 3007—2014 第5.4.9条
	储罐上的电气、火灾自动报警、仪表检测信息系统的电气、仪表配线应采用金属管屏蔽保护，配线金属管上下两端与罐体应作电气连接	《立式圆筒形钢制焊接储罐安全技术规程》AQ 3053—2015 第8.1.5条
6. 仪表防雷	仪表系统防雷的基本方法有： a）等电位连接与接地； b）信号电缆的屏蔽与接地； c）仪表设备的屏蔽与接地； d）合理布线； e）设置电涌防护器	《石油化工仪表系统防雷设计规范》SH/T 3164—2012 第5.3.1条

续表

项目	标准条款	标准名称
6. 仪表防雷	室内仪表接地系统适用于各类控制室、现场机柜室、现场控制室等（本规范统称为控制室）	《石油化工仪表系统防雷设计规范》SH/T 3164—2012 第6.1.2条
	室外仪表接地系统适用于现场仪表、现场接线箱、现场机柜室以及分析小屋等	《石油化工仪表系统防雷设计规范》SH/T 3164—2012 第6.1.3条
	仪表系统防雷工程的接地系统应采用等电位连接方式	《石油化工仪表系统防雷设计规范》SH/T 3164—2012 第6.1.4条
	仪表系统防雷工程的接地装置设计的依据是电气有关标准和GB 50057	《石油化工仪表系统防雷设计规范》SH/T 3164—2012 第6.2.1条
	接地装置的接地电阻应按电气有关标准和GB 50057确定	《石油化工仪表系统防雷设计规范》SH/T 3164—2012 第6.2.2条
	接地连接导线应采用机械连接方法，实现可靠、良好的压接。应采用镀锡铜连接片压接，并应采用带有防松垫片的接线螺栓压接固定。同一压接点不应接多条导线	《石油化工仪表系统防雷设计规范》SH/T 3164—2012 第6.6.4.1条
	接地连接导体（热镀锌扁钢、不锈钢、铜材）之间的连接、接地连接导体与其他钢材的连接应采用焊接的方式，至少应有两条纵向焊缝，每条焊缝的焊接长度应大于80mm。焊接部位应做防腐处理	《石油化工仪表系统防雷设计规范》SH/T 3164—2012 第6.6.4.2条
7. 监控数据储存	无报警的定运行期间，重点监测点的实时监测数据应保存7d以上，否则应保存30d以上。音频信息应保存7d以上，重点监测信息应保存1年以上。报警信息应保存1年以上	《危险化学品重大危险源安全监控通用技术规范》（AQ 3035—2010）第4.9.5条
	石油化工产品单位应当根据构成重大危险源的石油化工产品种类、数量、生产、使用工艺（方式）或者相关设备、设施等实际情况，按照下列要求建立全安全监测监控体系、完善控制措施：重大危险源配备温度、压力、液位、流量、组份等信息的不间断采集和监测系统以及可燃气体和有毒有害气体泄漏检测报警装置，并具备信息远传、连续记录、事故预警、信息存储等功能；一级或者二级重大危险源，具备紧急停车功能。记录的电子数据的保存时间不少于30d	《危险化学品重大危险源监督管理暂行规定》（安监总局第40号令、第79号令修正）第十三条（一）款

续表

项目	标准条款	标准名称
8. 报警器设置要求	在生产或使用可燃气体及有毒气体的生产设施及储运设施的区域内，泄漏气体中可燃气体浓度可能达到报警设定值时，应设置可燃气体探测器；泄漏气体中有毒气体浓度可能达到报警设定值时，应设置有毒气体探测器；既属于可燃气体又属于有毒气体的单组分气体、可燃气体与有毒气体同时存在的多组分混合气体，泄漏时可燃气体浓度和有毒气体浓度有可能同时达到报警设定值，应分别设置可燃气体探测器和有毒气体探测器	《石油化工可燃气体和有毒气体检测报警设计标准》（GB/T 50493—2019）第3.0.1条
	可燃气体和有毒气体的检测报警应采用两级报警，有毒气体同时报警时，同级别的有毒气体和可燃气体的报警级别应优先	《石油化工可燃气体和有毒气体检测报警设计标准》（GB/T 50493—2019）第3.0.2条
	可燃气体和有毒气体的检测报警信号应送至有人值守的现场控制室、中心控制室等进行显示报警，可燃气体二级报警信号、可燃气体和有毒气体系统控制单元的故障信号应送至消防控制室	《石油化工可燃气体和有毒气体检测报警设计标准》（GB/T 50493—2019）第3.0.3条
	控制室操作区应设置可燃气体和有毒气体声、光报警；现场区域报警器宜根据装置占地面积、设备及建筑物的布置、释放源的理化性质和现场空气流动特点进行设置，现场区域报警应有声、光报警功能	《石油化工可燃气体和有毒气体检测报警设计标准》（GB/T 50493—2019）第3.0.4条
	进入爆炸性气体环境或有毒气体环境的现场工作人员，应配备便携式可燃气体和（或）有毒气体探测器。进入的环境同时存在爆炸性气体和有毒气体时，便携式可燃气体和有毒气体探测器可采用多传感器类型	《石油化工可燃气体和有毒气体检测报警设计标准》（GB/T 50493—2019）第3.0.7条
	可能发生可燃气体、有毒气体泄漏的场所，如甲B、乙A类液体储罐的阀门集中处，以及排水井处，应按GB 50493 的规定设置可燃气体或有毒气体检（探）测器	《立式圆筒形钢制焊接储罐安全技术规程》AQ 3053—2015 第12.2.5条
9. 报警器安装要求	可燃气体和有毒气体探测器的检测点，应根据气体的理化性质、释放源的特性、操作巡检等要求，检测报警可靠性要求、生产场地布置、地理条件、环境气候、探测器的特点，探测器容易积聚等因素进行综合分析，选择可燃气体及有毒气体容易积聚、便于采样维护和仪表维护之处布置	《石油化工可燃气体和有毒气体检测报警设计标准》（GB/T 50493—2019）第4.1.1条

续表

项目	标准条款	标准名称
9. 报警器安装要求	检测比空气重的可燃气体或有毒气体时，探测器的安装高度宜距地坪（或楼地板）0.3～0.6m；检测比空气轻的可燃气体或有毒气体时，探测器的安装高度宜在释放源上方2.0m内。检测比空气略重的可燃气体或有毒气体时，探测器的安装高度宜在释放源下方0.5～1.0m；检测比空气略轻的可燃气体或有毒气体时，探测器的安装高度宜高出释放源0.5～1.0m	《石油化工可燃气体和有毒气体检测报警设计标准》（GB/T 50493—2019）第6.1.2条
	可燃气及有毒气体报警器的安装高度，应按探测介质的密度以及周围状况等因素来确定。当被监测气体的密度小于空气的密度时，可燃气体监测探头的安装位置应高于泄漏源0.5m以上；被监测气体的密度大于空气的密度时，安装位置应在泄漏源下方，但距离地面不得小于0.3m	《危险化学品重大危险源现场安全监控装备设置规范》（AQ 3036—2010）第7.3.2条
	两个可燃气体检测探头的间距不得超过20m	《易燃易爆罐区安全监控预警系统验收技术》（GB 17681—1999）第5.7条
	可燃气体或易燃液体储存场所，在防火堤内每隔20～30m设置一台可燃气体报警仪，且监测报警器与储罐释放物料处的距离不宜大于15m	《危险化学品重大危险源罐区现场安全监控装备设置规范》（AQ 3036—2010）第7.2.1.1条
	释放源处于露天或敞开式厂房布置的设备区域内，可燃气体探测器距其所覆盖范围内的任一释放源的水平距离不宜大于10m，有毒气体探测器距其所覆盖范围内的任一释放源的水平距离不宜大于4m	《石油化工可燃气体和有毒气体检测报警设计标准》（GB/T 50493—2019）第4.2.1条
10. 仪表选型	就地温度仪表宜选用万向型双金属温度计，温度测量范围宜为-80～500℃，满量程精确度不应低于±1.5%	《石油化工自动化仪表选型设计规范》SH/T 3005—2016 第5.2.1条
	在工艺管道及设备有振动、介质低温、现场环境高温或高度远指示等场合，宜选用带毛细管远传的压力式温度计，温度测量范围宜为-200～700℃，满量程测量精确度不应低于±1.5%。毛细管材质应为不锈钢	《石油化工自动化仪表选型设计规范》SH/T 3005—2016 第5.2.2条
	毛细管的长度不应超过10m且应带有铠装层，毛细管材质应为不锈钢	《石油化工自动化仪表选型设计规范》SH/T 3005—2016 第5.2.2条
	双金属温度计和压力式温度计的表盘直径宜为100mm；在照明条件较差、安装位置较高及观察距离较远的场合，宜选用150mm表盘。表盘外壳宜为不锈钢，面板宜为白底黑字，应带防爆玻璃	《石油化工自动化仪表选型设计规范》SH/T 3005—2016 第5.2.4条

续表

项目	标准条款	标准名称
	当仪表用于设备标定、临时测温等场合，宜选用温度计套管配螺纹盖并150mm长的不锈钢链。温度计套管（TW）	《石油化工自动化仪表选型设计规范》SH/T 3005—2016 第5.2.5条
	当需要就地测量管道或设备表面温度时，可采用表面型双金属温度计或表面型压力式温度计	《石油化工自动化仪表选型设计规范》SH/T 3005—2016 第5.2.6条
	除了三取二配置的测温元件外，用于安全联锁用途的测温元件应与其他用途的测温元件分开设置并应安装在不同的温度计套管中；用于安全联锁或关键控制的单检测点测温元件宜采用双支，且温度变送器宜选用双通道型或设置冗余配置	《石油化工自动化仪表选型设计规范》SH/T 3005—2016 第5.3.2条
10. 仪表选型	一般介质的压力测量仪表的选型应符合如下规定： a) 操作压力在40kPa或以上时，宜选用弹簧管压力表（差压表）； b) 操作压力在40kPa以下时，宜选用膜盒压力表； c) 操作压力在 -0.1～0MPa，应选用弹簧管真空压力表； d) 操作压力在 -500～500Pa时，应选用矩形膜盒微压计或微差压计	《石油化工自动化仪表选型设计规范》SH/T 3005—2016 第6.2.1条
	用于特殊介质及特殊场合的压力表的选型应符合下列规定： a) 乙炔、氢及含氢介质的测量，应选用专用压力表； b) 氧气的测量，应选用氧气压力表； c) 硫化氢和含硫介质的测量，应选用抗硫压力表； d) 对于黏稠、易结晶、含有固体颗粒或强腐蚀性等介质，应选用隔膜压力表或膜片压力表，隔膜或膜片的材料，应根据测量介质的特性选择； e) 安装于振动场所或振动设备部件上时，应选用耐振压力表。耐振方法可以采用表盘内充无液和/或加阻尼器； f) 用于水蒸气及操作温度超过60℃的工艺介质的压力表，应带冷凝圈或冷凝弯	《石油化工自动化仪表选型设计规范》SH/T 3005—2016 第6.2.2条
11. 仪表接地	非爆炸危险环境中，供电电压低于36V的现场仪表金属外壳、金属保护箱、可不实施保护接地，但对于可能与高于36V电压接触的应实施保护接地	《石油化工仪表接地设计规范》SH/T 3081—2019 第4.1.4条
	爆炸危险环境中，非本质安全系统的现场仪表金属外壳、金属保护箱、金属接线箱应实施保护接地，本质安全系统的现场仪表金属外壳、金属保护箱、金属接线箱可不实施保护接地	《石油化工仪表接地设计规范》SH/T 3081—2019 第4.1.5条

续表

项目	标准条款	标准名称
	用于雷电防护的现场仪表金属外壳、金属保护箱、金属接线箱应实施保护接地	《石油化工仪表接地设计规范》 SH/T 3081—2019 第 4.1.6 条
	需要实施保护接地的现场仪表金属外壳、金属保护箱、金属接线箱应就近连接到接地网,或连接到已经接地的金属电缆槽、电缆铝护管、金属保护管、金属支架、平台、框架、围栏、设备等金属构件上	《石油化工仪表接地设计规范》 SH/T 3081—2019 第 4.1.7 条
	金属电缆槽、电缆保护管等金属应实施保护接地,应直接焊接或用接地导线就近连接到接地网或已接地的金属支架、平台、框架、围栏、设备等金属构件上,当电缆槽较长时,应多点重复接地,接地点间距不应大于 30m	《石油化工仪表接地设计规范》 SH/T 3081—2019 第 4.1.8 条
11. 仪表接地	每台需要接地的仪表、设备均应采用单独的接地线接到接地汇总排,不应采用任何形式的串联链接的连接方式	《石油化工仪表接地设计规范》 SH/T 3081—2019 第 5.1.1 条
	每台机柜均应采用单独的接地干线接到网型接地排或接地汇总板,不应采用任何形式的串联链接的连接方式	《石油化工仪表接地设计规范》 SH/T 3081—2019 第 5.1.2 条
	仪表接地应根据等电位接地的原则,实现等电位接地连接网	《石油化工仪表接地设计规范》 SH/T 3081—2019 第 5.1.3 条
	仪表接地应与电气系统共用接地时,应接到电气系统的接地板上	《石油化工仪表接地设计规范》 SH/T 3081—2019 第 5.1.4 条

15. 消防专业

项目	标准条款	标准名称
1. 消防水源及泵房	当消防用水由工厂水源直接供给时,工厂给水管网的进水管不应少于两条。当其中一条发生事故时,另一条应能满足 100% 的消防用水和 70% 的生产、生活用水总量的要求。消防用水由消防水池(罐)供给时,工厂给水管网的进水管,应能满足消防水池(罐)的补充水和 100% 的生产、生活用水总量的要求	《石油化工企业设计防火标准》 GB 50160—2008(2018 年版) 第 8.3.1 条

续表

项目	标准条款	标准名称
1. 消防水源及泵房	消防水泵的吸水管、出水管应符合下列规定： 1 每台消防水泵宜有独立的吸水管，2 台以上成组布置时，其吸水管不应少于 2 条，当其中 1 条检修时，其余吸水管应能确保吸取全部消防用水量； 2 成组布置的水泵，至少应有 2 条出水管与环状消防水管道连接，两连接点间应设阀门，当 1 条出水管检修时，其余出水管应能输送全部消防用水量； 3 泵的出水管道应设防止超压的安全设施； 4 直径大于 300mm 的出水管道上阀门不应选用手动阀门，阀门的启闭应有明显标志	《石油化工企业设计防火标准》 GB 50160—2008（2018 年版）第 8.3.5 条
	可燃液体地上立式储罐应设固定或移动式消防冷却水系统，其供水强度和设置方式应符合下列规定： 1 供水范围、供水强度不应小于表 8.4.5 的规定； 2 罐壁高于 17m 储罐、容积等于或大于 10000m³ 储罐，容积等于或大于 2000m³ 低压储罐应设置固定式消防冷却水系统； 3 消潜油罐可采用移动式冷却水系统； 4 储罐固定式冷却水系统应有确保达到冷却水强度的调节设施； 5 控制阀应设在防火堤外，并距被保护罐壁不宜小于 15m，控制阀后及储罐上设置的消防冷却水管道应采用镀锌钢管	《石油化工企业设计防火标准》 GB 50160—2008（2018 年版）第 8.4.5 条
	可燃液体储罐消防冷却用水的延续时间：直径大于 20m 的固定顶罐和直径大于 20m 浮盘用易熔材料制作的内浮顶储罐应为 6h；其他储罐可为 4h	《石油化工企业设计防火标准》 GB 50160—2008（2018 年版）第 8.4.7 条
2. 消防给水管道及消火栓	大型石油化工企业的工艺装置区、罐区等，应设独立的稳高压消防给水系统，其压力宜为 0.7～1.2MPa。其他场所用低压消防给水系统时，其压力应确保灭火时最不利点消火栓的水压不低于 0.15MPa（自地面算起）。消防给水系统不应与循环冷却水系统合并，且应用于其他用途	《石油化工企业设计防火标准》 GB 50160—2008（2018 年版）第 8.5.1 条

续表

项目	标准条款	标准名称
	消火栓的设置应符合下列规定: 1 宜选用地上式消火栓; 2 消火栓宜沿道路敷设; 3 消火栓距路面边不宜大于5m,距建筑物外墙不宜小于5m; 4 地上式消火栓距离城市型道路路边不宜小于1m,距公路型双车道路肩边不宜小于1m; 5 地上式消火栓的大口径出水口应面向道路,当其设置场所有可能受到车辆冲撞时,应在其周围设置防护设施; 6 地下式消火栓应有明显标志	《石油化工企业设计防火标准》GB 50160—2008 (2018年版) 第8.5.5条
2. 消防给水管道及消火栓	消火栓的数量及位置,应按其保护半径及被保护对象的消防用水量等综合计算确定,并应符合下列规定: 1 消火栓的保护半径不应超过120m; 2 高压消防给水管道上消火栓的出水量应根据管道内的水压及消火栓出口要求的水压计算确定,低压消防给水管道上公称直径为100mm,150mm消火栓的出水量可分别取15L/s,30L/s; 3 大型石油化工企业的主要装置、罐区、管带设大流量消火栓	《石油化工企业设计防火标准》GB 50160—2008 (2018年版) 第8.5.6条
	罐区及工艺装置区的消火栓应在其四周道路边设置,消火栓的间距不宜超过60m。当装置内设有消防道路时,应在道路边设置消火栓。距被保护对象15m以内的消火栓不应计算在该处保护对象可使用的数量之内	《石油化工企业设计防火标准》GB 50160—2008 (2018年版) 第8.5.7条
3. 消防水炮、水喷淋和水喷雾	甲、乙类可燃气体、可燃液体设备的高大构架和设备群应设置水炮保护	《石油化工企业设计防火标准》GB 50160—2008 (2018年版) 第8.6.1条
	固定式水炮的布置应根据水炮的设计流量和有效射程其保护程确定其保护范围。消防水炮距被保护对象不宜小于15m。消防水炮的出水量宜为30~50L/s,水炮应具有直流和水雾两种喷射方式	《石油化工企业设计防火标准》GB 50160—2008 (2018年版) 第8.6.2条
	工艺装置内固定水炮不能有效保护的特殊危险设备及场所宜设水喷淋或水喷雾系统,其设计应符合下列规定: 1 系统供水的持续时间、响应时间及喷设置 2 系统的控制阀可露天设置,距被保护对象不宜小于15m; 3 系统的报警信号及工作状态应在控制室控制盘上显示; 4 本标准未作规定者,应按现行国家标准《水喷雾灭火系统设计规范》(GB 50219) 的有关规定执行	《石油化工企业设计防火标准》GB 50160—2008 (2018年版) 第8.6.3条

续表

项目	标准条款	标准名称
3. 消防水炮、水喷淋和水喷雾	工艺装置内加热炉、甲类气体压缩机，介质温度超过自燃点的泵及换热设备，长度小于30m的油泵房附近等宜设消防软管卷盘，其保护半径宜为20m	《石油化工企业设计防火标准》GB 50160—2008（2018年版）第8.6.4条
4. 低倍数泡沫灭火系统	下列场所应采用固定式泡沫灭火系统： 1 甲、乙类和闪点等于90℃的丙类可燃液体的固定顶罐及浮盘为易熔材料的内浮顶罐： 1）单罐容积等于或大于10000m³的非水溶性可燃液体储罐； 2）单罐容积等于或大于500m³的水溶性可燃液体储罐； 2 甲、乙类和闪点等于90℃的丙类可燃液体的浮顶罐及浮盘为非易熔材料的内浮顶罐： 1）单罐容积等于或大于50000m³的非水溶性可燃液体储罐； 2）单罐容积等于或大于1000m³的水溶性可燃液体储罐 3 移动消防设施不能进行有效保护的可燃液体储罐	《石油化工企业设计防火标准》GB 50160—2008（2018年版）第8.7.2条
	下列场所宜采用移动式泡沫灭火系统： 1 罐壁高度小于7m或容积等于或小于200m³的非水溶性可燃体储罐； 2 润滑油储罐； 3 可燃液体地面流淌火灾、油池火灾	《石油化工企业设计防火标准》GB 50160—2008（2018年版）第8.7.3条
5. 泡沫液的选择和储存	非水溶性甲、乙、丙类液体储罐固定式低倍数泡沫灭火系统泡沫液的选择应符合下列规定： 1 应选用3%型氟蛋白或水成膜泡沫液； 2 临近生态保护红线、饮用水源地、永久基本农田等环境敏感地区，应选用不含强酸强碱盐的3%型氟蛋白泡沫液； 3 当选用水成膜泡沫液时，泡沫液的抗烧水平不应低于C级	《泡沫灭火系统技术标准》GB 50151—2021 第3.2.1条
	对于非水溶性甲、乙、丙类液体及其他用普通泡沫灭火作用的甲、乙、丙液体，必须选用抗溶水成膜、抗溶氟蛋白或低黏度抗溶氟蛋白泡沫液	《泡沫灭火系统技术标准》GB 50151—2021 第3.2.3条
	泡沫液宜储存在干燥通风的房间或敞棚内；储存的环境温度应满足泡沫液使用温度的要求	《泡沫灭火系统技术标准》GB 50151—2021 第3.2.7条
6. 蒸汽灭火系统	工艺装置有蒸汽供给系统时，宜设固定式或半固定式蒸汽灭火系统，但在使用蒸汽可能造成事故的部位不宜采用蒸汽灭火	《石油化工企业设计防火标准》GB 50160—2008（2018年版）第8.8.1条
	灭火蒸汽管应从主管上方引出，蒸汽压力不宜大于1MPa	《石油化工企业设计防火标准》GB 50160—2008（2018年版）第8.8.2条

续表

项目	标准条款	标准名称
7. 灭火器设置	生产区内应设置灭火器。生产区内配置的灭火器宜选用干粉或泡沫灭火器，控制室、机柜间、计算机室、电信站、化验室等宜设置气体型灭火器	《石油化工企业设计防火标准》GB 50160—2008 (2018 年版) 第 8.9.1 条
	生产区内设置的单个灭火器的规格宜按表 8.9.2 选用	《石油化工企业设计防火标准》GB 50160—2008 (2018 年版) 第 8.9.2 条
	工艺装置内手提式干粉型灭火器的选型及配置应符合下列规定： 1 扑救可燃气体、可燃液体火灾宜选用磷酸铵盐干粉灭火剂，扑救可燃固体表面火灾应采用磷酸铵盐干粉灭火剂，扑救烷基铝类火灾宜采用 D 类干粉灭火剂； 2 甲类装置灭火器的最大保护距离不宜超过 9m，乙、丙类装置不宜超过 12m； 3 每一配置点的灭火器数量不应少于 2 个，多层构架应分层配置； 4 危险的重要场所宜增设推车式灭火器	《石油化工企业设计防火标准》GB 50160—2008 (2018 年版) 第 8.9.3 条
	可燃气体、液化烃和可燃液体的铁路装卸栈台每隔 12m 处沿栈台上下各分别设置 2 个手提式干粉型灭火器	《石油化工企业设计防火标准》GB 50160—2008 (2018 年版) 第 8.9.4 条
	可燃气体、液化烃和可燃液体的地上罐组宜按防火堤内面积每 400m² 配置 1 个手提式灭火器，但每个储罐配置的数量不宜超过 3 个	《石油化工企业设计防火标准》GB 50160—2008 (2018 年版) 第 8.9.5 条
8. 液化烃罐区消防	液化烃罐区应设置消防冷却水系统，并应配置移动式干粉等灭火设施	《石油化工企业设计防火标准》GB 50160—2008 (2018 年版) 第 8.10.1 条
	全压力式及半冷冻式液化烃储罐采用的消防设施应符合下列规定： 1 当单罐容积等于或大于 1000m³ 时，应采用固定式水喷雾（水喷淋）系统及移动式消防冷却水系统； 2 当单罐容积大于 100m³，且小于 1000m³ 时，应采用固定式水喷雾（水喷淋）系统和移动式消防冷却水系统，当采用固定式水炮作为固定消防冷却设施时，其冷却系统或移动式消防冷却水量不应小于计算值的 1.3 倍，消防水炮保护范围应覆盖每个液化烃罐； 3 当单罐容积小于等于 100m³ 时，可采用移动式消防冷却水系统，其罐区消防冷却水量不得低于 100L/s	《石油化工企业设计防火标准》GB 50160—2008 (2018 年版) 第 8.10.2 条

续表

项目	标准条款	标准名称
9. 火灾报警、电视监视	石油化工企业的生产区、公用及辅助生产设施、全厂性重要设施和区域性重要设施的火灾危险场所应设置火灾自动报警系统和火灾电话报警	《石油化工企业设计防火标准》GB 50160—2008（2018年版）第8.12.1条
	石油库应设置火灾报警电话、行政电话系统、无线电通信系统、电视监视系统。一级石油库尚应设置计算机局域网络，入侵报警系统和出入口控制系统，根据需要可设置调度电话系统、巡更系统	《石油库设计规范》GB 50074—2014第15.2.1条
	甲、乙类装置区周围和罐组四周道路边应设置手动火灾报警按钮，其间距不宜大于100m	《石油化工企业设计防火标准》GB 50160—2008（2018年版）第8.12.4条
	储罐区和装卸区内，宜在四周道路边设置户外手动火灾报警系统。容量大于或等于50000m³的外浮顶储罐应设置火灾自动报警系统	《石油库设计规范》GB 50074—2014第12.6.4条
10. 手动火灾报警	在每个监控预警区域内至少应设一个手动事故报警按钮。若区域面积较大时，可根据实际需要设置两个以上的手动事故报警按钮。手动事故报警按钮应设置在明显和便于操作的部位，且应有明显的标志	《易燃易爆罐区安全监控预警系统验收技术要求》（GB 17681—1999）第6.2.5条
11. 报警及监控	火灾自动报警系统的设计应符合下列规定： 1 生产区、公用及辅助生产设施、全厂性重要设施和区域性重要设施等火灾危险性场所应设置区域性火灾自动报警系统； 2 2套及2套以上的区域性火灾自动报警系统宜通过网络集成为全厂性火灾自动报警系统； 3 火灾自动报警系统应设置事故报警装置，当生产区有扩音对讲系统时，可兼作为报警器。当生产区无扩音对讲系统时，应设置声光报警器； 4 区域性火灾报警控制器应设置在该区域的控制室内，当该区域无控制室时，应设置在中央控制室； 5 火灾自动报警系统可接收电视监视系统（CCTV）的报警信息，其全部信息应通过网络传输到网络中央控制室； 6 重要的火灾危险场所应设置消防应急广播，当使用扩音对讲系统作为消防应急广播时，应能切换至消防应急广播状态； 7 全厂性消防控制中心宜设置在中央控制室或生产调度中心，宜配置可显示全厂消防报警平面图的终端	《石油化工企业设计防火标准》GB 50160—2008（2018年版）第8.12.3条

续表

项目	标准条款	标准名称
11. 报警及监控	罐区应设置音视频监控报警系统，监视突发的危险因素或初期的火灾报警等情况	《危险化学品重大危险源 罐区现场安全监控装备设置规范》（AQ 3036—2010）第10.1.1条
	摄像视频监控报警系统应实现与危险参数监控报警的联动	《危险化学品重大危险源 罐区现场安全监控装备设置规范》（AQ 3036—2010）第10.1.3条
	（中央调度控制中心安全监控预警系统）设有全厂灾害事故广播系统	《易燃易爆罐区安全监控预警系统技术要求》（GB 17681—1999）第6.4.4条
	（控制室安全监控预警系统）应配备灾害事故广播设施，可以进行人员和资源的紧急调度	《易燃易爆罐区安全监控预警系统技术要求》（GB 17681—1999）第6.3.4条
	摄像头的安装高度应确保可以有效监控到储罐顶部	《危险化学品重大危险源 罐区现场安全监控装备设置规范》（AQ 3036—2010）第10.1.5条
12. 灭火设施	对于在储罐着火后，由于高温和有毒等不易靠近灭火的罐区、罐组，应设置远程灭火控制系统，灭火介质应依危险物料性质而定	《危险化学品重大危险源 罐区现场安全监控装备设置规范》（AQ 3036—2010）第9.2.3条
	在储罐着火后会引起相邻的储罐受高温辐射影响而产生次生灾害的罐区，应设置远程水喷淋控制系统，并要求水源充足，能及时快捷喷淋降温	《危险化学品重大危险源 罐区现场安全监控装备设置规范》（AQ 3036—2010）第9.2.4条
13. 对讲机	石油库流动作业的岗位，应配备无线电通信设备，并宜采用无线对讲系统或集群通信系统。无线通信手持机应采用防爆型	《石油库设计规范》GB 50074—2014第15.2.5条

项目	标准条款	标准名称
14. 值班室	石油库内应设消防值班室。消防值班室内应设专用受警录音电话	《石油库设计规范》GB 50074—2014 第 12.6.1 条
	一、二、三级石油库的消防值班室应与消防泵房控制室或消防车库合并设置，四、五级石油库的消防值班室可与油库值班室合并设置。消防值班室与油库值班室之间应设直通电话。城镇消防站、储罐总容量大于或等于 50000m³ 的石油库的报警信号应在消防值班室显示	《石油库设计规范》GB 50074—2014 第 12.6.2 条
	储罐区、装卸区和辅助作业区的值班室内，应设火灾报警电话	《石油库设计规范》GB 50074—2014 第 12.6.3 条
15. 应急电源	石油库生产作业的供电负荷等级宜为三级，不能中断生产作业的石油库供电负荷等级应为二级。一、二、三级石油库应设置供信息系统使用的应急电源。设置有电动阀门（易燃和可燃液体定量装车控制阀除外）的、二级石油库宜配置可移动式应急电源装置。应急动力电源装置的专用切换电源装置宜设置在配电间处或罐组防火堤外	《石油库设计规范》GB 50074—2014 第 14.1.1 条